仓# 中国国民政府と農村社会

―農業金融・合作社政策の展開―

飯塚　靖 著

汲 古 書 院

目　次

序章　問題の所在と本書の内容 ……………………………………3
　　Ⅰ．国民政府の農業政策遂行主体と地域社会 ……………………3
　　Ⅱ．農業金融政策論 ……………………………………………6
　　Ⅲ．合作社政策と農村村落及び「共同体」 ……………………11
　　Ⅳ．本書の内容 …………………………………………………15

第1部　農業政策推進主体の形成と地域社会 ……………………19
第1章　中国合作学社と国民政府の合作社政策 …………………19
　　はじめに …………………………………………………………19
　　Ⅰ．復旦大学の学生運動と平民学社 ……………………………22
　　Ⅱ．中国合作学社の設立と活動 …………………………………39
　　Ⅲ．国民政府の合作社政策と中国合作学社 ……………………55
　　Ⅳ．抗日戦争・国共内戦と中国合作学社 ………………………66
　　むすび ……………………………………………………………77

第2章　江浙地域における末端行政機構の編成 …………………80
　　はじめに …………………………………………………………80
　　Ⅰ．末端行政機構の組織と再編 …………………………………85
　　Ⅱ．各県末端行政機構の動向と農村村落 ………………………95
　　むすび ……………………………………………………………98

第2部　農業金融政策と合作社・農業倉庫 ……………………100
第3章　浙江省の農業金融政策と地域金融 ……………………100
　　はじめに ………………………………………………………100
　　Ⅰ．浙江省政府による農業金融政策 …………………………100
　　Ⅱ．各県農業金融機関の整備と活動 …………………………108
　　Ⅲ．中国銀行・浙江地方銀行の活動 …………………………120

むすび……………………………………………………………………130
　第4章　江蘇省農民銀行の経営構造と農業金融………………………135
　　はじめに…………………………………………………………………135
　　Ⅰ．創業と初期の経営（1928年7月～30年6月）………………137
　　Ⅱ．本格経営時期（1930年7月～33年6月）……………………155
　　Ⅲ．経営発展時期（1933年7月～37年6月）……………………179
　　むすび……………………………………………………………………219

第3部　合作社政策の展開と地域社会 ………………………………222
　第5章　江浙地域社会と信用合作社……………………………………222
　　はじめに…………………………………………………………………222
　　Ⅰ．浙江省における信用合作社の設立と問題点………………………223
　　Ⅱ．江蘇省における信用合作社の展開…………………………………236
　　むすび……………………………………………………………………243
　第6章　浙江省における合作事業の展開………………………………246
　　はじめに…………………………………………………………………246
　　Ⅰ．合作行政機構の変遷…………………………………………………247
　　Ⅱ．合作社改善策と生産・運銷合作社…………………………………249
　　Ⅲ．蚕桑改良事業と養蚕合作社…………………………………………274
　　むすび……………………………………………………………………291
　第7章　江蘇省の合作実験区と生産・運銷合作社……………………293
　　はじめに…………………………………………………………………293
　　Ⅰ．光福合作実験区（呉県光福区）……………………………………294
　　Ⅱ．蚕糸業と生産・運銷合作社…………………………………………300
　　むすび……………………………………………………………………321

終章　結語………………………………………………………………323
　　Ⅰ．中国合作学社と江浙地域社会………………………………………323
　　Ⅱ．農業金融政策と合作社・農業倉庫…………………………………324

Ⅲ．合作社政策の展開と地域社会 …………………………………325

主要参考文献目録 …………………………………………………329

あとがき ……………………………………………………………337

索　　引 ……………………………………………………………341

図表目次

第1章	第1表	中国合作学社社員名簿（1929年4月現在）	41−43
	第2表	中国合作学社関係者の主要著書	51−52
	第3表	中央政治学校合作学院卒業生の勤務先（1947年当時）	58−60
	第4表	中国合作学社社員名簿（1952年8月現在）	71−75
第2章	第1表	江蘇省13県の区長人数及び出身	89
	第2表	江寧県第5区（淳化区）の概況	96
	第3表	蘭谿県の村落規模	97
第3章	第1表	中国農工銀行杭州分行の合作社貸付状況	103
	第1図	浙江省における農業金融実施状況	104
	第2表	各県農業金融機関の設立状況	110
	第3表	海寧県農民銀行貸借対照表	111
	第4表	各県農民銀行の貸出残高	114
	第5表	各県農民銀行の資本金額と預金・借越残高	116
	第6表	各県農民借貸所の資本金額と預金・貸付残高（1936年）	117
	第7表	浙江省における倉庫（杭州市及び中国銀行経営倉庫一覧）	122
	第8表	浙江地方銀行の農業貸付と倉庫網	126
	第2図	浙江省における農業金融の構造	131
第4章	付図	江蘇省地図	138
	第Ⅰ−1表	江蘇省農民銀行の基金徴収予定額と徴収実績	140
	第Ⅰ−2表	江蘇省農民銀行の支店開設状況（1930年6月末現在）	141
	第Ⅰ−3表	総行・分行の種類別貸付累計額（1928年度）	141
	第Ⅰ−4表	江蘇省農民銀行の県別貸付累計額（1928年度）	142
	第Ⅰ−5表	江蘇省農民銀行の貸借対照表（1930年6月末現在）	143
	第Ⅰ−6表	店舗別内国為替取扱高（1929年度）	144
	第Ⅰ−7表	江蘇省農民銀行の融資合作社（1929年度）	145
	第Ⅰ−8表	店舗別貸付累計額（1929年度）	148
	第Ⅰ−9表	店舗別返済督促勘定（1929年度）	150
	第Ⅱ−1表	江蘇省農民銀行の貸借対照表（1931年6月末現在）	156
	第Ⅱ−2表	店舗別内国為替取扱高（1930年度）	157
	第Ⅱ−3表	江蘇省農民銀行の支店網（1932年7月現在）	158
	第Ⅱ−4表	各分行の貸付比較表	158
	第Ⅱ−5表	第3区分行の月別貸付状況（1930年度）	161
	第Ⅱ−6表	第3区分行の農業関係貸付回収状況（1930年度）	163

図表目次　v

第Ⅱ-7表	常熟分行の農業関係貸付状況（1930年度）		164
第Ⅱ-8表	高淳県合作社の組織概況（1931年6月末現在）		166
第Ⅱ-9表	江蘇省農民銀行の貸借対照表（1932年6月末現在）		167
第Ⅱ-10表	店舗別貸付残高分類表（1932年6月末現在）		169
第Ⅱ-11表	店舗別営業状況比較表（1932年6月末現在）		170
第Ⅱ-12表	第3区分行の月別貸付状況（1931年度）		171
第Ⅱ-13表	第3区分行の貸付詳細（1931年度累計額）		172
第Ⅱ-14表	第3区分行の農業関係貸付の回収状況（1931年度）		173
第Ⅱ-15表	常熟分行の種類別貸付状況（1931年度）		174
第Ⅲ-1表	江蘇省農民銀行の店舗網（1937年初頭）		181
第Ⅲ-2表	江蘇省農民銀行の貸借対照表（1933・34年12月末現在）		183
第Ⅲ-3表	江蘇省農民銀行の貸借対照表（1935・36年12月末現在）		184
第Ⅲ-4表	江蘇省農民銀行の貸付状況		185
第Ⅲ-5表	店舗別合作社貸付状況（1934年）		187
第Ⅲ-6表	江蘇省農民銀行の合作社貸付累計額（1936年）		188-189
第Ⅲ-7表	月別農業倉庫担保貸付額		189
第Ⅲ-8表	丹陽県における合作社の動向		190
第Ⅲ-9表	丹陽分行合作社貸付の返済状況（1934年）		190
第Ⅲ-10表	丹陽分行の合作社への貸付・返済状況（1935年）		192
第Ⅲ-11表	常熟分行の合作社貸付（1935年）		193
第Ⅲ-12表	江蘇省における合作社数の推移		194
第Ⅲ-13表	江蘇省農民銀行の融資合作社（1935年）		195
第Ⅲ-14表	合作社貸付の返済状況（1935・36年）		196
第Ⅲ-15表	江蘇省農民銀行直営倉庫の営業状況（1934年）		200
第Ⅲ-16表	省営農業倉庫の営業状況（1934年）		201
第Ⅲ-17表	県営農業倉庫の営業状況（1934年）		202
第Ⅲ-18表	合弁及び委託倉庫の営業状況（1934年）		203-204
第Ⅲ-19表	合作社経営の農業倉庫（1934年）		205
第Ⅲ-20表	江蘇省農民銀行倉庫担保貸付の内訳（1934年）		206
第Ⅲ-21表	主要県の農業倉庫一覧表（1935年）		207
第Ⅲ-22表	各県別の農業倉庫貸付状況（1935年）		208
第Ⅲ-23表	各県別の農業倉庫状況（1936年）		210-211
第5章 第1表	浙江省の農村信用合作社の概況（1929年12月末現在）		224
第2表	諸曁など10県における合作行政と合作社の実態（1932年）		226-227
第3表	富陽県合作社の実態（1932年）		229

vi　図表目次

	第4表	浙江省合作社の発展状況	233
	第5表	江蘇省呉県の信用合作社（1930年）	237
	第6表	江蘇省無錫県の信用合作社（1936年3月）	240
第6章	第1表	第3農村合作実験区（嘉興県）における合作社一覧表	251
	第2表	蘭谿県における桐油合作社の営業状況	262
	第3表	合作社成績評価結果の比較（1933・34年）	265
	第4表	成績評価結果「甲」の合作社（1933年）	266
	第5表	浙江省の市県別合作社分布表（1936年12月末）	267－268
	第6表	浙江省における蚕桑改良事業の概況（1933年春期）	275
	第7表	浙江省における蚕桑改良事業の概況（1933年秋期）	284－285
	第8表	浙江省における蚕桑改良事業の成果（1933～36年）	286
第7章	第1表	呉県光福区の合作社養蚕農家（774戸）の収支推計（1931年春期）	296
	第2表	無錫県の産銷合作社（1936年3月）	304
	第3表	江蘇省の県別合作社分布表（1937年5月末現在）	306
	第4表	呉江県の綢業運銷合作社の概況	315

凡　例

1．漢字については、特に必要のある場合を除き、常用漢字表によった。
2．時期の記述は西暦表記とし、段落ごとに初出は4ケタとし、以下は2ケタとした。
3．主要な度量衡の換算値は下記の通りである（天野元之助『中国農業経済論』第1巻、龍溪書舎改訂復刻版、1978年、東亜研究所『支那農業基礎統計資料』1・2、同所発行、1940、1943年、参照）。中国の旧度量衡制度は、地方ごとにばらばらであり統一がとられていなかった。そこで南京政府時期には、旧度量衡制度から新度量衡制度の「市用制」に切り換えられた。その切り換えは、浙江省が1930年4月、江蘇省が1931年8月とされる（天野・同上書、11、12頁）。しかし、両省でも地域によっては旧制が継続使用されたものと考えられる。そこでこの換算値は、あくまでも一応の目安である。

面積：1旧畝＝0.061ha、1市畝＝0.067ha
重量：1旧担＝約60kg、1市担＝約50kg
　　　100斤＝1担
　　　1旧両＝約37ｇ、1市両＝約31ｇ
容量：1市石＝0.55石（日本）、1旧石＝1.035市石＝0.57石（日本）

中国国民政府と農村社会
―― 農業金融・合作社政策の展開 ――

序章　問題の所在と本書の内容

Ⅰ．国民政府の農業政策遂行主体と地域社会

　本書の課題は、1927年から37年までの中華民国国民政府（以下国民政府あるいは南京政府と略称）の農業政策の展開と地域社会の反応を、省レベルさらにはより末端の県・区・郷鎮レベルの動向までを視野に入れて重層的に研究することである。その研究の意義は次の二点である。まず第一に、国民政府論への理論面・実証面からの貢献である。現在、日本の中国近現代史研究では中華民国史研究が盛んとなり、国民政府の民族主義的性格や中国資本主義発展に果した積極的役割が高く評価されるようになっている。そしてその経済政策に関しても財政金融・貿易・鉄道・鉱工業・農業・土地税制などの分野で実証研究も進み、研究成果も着々と出されている[1]。本研究もそうした研究動向の中で、国民政府の農業政策の推進主体及び政策内容さらには政策受容側からの反応などを詳細に解明し、国民政府論をより豊富化することを意図している。第二の意義は、これも近年盛んとなっている地域史研究への貢献である[2]。中国は広大な国土を有し、農業政策の内実も地域社会の置かれた条件によって多様な形態を取るはずである。農業政策の研究は、そうした地域社会の個性を浮かび上がらせることになる。また国民政府の行政当局は、伝統的な農村社会をどのように理解し、それをいかに再編しようとしたのか、これも地域史研究の重要課題である。こうした課題設定に基づき本書では、農業政策の中でも特に農業金融政策と合作社（協同組合）政策を主要テーマとし、対象地域としては江蘇・浙江両省を選択した。首都を江蘇省南京に置いた国民政府にとって、両省は最大の地盤であり、その統治の進展が政権の帰趨にとっても極めて重要であった。

　国民政府の政治体制及びその経済政策については、久保亨が包括的な議論を展開している。久保は、国民政府の政治体制を軍部に依存した権威主義的独裁とするイーストマンの主張、あるいは江蘇省の政府と郷紳の関係を分析し「多

元主義モデル」を唱えるガイザートの理論などを否定して、その政治体制を国民党主導型の一党独裁と規定している。またその独裁は、孫文の「訓政」理論に基づくものであり、多党制の「憲政」段階へ移行する過渡期と位置付けている。それは近代的国民国家の建設を理念とする一党独裁であったが、国民党の政治権力の掌握は不安定なものであり「弱い」一党独裁であったとしている[3]。このように国民政府の経済政策は近代的国民国家創出を目的としており、農業政策もその近代化政策の一環として立案・遂行されたものと言える。ただ農業政策遂行上の問題は、久保も指摘するような国民政府の権力基盤の弱体さにあった。特に国民政府は地域末端への権力の浸透度合が弱く、これが農業政策の展開を制約した。笹川裕史の研究では、国民政府が北京政府より引き継いだ土地・地税制度は、「胥吏依存型」とも言える国家が個々の土地所有を直接に把握・管理しない脆弱なものであった。そして国民政府は土地・地税制度の近代化のために、抗日戦争期から内戦期まで営々と努力を重ねたのである[4]。また国民党党員統計を分析した土田哲夫の研究では、南京政府期には党員に占める労働者・農民の比率が低く官僚・知識人中心であり、基層社会への影響力の低さが指摘されている。他方で抗日戦争時期には、後方での政権基盤を強化すべく「農業」党員を激増させ、農村内部の「劣悪」分子の混入を許して民衆を離反させたとしている[5]。

　本書で主題とする農業金融・合作社政策にとっても、この地域末端への権力浸透度合が政策を大きく左右した。両政策は、高利貸及び商人の営業活動と大きく関係しており、地主・商人・高利貸の三位一体とも呼ばれる在地有力者層の既得権益と衝突する恐れがあった。またこうした地主・商人・高利貸は一定レベルの科挙資格を有し郷紳として、在地社会に政治的影響力も有していた。はたして国民政府の農業金融・合作社政策は在地有力者層との軋轢を抑えて有効に展開できたのか、この考察が本書の大きなテーマとなる。また国民政府は、県より下級の自治機関として区及び郷・鎮を設置した。そして郷・鎮の任務の一つに、合作社政策の遂行も掲げられた。この区及び郷・鎮の実態と機能の検証も、本書のテーマである。

　国民政府の経済政策・農業政策の立案と遂行に専門技術官僚が重要な役割を

果した事実は、共通した認識となりつつある。全国経済委員会の専門技術官僚については川井悟の研究があり、筆者も農業技術官僚の形成と南京政府下での動向を検討した。また中国農村復興連合委員会の専門技術官僚については、松田康博・山本真の研究がある(6)。江浙地域の農業金融・合作社政策を主導し、全国の合作事業にも影響を与えた専門家集団に中国合作学社がある。同社は、表面上は学術研究団体であるが、国民党の有力政治家・陳果夫を領袖とし、多数の学者・政治家・実践家を擁していた。そして抗日戦争時期には、同社メンバーが重慶政府の合作行政の中軸となるのである。本書では、この中国合作学社の形成と活動を追い、その果した役割と限界を明らかにする。

注
(1) 近年研究書としてまとめられた代表的な研究を挙げれば、久保亨『戦間期中国〈自立への模索〉関税通貨政策と経済発展』（東京大学出版会、1999年）、萩原充『中国の経済建設と日中関係——対日抗戦への序曲1927〜1937年——』（ミネルヴァ書房、2000年）、菊池一隆『中国工業合作運動史の研究』（汲古書院、2002年）、笹川裕史『中華民国期農村土地行政史の研究』（汲古書院、2002年）、弁納才一『近代中国農村経済史の研究——1930年代における農村経済の危機的状況と復興への胎動——』（金沢大学経済学部、2003年）、同『華中農村経済と近代化——近代中国農村経済史像の再構築への試み——』（汲古書院、2004年）がある。
(2) 中国近現代史における地域史研究は都市史の分野が研究をリードしている。代表的な研究には、小浜正子『近代上海の公共性と国家』（研文出版、2000年）、吉澤誠一郎『天津の近代』（名古屋大学出版会、2002年）があり、また通史として高橋孝助・古厩忠夫編『上海史』（東方書店、1995年）、天津地域史研究会編『天津史』（東方書店、1999年）がある。さらに、石島紀之『雲南と近代中国——"周辺"の視点から』（青木書店、2004年）は、雲南省という一省を単位として地域社会の特性と、それに規定された複雑な近代化の様相を克明に描いている。
(3) 久保・前掲書、12–16頁。イーストマン・ガイザートの著書は、Eastman, Lloyd E. *The Abortive Revolution: China under Nationalist Rule, 1927-1937* (Cambridge: Harvard University Press, 1974). Geisert, Bradley K. "Power and Society: The Kuomintang and Local Elites in Kiangsu Province, China, 1924－1937", Ph.D.diss., University of Virginia, 1979.

こうしたアメリカの国民党政権に関する論争の紹介として、土田哲夫「国民党政権の性格をめぐって――Republican China 誌上の論争の紹介――」(『近きに在りて』第8号、1985年11月)が参考となる。

(4) 笹川・前掲書、9-12頁。

(5) 土田哲夫「中国国民党の統計的研究(1924～49年)」(東京学芸大学史学会『史海』第39号、1992年6月)。

(6) 川井悟「全国経済委員会の成立とその改組をめぐる一考察」(『東洋史研究』第40巻第4号、1982年3月)、同「国民政府の経済建設政策における一問題点――全国経済委員会テクノクラートの存在と意義をめぐって――」(中国近現代経済史シンポジウム事務局編『中国経済政策史の探求-第三回シンポジウムの記録』汲古書院、1989年)、拙稿「中国近代における農業技術者の形成と棉作改良問題」(Ⅰ)(Ⅱ)(『アジア経済』第33巻第9、10号、1992年9、10月)、松田康博「台湾における土地改革政策の形成過程――テクノクラートの役割を中心に――」(慶応義塾大学『法学政治学論究』第25号、1995年)、山本真「国共内戦期国民政府の『二五減租』政策――中国農村復興連合委員会の援助による1949年の四川省の例を中心として――」(『中国研究月報』第586号、1996年)、同「中国農村復興連合委員会の成立とその大陸での活動(1948-1949)」(愛知大学現代中国学会『中国21』第2号、1997年)。

Ⅱ．農業金融政策論

　1930年代の農業恐慌時期、南京政府は現銀の都市流出による農村金融の枯渇に対処するため、既存銀行利用あるいは農業金融専門銀行新設により資金の農村還流を進め、その受け皿として農村合作社・農業倉庫の設立を奨励した。かかる政策は、南京政府の農村復興政策の中心課題に位置付けられ、言論界でもこれに関するおびただしい調査・時評・論文類が発表され、その評価をめぐって議論が百出した。

　そうした中でも中国共産党の理論的影響下にある経済学者で組織された中国農村経済研究会は、機関誌『中国農村』等に依拠して南京政府の農業金融政策に厳しい批判を加えた[1]。こうした『中国農村』派の論客の一人である駱耕漠は、信用合作社・運銷(運送販売)合作社・農業倉庫などを媒介とした銀行資

本の農村進出について、以下のような批判を展開している(2)。第一に、銀行資本の農村進出は、農業恐慌の深化による財政危機や金融恐慌を恐れた政府当局・銀行家による自衛策の側面もあるが、銀行資本にとってそれはあくまで資金の都市集中により生じた遊資のはけ口を求めた営利活動であり、農民収奪により相当の利益を上げている。第二に、銀行は資金の確実な回収のために貧農・雇農層への貸付を避けるので、合作社・農業倉庫を掌握して資金借入の恩恵を受けるのは主に地主・富農層であり、その資金が一般農民に高利で貸し出され高利貸資本に転化する。第三に、銀行資本の農業金融は営利目的であり危険な貸付は忌避されるので、経済的先進地域・治安良好地域・商品作物生産地域などに貸付地域が限定され、恐慌下窮乏をきわめた農民の膨大な資金需要に対して貸付金額は絶対的に僅少となり、農村の高金利状況の解消などは不可能で農村経済回復にとっても効果は微弱である、と。こうして南京政府の農業金融政策は、まず封建勢力と銀行資本による農民収奪であると非難され、他方ではその実効性の弱さが批判されるなど、二重の批判にさらされるのである(3)。

　しかし駱耕漠の理論にはその重要な前提に実証を抜きにした論断が見られ、このまま承認する訳には行かない。それは銀行資本の農業金融を収益目的の営利事業であると位置付け、しかも相当の利益を上げたとしている点である。この点に関して呉承禧は、農業金融では高収益は望めずしかも危険も多く、銀行にとり決して有利な業務ではないとしており(4)、再検討の余地がある。なぜ銀行資本は農業金融に関与して行くのかを民間商業銀行・政府系商業銀行・政府系農業金融専門銀行など各自のケースに則してそれぞれ検討し、またそれら銀行は農業金融で本当に利益を上げ得たのか、これを信用合作社・運銷合作社・農業倉庫という各貸付事業内容に則して検証する必要もある(5)。さらに駱耕漠の研究のもう一つの問題点は、銀行資本の農産物担保貸付をすべて「農業倉庫」を利用した農民対象の貸付と理解していることである。この点に関しても呉承禧は、商業銀行の農産物担保貸付は金額的には膨大であるがその対象は多くが商人であり、その恩恵は農民には及ばないとしており(6)、やはり再考の必要がある。ただ呉承禧の場合、かかる商人貸付は農業金融の範疇外として除外してしまい、そうした農産物担保金融の農村経済・地域経済に果す重要性が独自に

考察されていないのが不満な点である。特に1935、36年には銀行資本による農産物担保貸付額は膨大なものとなり、経済的に決して無視できないのである。

こうした『中国農村』派の合作社論・農業金融論に批判を加えたものが弁納才一の研究である。その研究では、江西・江蘇両省の合作社の実態が追究され、また銀行資本の農村貸付事業が検討されている[7]。そして合作社は地主・富農など地方有力者の経営権掌握や資金流用などの欠点は有したものの、資金の農村還流や生産・流通の改善などで農村復興に一定の役割を果したことが肯定的に評価されている。その研究の問題点は、合作社政策に対する通説の批判に重点が置かれ、優良合作社の事例紹介が中心となっており、劣悪合作社を含めて合作事業を総体的に把握しようとする視点を欠いていることである。南京政府の合作社政策の全容を解明し歴史的役割を評価するには、劣悪合作社の実態をも解明して、なぜ合作社の組織・運営がうまく行かないかを考究する必要がある。また優良合作社についても、劣悪合作社との比較からその成功要因を検証すべきであろう。こうしてこそ南京政府の農民掌握ならびに組織化の到達点と問題点を解明できるのである。次に、弁納著書の銀行資本の農村貸付を論じた研究では、中国銀行・交通銀行の倉庫利用の商品担保貸付と上海商業儲蓄銀行・江蘇省農民銀行などの農業金融が同列に論じられており、これも問題である。中国・交通両行の巨額な倉庫担保貸付はあくまでも商工業者を対象としたものであり、その実態や経済的意義は別個の厳密な研究が必要であろう[8]。

こうした国民政府による農業金融・合作社政策を考察するには、同時期の「満洲国」（以下かぎ括弧を省略）の動向が参考となる。代表的な業績としては、安冨歩と柴田善雅の研究がある[9]。両氏の研究では、金融合作社・農事合作社及びそれを統合した興農合作社の農業金融政策が詳細に論じられている。さらに安冨の研究では、大豆を中心とした「特産金融」の実態が明らかにされ、柴田の研究では大興公司の当舗（質屋）金融も追求されている。柴田によれば、金融合作社は1県1社主義を採り満洲国財政部・満洲中央銀行の県単位の出先機関としての機能を果すものであり、農民の互助組織には程遠い内容であり、その借り手も地主・富農層に集中していたとされる。また、農事合作社も組織・人事面で地方行政組織と密着し官製体質が濃厚であり、信用業務、特に預金吸

収は低調であった。そして柴田は、満洲国の農業金融機構は農村負債構成に一定の地歩を固めたが、農村社会の把握の困難さが農業金融機構の成熟を阻んでいたと結論付けている。こうした両氏の研究は、東北地域と華中地域の違いはあるが、中国農村社会を対象とした農業金融事業であり、国民政府下合作社を研究する本書にとっても有意義である。

また、南京政府期の農業金融政策の研究は、アジアの農業金融の現状も参考とされるべきであろう。泉田洋一・万木孝雄の研究によれば、アジア諸国の機関貸手による農村金融の問題点として、農村内部での貯蓄動員の不足と原資の外部依存度の高さ、貸付資金の回収率の低さ、資金の借入に要する取引費用の高さ、機関金融に小農などは容易にアクセスできないという資金配分の偏り、などが指摘できるという[10]。こうした諸点は、南京政府期の農業金融が直面した問題と共通している。

注

(1) 中国農村経済研究会については、三谷孝「中国農村経済研究会とその調査」（小林弘二編『旧中国農村再考──変革の起点を問う』アジア経済研究所、1986年）、三谷孝「抗日戦争中の『中国農村』派について」（小林弘二編『中国農村変革再考──伝統農村と変革』アジア経済研究所、1987年）参照。

(2) 駱耕漠「農民借貸所与銀行業的典当化」（中国経済情報社編『中国経済論文集』第1集、生活書局、1934年）、同「信用合作事業与中国農村金融」（『中国農村』第1巻第2期、1934年11月）、同「中国農産運銷底新趨勢」（同上誌、第1巻第4期、1935年1月）。

(3) こうした駱耕漠の理論は『中国農村』派にほぼ共通した見解であり、中国では共産党の政権掌握によりこれが通説となった。于治民「十年内戦期間中国農村金融状況」（『民国档案』第28期、1992年5月）は駱耕漠理論をほぼ継承しており、また桑潤生編『中国近代農業経済史』（農業出版社、1986年）では、銀行資本は封建勢力と結託して農村に侵入し高利貸的搾取を展開したとして、その農民収奪の面がより強調されている。ただ最近はより実証的な研究がなされてきており、代表的な研究に李金錚『民国郷村借貸関係研究』（人民出版社、2003年）がある。本書では、民間の農村金融が詳細に検証されており、また1930～40年代の国民政府の農業金融政策が一定程度肯定的に評価されている。ただ、国民政府の農業金

10　序章　問題の所在と本書の内容

　　　融政策は抗日戦争以前と以後では内容が大きく相違するはずであり、本書においても時期を区分した綿密な考察が必要であった。また、本書でも農業金融機関の経営実態はほとんど明らかにされていない。なお、同氏には、『近代中国郷村社会経済探微』（人民出版社、2004年）もある。
（４）　呉承禧「中国銀行業的農業金融」（『社会科学雑誌』第６巻第３期、1935年９月）492－495頁。なお、呉承禧（1909～1958）は1932年６月復旦大学商学院銀行学系を卒業し、中央研究院社会科学研究所研究員、上海興業銀行副経理などを経て、抗日戦争期には『経済週報』の創刊に参加し、人民共和国建国後は中国人民銀行華東区行計画処長、上海財経学院教務長などを歴任した。中国民主同盟上海市支部工商委員会主任を務め、56年には中国共産党にも入党している（『復旦大学同学録（民国23年）』1934年、23頁、徐友春主編『民国人物大辞典』河北人民出版社、1991年、355頁）。
（５）　筆者は先に民間商業銀行である上海商業儲蓄銀行のケースについて簡単な検討を加え、同行は農業金融事業については高収益を期待できず危険性もあると見ていたが、農村経済の崩壊は放置できないとして自ら率先実施その先鞭を付けたが、後には採算不利などの理由から事業規模を縮小させた事実を指摘した（拙稿「南京国民政府の農業政策と農業技術専門家」『近きに在りて』第22号、1992年11月）。
（６）　前掲「中国銀行業的農業金融」472頁。
（７）　弁納才一『近代中国農村経済史の研究』所載の第４章「農村合作社政策の展開とその経済的意義」及び第５章「世界経済大恐慌波及下における銀行の対農村貸付」。
（８）　岡崎清宜「恐慌期中国における信用構造の再編」（『社会経済史学』第67巻第１号、2001年５月）、同「国民政府下中国における信用機構の再編」（『史林』第86巻第４号、2003年７月）が、この銀行による商品担保貸付の実態を解明している。
（９）　安冨歩『「満洲国」の金融』（創文社、1997年）、柴田善雅『占領地通貨金融政策の展開』（日本経済評論社、1999年）。
（10）　泉田洋一・万木孝雄「アジアの農村金融と農村金融市場理論の検討」（『アジア経済』第31巻第６・７号、1990年６・７月）。なお本論文は後に、泉田洋一『農村開発金融論──アジアの経験と経済発展──』（東京大学出版会、2003年）に収録された。

Ⅲ．合作社政策と農村村落及び「共同体」

　1970年代に斎藤仁を中心に日本とアジア諸地域の協同組合の比較研究がなされた[1]。そこでは「自治村落」の有無が、協同組合の健全な発展に大きく影響することが明らかにされた。本研究の中国部分は加藤祐三の担当であり、すでに中華民国時期に協同組合（合作社）が組織されていたことを解明した。しかし、加藤論文の内容は全体の問題意識とはやや乖離しており、そうした村落問題と合作社との関係が論じられることはなかった[2]。

　斎藤仁は日本の封建村落を「特定の領域と領民（構成員）をもち、その領域と領民にたいして一種の行政権と司法権を行使し、さらに独自の財政権をもつ組織である。そして、これらの公権力的な権限は、構成員の一家一票的な──少なくとも形式において──承認によって支えられている。また、この公権力的な権限は、構成員相互間の自然発生的な近隣あるいは同族集団の生産・生活についての相互扶助と相互規制の関係までを包摂する」と規定している。そして日本の近代村落は、こうした封建制の下で形成された「自治村落」に由来するそれ自体が一種の公権力を持った村落社会であるとする。さらに、日本の初期農協（1900年の「産業組合法」公布前後に作られた組合）は、大半がこうした村落を基盤に形成された部落組合であったとしている。この初期農協は、部落組合であると同時に地主組合でもあった。日本でも地主の恣意的な組合運営あるいは組合私物化が見られたが、それは一部の事例であり、組合の理事は「部落の構成員として部落の社会的規制の中に包みこまれて」おり、その上に「部落の執行部層として部落社会からその責任を問われる地位におかれていた」ために組合私物化や不正の余地は少なかったとしている[3]。この斎藤の「自治村落」理論は、日本の初期協同組合の順調な発展要因について説得的な議論となっている。こうした日本の「自治村落」を基盤とした初期協同組合の発展との比較から、中国における初期協同組合とも言える南京政府統治時期の合作社を研究する必要がある。

　斎藤仁の「自治村落」論を継承する研究として、加納啓良編の共同研究が出

されている(4)。そこでは、東南アジア農村社会に日本のような「自治村落」的結合が存在しないことが確認されながら、東南アジア農村社会は決してばらばらな個人の寄せ集めではなく、場面と機能に応じた各種各様の組織が柔軟に形成・運用されていると指摘されている。すなわち、東南アジア研究においても、その研究の深化により農村内部に現存する様々な互助連帯の慣行の実態が解明され、農民の結合原理として再評価されているのである。本共同研究には、重冨真一によるタイの信用協同組合の研究が収録されている(5)。そもそもタイでは1910年代に信用協同組合の組織化が開始されたが、長い間外部資金の受け皿として機能するに止まった。近年は貯蓄した資金を組織内で回転させる貯蓄プール型に類似した性格を備えつつあるが、行政村（村落）レベルの小規模組織に止まり、資金規模での限界があるとされる。南京政府時期の合作社も、同様に外部資金の受け皿として組織されたものであり、このタイの事例は中国合作社を考察するにも示唆に富む内容である。

　旧中国の農村社会を実証的・理論的に研究した成果として、石田浩と内山雅生の研究がある(6)。石田は旧中国に共同体的土地所有を媒介にした「村落共同体」が存在しなかったことを承認しつつ、それでも農業生産・農村生活の維持には何らかの互助的関係が不可欠であるとして、人的結合を軸とした「生活共同体」の存在を提起している。そしてそうした「生活共同体」の実例として、労働力の相互融通である換工、農具・役畜の共同所有・共同利用、水利灌漑のための共同労働、さらには農民間での相互扶助的金融としての銭会（日本の無尽・頼母子講に類似した集まり）を挙げている。また内山は、華北農村の看青（作物の見張り）、打更（夜回り）、搭套（畜力交換）などの「共同慣行」・「共同労働」に着目し、それら「共同関係」を人民共和国における「農業集団化」の基礎と位置付けている。

　石田・内山の研究に対比して、旧中国農村社会の「共同体」的性格をより明確に否定したのは足立啓二である(7)。足立はヨーロッパや日本などととの比較から、中国村落の「団体的性格」の存在を否定している。そして農村の社会的機能は、私的にあるいは目的別任意団体によって担われているとしている。さらには、そうした中国社会の近代への移行においては、任意団体による「自治」

機能が重要な役割を果すことも指摘している。筆者は基本的に足立のそうした見解に賛成である。すなわち、中国の伝統村落は「村落共同体」とは言えず、しかも農村の「自治」機能も村落全体に及ぶものではなく、斎藤仁の定義するところの「自治村落」とは言えないのである。ここで問題となるのは、そうした村落の自治的機能が欠如する中国では、合作社の組織化にあたってどのような困難が生じるのかである。また、南京政府期中国において現実には多数の合作社が組織されており、その合作社の結合原理はどのようなものであったのかも考究する必要がある。石田浩・内山雅生の指摘するような村落内の互助関係・人的結合は合作社組織化に何らかの影響を与えたのか、こうした問題視角も重要である。さらには、「自治村落」が欠如していても、行政権力により上から強制的に合作社を普及する可能性もあったはずであり、農村社会における行政権力の在り方も検討される必要がある[8]。

　翻って日本の中国合作社研究の現状を顧みると、上記のような筆者の問題意識に答える内容となっていない。川井悟は、『中国農村』派などの合作社批判に反論し、華洋義賑救災総会の信用合作社は健全に運営されていたとしている[9]。しかし川井も限定しているように、これはあくまでも1920年代の合作社が僅少であり少額の貸付金を多くの人手を掛けて管理した時代のことである。合作社が急増した南京政府時期を、どのように理解すべきかについては検討されていない。また川井は、農村合作社政策が成功裏に展開される条件を探る中で、小学校教員のイニシアチブが優良合作社を生み出すケースがあることを指摘している[10]。ただ小学校教員の動きを農村内部からの自生的動きと見なすことができるのか、またそうした小学校教員の活動がどこまで広汎に見られたのかは疑問である。他方、弁納才一による1930年代の江西・江蘇省の研究では、既述のように優良合作社の事例紹介が中心となっており、中国農村社会の組織原理と合作社の関係が問われる内容となっていない[11]。

　こうした筆者の問題意識と類似した観点から日本統治期の朝鮮・満洲国の協同組合を研究した業績として、浜口裕子の著書がある[12]。浜口は朝鮮の金融組合が成功し、満洲国の金融合作社・農事合作社及び興農合作社が農民掌握に失敗した大きな要因として、その自然村の相違を指摘している。浜口によれば、

朝鮮農村は自給自足的性格が強く、自然村（洞里）が農民にとって実質的な自治単位となっていた。それに対比して満洲では、国際商品大豆を中心に流通機構が発展し、農民の生活範囲が自然村（屯）に止まらず、より広域の市場圏にまで広がっていた。また満洲の自然村は凝集力が希薄であり、他方で行政村は国家権力側が租税徴収などのために便宜的に用いる区分であり農民の生活とは乖離していた。満洲国政府は、農事合作社の末端組織として自然村を単位に「実行合作社」（興農合作社では「興農会」）を組織したが、自然村の凝集力の希薄さにより「屯」の農民全体を「植民地国家」に動員することに失敗したのである。

南京政府期合作社の研究は、極めて現代的な意味も持つ。現在の中国では、人民公社解体以降に個別分散化した農家を統合して市場経済に適合させるために、日本の農協に学んで農民組織を作ろうとしている[13]。中国には形式上は農民の協同組合として供銷合作社・信用合作社が存在しているが、実態は農民の自主的組織とは言えず官製組織となっている[14]。現在の農民組織設立の取り組みは、人民公社とは異なる農家小経営を前提とした農民組織化の模索であり、南京政府時期の動向はその前史に位置付けることが可能であろう。

注
（1） 滝川勉・斎藤仁編『アジアの農業協同組合』（アジア経済研究所、1973年）。本書の斎藤仁執筆部分は、後に斎藤仁『農業問題の展開と自治村落』（日本経済評論社、1989年）に収録された。
（2） 加藤祐三「中国の初期合作社」（前掲『アジアの農業協同組合』所収）。
（3） 前掲『農業問題の展開と自治村落』参照。
（4） 加納啓良編『東南アジア農村発展の主体と組織——近代日本との比較から——』（アジア経済研究所、1998年）。
（5） 重冨真一「農村協同組合の存立条件——信用協同組織にみるタイと日本の経験——」（同上書所収）。
（6） 石田浩『中国農村社会経済構造の研究』（晃洋書房、1986年）、内山雅生『中国華北農村経済研究序説』（金沢大学経済学部、1990年）、同『現代中国農村と「共同体」——転換期中国華北農村における社会構造と農民——』（御茶の水書房、

序章　問題の所在と本書の内容　15

2003年）。
（7）　足立啓二『専制国家史論』（柏書房、1998年）。なお、奥村哲「民国期中国の農村社会の変容」（『歴史学研究』第779号、2003年9月、後に『中国の資本主義と社会主義』桜井書店、2004年に所収）は、足立啓二の見解を基本的に支持しながらその問題点も指摘し、さらに内山雅生・石田浩の農村研究を批判的に検証している。この奥村論文に対する内山雅生の反論として、「近現代中国華北農村社会研究再考」（『歴史学研究』第796号、2004年12月）が出されている。
（8）　田原史起は中華人民共和国建国初期の土地改革の前提として、民国時期における江西省の県及び県以下の行政機構の変遷を追っており興味深い内容となっている（田原史起『中国農村の権力構造――建国初期のエリート再編』御茶の水書房、2004年）。
（9）　川井悟『華洋義賑会と中国農村』（京都大学人文科学研究所共同研究報告『五四運動の研究』第2函、1983年）。
（10）　川井悟「1920〜30年代、中国河北省農村における自助農民像」（『人間科学研究センター紀要』第3号、1988年3月）。
（11）　弁納才一「農村合作社政策の展開とその経済的意義」（前掲『近代中国農村経済史の研究』第4章）。
（12）　浜口裕子『日本統治と東アジア社会――植民地期朝鮮と満洲の比較研究』（勁草書房、1996年）第4章から第7章。また補論「旧中国農村調査にもとづく戦後日本の研究成果について」も、満鉄などの調査報告を用いた戦後の中国農村研究に関する優れたサーベイになっており、合わせて参照されたい。
（13）　この中国での農協組織化の動きは、太田原高昭・朴紅『リポート中国の農協』（家の光協会、2001年）に紹介されている。
（14）　戦後中国の供銷合作社の動向については、青柳斉『中国農村合作社の改革――供銷社の展開過程――』（日本経済評論社、2002年）、農業金融政策と農村信用合作社については、山本裕美『改革開放期中国の農業政策――制度と組織の経済分析』（京都大学学術出版会、1999年）が詳しい。

Ⅳ．本書の内容

第1部では、農業金融政策・合作社政策の中軸となる専門家集団・中国合作学社の活動の全容を解明し、また彼らが政策を遂行した農村社会は政治的にど

のように組織・編成されていたのかを探る。まず、第1章では中国合作学社の歴史的性格を解明するため、その前史とも言える1910年代末から20年代前半にかけての復旦大学の学生運動に遡って検討する。またその歴史的役割を明確にするためにも南京政府時期で止めず、1949年さらには戦後台湾での動きまでをも視野に入れたい。第2章では、南京国民政府の地盤とも言える江浙地域において、末端行政機構がいかに編成されたかを区及び郷・鎮を対象として検討して行く。特にそれらの行政区画・組織機構・人員に着目して、行政機構として政府の政策課題をどの程度まで担えたかを考察する。また郷・鎮は、農村市場圏及び自然村落といかなる関係にあったのかについても検証を加える。

　第2部においては、浙江省と江蘇省における農業金融専門機関の設立とその活動を追い、さらにそれら金融機関より融資を受けた合作社・農業倉庫の活動実態を探る。第3章では浙江省を取り上げるが、そこでは省立農民銀行の設立がなされず、農業金融機関の整備が不備で、合作社への強力な指導体制も組めなかった。こうした地域では農業恐慌救済策として何か有効な施策は講じられたのか、それとも農村金利低下や農業生産回復には効果のない少額の資金が合作社・農業倉庫を通じて融資されるのみであったのか。こうした点が問題となる。この点に関して同省では、中国銀行や浙江地方銀行による農業金融が積極的に実施され、特に自営倉庫での農産物担保貸付が推進された。この両行の倉庫担保貸付に注目し、その内実と浙江省経済への影響を探る。他方、江蘇省では全省単一の強力な農業金融専門銀行が創設され、合作社及び農業倉庫事業が全国有数の発展を見せた。第4章では、その江蘇省農民銀行の経営構造と農業金融政策を検証する。特に、同行はいかにして資本金・預金を調達したのか、またその融資活動はどのような内容であったのかに着目する。

　第3部では、浙江省と江蘇省の信用合作社を比較しながら、信用合作社の実態と問題点を探る。また、様々な問題を内包しながらも信用合作社は短期に多数組織されており、それはいかなる結合原理に基づくものであったかを考察する。1933年以降は、両省の合作社政策は信用合作社中心主義から生産・運銷合作社重視に大きく転換した。そこでこうした合作社改善策と生産・運銷合作社の意義と限界を解明する。第5章では、まず問題合作社の多かった浙江省の事

例を検討し、信用合作社の実相に迫る。次に相対的には優良な合作社も見られた江蘇省の事例を検証し、信用合作社の結合原理を考察する。第6章では、浙江省における合作社改善のための諸政策を検討する。すなわち、1933年に設置された合作実験区の活動内容、さらに各地で組織された生産・運銷合作社の実態を可能な限り網羅的に解明する。浙江省の生産合作社の中で養蚕合作社は大きな比重を占めたので、蚕種改良事業の内容を詳しく検証し、養蚕合作社はどのような活動を展開し、いかなる発展段階にあったのかを解明する。第7章では、前章と同じく生産・運銷合作社の問題を江蘇省の事例に即して検証して行く。しかし、すべての合作社を網羅的に解明するのではなく、江蘇省の重要産業であった養蚕・製糸業並びに絹織物業に問題を絞って、それと合作事業との関係を考察して行く。

第 1 部　農業政策推進主体の形成と地域社会

第 1 章　中国合作学社と国民政府の合作社政策

は じ め に

　南京国民政府時期の農村合作社（合作あるいは合作社は協同組合を意味する）事業は、華洋義賑救災総会・中華平民教育促進会・山東郷村建設研究院などの民間団体が教育普及活動と並行して活発に展開した。ただ中央政府や省政府などの行政機関も規模・資金量で民間を上回り、特に南京政府の地盤である江蘇・浙江省や江西・湖北・湖南省などの「剿共」地区では行政機関による奨励策が合作社組織化の重要要因となった。この中央・地方政府の合作社政策に大きな影響を与えた団体が中国合作学社である。同社は薛仙舟の教えを受けた復旦大学の卒業生を中心に組織され、国民党の有力政治家・陳果夫を領袖とし、合作教育分野及び合作行政機構に大きな地歩を築いて行った。抗日戦争時期には、重慶政府の合作行政機関である合作事業管理局は、同社の強い影響下にあった。本章では、この中国合作学社の実態を解明したい。

　この問題に関する先行研究としては、中国合作学社社員であった陳岩松が『中華合作事業発展史』（上）（下）（台湾商務印書館、1983年）をまとめており、貴重な史料となっている[1]。また台湾においては頼建誠の著書が出されており、そこでは薛仙舟の合作理論や復旦大学学生の動きも簡単に紹介されている[2]。ただこのテーマが個別に追究されている訳ではなく、あまり詳細な研究とはなっていない。また中国合作学社については、若干の論及がなされるのみである。

　日本においては菊池一隆の詳細な研究がある[3]。菊池Ａ論文では、国民党の合作思想の起源を探るべく1910・20年代にまで遡り、主要な論者の合作理論を紹介している。特にその中で陳果夫と邵力子の理論と活動が詳細に紹介されている。またＢ論文では、1920年代に各地で展開された合作社普及運動並びに信用・消費合作社の実態が解明されている。特に本章でも検討課題とした復旦大

学学生による週刊紙『平民』の発行や上海国民合作儲蓄銀行の経営についても、詳細に論述されている。本章は、この菊池一隆の先行研究に大きく依拠している。ただ菊池論文では、南京政府成立以前を研究対象としているため、その復旦大学卒業生が南京政府の下でどう行動したのかが体系的に追われていない。復旦大学の卒業生は中国合作学社を結成し再度結集し、集団として国民政府下の合作事業に取り組んだのである。

そこで本章では復旦大学の教員・学生という人的関係に焦点を当て、その履歴を明らかにすることにより彼等のその後の軌跡を探りたい。またそれらの人々の結集軸となった中国合作学社の実態を、組織と活動の両面から解明する。こうして1920年代末から40年代にかけての合作行政はいかなる人々に担われ、どのような特徴を有していたのかを明らかにする。ただ抗日戦争期以降の合作行政については大きな見通しをつけるだけで、より本格的な研究は今後の課題としたい。

こうした中国合作学社の研究は、その領袖的存在であった陳果夫研究にも資することとなる。陳果夫と関係が密接な学術団体として、同社以外にも土地行政の専門家で組織された中国地政学会があった。ただ陳果夫は土地問題については専門外であり同会では賛助会員の立場に止まり、蕭錚が強いリーダーシップを発揮した[4]。それに対して陳果夫は合作問題には造詣が深く、中国合作学社は一貫して彼の強い影響下にあった。これが中国合作学社に独特の特色を与えた。陳果夫は旧来、ともすれば「ＣＣ」派の領袖あるいは国民党「四大家族」の一つとしてネガティブな評価を受けていた。しかし、彼の多彩な政治活動を再検証し、歴史的な再評価を加える必要がある。本章はこうした課題の基礎作業として、彼と合作運動との関係の解明を目指したものである[5]。

注

（１）　陳岩松（1906～1983）は浙江省永嘉県の人。1927年浙江省党部において助理幹事として民衆組織訓練を担当。32年7月中央政治学校社会経済系合作組卒業、32年9月から35年5月まで浙江省建設庁合作事業室に勤務し、農業金融政策を担当。35年4月には中国合作学社の日本合作事業考察団の一員として訪日し、法政大学

で研究に従事する。35年7月江蘇省建設庁視察兼科長に就任し、合作事業を指導した。抗日戦争開始以後は、浙江戦時物産調整処技正兼組長（38年1月〜8月）、第三戦区経済委員会視察（38年8月〜42年1月）を経て、42年2月社会部に異動した。社会部では、合作事業管理局輔導団第1団副団長、全国合作人員訓練所主任秘書、合作事業管理局視察・主任秘書を歴任し、49年1月合作事業管理局局長に就任した。しかし、同局は49年5月内政部に併合され、同部合作司司長に転属。49年6月休暇を請い、台湾に移住。50年9月から54年8月まで高等考試典試委員会委員、50年10月には中国合作事業協会を再建して総幹事を務める。57年2月から72年11月まで内政部参事。75年米国に移住し、83年サンフランシスコで死去した（周建卿「追憶尽瘁合作的陳岩松兄」中国合作学社編『合作経済』（季刊）第7期、1985年12月、65－72頁）。ただし同上稿は陳岩松の日本留学期間を35年4月から同年7月までとするが、陳岩松『合作事業論叢』（1976年）88頁ではその留学期間を1年以上としている。おそらく本人の回想の方が正確であろう。あるいは、日本留学のまま35年7月に江蘇省建設庁視察の辞令が発令されたものかも知れない。

（2）頼建誠『近代中国的合作経済運動――社会経済史的分析』（正中書局、1990年）。

（3）菊池一隆「中国国民党における合作社の起点と展開――孫文、戴季陶、陳果夫、邵力子との関連で――」（孫文研究会編『孫文研究』第9号、1988年12月、菊池A論文）、同「中国初期合作社史論――辛亥革命前後から一九二三年までを中心に――」（狭間直樹編『中国国民革命の研究』京都大学人文科学研究所、1992年、菊池B論文）。

（4）笹川裕史「蕭錚と中国地政学会」（同『中華民国期農村土地行政史の研究』汲古書院、2002年）、山本真「1930〜40年代、国民政府土地政策の決定過程」（ワークショップ報告書『1930－1940年代中国の政策過程』同ワークショップ事務局編、2004年）。

（5）「ＣＣ」派あるいは「ＣＣ」系とは、陳果夫及び陳立夫の人脈・人的結合に対する外部からの通称であり、「セントラルクラブ」、「ＣＣ団」なる固定的組織は実在しなかったと考えるのが妥当であろう。菊池一隆「都市型特務『Ｃ・Ｃ』系の『反共抗日』路線について」（上）（下）（『近きに在りて』第35、36号、1999年6、12月）でも、その点は確認されている。また、最近の中国側の研究でも、王奇生『党員、党権与党争――1924〜1949年中国国民党的組織形態』（上海書店出版社、2003年）は詳細な検討の結果、固定的な組織の存在を否定している。

Ⅰ．復旦大学の学生運動と平民学社

1．復旦大学と上海五四運動

　1905年、上海の震旦学院の教員・学生が、フランスカトリック教会の学校運営に対する干渉に抗議して同学院を飛び出して、復旦公学を設立した（校長馬相伯）。辛亥革命後同校は一時閉鎖されたが、12年には南京臨時政府の支援で徐家匯の李鴻章公祠を校舎にして再開された。この時に従来の高等正科を大学予科（3年）に改編し、内部を文科・理科に分け、また中学部も附設した。13年には学校董事会を設置し、孫文・陳其美・于右仁・王寵恵が董事となり、李登輝（ジャワ生まれの華僑、米国エール大学卒）を校長とした。17年復旦公学は大学本科を開設し、私立の復旦大学に改組された。22年春には江湾に新校舎が完成し、大学部はそこに移転した[1]。このように復旦公学（大学）は革命派との関係が密接であり、李登輝校長も熱烈な愛国主義者であったので、1910年代には胡漢民・王寵恵・戴季陶・葉楚傖・邵力子などの革命派の教員が教鞭を執り、学生もその影響を強く受けていた[2]。

　上海の五四運動では、この復旦大学の学生が先頭に立った。5月5日の夜には、邵力子が電話で復旦大学学生に北京の学生運動の動向を伝え、6日朝8時には彼が同大学内において学生を集めて北京学生への支持を訴えた。そして同日には復旦大学学生が上海の各学校を廻り、同日夜には各学校との連名で北京学生支持の電報を発した[3]。5月11日には寰球中国学生会において、上海学生連合会の成立大会が開催された[4]。そして会長には復旦大学の何葆仁（華僑）が就任し、朱仲華は会計に選出されている。同連合会は各学校から評議員1名を出し評議部を組織し、狄侃（東呉大学）を評議長に選出した。復旦大学の評議員は程天放であり、彼は副評議長も兼ねていた。なお程天放は同年9月には、何葆仁に代わって上海学生連合会会長に就任している[5]。5月26日には上海学生連合会が罷課を実施し、さらに学生連合会は上海商人にも罷市を働き掛け、これが労働者のストライキを含めた三罷闘争に発展したのである[6]。また復旦大学の李登輝校長は、五四運動への参加を理由に聖約翰大学附属中学を退学と

なった章益などの数十人の学生を受け入れた[7]。

2．薛仙舟と陳果夫

　五四運動終焉以降、復旦大学の学生の実践活動に大きな影響を及ぼしたのは薛仙舟であった。彼の指導の下で、同大学の学生の中から合作事業の有力な指導者が輩出することになる。また彼の合作思想は陳果夫にも影響を与え、陳果夫は合作社政策を国民党・国民政府の重要施策に位置付け、その発展に尽力した。ここで彼の経歴を紹介しよう。

　薛仙舟（1878～1927）　祖籍は広東省香山県、江蘇省揚州に生まれる。父親岐山は揚州塩政長官であった。幼くして両親を亡くし、11歳で長兄に従い天津に移り、中西書院に学ぶ。その後、北洋大学堂に入学し、19歳で卒業した[8]。北洋大学堂では、王寵恵と同級生であった。王寵恵の回想では薛仙舟のアメリカ・ドイツへの留学経緯が次のように語られている。すなわち、薛仙舟は優秀な成績で大学を卒業したので本来なら官費留学生に選抜されるはずであったが、義和団事件のために大学が解散させられ留学の途が断たれた。彼は失意の中で祖籍の広東に戻り、友人と革命行動を計画するが事前に発覚し、恵州で逮捕された。幸いに実刑を受けることなく、訓戒処分で保釈された。保釈後、香港で南洋大臣派遣留学生として渡米準備中の王寵恵と再会した。南洋大臣派遣留学生8名の好意により、彼等が自分達の生活費を節約し友人2名を留学に同行させることとなり、薛仙舟はその1名に選ばれて渡米した。こうして彼はアメリカで4年間勉強した。その後、欧州留学生監督の助手となり、ドイツに留学した。ただまもなくこの欧州留学生監督が罷免され、収入が断たれた。彼は友人宅に寄食して、貧困のなか学業を継続した。ドイツでは経済学者ワグナーの下、銀行学と協同組合学を学んだ。またドイツ国家銀行で義務（無報酬）行員となり、銀行実務も学んだ[9]。

　他方で弟子の王世穎は、米国留学の経緯を次のように述べている。薛仙舟は1900年漢口での革命運動に失敗し逮捕されるが、釈放された。その後、一念発起し勉学に励み官費留学生となり、米国カリフォルニア州立大学に入学した。しかし、まもなく革命のため帰国し、北海で逮捕・投獄された。幸いに獄卒の

助けがあり脱獄に成功し、再度渡米した。官費留学生の資格は取り消されたため、大学では苦学を重ね卒業した[10]。

この両者のうちどちらの米国留学経緯が正確は、現在は確認できない。ともかくもこうして薛仙舟はカリフォルニア州立大学とベルリン大学で学んだ。ドイツから帰国後、1914年には復旦公学の教授兼教務長に就任し、経済・財政・金融・公民・ドイツ語などを担当した。彼は学生の課外活動において合作社の重要性を啓発し、自ら合作社について講義する以外にも、学外の有識者を招いて講演会を開催した。18年よりは工商銀行董事長兼総経理を務めた。同年には工商銀行の株式募集のために訪米し、同時に米国の協同組合制度を研究した。19年には、復旦大学内に上海国民合作儲蓄銀行を創設した。これは中国で最初の信用合作社であった。27年には「全国合作化方案」（合作訓練院と全国合作銀行の設立が全国合作化の基礎との内容）を執筆し、陳果夫を介して蒋介石・胡漢民に提出されるが、政局の変動から実行に移されなかった。同年9月14日に自転車事故による足の怪我が原因で死去した[11]。

この薛仙舟が総経理を務めた工商銀行とは、1917年5月香港に設立されている。25年の日本側の調査では、同行は公称資本金500万元（払込80万元）であり、専務取締役（すなわち董事長）は程天斗、薛仙舟は総支配人（総経理）であった。同行は主として広東出身の米国留学経験者により経営され、株主は華僑が多く、一般銀行業務の他に外国為替業務も行っていた。永安公司の郭泉も取締役に名を連ねており、永安の出資もなされていた。上海支店の設立は18年10月である[12]。同行設立の目的は「現在の支那経済組織を統一し、支那に於て将来興るべき諸工業に対し、努めて諸種の援助を与へ、一方海外に於ける商業家と、支那内地生産業者間の連絡を計らんとする」[13]こととされた。同行は27年には払込資本金が143万元となり、香港総行の他に漢口・上海・天津・広州・江門・九龍に支店を持ち、特に上海支店を営業拠点としていた[14]。このように同行は20年代には大きく発展した。その理由は、薛仙舟により優秀な人材が集められたこと、また薛仙舟自身の学問・道徳・経験が広く社会の信頼を得たことによるとされている。しかし30年7月、同行は為替投機の失敗により債務超過に陥り、倒産に追い込まれた[15]。

次に、陳果夫の経歴は以下の通りである。

陳果夫（1892～1951）　浙江省呉興県の人。1907年浙江陸軍小学に入学。叔父陳其美の革命思想に大きな影響を受ける。11年中国同盟会加盟。辛亥革命に際しては、南京の同志を率いて武漢で参戦。12年フランス留学を計画するが、肺病と診断され断念。18年3月には上海の晋安銭荘に入り「信房」助手となる。20年には「茂新号」を組織し、上海証券物品交易所での棉花・証券取引に乗り出す。同年12月、薛仙舟と上海合作同志社を結成した。24年黄埔軍官学校が設立されると、上海において軍用品調達と学生募集を行い、広東に移送した。

1926年1月の国民党第2回全国代表大会では中央監察委員に選出される。同年6月蒋介石が国民党中央組織部部長に就任するとその秘書となり、7月には中央組織部部長となった。共産党員が多数を占めていた組織部の中で、共産党員の排除と国民党勢力の拡大に努める。さらには、広州・広東・江西・浙江などの地方党部でも共産党勢力との角逐を展開する。26年には国民党活動家養成のために党政訓練所をつくり、その所長となる。27年2月組織部部長を辞任。27年4月9日には、中央監察委員呉稚暉・張静江・蔡元培などと共産党弾劾案を提出した。27年5月には中央党務学校の籌備委員となり、同校が8月に開校するとその総務主任となる。28年2月～10月には中央組織部部長代理として、各地に党務指導委員を派遣し党員の総登記を行い、各地党組織からの共産党員の排除を行う。28年10月には監察院副院長、29年3月の国民党第3回全国代表大会で中央執行委員会常務委員兼中央組織部副部長に選出された。29年6月、中央党務学校が中央政治学校に改組されると、校務委員となる。30年10月の中国合作学社杭州大会の後、過労で大喀血。同月、中央組織部副部長を辞任し、31年5月まで杭州・莫干山にて静養。32年8月、導淮委員会代理副委員長就任。33年10月、江蘇省政府主席に就任。37年11月、江蘇省政府が改組され、主席を辞任。

1938年1月、蒋介石より中央政治学校代理教育長に任命される（41年7月辞任、後任は張道藩）。39年7月、国民政府軍事委員会委員長侍従室第3処（人事処）主任に就任し、全国の党・政・軍の重要人事権を握る。44年5月、国民党中央組織部部長に任命されるが、同年11月健康上の理由から辞任し、後任は陳

立夫が務める。45年10月には軍事委員会委員長侍従室第3処が閉鎖され、これ以降は主に農業金融制度の改善に精力を傾注した。45年11月中国農民銀行常務董事兼董事長に就任（総経理は李叔明）。46年11月には中央合作金庫を設立し、その理事長を務める。また45年11月には国民党中央財務委員会主任委員となり、国民党党営事業の創設にも尽力した。51年台北にて死去[16]。

　この陳果夫が薛仙舟と親密となり、その合作理論から大きな影響を受けたのである。その契機は、薛仙舟を教師として王寵恵邸において開かれたドイツ語の勉強会であった。この勉強会は1914年から16年まで続けられ、他にも陳藹士（陳果夫の叔父）・楊譜笙（浙江省呉興県の人、31年には国民政府監察院秘書長）も参加していた。この場において薛仙舟はかねてからの持論である合作理論を積極的に開陳し、陳果夫もそれに深い興味を示したのである[17]。また18年には共に金融業務に乗り出しており、この時期も両者の交流は続いた[18]。このように両者は言わば金融の専門家であり、合作事業奨励のために金融問題を重視するという発想はそこから生じたと考えられる。

　陳果夫の合作思想が比較的まとまった形で述べられているのは、1946年11月1日の中央合作金庫開幕の訓示である。そこでは「合作制度は資本主義と共産主義の中間を行く大道であり、それは公利と私利、公有と私有、公営と私営を調和し、かつ計画統制の長所を備え持ちその短所は有しない。ゆえに三民主義の社会経済建設を実行するための大道である」と主張されていた[19]。すなわち陳果夫にとって、合作社とは三民主義実現の重要手段であり、また資本主義により生ずる階級対立を調和して共産主義に対抗するための有力な手段でもあった。特にこうした考え方は、26年に国民党中央組織部部長に就任し、共産党勢力との熾烈な攻防戦を経験してからより強まったと想像される。

3．復旦大学学生の実践活動[20]

　五四運動を経験した学生達は、平民主義を標榜して実践活動を開始した。まず1919年10月22日には、復旦大学の教員・学生により大学内に上海国民合作儲蓄銀行が設立された。その設立趣旨には、社会改造の実行、合作主義の提唱、

義務教育の補助、平民経済の発展などが掲げられていた。21年には、資本金を10万元に増額し、店舗を上海市内に開設する計画も立てられた。だが資本金は最盛時でも約6000元程度に過ぎず、出資も教員・学生・大学用務員が中心であり、銀行実務も大学商科の学生が無報酬で担当した。24年10月の江浙戦争勃発以降その業務は停滞し、上海市中への進出も実現しなかった[21]。そして27年3月には、同行業務に長く関係した章鼎峙（経歴第1表）と薛仙舟による会議が持たれた。その結果、同行は学生の貴重な実習の場であるので、出資金は株主に返還するが、行内に留保されていた1000元余りの株式配当金を新たな資本金として事業を存続させることとした。そして5月に株主総会が開催されそれが了承された[22]。しかし、結局は1930年に同行は閉鎖された[23]。

　1919年11月中旬、復旦大学において李栄祥・譚常愷（経歴は第1表）・黄華表を発起人として、労働者階級に向けた啓蒙雑誌出版のための会議が開催された。この会議には他に、傅耀誠・劉啓邠・汪嘉驥・余愉（経歴後述）・陸宝璜の5人も参加した[24]。しかし、まもなく冬期休暇に入るため創刊は翌年とされた。20年になり復旦大学では山東問題を巡ってストライキに入り、時間的に余裕ができた学生達は雑誌の出版準備に入った。楊道腴・黄華表を正副総編輯とし、陸宝璜・李安（経歴後述）を経理、傅耀誠・劉啓邠・毛飛（経歴後述）が編輯であった[25]。印刷については邵力子に相談し、彼が関係している民国日報館での印刷を依頼した。ただ民国日報館は「星期評論」の発行で多忙として『救国日報』を紹介され、その大華印刷所での印刷が許可された。最大の問題は出版経費であり、これは李登輝校長に相談した。教員の湯松（経歴後述）や邵力子の熱心な応援もあり、大学教員が給料の5％を寄付することとなった。これで月114元の資金を確保できた[26]。こうして同年5月1日のメーデーに合わせて週刊紙『平民』は創刊された。復旦大学学生は同日、大学グランドにおいて「労工紀念大会」の開催を計画したので、『平民』をそこで配布しようとしたのである。しかし、当日復旦大学は兵隊により封鎖され大会は開催できなかった[27]。

　1920年の夏期休暇までに『平民』は第10期まで出版された。『平民』は元々は合作を宣伝する刊行物ではなかったが、薛仙舟の影響を受けて合作関係の記事を掲載するようになった。同紙に始めて合作の論文が掲載されたのは第4期

の王世穎「消費合作与労動問題」であり、続いて第6期は「合作専号」となった。また丁度この時期に薛仙舟が米国より帰国し、「消費合作」の講演を行いそれが第9期に掲載された(28)。また薛仙舟はアメリカで協同組合関係の多くの著作を収集してきており、学生にその翻訳と『平民』への掲載を勧めた(29)。『平民』は夏期休暇中休刊を予定していたが、読者からの要請や薛仙舟の叱責もあり、7月31日には第11期の出版が敢行された。本号では、経済改造のためには「合作主義」が有効であり、平民週刊社はその宣伝だけではなく実践も行うと宣言されている。そのために「合作銀行」「合作同志社」「合作訳書社」を順次設立し、「消費合作」も準備中であるとされた(30)。なおこの第11期よりは邵力子の支援で、『平民』を『民国日報』の副刊として出版できることとなり、2500部の紙代だけを負担すれば良くなり、印刷代の負担がなくなった。そのために新学年よりは教職員の寄付は任意としおよそ30元ほどを集め、別に大学より50元の補助を受けることとした(31)。また第60期からは、読者から郵送費だけではなく紙代として1部1分を徴収することとなった(32)。

　1921年12月6日、平民週刊社が平民学社に改組された。それを提案したのは余愉・王世穎・侯厚培などであった。改組理由は、平民週刊社は出版活動のみに止まり実践面での成果は乏しく、かつ社員も少なく規模が小さいためであった。平民学社は、図書部・合作購買部・出版部より構成され、当初社員は大学内外の合作に熱心な者30数名であった。図書部は、合作社関係の書籍を購入し社員の閲覧に供することを目的とした。合作購買部は、社員の必要とする書籍・文具などを共同購入するものであり、合作理論の実践を目指すものであった。出版部は、『平民』発行以外に、合作関係叢書の出版を計画した(33)。合作購買部は当初小規模で出資金も徴収しなかったが、22年秋にはその拡充が決議され、出資金も2元と規定された。23年春には出資金数百元が集まり、4月より営業を開始した(34)。この平民学社の各期の主要役員は下記の通りである(35)。

第1期（21年12月選出）　総幹事余愉（井塘）／図書部及び合作購買部主任許紹棣／出版部主任倪鴻文

第2期（22年3月選出）　総幹事侯厚培／図書部主任朱其鑾／合作購買部主任余

	愉／出版部主任王世穎
第3期（選出年月不明）	総幹事余愉／会計沈国勛
第4期（23年2月選出）	総幹事許紹棣／副総幹事余愉・瑞木愷／図書部主任陳承蔭／出版部主任毛飛／合作購買部部長許紹棣
第5期（23年9月選出）	総幹事許紹棣／副総幹事黃維栄・張廷灝
	図書部主任陳仲明・柳晉勛
	出版部主任張廷灝／発行部主任劉百年
	合作購買部董事許紹棣・董志一・沈国勛・張槙林・厳与寛

　これら平民学社のリーダーの中から、後の中国合作学社の中軸となる人々が登場し、彼等が南京国民政府の合作社事業にも大きな影響を及ぼすこととなる。ここでそうした中国合作学社の中軸となる人物の経歴を追って見よう。

　余井塘（1896～1985）　江蘇省興化県の人。1914年9月復旦公学中学部に入学する。同中学部では王世穎・劉啓邠・李安などと学友であった。五四運動に積極的に参加し、復旦大学中学部の代表となった。19年9月復旦大学商科入学。この時の学友には侯厚培・倪鴻文などがいた。20年5月の『平民』創刊に参加した。21年12月平民学社を立ち上げ、その総幹事となる。23年復旦大学卒業。同年米国に留学し、ノースウエスト大学で経済学を専攻、翌年友人許心武（経歴は第1表）の病気の世話をするために、アイオワ大学に転学した。在米時期に中国国民党に加入し、またサンフランシスコで出版されていた『少年中国晨報』の編集長を務めた。25年アイオワ大学で経済学修士を取得し帰国。27年5月中央党務学校教授（合作学）兼国民党中央組織部秘書に就任する。29年3月国民党第3期中央執行委員候補、同年4月国民党中央組織部副部長代理（陳果夫が副部長兼部長代理）、同年6月中央政治学校教授兼教務主任となる。34年4月江蘇省政府委員となり、民政庁長を兼任する。35年11月国民党第5期中央執行委員に選出される。39年2月には中央政治学校卒業生指導部主任となり、同年8月には国民政府教育部次長に就任する（部長は陳立夫）。44年7月には国民党中央組織部副部長に就任する（部長陳果夫、後に陳立夫）。45年5月には国民

党第6期中央執行委員に選出され、46年には制憲国民大会代表に選ばれる。48年5月、陳立夫が中央組織部長を辞任し立法院副院長に就任したので、蒋介石に中央組織部長への就任を求められたが固辞する。49年12月には台湾に移り、50年3月には行政院政務委員兼内政部部長に就任した。63年には行政院副院長、66年には総統府資政に就任している(36)。

許紹棣（1900〜1980）　浙江省臨海県の人。復旦大学入学。同大学では平民学社の活動の他にも、国民合作儲蓄銀行経理を務めた(37)。24年同大学商科を卒業し、薛仙舟の紹介で香港工商銀行に就職するが、まもなく陳果夫の招きにより広州の国民党に勤務する。国民革命後は浙江省に戻り、浙江高級商業学校校長となり、次いで浙江省党部委員兼宣伝部長、ならびに杭州民国日報社長となる。31年5月に国民会議秘書に転出し、同年満洲事変以後は国民政府軍事委員会委員長南昌行営秘書兼設計委員となる。34年12月から46年7月まで浙江省政府委員兼教育庁長を務める。45年5月には国民党第6期中央執行委員に選出され、46年には制憲国民大会代表に選ばれる。48年には立法委員に選出され、また杭州『東南日報』を編集する。49年には台湾へ移り立法委員を務める(38)。台湾では、中国合作事業協会監事、中国合作学社理事長などを務めた(39)。

侯厚培（1899〜？）　湖南省長沙の人。23年復旦大学商科卒業。その後『国際貿易導報』編集長、実業部『中国実業誌』調査主任、実業部国際貿易局専員などを歴任する(40)。33年には上海商業儲蓄銀行農業合作貸款部に勤務し、同年10月辞任(41)。34年1月から39年10月まで江蘇省農民銀行副総経理を務め、その後重慶国立商業専科学校校長代理となる(42)。

王世穎（1902〜1952）　福建省閩侯県の人。字は新甫。杭州に生まれ、1912年に上海に移る。16年復旦公学中学部に入学。20年復旦大学に入学し、23年同大文科卒業。24年国民党入党。26年には『上海時事新報』の文学副刊「青光」の編集にあたり、また自らも「夫凡」のペンネームで文学作品を発表した(43)。その後、上海法政大学、上海商学院、中央政治学校などにおいて合作学を教授する。後に、浙江大学秘書長兼農学院農業社会系主任及び副教授に就任した(44)。34年には農学院農業社会系に農政組・合作組を設置し、合作組主任を兼任する。36年には郭任遠校長辞任に伴い同大学を辞任(45)。36年7月当時、仙舟紀念合作

図書館館長、中央国民経済建設計画委員会委員、中央地方自治計画委員会委員、中央政治学校合作学院教授兼同院研究部主任、安徽省立銀行経済研究室主任などの職を兼任していた[46]。抗日戦争時期にも引き続き中央政治学校教授を務め、38年には参政員にも選出されている[47]。彼は元々喘息の持病があり虚弱のため官途に就かなかったが、47年2月には社会部合作事業管理局局長に就任した[48]。だが結局は48年病気のために辞任し、台湾に移ることができないまま52年11月大陸で病死した[49]。

陳仲明（1904～？）　別名復初、湖南省湘潭県の人。復旦大学中学部に学び、上海国民合作儲蓄銀行や上海合作同志社に参加し、また復旦平民義務学校で教育活動も行う。1923年江湾の復旦大学に入学し、江湾にも平民義務学校を創設する。24年には同大学を中退し、後に両浙塩務稽核分所に勤める。27年同分所が解散され、杭州第一中学教員となる。28年夏フランスに留学し、フランス学院教授で協同組合経済研究の権威シャルル・ジードに師事する。29年7月から中国合作学社の委託によりイギリス・ドイツなどの協同組合事情の調査を行い、29年9月帰国。その報告書は『欧州合作事業考察記』として出版された。帰国後は、中国合作学社調査部主任として国内各地の合作社の実態を調査した。30年には中央政治学校大学部合作組教授となり、後に湖南省建設庁合作事業設計委員会副主任委員となり、同省合作事業の計画立案に当たる[50]。32年6月には浙江省建設庁合作事業室主任に転出し、同省の合作事業を主導した。36年4月には同職を辞し、江蘇省視察及び同省農業管理委員会委員兼合作課長に就任した。さらには中央政治学校合作学院教授も兼任した[51]。抗日戦争以降、浙江省戦時物産調整処主任秘書となり、同省の特産である茶・桐油・生糸・棉花などの統制業務に従事する。同処は後に浙江省合作事業管理処と改称され、その処長を務めた。また浙江省合作批発部を設立した。41年には江西省上饒に第三戦区合作社物品供銷処を設立し、総経理となる。後に同処は全国合作社物品供銷処東南分処に改組され、その分処主任となる。また社会部合作工作輔導団第4団長も兼任した。抗日戦争が勝利すると、社会部東南区合作事業特派員に任ぜられ、南京に事務所を設置した。また全国合作社物品供銷処東南分処事務所を上海に設置した。後には壽勉成より全国合作社物品供銷処総経理の職を引き継

いだ⁽⁵²⁾。その後の詳細な経歴は不明であるが、47～49年は復旦大学商学院合作学系（46年設立）の主任を務めていた⁽⁵³⁾。また48年には国際協同組合同盟（ＩＣＡ）第16回大会（チェコ）出席し、後にスイスジュネーブの国際労働機関（ＩＬＯ）合作顧問委員会委員を2年間務めた。49年以後は、上海財経学院に勤務したとされている⁽⁵⁴⁾。50年7月の中華全国合作社工作者第1回代表会議には、特別招請代表として章元善などと共に参加している⁽⁵⁵⁾。

ここで復旦大学教員として合作問題に関心を持ち、湖南籍の学生と関係があったと思われる湯松という人物について紹介しよう。

湯松（1881～1931）　湖南省長沙の人、字は壽軍、晩年は蒼園を名乗る。湖南高等学堂を卒業し、日本に留学し神田の高等商業学校に学ぶ。後に米国ミシガン大学に留学し、1916年に帰国して湖南商業専門学校校長に就任。19年には湖南都督張敬堯に反対し職を辞し、復旦大学教授となった⁽⁵⁶⁾。湖南時代に合作を提唱し、その影響を受けた侯厚培・譚天愚などが20年冬湖南合作期成社を組織した⁽⁵⁷⁾。湯の校長辞職に伴い、数十名の学生が漢口・明徳大学や復旦大学に移ったとされており⁽⁵⁸⁾、侯厚培・譚常愷（経歴第1表）などの湖南籍の復旦大学学生は彼と関係があったものと考えられる。復旦大学には1年間勤務しただけで、ドイツに留学し協同組合を研究した。ただ23年には脊髄結核症を患い帰国し、寝たきりの状態となり、31年長沙にて死去した⁽⁵⁹⁾。

1920年12月12日には、薛仙舟と陳果夫が中心となり、復旦大学学生も参加して、上海合作同志社が設立された。これは陳果夫が合作運動に参加した最初であった。その設立大会への出席者は40数名であり、薛仙舟・陳果夫・程婉珍・徐滄水・陳瑞・邵仲輝（力子）・毛飛・陸思安・李安の9名を委員に選出した⁽⁶⁰⁾。その目的は、合作主義の研究、合作事業の提唱、合作事業人材の育成であった。21年には社員が70数名に増加し、同年5月には社員大会を開催した。ただ後には、社員が四散したので活動停止となったとされている⁽⁶¹⁾。このように上海合作同志社は、復旦大学の枠を超えて、上海市を舞台に合作社の研究・啓発・人材育成を目指したものであった。その活動は短期に終わったが、陳果夫と復旦大学学生を結びつける契機になったと考えられる。

1922年12月には復旦大学学生グループと上海市内の合作社数社が、上海合作連合会を組織した。同年10月、王世穎が『平民』に合作研究会の結成を呼びかける文章を発表し、それに応えて連合会が組織されたものである。参加団体は、平民学社・上海国民合作儲蓄銀行・同学消費合作社（商務印書館職工が組織）・上海職工倶楽部・職工合作商店（上海職工倶楽部の設立した消費合作社）であり、王世穎が総務書記に就任した。ただ具体的な活動としては、23年5月に合作学校を1週間開催したのみであった[62]。

　『平民』は第195期（1924年3月15日）より『平民週報』と名称を変え、合作主義の宣伝だけではなく、国内労働者・農民の生活状況の調査、その地位向上方法の研究にも目を向けて行くことが主張された[63]。すなわち国共合作や国民革命の動きの中で、時代風潮の影響を受けその主張が左傾化したものであろう。しかし、『平民週報』も結局は24年9月20日発行の第215期で終了し、同時に平民学社の活動も停止した[64]。

　以上の考察のように、復旦大学平民学社の主要メンバーは同大学商科の学生が多く、学問的には経済学・金融論を専門とする者が多数であった。また薛仙舟の指導により、上海国民合作儲蓄銀行での銀行実務を経験した者も多かった。したがって、南京政府での合作行政においても、経済学的アプローチがなされる。特に、農村合作社の組織においては、まず農業金融機関を設立してその組織化を支援するという方式が採用された。ただ1920年段階の学生達の関心は、主要には都市部での信用合作社・消費合作社に向けられていた。彼等学生達の多くが都市出身であり、農村への関心は薄かったのであろう。そして学生達の活動は、現実には『平民』を通じての合作思想の研究・啓発活動が中心であり、合作社の実践活動は大学内での実験的域を出るものではなかった。

注
（1）　復旦大学校史編写組編『復旦大学志・第一巻（1905－1949）』（復旦大学出版社、1985年）1－107頁。
（2）　朱仲華・陳于徳「復旦校長李登輝事迹述要」（中国人民政治協商会議全国委員会文史資料研究委員会編『文史資料選輯』第97輯、1982年）129－133頁。邵力子

は震旦学院・復旦公学に学び、1906年日本に留学しジャーナリズムを学ぶ、08年中国同盟会に加盟、11年には上海で『民立報』の出版に参加し、13年復旦公学国文教員を兼務する、16年には上海で葉楚傖と『民国日報』を発刊した（「邵力子生平簡史」前掲『復旦大学志・第一巻』451－455頁）。葉楚傖は07年蘇州高等学堂卒、09年中国同盟会に加盟、12年『民立報』の主編、16年『民国日報』の編集、23年国民党中央宣伝部長、29年『中央日報』創刊、30年3月には江蘇省政府主席に就任（山田辰雄編『近代中国人名辞典』財団法人霞山会、1995年）。

（3） 朱仲華「五四運動在上海」（中国社会科学院近代史研究所編『五四運動回憶録』（続）中国社会科学出版社、1979年）265、266頁。しかし、張廷灝「参加"五四"運動的回憶」（『20世紀上海文史資料文庫』（1）上海書店出版社、1999年）84頁では、この邵力子の演説は5月5日の深夜12時前後から始まったと回想されている。なお朱仲華（別名・承洵）は当時、復旦大学の学生自治会主席であった（朱仲華「孫中山和上海"五四"運動」前掲『20世紀上海文史資料文庫』（1）64頁）。

（4） 劉永明『国民党人与五四運動』（中国社会科学出版社、1990年）164頁。なお上海学生連合会は寰球中国学生会を事務所としたが、同会は海外留学を希望する中国人学生の援助のために李登輝が中心となり創立したものである（前掲「復旦校長李登輝事迹述要」131頁）。

（5） 前掲『国民党人与五四運動』164、165頁、程天放『程天放早年回憶録』（伝記文学出版社、1968年）36、37頁。程天放（1899〜1967）は原名学愉、江西省新建県の人。20年復旦大学を中退し、江西省公費留学生として渡米し米国・カナダで学び、26年トロント大学政治学博士。22年には米国で中国国民党に入党。27年国民党江西省党部執行委員兼宣伝部長に就任し、陳果夫の指揮の下に清党活動（共産党勢力粛清）に従事。30年安徽省政府主席代行兼民政庁長、31年6月国民党中央党部宣伝部副部長、33年湖北省政府委員兼教育庁庁長などを歴任。34年9月から中央政治学校教務主任を務め、また同年11月には江蘇省政府委員兼秘書長も兼務する。35年6月にはドイツ大使に任命され、38年10月まで務める。35年11月には国民党第5期中央監察委員に選出される。39年3月には四川大学校長となり、9月には三民主義青年団中央監察会監察となる。43－46年中央政治学校教育長。47年国民党監察委員会常務委員、立法院立法委員。49年国民党中央宣伝部長、50年教育部長、58年考試院副院長（前掲『程天放早年回憶録』、徐友春主編『民国人物大辞典』河北人民出版社、1991年、1146頁）。

（6） 詳しくは、前掲『国民党人与五四運動』170－180頁。

（7）「章益自伝」（前掲『復旦大学志・第一巻』）278頁。章益（1901～1986）は安徽省滁県の人、字は友三。1922年復旦大学文科卒、24年留学してワシントン州立大学教育学院に学び、26年修士号取得。27年帰国して復旦大学教授兼教育系主任となる。38年国民政府教育部総務司長。42－49年復旦大学校長。52年山東師範学院教授（前掲『民国人物大辞典』861頁）。
（8）　前掲『中華合作事業発展史』（上）55、56頁。
（9）　鄭彦棻「薛仙舟先生二、三事」（『合作経済』第9期、1986年6月）88－89頁。これは王寵恵の27年12月の薛仙舟追悼会での弔辞（未発表）を基にした文章である。
（10）　王世穎「薛仙舟先生伝略」（『江蘇合作』第6・7期、1936年9月）11頁。
（11）　前掲『中華合作事業発展史』（上）59、60頁、「薛仙舟」（秦孝儀主編『中華民国名人伝』第7冊、近代中国出版社、1988年）465頁。
（12）　通商局第二課『支那金融事情』（海外経済調査報告書其一、1925年）244－246頁。なお程天斗は1881年広東省香山県に生まれ、1910年シカゴ大学卒業、11年広東都督府工務局局長・国民党広東支部副部長などを務め、20年には広東銀行行長、22年には広東財政庁長などを歴任した（前掲『民国人物大辞典』1145頁）。
（13）　東亜同文会調査編纂部『支那金融機関』（同部発行、1919年）234、235頁。この設立目的や程天斗の存在を考慮すると、同行の背後には革命派の存在があったのではないかと推測される。
（14）　東亜同文会研究編纂部『中華民国実業名鑑』（1934年）102頁、徐佩琨「工商銀行閉幕之忠告」（『銀行週報』第14巻第30号、1930年8月）25頁。
（15）　前掲「工商銀行閉幕之忠告」26頁。薛仙舟は工商銀行の投機事業を厳禁し、行員の私的な投機も禁止した。しかし、彼の死去後、綱紀が緩み投機事業に走り、巨額の損失を出したとされている（同上）。
（16）　「陳果夫先生年譜」「陳果夫先生民国二十五年至四十年日記摘録」（徐詠平『陳果夫傳』正中書局、1980年）、及び呉相湘『陳果夫的一生』（伝記文学出版社、1980年）。
（17）　陳果夫「紀念　薛仙舟先生」（『江蘇合作』第6・7期、1936年9月）9頁。
（18）　同上。
（19）　「中央合作金庫的使命」（『合作経済』第2巻第2期、1951年9月）27頁。
（20）　この問題については、菊池B論文が既に詳細に論述しているので、必要最小限の記述に止めた。

(21)　詳しくは、壽勉成・鄭厚博『中国合作運動史』(正中書局、1947年再版) 68-72頁、菊池B論文667-671頁。
(22)　章鼎峙「上海国民合作儲蓄銀行改組後之回憶」(中国合作学社編『合作月刊』第2巻第6期、1930年8月) 12-15頁。
(23)　前掲『中国合作運動史』71頁。
(24)　陸宝璜「本刊一年間的回顧」(張允侯等編『五四時期的社団』(4) 三聯書店、1979年、原載『平民』第49期、1921年5月1日) 20頁。なお、黄華表は後にワシントン大学・カリフォルニア大学などで教育学を学び、34年浙江省政府委員兼秘書長となり、後に浙江大学教授を務めている(前掲『民国人物大辞典』1120頁)。
(25)　前掲「本刊一年間的回顧」21頁。このストライキとは、同年春上海の学生がデモ行進中に軍警と衝突し負傷者が出たため、これに抗議して実施されたものである(前掲『程天放早年回憶録』38頁)。
(26)　前掲「本刊一年間的回顧」21、22頁。
(27)　王世穎「本社過去的歴史」(前掲『五四時期的社団』(4)、原載『平民』第152期、1923年5月5日) 50、51頁。
(28)　前掲『中華合作事業発展史』(上) 138頁。
(29)　前掲「本刊一年間的回顧」22頁。
(30)　毛飛「続刊感言」(前掲『五四時期的社団』(4)、原載『平民』第11期、1920年7月31日) 16-18頁。
(31)　前掲「本刊一年間的回顧」22、23頁。
(32)　前掲「本社過去的歴史」51頁。
(33)　侯厚培「本社両年来紀略」(前掲『五四時期的社団』(4)、原載『平民』第100期、1922年4月29日) 42、43頁。
(34)　前掲「本社過去的歴史」52頁。
(35)　前掲『五四時期的社団』(4) 35-38頁。
(36)　『余井塘先生紀念文集』(1985年)、鄭彦棻「我所敬佩的余井塘先生」(『合作経済』第10期、1986年9月) 15頁、前掲『民国人物大辞典』398頁。なお、中央政治学校卒業生指導部とは同校同窓生を全国の党政機関に配置するための重要機関であり、陳果夫を主任とした軍事委員会委員長侍従室第3処と密接に連携していた(袁英林「"二陳"与国民党ＣＣ派」『文史資料選輯』第105輯、1986年、125頁)。
(37)　前掲『中華合作事業発展史』(下) 680頁。
(38)　『復旦大学同学録(民国23年)』(1934年)、前掲『民国人物大辞典』840頁、『浙

江月刊』第13巻第1号、1981年1月、15頁。
(39) 前掲『中華合作事業発展史』（下）680頁。
(40) 前掲『復旦大学同学録（民国23年）』、橋川時雄編『中国文化界人物総鑑』（1982年復刻版）362頁。
(41) 農村復興委員会秘書処編『一年来復興農村政策之実施状況』（1934年8月）122頁。
(42) 江蘇省農民銀行編『江蘇省農民銀行二十週年紀念刊』（1948年）76頁、前掲『中国文化界人物総鑑』362頁。
(43) 前掲『中国文化界人物総鑑』23頁、前掲『復旦大学同学録（民国23年）』、「合作者介紹・王世穎先生」（『江蘇合作』第3期、1936年7月）11頁、王世勛「先兄世穎事略」（『合作経済』第3巻第12期、1953年12月）3頁。
(44) 前掲『中国文化界人物総鑑』23頁。この浙江大学秘書長への就任は33年春、同大学農学院農業社会系主任への就任は同年夏とされている（鄭厚博『中国合作運動之研究』農村経済月刊社、1936年、序文1頁）。
(45) 前掲『中華合作事業発展史』（下）603頁。
(46) 前掲「合作者介紹・王世穎先生」。
(47) 前掲「先兄世穎事略」。
(48) 白林「十年往事憶吾師——為悼念王新甫先生作——」（『合作経済』第3巻第12期、1953年12月）5頁。それは後述するように、壽勉成が中央合作金庫総経理も兼務することとなったので、その兼務を解くためであった。
(49) 前掲「先兄世穎事略」。
(50) 前掲『民国人物大辞典』1022頁、陳仲明『欧州合作事業考察記』（1930年、中国合作学社）自序1－4頁、「合作者介紹・陳仲明先生」（『江蘇合作』第4期、1936年8月）11頁。
(51) 『浙江合作』第4巻第13・14・15期、1937年2月、27、28頁、前掲「合作者介紹・陳仲明先生」。
(52) 前掲『中華合作事業発展史』（下）679頁。
(53) 前掲『復旦大学志・第一巻』355頁。
(54) 前掲『民国人物大辞典』1022頁。ただし、48年の国際協同組合同盟（ＩＣＡ）大会は第18回大会である（川野重任他編『新版協同組合辞典』家の光協会、1986年、291頁）。また復旦大学商学院が上海財経学院に改組されたのは、52年秋とされている（前掲『復旦大学志・第一巻』5頁）。

(55)　郭鉄民・林善浪『中国合作経済発展史』下（当代中国出版社、1998年）758頁。
(56)　前掲『中華合作事業発展史』（上）96頁。1919年7月、湯松は湖南各公団連合会（五四運動参加諸団体の連合組織）総幹事に就任した。同会は張敬堯政権の省議会議員選挙強行に対する反対運動を展開し、張政権により湯松などの逮捕命令が出され、彼は省外に逃走した（塚本元『中国における国家建設の試み――湖南1919－1921年――』東京大学出版会、1994年、55－58頁）。
(57)　丁鵬翥「湖南合作之回顧」（湖南合作協会編『湖南合作』第1期、1934年5月）36頁。譚天愚は湯松の湖南商業専門学校の教え子であり、30年代には湖南省合作事業委員会委員となっている（「中国合作学社五届年会紀詳」『湖南合作』第22・23期、1936年11月、750頁）。
(58)　李肖聃「先友湯君事述」（『湖南合作』第2期、1934年6月）64頁。
(59)　同上稿64、65頁、丁鵬翥「合作先進長沙湯壽軍先生事略」（『湖南合作』第2期）62、63頁。
(60)　前掲『中国合作運動史』62頁。徐滄水（1895～1925）は『銀行週報』の編集主幹であり、同誌に「説産業公会」（第3巻第19号、1919年6月）など協同組合紹介の文章を発表し、中国に協同組合を紹介する先導者の役割を果した（伍玉璋編『中国合作運動小史』中国合作学社、1929年、10頁、及び菊池B論文643頁）。陳瑞は17年復旦大学予科卒（前掲『復旦大学同学録（民国23年）』1頁）、毛飛（1893～1960）は上海大学卒、27年中央軍事政治学校南寧分校政治部主任、34年国民党湖南省党部委員、制憲国民大会代表、行憲後には立法委員となる（前掲『民国人物大辞典』115頁）。ただ別の史料では、その学歴を復旦大学卒業後、明治大学卒業としている（『第一届立法委員名鑑』1953年、4頁）。李安は前述のように余井塘の復旦公学中学部の同窓生であり、34年5月に設立された河南省農村合作委員会の委員となっている（李安「抗戦八年従事合作事業的今昔感想」『合作経済』第14期、1987年9月、43頁）。
(61)　前掲『中国合作運動史』63頁。
(62)　前掲『中国合作運動史』75－77頁、菊池B論文678－681頁。なお上海職工倶楽部とは、労働者の地位向上を目指し王效文などを中心に22年5月に組織された団体である。合作主義を標榜し、『時事新報』副刊として「合作」を発行していた（前掲『中国合作運動史』62－65頁）。王效文は、北京大学法学士、卒業後は吉林法政専門学校、河南大学、上海法政大学、復旦大学、労動大学などの教授を歴任した（前掲『中国文化界人物総鑑』39頁）。

(63) 前掲『五四時期的社団』（4）84−87頁。
(64) 林養志「抗戦前合作運動大事記」（中国国民党中央委員会党史委員会編『抗戦前国家建設史料——合作運動』（四）革命文献第87輯、1981年）512頁。平民学社の活動停止の原因は、1924年に江浙戦争が勃発すると軍閥権力の弾圧により国民党は公開活動ができなくなり、国民党と関係を有する同社の活動も困難となったためとされる（前掲『中国合作運動史』59頁）。

Ⅱ．中国合作学社の設立と活動

1．設立過程

　1927年には合作事業の研究と振興のため、旧平民学社を継承する合作社研究団体の組織が準備された。設立準備の中心となったのは、陳果夫・王世穎・壽勉成・孫錫麒であった(1)。28年1月にはその活動が開始され、3月22日には『民国日報』（上海版）の副刊として「合作半月刊」が創刊された(2)。こうして28年12月22日には上海市南京路の新新酒楼において、中国合作学社の設立大会が開催された。その出席者は王世穎・張廷灝（経歴第1表）・侯厚培・郭任遠（経歴第1表）・壽勉成・章鼎峙（経歴第1表）・孫錫麒・程君清の8名であった(3)。ここで壽勉成・孫錫麒の経歴を紹介しよう。

　壽勉成（1901〜？）　浙江省諸曁県の人、勉成は字、名は襄。1921年復旦大学商科卒業、米国ワシントン大学・コロンビア大学に学ぶ(4)。米国では経済学と協同組合学を研究する。復旦大学校長李登輝の要請により帰国して、同大学経済学教授に就任する。後に大夏大学教授を兼任し、さらに安徽大学経済学教授に転任する。中央政治学校が創設されると、その社会経済系主任兼経済学教授に就任。中央政治学校合作学院の創設準備を担当し、36年2月に開設されると主任となる(5)。39年には経済部合作事業管理局局長に就任する（後に同局は社会部の管轄に移行）。46年11月には中央合作金庫を設立し、その総経理も兼任した。内戦末期には国民政府に批判的となり、50年1月には中央合作金庫総経理を休職し、ヨーロッパ協同組合事情視察を理由にフランスに行く。51年6月帰国し、大陸で生活する(6)。

孫錫麒（1903～1940）　江蘇省南匯県の人。字は寒冰。1919年中国公学に入学し五四運動に積極的に参加した。20年復旦大学商科に転入し、『平民』の編集に参加、小冊子『合作主義』を商務印書館から出版した。22年米国留学、ワシントン州立大学・ハーバード大学大学院で経済学・政治学を専攻。27年秋帰国し復旦大学政治学教授に就任、28年復旦大学予科主任となり、29年には法学院政治系主任となる。同時に国立労働大学（ベルギーの義和団賠償金返還金により上海に設立、31年解散）経済系主任を兼任しマルクス主義も講義した。後に『中国農村』派となる馮和法は、労働大学の教え子であった。29年秋には、復旦大学の友人の章益・伍蠡甫（経歴第1表）・侯厚培・王世穎・黄維栄などと黎明書局を創立する。その目的は海外の名著の紹介であり、自らも『社会科学大綱』を主編し、また伍蠡甫と『西洋文学鑑賞』『西洋文学名著選』を共同編集した。また雑誌『中国農村』も当初は黎明書局より出版された。37年1月には雑誌『文摘』を編集し、全国の団結と抗日を主張し、エドガー・スノーの「毛沢東自伝」を掲載した。38年末重慶に移り、復旦大学教務長・法学院院長に就任し、『文摘』の出版を再開する。40年5月、重慶で日本軍の爆撃により死亡した[7]。

　中国合作学社は設立時には社員22名で、大半が平民学社の元同志であったとされている[8]。第1表が1929年4月現在の合作学社社員名簿であるが、番号はおそらく入社順であると考えられる。そうすると設立時の合作学社メンバーであろう22番までの社員は、11名が復旦大学の卒業生（中退を含む）であった。さらには22名中9名が元平民学社の社員であることが確認できる。第1表の通り、その後も復旦大学の卒業生は多数入社している[9]。この大会では以下のメンバーを役員に選出した。

第1回大会役員（1928年12月選出）[10]
執行委員　陳果夫・王世穎・張廷灝・壽勉成・侯厚培
常務委員　陳果夫（総務）・張廷灝（財務）・王世穎（文書）
各部主任　王世穎（宣伝）・壽勉成（研究）・張廷灝（指導）・章鼎峙（調査）
幹　　事　程君清

第1章　中国合作学社と国民政府の合作社政策　41

第1表　中国合作学社社員名簿（1929年4月現在）

番号	姓名	所属	復旦大学在学	平民学社社員	主要経歴	典拠
1	陳果夫	南京中央党部			本文参照	
2	王世穎	上海時事新報館	○	○	本文参照	
3	孫錫麒		○	○	本文参照	
4	壽勉成	安徽大学	○		本文参照	
5	張廷灝	上海特別市政府社会局	○	○	24年復旦大学商科卒、上海市農工商局合作事業委員会委員	D、E
6	朱樸	フランス在住			江蘇省無錫の人、ロンドン大学卒、上海商務印書館編輯部、28年上海市政府労働農商局顧問、28年6月国民党中央民衆訓練委員会より欧州合作事業調査に派遣される、32年実業部農村財政整理委員、39年汪精衛が組織した国民党の宣伝部副部長に就任、40年汪精衛政府の交通部次長	B、E、F
7	章鼎峙	労動大学	○		24年復旦大学商科卒、国民合作儲蓄銀行行長、29年中央政治学校の消費合作社指導員、36年当時浙江大学総務主任	D、①
8	郭任遠	浙江大学文理学院	○		広東省汕頭の人、復旦大学入学、18年カリフォルニア大学に入学し心理学を専攻、23年博士号取得、復旦大学生物科主任兼心理学教授、33年浙江大学校長兼生物系主任	A
9	侯厚培		○	○	本文参照	
10	許紹棣	浙江省立高級商科中学	○	○	本文参照	
11	陳仲明	フランス在住	○	○	本文参照	
12	温崇信	安徽大学		○	ワシントン大学政治学修士、28年復旦大学法学院市政学系主任	D
13	伍玉璋	宜昌聚興誠銀行		○	19年聚興誠銀行入行、21年成都農工合作儲蓄社の設立、22年成都普益協社の設立、36年中央合作指導人員訓練所編審員	②、⑥
14	余井塘	南京中央党部	○	○	本文参照	
15	韋増佩				薛仙舟夫人	
16	麦佐衡	上海工商銀行			17年清華大学卒、シカゴ大学・コロンビア大学卒、21年帰国、漢口工商銀行・香港工商銀行、30年上海中国信託公司総経理	C

番号	姓名	所属			略歴	備考
17	林天木	香港工商銀行			復旦大学教員、工商銀行総司理	⑦、⑧
18	許心武	南京中央党部組織部			江蘇省儀徴の人、南京河海工科大学卒、アイオワ大学工学修士、河海工科大学教授、国民党中央組織部編審科主任	A
19	唐啓宇	江蘇省農鉱庁			本文参照	
20	王志莘	江蘇省農民銀行			本文参照	
21	程君清	中国合作学社			36年中央合作指導人員訓練所助教	②
22	胡健中	杭州民国日報館	○		24年復旦大学文科卒、杭州『民国日報』社社長、国民党浙江省党部執行委員	A、D
23	徐文台	浙江省党部	○		字は沢予、26年復旦大学理工科卒、国民革命軍第五路軍総政治部秘書長、28年浙江省党部宣伝部秘書	A、B、D
24	譚常愷	南京農鉱部	○	○	湖南省長沙の人、21年復旦大学商科卒、カリフォルニア大学で政治経済を専攻、26年帰国、上海銀行勤務、北京政府農鉱部科長、27年湖南大学教授兼中央軍校第三政治分校政治教官、27年5月国民党湖南省党部改組委員会委員兼宣伝部長、29年農鉱部農政司科長、31年湖南省政府委員兼建設庁長、48年行憲国民大会代表	A、D、⑨
25	潘公展	上海特別市政府社会局			浙江省呉興県の人、上海聖約翰大学外文系卒、上海私立市北公学教員、19年上海『民国日報』副刊「覚悟」編集、27年国民党中央政治会議上海臨時分会委員、28年上海市社会局長	A
26	呉頌皋		○		江蘇省呉県の人、復旦大学卒、パリ大学法科卒、復旦大学法学院院長、中央政治学校外交系教授、33年外交部参事、42年汪精衛政府の外交専門委員会主任委員、45年同政府司法行政部部長	A
27	劉梅菴	上海特別市党民衆訓練委員会			22年上海職工倶楽部の代表として上海合作連合会に参加	④
28	王世裕	中国合作学社				
29	廬衍明	香港工商銀行				
30	伍蠡甫		○		上海生まれ、復旦大学文科卒、34年同大英文教員、36年英国留学、書画と外国文学を専門とする、後に復旦大学文学院院長	A、B、C

第1章　中国合作学社と国民政府の合作社政策　43

31	葛先祺					
32	李少陵	中央軍校交通大隊			湖南省長沙の人、長沙師範・上海中華職業学校木工専科・広州農業専門学校などで学ぶ、湖南の大同合作社に協力する、後に広東大学卒、24年国民党加入、28年中央軍校政治教官	A
33	王祺	南京中央党部			湖南省優級師範卒、日本留学、中央党部訓練部秘書	③
34	樓桐孫				本文参照	
35	蕭方直	南京農鉱部				
36	陳藴奇	南京農鉱部				
37	毛雝	金陵大学			金陵大学農学士、カリフォルニア州立大学農学修士、国立東南大学教授、国立中山大学教授、農鉱部技正	B、⑨
38	楊克明	安徽大学				
39	孫則譲	山東農鉱庁				
40	施公猛	上海特別市党部				
41	黄維栄		○	○	25年復旦大学心理学系卒	D
42	歐陽奇	香港工商銀行	○		21年復旦大学商科卒、上海国民合作儲蓄銀行経理、工商銀行広東分行副司理	D、⑤、⑧
43	陳抜士	香港工商銀行				
44	陳佐鏇	香港工商銀行			工商銀行広東分行司理	⑧
45	蔡星五	香港工商銀行				
46	李宝鎏	香港工商銀行				
47	黄新彦	香港大学生理学館				
48	薛錦琴					
49	黄香蘭	香港工商銀行				
50	黄克勤	香港工商銀行				

出所：姓名・所属は「本社社員名録」（『合作月刊』第1巻第2期、1929年4月）29、30頁。ただし配列順は「本社社員録」（『合作月刊』第4巻第2・3期、1932年3月）50、51頁に従った。また前者の氏名の間違いを後者で修正した。

注：平民学社社員であることの典拠は、陳岩松編『中華合作事業発展史』（上）（台湾商務印書館、1983年）137—141頁によった。その他の典拠は、A『民国人物大辞典』（河北人民出版社、1991年）、B『中国文化界人物総鑑』（名著普及会復刻版、1982年）、C『現代中華民国満洲帝国人名鑑』昭和12年版、D『復旦大学同学録』民国23年、E「抗戦前合作運動大事記」（『抗戦前国家建設史料－合作運動』（四）革命文献第87輯、1981年）、F『民国職官年表』（中華書局、1995年）、①『合作月刊』第1巻第8期、1929年10月、29頁、第2巻第6期、1930年8月、12頁、第8巻第3期、1936年3月、33頁、②同誌、第8巻第3期、32、33頁、③同誌、第9巻第6期、1937年6月、40頁、④壽勉成・鄭厚博『中国合作運動史』（正中書局、1947年再版）77頁、⑤前掲『中華合作事業発展史』（上）120頁、⑥伍玉璋編『中国合作運動小史』（中国合作社、1929年）1－3頁、⑦程天放『程天放早年回憶録』（伝記文学出版社、1968年）28頁、⑧東亜同文会研究編纂部『中華民国実業名鑑』（1934年）102頁、⑨『農鉱部農政会議彙編』（1929年）10、15頁。

ここでこの創設時メンバーの中から、南京政府の合作社政策に深く関係する２名の人物を紹介しよう。

王志莘（1896～1957）　上海の人。1910年銭荘の学徒となり、後に南洋公学に入学し15年卒業。浙江省の定海県立小学校教員などを経て、シンガポールで教員となる。21年帰国し、上海商科大学に入学し、同時に中華職業教育社で編集の仕事に従事。23年米国に留学し、コロンビア大学銀行学部に学び、学士・修士の学位を取得する。25年帰国し、上海商科大学・中華職業学校で教鞭を執る傍ら、『生活週刊』を編集する。26年には工商銀行儲蓄部主任となる[11]。28年４月に江蘇省農民銀行副総経理に就任し、29年５月には総経理となり、31年１月まで同職にあった[12]。31年には中国・交通両銀行の出資になる新華信託儲蓄銀行総経理に転出した[13]。総経理就任後は、中国国貨公司・中国国貨連営公司・中国糸業公司・中国棉麻公司などの董事または董事長を務め、また中華職業教育社理事にも就任する。36年には経済部農本局常務理事及び協理をも兼務する。抗日戦争開始後は、重慶に新華銀行総管理処を設立した。人民共和国建国後も大陸に残り、新華銀行の公私合営を宣言し、華東財経委員会委員・上海市財経委員会委員などに就任する。51年には全国的大型銀行11行で組織した連合総管理処の常務董事及び総管理処副主任に就任した[14]。

唐啓宇（1895～1977）　江蘇省揚州の人。1919年金陵大学卒、米国に留学し、ジョージア大学棉作学修士、コーネル大学農業経済学博士[15]。24年帰国後、国立東南大学農科教授兼推広部主任、国立中山大学農科教授兼推広部主任、中央党部宣伝部幹事及び農民部主任幹事を歴任した。28年３月江蘇省農工庁（後に農鉱庁）に転出し、合作社指導員養成所主任として合作社実務人材の養成を行う。次いで江蘇省農鉱庁合作事業委員会常務委員となり、合作行政の企画・立案に当たる。29年８月、第２期合作社指導員養成所の準備に当たる。他方で、中央大学農学院教授も兼任し、さらに雑誌『農業周報』も発行した[16]。また28年３月から32年１月まで江蘇省農民銀行監理委員会委員も務めている[17]。30年11月には中央政治学校に附設された蒙蔵班の主任に就任した[18]。34年４月には全国経済委員会技正となり、12月には江西省墾務処処長に転じた。41年には国民政府農林部主席参事となり、後に墾務局局長・農業経済司司長を歴任した。

46年には制憲国民大会代表に選出された。その後復旦大学農学院院長、南通農学院院長を務めた[19]。

　中国合作学社の事務所は工商銀行上海支店の４階に置かれた[20]。1929年３月には『合作月刊』が創刊され、また30年５月よりは『中央日報』（南京版）に「合作運動旬刊」が連載された[21]。同社の規定では社員は個人社員と団体社員に分け、個人社員の入社には社員５名以上の紹介を必要とし、入社の際には道徳・学識・能力を基準に厳しく審査された[22]。29年10月には、山東省農砿庁合作社指導員養成所の教職員と卒業生10数名が、山東省に分社を作りたい旨を申し出た。しかし、執行委員会での協議の結果、社員は総て本部に集中することを原則とするとして、申し出は拒否された[23]。このように中国合作学社は、少数精鋭と中央集権を組織原則としていた。

２．組織の拡大と本格的活動

　1930年10月10日から12日までの３日間、浙江省杭州市において中国合作学社第２回大会が開催された。杭州市在住の社員には、郭任遠（浙江大学文理学院教授）、許璇（同大農学院教授）、許紹棣（浙江省党部宣伝部長）、胡健中（民国日報社長、経歴第１表）、呉覚農（浙江省建設庁合作事業室主任）などがいた[24]。このように同社は、浙江省では党及び行政機関、さらには大学にまで大きな影響力を持ち、同省はその重要な活動拠点であった。このために杭州市が大会開催地に選択されたと考えられる。この時期に社員は120名に増加しており、そのうち大会出席者は54名であった[25]。大会２日目には最重要議題である「推行我国合作運動方案」が審議・可決された。その要点は、合作事業の発展のために、①合作社の登録・審査・解散・仲裁などを担当する全国合作事業監理機関の設立、②合作社法規の制定、③合作社の宣伝・調査・訓練・指導機関として全国合作協会を設立する、ということであった[26]。合作学社社員は、浙江省の政府・党・大学の盛大な歓迎を受け、社員は各地で講演を行った。10日午後には、陳果夫も浙江大学において「合作運動在中国今後応取之方針」と題する講演を行っている[27]。第２回大会の役員は下記の通りである。

第2回大会役員（1930年10月選出）⁽²⁸⁾
執行委員　陳果夫・王世穎・陳仲明・余井塘・許紹棣・侯厚培・王志莘
候補委員　唐啓宇・呉覚農・張廷灝

　このように第2期役員には、復旦大学出身ではない王志莘・唐啓宇・呉覚農が新たに選出された。既述のように、王志莘・唐啓宇は江蘇省農民銀行に関係しており、呉覚農は浙江省建設庁合作事業室主任であり、この3人は江蘇・浙江両省で合作事業を本格的に展開する上で重要な人物であった。このために新たに役員に加えられたと考えられる。
　中国合作学社の第3回大会は、1932年10月8日から10日まで江蘇省蘇州（呉県）で開催された。出席社員は63名であった。第4章で詳述するように江蘇省では省農民銀行の融資を得て合作事業が本格的展開を見せ始めており、同省は合作学社の最大の活動地盤であった。大会初日の第1次会議では各地合作事業の活動報告がなされ、湖北・江西・浙江・湖南・江蘇・南京市・上海市などの代表者が報告を行った。また9日には、呉県の省立農具製造所と光福養蚕合作社の視察が行われた。また大会終了後の11日から3日間、省実業庁主催による合作講習会が開催され、合作学社はそれに講師を派遣した⁽²⁹⁾。本大会では以下の役員が選出された。

第3回大会執行委員（1932年10月選出）⁽³⁰⁾
余井塘・壽勉成・唐啓宇・章鼎峙・<u>何玉書</u>・侯厚培・<u>侯哲葊</u>・陳果夫・陳仲明・王世穎

　何玉書（1892～?）　福建省光沢県の人。国立北京法政専門学校卒。1926年広州黄埔軍官学校潮州分校政治部主任、国民革命軍東路軍総指揮部政治部主任。27年4月に江蘇省政府委員に就任し、同年11月農工庁長を兼任。28年5月に農工庁が農鉱庁に改組されその庁長となる。さらに31年12月に農鉱庁が実業庁に改編されその庁長となる。33年11月には国民政府導淮委員会総務処処長に転出。

38年8月には貴州省政府委員に就任し、40年11月同省糧食管理局長を兼任する。47年9月江蘇省田糧管理処処長に転出する[31]。

侯哲弇 侯厚培の弟、1921年湖南大同合作社へ加入、26年長沙第一消費合作社に参加。30年には南京で首都市民消費合作社を設立、同年冬陳仲明と国内合作社を調査した。33年三省農村金融救済処指導主任、36年当時中国農民銀行総行調査処主任[32]。

　薛仙舟死去の後、陳果夫・林天木・郭任遠・章鼎峙が薛仙舟紀念基金を創設し合作図書館を建設することを提起した。さらに陳果夫は自己の合作関係図書数百冊の寄贈も申し出た。しかし募金は計画通りに集まらず、1932年8月には紀念基金を中国合作学社で引き継ぐこととなった。基金管理責任者には王志莘と王世穎がなり、募金を継続した。他方で南京に土地を購入し、33年5月には建築工事を開始した。しかし、基金は建築費用の半額にも満たない状況であった。そこに邵力子・李登輝・余井塘からの上海国民合作儲蓄銀行出資金の寄付の申し出があり、同社は募金活動に再度力を入れることにした。陳果夫・余井塘が募金委員となり募金活動が展開され、募金目標は達成された。34年1月には南京中央路に仙舟紀念合作図書館が完成し、王世穎を館長、程君清を主任幹事として開館された[33]。こうして中国合作学社は、34年に活動拠点を上海から南京に移したのである。

　1934年10月7日から10日まで、中国合作学社は仙舟紀念合作図書館を会場に第4回大会を開催した。この大会では図書館除幕式と合作研究班（後述）卒業式も執り行われ、出席者は140名であった[34]。当時社員は369名に増加し広く全国に分布し、そのうち合作事業に専門的に従事する者が約3分の1強を占めていた。その他の社員も各地の党・政治・教育・社会事業などの各分野で、間接的あるいは直接的に合作社に関係していた[35]。大会初日の全体会議では、江蘇・浙江・胡南・江西・安徽・湖北・河南・江西・四省農民銀行及び三省農村金融救済処・華洋義賑救災総会の代表者が、各地での活動状況を報告した[36]。本大会では以下の役員が選出された。

第4回大会役員（1934年10月）(37)
執行委員　陳果夫（常務委員）・王世穎・陳仲明・壽勉成・侯厚培・余井塘・王志莘・唐啓宇・何玉書
候補委員　許紹棣・童玉民・侯哲荇・章鼎峙・章元善
各部主任　許紹棣（総務）・壽勉成（研究）・王世穎（宣伝）・唐啓宇（指導）・陳仲明（調査）
調査部幹事　童玉民（江蘇省）・唐巽沢（浙江省）・狄昴人（湖南省）・侯哲荇（湖北省）・熊在渭（江西省）・章元善（河北省）・伍玉璋（四川省）・羅四維（山東省）・周誠謨（貴州省）・楊性存（安徽省）・徐晴嵐（河南省）・徐仲迪（陝西省）・呉覚農（上海市）・謝哲馨（欧州）・蒋輯（南京市）・曾同春（広東省）・黄明（広西省）・馮斌田（北京市）
研究部幹事　陳果夫・孫錫麒・王志莘
指導部幹事　呉覚農・章鼎峙・伍玉璋・胡昌齢・胡士琪・厳恒敬・馮賛元
宣伝部幹事　朱樸・程若清・端木愷・樓桐孫・許紹棣・胡建中
総務部幹事　程若清・孫伯顔

　以上のように本大会では執行委員・候補委員だけでなく、各部幹事が多数任命され、スタッフの大幅な増強がなされた。特に調査部幹事には、各省市の党組織、農業及び合作行政機関、農業金融機関などの実務家が名を連ねている。全国各地の合作事業の経験や情報を集約し、機関誌『合作月刊』などを通じて全国にフィードバックしようと企図したものであろう。ここに合作学社は単なる合作社の研究・啓蒙団体の枠を超えて、全国の合作行政機構に大きな影響力を持つ組織に成長したと言える。また役員には復旦大学卒業（旧平民学社）以外の委員も増え、幅の広がりが見られる。その中でも下記の2人は重要な指導者であった。
　童玉民（1897～？）　浙江省余姚県の人。日本に留学し鹿児島高等農林学校を卒業。帰国後、浙江公立農業専門学校、江蘇省立第三農校勤務。浙江省教育庁より米国留学に派遣され、コーネル大学で農業経済及び協同組合学を研究し農学修士を取得。帰国後、国立浙江大学労農学院教授兼推広部主任に就任。1929

年7月、江蘇省農鉱庁に転任し合作行政に従事する。後に農業管理委員会代理合作課長となる。36年2月には国立浙江大学農学院に転出し、農政経済及び合作学を担当する[38]。なお、40年5月には日本占領地域において朱樸などと共に中国合作学会を組織し、42年9月には汪精衛政府の実業部合作司司長に就任している[39]。

　章元善（1891～1987）　江蘇省呉県の人。清華大学卒業後、米国コーネル大学留学。1915年に帰国し、直隷工業試験所及び北洋防疫処の技士を経て、20年に華北華洋義賑会総幹事に就任。22年には中国華洋義賑救災総会副総幹事となり、河北省において農村信用合作社を組織し、農村合作事業に先鞭を着けた。33年6月には行政院華北戦区救済委員会委員となり、35年11月実業部合作司司長に就任した。39年経済部商業司司長、中国国際救済委員会常務委員を務める。45年には中国民主建国会の設立に参加、常任理事となる。49年には中国人民政治協商会議に出席、人民共和国建国後、政務院参事となる[40]。

　中国合作学社の第5回大会は、1936年10月8日から10日まで湖南省長沙市で開催された[41]。湖南省は同社の社員も多く、合作社事業も活発であり、江蘇・浙江とならぶ同社の地盤であった。まず29年11月には湯松の弟子達を中心に長沙羣益合作社が組織され、市民を対象とした購買合作社の活動を開始した[42]。さらに32年12月には、長沙羣益合作社が中心となり湖南合作協会が組織された[43]。32年2月には省建設庁に合作事業設計委員会が設置され、譚常愷を主任、陳仲明を副主任として合作行政の企画立案を進めた。33年2月には同委員会を建設庁合作課に改組し、実際の合作事業が着手された[44]。35年10月には、合作行政の専門機関として建設庁に合作事業委員会が設置された[45]。36年当時、湖南在住の有力な合作学社社員としては、毛飛（湖南省党部委員）、蒋隆楷（湖南合作協会）、丁鵬翥（建設庁合作貸款所主任）、譚天愚（合作事業委員会委員）、狄昴人（合作事業委員会委員）などがいた[46]。本大会の討論の中心議題は合作社の指導技術の問題であり、一般合作社・生産合作社・消費合作社・信用合作社に分けてそれぞれ指導方法が討論された[47]。社員は本大会時には436名となっている[48]。

次に中国合作学社の調査・研究・出版活動を概観してみよう。第2表のように同社は1928年からは合作小叢書・合作叢書の形で大量に合作関係の図書を出版し、啓蒙活動に努めた。ただ全体としては、ヨーロッパ協同組合事情の紹介、合作社の初歩的紹介、及び合作社組織運営に関する解説書が中心であり、しかも小冊子が圧倒的に多かった。その中では、陳仲明『欧州合作事業考察記』と王宗培『中国之合会』が比較的充実した内容となっている。また30年代後半になると、これまでの中国での実践活動を記録した鄭厚博『中国合作運動之研究』、壽勉成・鄭厚博『中国合作運動史』が出されている。

中国合作学社は合作社指導人材の養成にも取り組んだ。まず、1930年12月には上海特別市合作事業指導員講習所の教務を担当した。その訓練期間は2カ月であり、28名の卒業生を出した。31年3月には、中学卒以上の者を対象に合作行政機関あるいは合作社の職員養成を目的として、合作社職員訓練班を開設した[49]。33年には合作研究班が開設された。同班は合作実務人材の養成を目的とし、入学資格は専門学校または高級中学卒以上の学歴を有する者、あるいは2年以上の合作実務経験を有し経済学・語学に堪能なことであった。訓練期間は6カ月であり、最初の2カ月は通信制による指導、次が指導員に従っての各地での合作理論と実際知識の研究、そして最後が合作社での実地訓練であった。同年5月37名の学生でスタートし、11月の卒業生は11名であった[50]。

中国合作学社は海外協同組合事情も調査した。まず、前述のように1929年には陳仲明にヨーロッパの調査を委託し、32年には同じくフランス留学中の彭師勤にドイツ・イタリア・ベルギー・スイスの協同組合事情を調査させた。34年には建設委員会派遣でヨーロッパ留学中の許紹棣に、調査を委託した[51]。このように中国合作学社は経費の都合で独自に留学生を派遣することはできなかったが、ヨーロッパ留学中の社員に資金を援助して各国事情を調査させているのである。さらに35年4月には日本合作事業考察団を組織し、王世穎を団長、胡健中・侯厚培・侯哲莽などを団員とし、1カ月あまり日本を視察させた[52]。陳岩松はこの考察団に随行して日本に留学し、日本の産業組合を研究した。その結果彼は、行政組織と半ば一体となり複合的な事業を展開する日本の産業組合に注目し、帰国後に「郷鎮合作社制度」として江蘇省で実験した。これがやが

第1章　中国合作学社と国民政府の合作社政策　51

第2表　中国合作学社関係者の主要著書

書名	著者・編者	出版年月	出版者	備考
合作銀行通論	呉頌皋	1923年12月	商務印書館	
合作制度	孫錫麒	1923年12月		
合作主義	孫錫麒	1924年3月	商務印書館	
協作	樓桐孫訳	1925年1月	商務印書館	
合作主義通論	王世穎	1927年5月	世界書局	
消費協社	樓桐孫訳	1927年6月	商務印書館	
合作運動	王世穎編	1928年	中国国民党浙江省党務指導委員会宣伝部	
各国合作事業概況	朱樸	1928年8月	中国合作学社	合作小叢書
合作法規	壽勉成	1928年8月	中国合作学社	合作叢書
世界合作運動鳥瞰	王世穎訳	1928年8月	中国合作学社	
信用合作浅説	侯厚培	1928年8月	中国合作学社	
合作原理	壽勉成	1928年10月	中国合作学社	
合作商店実施法	王世穎編	1928年11月	中国合作学社	合作小叢書
合作会計	章鼎崎	1928年12月	中国合作学社	
合作大綱	王世穎	1929年	中央政治学校	
合作運動理論与実際	侯哲菁	1929年	上海太平洋書店	
消費合作浅説	侯厚培	1929年4月	中国合作学社	合作小叢書
合作与主要経済問題	壽勉成	1929年7月	中国合作学社	合作叢書
甚麼是合作	温崇信訳	1929年7月	中国合作学社	
批發合作浅説	侯厚培	1929年8月	中国合作学社	合作小叢書
消費合作社模範章程	王世穎	1929年10月	中国合作学社	
丹麦合作運動	王世穎訳	1929年12月	中国合作学社	
中国合作運動小史	伍玉璋編	1929年12月	中国合作学社	合作叢書
運銷合作之経営	唐啓宇	1930年	江蘇合作養成所	
建築合作運動	許心武	1930年	江蘇合作養成所	
農業合作	彭補拙訳	1930年3月	中国合作学社	
合作之勝利（劇本）	伍蠡甫	1930年3月	中国合作学社	
合作与其他社会運動	王世穎	1930年3月	中国合作学社	
金威廉的合作思想	孫錫麒	1930年3月	中国合作学社	
印度農村合作運動	王志莘	1930年3月	中国合作学社	
消費合作社発票制度之研究	章鼎崎	1930年3月	中国合作学社	
合作商店管理法	程君清	1930年3月	中国合作学社	
欧州合作事業考察記	陳仲明	1930年9月	中国合作学社	
合作運動綱要	童玉民	1931年	民智書局	

合作事業	王世穎	1931年	黎明書局	
中国之合会	王宗培	1931年10月	中国合作学社	黎明書局販売
中国之合作運動	陳果夫	1932年	中国合作学社	
合作之初：合作劇	陳果夫	1932年1月	中国合作学社	合作叢書
農村利用合作経営講話	侯哲葊	1932年4月	上海社会書局	
合作講義	于樹徳	1934年6月	中国合作学社	
農村経済及合作	王世穎・馮静遠	1934年10月	黎明書局	
中国近年来合作教育之概況及其改進意見	唐啓宇	1935年5月	中国合作学社	合作小叢書
合作与保険	彭師勤	1935年5月	中国合作学社	合作叢書
消費合作理論与実際	于樹徳	1936年	中華書局	
合作概論	童玉民	1936年	中華書局	
合作金融論	侯哲葊	1936年3月	中国合作学社	黎明書局販売
中国合作運動之研究	鄭厚博	1936年4月	農村経済月刊社	
合作主義綱領	侯哲葊	1936年8月	上海社会書局	
中国合作運動史	壽勉成・鄭厚博	1937年3月	正中書局	

出所：『合作月刊』第2巻第7期、1930年9月、14頁、前掲『中華合作事業発展史』（下）643-645頁などを参考にした。

て農家を行政単位ごとに半ば強制的に加入させようとした、40年の行政院「県各級合作社組織大綱」に繋がったとされている[53]。

注
（1） 前掲『中国合作運動史』165頁。
（2） 前掲『中国合作運動小史』70頁、及び「合作半月刊」創刊号（『民国日報』1928年3月22日）。なお同紙は第5期（1928年5月17日）からは中国合作学社の編輯となり、第6期（1928年6月1日）には「合作週刊」と名称を変え週刊となり、第66期（29年8月29日）まで連載されている。
（3） 「合作週刊」第36期（『民国日報』1928年12月27日）。
（4） 前掲『復旦大学同学録（民国23年）』2頁、外務省情報部『現代中華民国満洲帝国人名鑑』（東亜同文会、1937年）214頁。
（5） 「合作者介紹・壽勉成先生」（『江蘇合作』第5期、1936年8月）12頁。
（6） 壽勉成「陳果夫与国民党的合作運動」（中国人民政治協商会議全国委員会文史資料研究委員会編『文史資料選輯』第80輯、1982年）177-188頁。

第 1 章　中国合作学社と国民政府の合作社政策　53

(7)　前掲『民国人物大辞典』789頁、馮和法「回憶孫寒冰教授」(『文史資料選輯』第87輯) 189－221頁、「孫寒冰伝略」(前掲『復旦大学志・第一巻』) 498－506頁。
(8)　前掲『中国合作運動史』165頁。
(9)　第1表の23～50番では、工商銀行行員の比率が高い。おそらく元復旦大学教員であった林天木により入社の勧誘が行われたのではないかと考えられる。
(10)　「合作週刊」第36期、第38期 (『民国日報』1928年12月27日、1929年1月10日)。
(11)　前掲『民国人物大辞典』56頁、『中華留学名人辞典』(東北師範大学出版社、1992年) 39頁。
(12)　前掲『江蘇省農民銀行二十週年紀念刊』75頁。
(13)　吾新民「王志莘孫瑞璜与上海新華銀行」(『旧上海的金融界』上海文史資料選輯第60輯、上海人民出版社、1987年) 153頁。
(14)　前掲『民国人物大辞典』56頁、前掲「王志莘孫瑞璜与上海新華銀行」156－160頁。
(15)　前掲『民国人物大辞典』761頁。
(16)　『農鉱部農政会議彙編』(1929年12月) 13頁、「合作者介紹・唐啓宇先生」(『江蘇合作』第9期、1936年10月) 13頁。
(17)　前掲『江蘇省農民銀行二十週年紀念刊』73頁。
(18)　「十年紀要」(国立政治大学校史編印委員会編『国立政治大学校史料彙編』第一集、1973年) 17頁。
(19)　前掲『民国人物大辞典』761頁。
(20)　李錫勛「中国合作学社史話」(『合作経済』第2巻第12期、1952年8月) 15頁。ただ1930年6月には工商銀行の業務停止により上海市内の博物院路に移転し、さらに31年10月には淡水路に移転している (同上)。
(21)　『合作月刊』は第9巻第6期 (1937年6月) まで出版され、抗日戦争時期には戦時版第1－38期 (1938－44年) が出版された。また「合作運動旬刊」は第3期 (1930年6月) には「合作運動」と改称され、第5期 (同年7月) まで出版されている。
(22)　前掲『中国合作運動史』166頁。
(23)　『合作月刊』第1巻第8期、1929年10月、29頁、『合作月刊』第1巻第9期、1929年11月、41頁。
(24)　「中国合作学社籌備年会」(『中央日報』1930年10月6日)。呉覚農 (1897～1989) は浙江省上虞県の人、19年日本に留学し茶業試験場で実習、22年帰国後安徽省立

第二農業学校教員、28年労働大学兼任教員、32年上海商品検験局で茶葉検査に従事する。中華農学会や中国農村経済研究会にも参加した。後に復旦大学農学院茶葉系主任となる。人民共和国建国後、全国人民政治協商会議委員及び常務委員を務め、また農業部副部長にも就任した（前掲『民国人物大辞典』376頁）。

(25)　「中国合作学社年会」（『中央日報』1930年10月12日）、君清「本社第二届社員大会之経過」（『合作月刊』第2巻第9・10期、1930年12月）60頁。

(26)　前掲「本社第二届社員大会之経過」60、61頁。

(27)　「合作学社年会第二日」（『中央日報』1930年10月14日）。

(28)　「合作学社年会第三日」（『中央日報』1930年10月15日）。今大会より執行委員が7名に増員され、また候補委員3名が新設された（前掲「本社第二届社員大会之経過」62頁）。

(29)　桂祥輯「本社第三届年会記要」（『合作月刊』第4巻第11期、1932年11月）50－52頁。なお社員は32年3月時点で254名に増加していた（「本社社員録」『合作月刊』第4巻第2・3期、1932年3月、50－55頁）。

(30)　「中国合作学社三届執委会第十一次常会」（『中央日報』「合作運動専刊」第3期、1934年10月9日）。これはあくまでも第3回執行委員会第11次会議（1934年10月6日）への出席者であり、執行委員候補も含まれる。

(31)　前掲『民国人物大辞典』384頁、及び劉壽林ほか編『民国職官年表』（中華書局、1995年）685－688頁。

(32)　侯哲奘著・大井専三編訳「戦時中国の農業金融と合作金庫制度」（上）（『東亜研究所報』第27号、1944年4月）73頁、「合作者介紹・侯哲奘」（『江蘇合作』第8期、1936年10月）16頁。

(33)　王世穎「仙舟合作図書館創設之経過」（『中央日報』「合作運動専刊」第2期、1934年10月8日）。

(34)　「中国合作学社今日開第四届年会」（『中央日報』1934年10月7日）。

(35)　程君清「六年来之中国合作学社」（『中央日報』「合作運動専刊」第1期、1934年10月7日）。

(36)　「中国合作学社第四届年会第一日大会情形」（『中央日報』「合作運動専刊」第3期、1934年10月9日）。

(37)　「中国合作学社四届執委首次会議」（『農行月刊』第2巻第1・2期、1935年2月）38頁。

(38)　前掲『民国人物大辞典』1167頁、「合作者介紹・童玉民」（『江蘇合作』第11・

12期、1936年12月）9頁。
(39) 山崎勉治『中国合作社の人と文献』（東亜協同組合協議会、1942年）6頁、前掲『民国職官年表』1094頁。
(40) 前掲『民国人物大辞典』862、863頁、張朋園・沈懐玉合編『国民政府職官年表（1925～1949）第一冊』（中央研究院近代史研究所、1987年）228頁。
(41) 前掲「中国合作学社五届年会紀詳」751、752頁。
(42) 前掲「湖南合作之回顧」44－46頁。
(43) 「本会会務報告一」（『湖南合作』第1期）49頁。同協会は36年10月には個人会員193名、団体会員10単位となった（前掲『中華合作事業発展史』（上）287頁）。
(44) 丁鵬翥「湖南合作之回顧」（続）（『湖南合作』第2期、1934年6月）103－105頁。
(45) 前掲『中華合作事業発展史』（上）288頁
(46) 前掲「中国合作学社五届年会紀詳」750、751頁。
(47) 同上稿、757頁。
(48) 「社評・中国合作学社五届年会」（『中央日報』1936年10月6日）。
(49) 前掲「六年来之中国合作学社」。
(50) 前掲『中国合作運動史』287－289頁。
(51) 同上書、178、179頁。彭師勤（1901～？）は湖南省茶陵県の人、別号補拙。フランスに留学し、シャルル・ジード に師事し、8年間フランスに滞在し、フランス学院卒。帰国後に浙江大学教授、中央政治学校合作学院講師などを務める。1943-46年は中央大学教授。47年現在中央合作金庫輔導処処長（「合作者介紹・彭師勤」『江蘇合作』第10期、1936年11月、10頁、『国立中央大学農学院院友録』1947年5月、16頁）。
(52) 前掲『中国合作運動史』179頁。
(53) 前掲『合作事業論叢』88、89頁。

Ⅲ．国民政府の合作社政策と中国合作学社

1．中央政治学校での合作教育

　国民党の党幹部養成機関で合作教育が開始されたのは1926年であった。同年に広州の中央党政訓練所（所長陳果夫）で、「合作」が主要な訓練課程の一つと

なり、許紹棣が講義を担当した[1]。

　1927年5月の国民党中央常務会議において、中央党務学校（南京）の設立が決議され、校長には蒋介石が就任し、教務主任戴季陶、訓育主任丁惟汾、総務主任陳果夫が任命された。その設立目的は国民党幹部の養成であり、314名の学生を選抜し1年間の修業年限で党務工作の知識・技能が教えられた[2]。この中央党務学校のカリキュラムに合作課程が盛り込まれた。その担当教授には薛仙舟を招聘しようとしたが、多忙なため不可能となり、代わって余井塘が担当することになった[3]。28年7月には中央党務学校第2期生411名が選抜され、この第2期からは修業年限が2年に延長された。党務学校第2期の訓練目的は、党治実行のための建設人材養成に置かれた。29年6月には中央党務学校が中央政治学校大学部に改組され、7月には党務学校第2期生を新制大学の第1期生とすることが決定された。そして中央政治学校大学部は、政治・財政・地方自治・社会経済の4学系（学部に相当）に分けられ、修業年限は4年に延長された。中央政治学校校長は蒋介石が務め、丁惟汾が教育長、余井塘が教務主任、呉挹峯が総務主任となった。この他に胡漢民・戴季陶・陳果夫・邵力子・羅家倫が校務委員となり、上記メンバーと共に校務委員会を組織した[4]。この中央政治学校大学部の地方自治系と社会経済系のカリキュラムには「合作大綱」の講義が設けられ、王世穎が担当した[5]。29年8月には、大学部に教育・外交の2学系が増設され、第2期生67名が入学した[6]。

　1930年7月には中央政治学校大学部の学系改編がなされ、行政・財政・社会経済・教育・外交・法律の6学系に再編され、その下に14組（学科に相当）が設けられた[7]。大学3年生となった第1期生は、各組に分かれて専門教育を受けることとなった。社会経済系には当初合作組が設けられる予定であったが、組開設の最低人数である8名の希望者が集まらず、その開設が危ぶまれた。そこであくまでも合作組開設を希望した学生の陳岩松・趙玉林は、社会経済系主任壽勉成に相談を持ちかけた。その相談の結果、合作組のカリキュラムは財政系金融組の全講義の他に、さらに合作に関する専門講義を加えることとした。こうして金融組希望者の中から3名を勧誘して定員8名を充足し、合作組の開設となったのである[8]。

1932年7月には中央政治学校大学部の第1期生235名が卒業した[9]。合作組の卒業生は陳岩松・黄石・韓紹周・陳顔湘・趙玉林の5名であった[10]。この5名は卒業後、いずれも合作社関係の事業に従事することになる。陳岩松と黄石は卒業後、浙江省建設庁合作事業室の佐理員となったが、その月給70元は中央政治学校からの支給であった（2年契約）。1年足らずで両名は技士に昇格し、陳岩松は金融股主任も兼務したため月給は90元となった[11]。両名はその後、江蘇省に移り合作事業に従事した。抗日戦争が始まると黄石は、故郷の雲南省に戻り合作事業管理処に勤務した[12]。陳岩松のその後の履歴は既述の通りである。韓紹周は卒業後、故郷の河南省教育庁に就職したが、後には中央合作金庫に転出している[13]。陳顔湘は中国農民銀行（南京）に就職し、合作社の指導に従事した[14]。趙玉林は、四省農村金融救済処に就職したが、42年四川省合作事業管理処長の時に死亡している[15]。

　合作社指導人材に対する需要は高まる趨勢にあった。豫鄂皖三省剿匪総司令部の農村金融救済処に中央政治学校卒業生33名が派遣されたと言われている[16]。しかし、この後中央政治学校大学部では合作組は開設されなかった。その理由は不明であるが、1929年の大学部第2期生募集からは少数精鋭主義が取られ定員が大幅に削減されたことが影響していると考えられる。前述のように大学部第2期の入学者数は僅か67名であり、合作組志望の学生が少なく、合作組が開設されなかったものであろう。

　1935年7月には、校務委員会において合作学院の設立が決議され、丁惟汾・陳果夫・呉挹峯・劉振東（経歴第4表）・壽勉成・王世穎・陳仲明・章鼎峙が籌備委員に任命された。中国合作学社の仙舟紀念図書館の敷地内に校舎が建設され、36年1月、壽勉成を主任として合作学院が開設された[17]。同学院は合作事業の高級指導人材の育成を目的とし、入学資格は大学卒あるいは専門学校卒業後合作機関での実務経験1年以上であった。修業期間は実習を含めて1年半（3学期）であり、第1期生は36年1月に入学し37年1月末まで専門教科を学び、2・3月に実習に従事し、4月1日に卒業した。卒業生は32名であった[18]。その卒業生名簿が第3表であり、47年当時教職あるいは銀行勤務の若干名を除いて、ほとんどが合作社関係の業務に従事していた。陳果夫は合作事業の幹部養

第3表　中央政治学校合作学院卒業生の勤務先（1947年当時）

第1期生（1937年4月卒業）

姓名	年齢	勤　務　先	備　考
王鴻祺	34	台湾土地銀行新竹分行経理	江蘇省合作督導員、台湾
王紹林	38	社会部合作事業管理局秘書、カナダ視察	台湾
毛存元	38	四川南充中国農民銀行農貸員	
安資深	41	社会部合作事業管理局専員	
阮　模	38	合作事業管理局より台湾合作農場管理に派遣	
李章成	37	福建省社会処科長	
李国亮	35	西康西昌興文銀行分行経理	江蘇省合作督導員
呉業昌	36	上海交通銀行	
汪鴻鼎	36	江蘇省社会処合作室主任兼合作物品供銷処総経理	江蘇省合作督導員
和保萃	35	甘粛省合作社連合社総経理	
林葆忠	42	台湾社会部合作事業管理局輔導第1団団長兼台湾合作委員会委員	
易光禩	41	全国合作社物品供銷処重慶分処経理	
姚振鑫	40	中央合作金庫業務部科長	
陳以静	45	中央合作金庫山東分庫経理	
陳兆适	37	瀋陽中国農民銀行農貸部主任	
馬道鄰	38	上海全国合作社物品供銷処専員	
陸　垚	46	上海全国合作社物品供銷処推進組主任	
張純良	43	社会部合作事業管理局	
張永恒	47	陝西城固県立中学校長	
張向恒	40	山西汾陽在住	
黄時夏	41	台湾営建公司籌備処副主任	
黄　崑	45	南昌社会部合作管理局駐贛弁事処主任	
喩志東	43	瀋陽農村合作事務局副局長	
楊　甲	41	全国合作物品供銷処安慶弁事処経理	台湾
万寿康	36	雲南保山省立中学校長	江蘇省合作督導員
欧陽匯	40	米国留学	台湾
斉国琳	41	全国合作物品供銷処天津分処経理	台湾
劉元炳	37	広州中国農民銀行会計主任	
蒲肇楷	37	四川省合作管理処科長	
謝松培	36	広州合作物品供銷処経理	
柴寿康	36	重慶中国農民銀行襄理	
蕭賢芳	41	社会部合作事業管理局専員	

第1章　中国合作学社と国民政府の合作社政策　59

第2期生（1938年10月卒業）

王正倫	33	江蘇江都中国農民銀行	台湾
王質農	41	中央合作金庫蚌埠分庫経理	
王之坤	39	河北省社会処合作室主任	
仇振原	37	全国合作社物品供銷処漢口分処副理	
石秉忠	39	甘粛省合作管理処専員	
李　溶	37	湖北老河口中国農民銀行	
李其堅	37	全国合作社物品供銷処漢口分処経理	
李敬民	38	社会部合作事業管理局視察	
李星輝	37	全国合作社物品供銷処広州分処副理	台湾
佃潮痕	41	陝西省党部科長	
林　嶸	35	社会部合作事業管理局科長	
施　文	36	杭州合作事業管理局合作輔導団第2団副団長	
陳本立	37	米国留学	
陳良綱	33	上海、建元公司	
陳肇坤	36	広東省合作事業管理処技正	
陳先瑀	36	社会部合作事業管理局視察	
陸俊光	41	蘭州中国農民銀行行員	
唐仁儒	41	中央合作金庫淮陰支庫経理	台湾
張光鈺	37	中央合作金庫北平分庫経理	
畢昌祐	36	社会部合作事業管理局視察	
楊福東	37	南京中央合作金庫専員	
楊福鍾	39	四川省合作事業管理処研究室主任	
熊世培	37	瀋陽農村合作事務局処長	
劉春先	41	杭州合作事業管理局合作輔導団第1団団長	
龐耀龍	35	河南省合作管理処第3科科長	

第3期生（1940年1月卒業）

毛子誠	40	四川省合作事業管理処科長	
王伝熠	35	社会部合作事業管理局駐蓉専員	
尹克慎	36	四川納渓税捐徴収処処長	
李大成	30	陝西省合作事業管理処科長	
何修義	34	社会部合作事業管理局専員	
宋広才	41	西康省財政庁専員	
呉簡心	36		
周止戈	35	社会部合作事業管理局専員	
周景倫	32	社会部合作事業管理局輔導団組長	
姚綱章	38	中央合作金庫上海分庫信託部襄理	
范徳培	41	社会部合作事業管理局駐蘇合作専員	

陳　材	33	社会部合作事業管理局視察	
陳朝晋	38	社会部合作事業管理局合作輔導団駐桂団員	
徐宝忠	31	中央合作金庫安東分庫経理	台湾
黄希源	37	重慶中国農民銀行水利公司	
孫汝堅	36	国民参政会参政員	
郭官鎖	30	陝西澄城県立中学校長	
馬崇徳	33	青海西寧中央銀行行員	
夏仲升	38	社会部合作事業管理局駐黔専員	
覃吉淦	37		
楊如瑩	35		
楊衛邦	34	昆明中国僑民銀公司儲蓄部主任	
廖　翼	35	社会部合作事業管理局駐桂専員	
熊興周	36	重慶中央信託局	
劉介眉	33	中央合作金庫専員	
劉富盛	37	広西桂林財政庁視察	
鍾　壎	33	広東省合作事業管理処技正	
厳柄枢	35		

出所：『中央政治学校卒業同学録』（同校卒業生指導部編、1947年3月）157－162頁より作成。
注：備考欄の江蘇省合作督導員とは37年に行政督察区ごとに設置されたものである（『江蘇合作』第27期、1937年7月）16頁、台湾とは1952年8月の中国合作学社第8回大会時の社員である（第4表）。

成のための合作学院を重視して、36年2月には同学院で「合作運動的重要及其応注意之点」との題目の講演を行っている[19]。

　合作学院第2期生は、1937年2月に入学した。しかし、まもなくして抗日戦争が勃発し、同年9月合作学院は中央政治学校大学部及び各学院（地政・計政）と共に、江西省九江牯嶺の伝習学舎に移転した。同地で3カ月もたたない内に再度湖南省芷江への移転となり、38年1月芷江で授業を再開した。かくして同年10月には、第2期生25名が卒業した[20]。38年夏には中央政治学校も重慶に移転となり、合作学院は重慶南岸の南温泉の白鶴林を校舎とした。第3期生は38年8月に入学し40年1月の卒業であり、卒業生は29名であった[21]。40年には中央政治学校研究部に合作組が設置され、その研究員の資格・待遇は教授と対等とされた。そしてこの合作組の設置をもって合作学院は廃止された[22]。

　1935年5月には、国民党中央組織委員会が中央合作指導人員訓練所を開設した。その所長・副所長には中央組織委員会正副主任委員である陳立夫・谷正綱

が就任し、陳仲明が教務主任を務めた。本訓練所は国民党員を対象に合作社指導人材を養成することを目的とし、研究班と通信教育班より構成された。研究班は高級人材養成を目的とし、中央党部職員など42名に3カ月間の教育を施した。通信教育班は、初級人材育成のために各省市党部から2491名が選考され、通信制の教育がなされた。この訓練所の教員の多くは、合作学社社員が就任した[23]。

　1937年2月には、中央政治学校合作学院が中国合作学社に委託する形式で、全国合作人員訓練所が開設された。同所は中級合作人材の養成を目的とし、中等以上の学校卒業生を対象に1年間の教育を行った。校舎は中央路を挟んだ合作学院の向かい側に設けられた。その所長は合作学院教授陳仲明が兼務し、同年末には72名が卒業した[24]。

2．「合作社法」制定と行政機関の充実

　南京政府の下、各地で合作社が組織されたが、その法的根拠は各省政府が独自に制定した条例に基づくものであった。1931年4月には実業部が「農村合作社暫行規程」を公布したが、合作社に法的根拠を付与するために正式な「合作社法」の制定が急がれた[25]。その立法作業を担当したのが、立法院委員・樓桐孫であった。

　樓桐孫（1896〜1992）　浙江省永康県の人。1915年私立浙江法政専門学校法律専科卒。19年「勤工倹学」でフランスに留学し、23年パリ大学法学修士。その後シャルル・ジードの下で研究し、その著書を『協作』、『消費協社』として翻訳・出版した。25年帰国し、上海法律専門学校校長、浙江法律専門学校校長などを経て、28年には江蘇省政府の行政研究所教務主任となる。同年11月には立法院第1期立法委員に就任し、この後長く立法委員の職にあった。45年5月に国民党第6期中央執行委員に選出され、46年には制憲国民大会代表に選出された。48年には立法院立法委員に当選し同院秘書長に任命された[26]。台湾においては立法委員を務める傍ら、中国合作事業協会常務理事に就任した。67年には中国文化大学の合作研究所所長に就任し、69年には同大学経済研究所に合作組が設立され、その所長兼合作組長として大学院レベルの合作教育に従事した

(85年辞任)。77～83年には中国合作事業協会理事長を務めた。89年立法委員を辞任し、92年に死去した[27]。

　このように樓桐孫は法律家であると同時に合作問題の専門家でもあり、法案の策定には格好の人物であった。彼の回想によれば、陳果夫が中央組織部副部長時代に、南京の譚常愷の家で陳果夫・葉楚傖・邵力子・樓桐孫の4名により合作社に関する談話会が数度に渡り開催されたとされる[28]。陳果夫が中央組織部副部長の職にあったのは、1929年3月から30年10月までであった。この談話会の内容は不明であるが、樓桐孫が招かれていることから合作社の立法問題も討議されたことは間違いないであろう。しかし、実際に樓桐孫が「合作社法」の立法作業を着手したのは、31年あるいは32年のこととされている。すなわち立法院院長胡漢民に「合作社法」の立法作業を一任されたのである[29]。

　立法作業にあたって樓桐孫は、華洋義賑救災総会の合作社や定県合作社を視察した。また全国の重要な市県に調査表を送り、民間の「合会」、「義倉」、「社倉」などの実際状況を把握し、立案の参考資料とした。こうして「合作社法原則草案」を作成し、中央政治会議の審査にかけられた[30]。中央政治会議において「合作社法原則草案」審査の責任者は陳果夫であった。樓桐孫は先進国の法律にならって合作社を経済行為で生産・消費・信用などに分類したが、陳果夫は孫文の学説に忠実に農業・工業・商業・銀行・保険など職業で分類することを強く主張した。両者の論争となったが、結局は樓桐孫が折れて陳果夫の意見が採用された[31]。こうしてこの原則草案に基づいて「合作社法草案」が策定され、34年2月には立法院を通過し、同年3月1日国民政府により公布された[32]。35年8月には実業部が「合作社法施行細則」を公布し、35年9月1日には「合作社法」及び「施行細則」が同時に施行された。ここに合作社の法体系は完備した[33]。

　「合作社法」施行を前にして、1935年3月13日から17日までの5日間、全国合作事業討論会が開催された。これは全国経済委員会・農村復興委員会・実業部の召集により、全国の行政機関及び民間の合作社指導者さらには合作問題専門家合計138名が参集して開催された重要な会議であった。本会は合作事業に

対する各種政策を取りまとめ、中央政府に提言することを任務とした。これに招かれた学術団体及び学校は、中国合作学社・中央研究院・中央研究院社会科学研究所・中央大学・金陵大学・中華職業教育社・江蘇省立教育学院・燕京大学・励志社など9団体・学校であった。また郷村建設運動に従事する民間団体としては、中国華洋義賑救災総会・山東郷村建設研究院・河北県政建設研究院も参加した。本会には中国合作学社社員の多くが、各自の所属単位の代表として出席している。また陳果夫も専門家の資格で出席していた。本会には合計123件の合作社問題への提案が出され、これを4組に分かれて審議した。第1組は「合作制度及び法規」の審議であり、召集人（議長に相当）は陳果夫・章元善であった。第2組は「合作業務」で召集人は鄒樹文・壽勉成、第3組は「合作金融」で召集人は王志莘・于永滋、第4組は「合作教育及びその他」で召集人は王世穎・丁鵬翥であった[34]。このように召集人のほとんどは中国合作学社社員であり、同社が会議を実質的にリードした[35]。

　第1組で審議された重要提案としては、合作事業の主管機関を実業部とし部内に担当部署を設ける、さらには実業部と関係各部・各会及び専門家から構成される全国合作事業協会を組織するというものであった。この中央の方式を準用して各省市にも合作事業の指導組織を設置するとされた[36]。この全国合作事業協会を構成する各会とは全国経済委員会・農村復興委員会を指すと考えられ、両組織も合作行政への発言権を確保しようとしたのであろう。ともかくも合作事業の主管機関を実業部とすることが確認できたのが、本会議の大きな成果であった。第3組の合作金融に関しては多くの提案が出された。それを王志莘が中心となり「合作金融系統案」としてまとめた。同案は、合作社の活動を支援するために、中央・省・県の各段階に「合作銀行」を設立するという内容であった。特に県合作銀行は合作社・合作社連合会及び県農業倉庫の出資を主体に設立すると規定されていた[37]。この県合作銀行は合作社独自の金融機関であり、これまでのように中国農民銀行や江蘇省農民銀行のような外部金融機関の融資に頼るのではなく、合作社金融の新たな発展の可能性を有したのである。これは実際には、合作金庫の名称で現実化した。

　全国合作事業討論会の決議に基づいて、1935年11月16日には実業部に合作司

が設けられ、章元善が司長に就任した。ただ同年10月には全国経済委員会にも合作事業委員会が設置されている(38)。36年には合作司への合作社指導権限の一元化が進んだ。まず4月には軍事委員会委員長行営指導下の6省(豫鄂皖贛閩甘)剿匪区内の合作事業が合作司に移行された。6月には全国経済委員会合作事業委員会が廃止され、その管理下の各地合作事業が合作司に移された(39)。また同年12月には、実業部は「合作金庫規程」を公布して、金融系統の整備にも乗り出した(40)。

注
（1） 前掲『中華合作事業発展史』(上) 77頁。
（2） 前掲「十年紀要」12、13頁。
（3） 陳岩松「本校合作教育与中国合作事業的発展」（政大四十年特刊編輯委員会編『政大四十年』国立政治大学、1967年）145頁。薛仙舟より陳果夫あての断りの手紙（1927年8月7日付）は、中国国民党中央委員会党史委員会編『抗戦前国家建設史料——合作運動』(二)(革命文献第85輯、1980年)に収録されている。
（4） 前掲「十年紀要」13、14頁。ただ余井塘は1931年1月、中央党部の活動に専念するため教務主任を辞任し、羅家倫がそれを引き継いだ（同上稿、15頁）。羅家倫（1897～1969）は14年復旦公学卒、17年北京大学文科入学、雑誌『新潮』を発行した。五四運動に積極的に参加し、北京学生界代表として上海での全国学生連合会成立大会へ参加した。20年秋米国に留学し、さらにイギリス・ドイツ・フランスにも学び、26年帰国。国民革命軍総司令部参議となる（前掲『民国人物大辞典』1633頁）。
（5） 陳岩松「大学部経済系合作組」（前掲『国立政治大学校史史料彙編』第一集）250頁。なお、前掲『中華合作事業発展史』(下) 602頁では、講義題目を「合作概論」としている。
（6） 「本校大事記」（国立政治大学校史編印委員会編『国立政治大学校史史料彙編』第二集、1977年）459頁。
（7） 前掲「本校大事記」461頁、前掲「十年紀要」19頁。
（8） 前掲「大学部経済系合作組」250、251頁。陳岩松はこのように合作組の希望学生が少なかった理由を、王世穎の講義がデンマークの鶏卵や牛乳の農村合作社の話で学生の興味を惹かなかったためであると回想している（前掲『中華合作事業

発展史』(下）602頁)。すなわち、当時の中国国内では合作事業はやっと緒についたばかりであり、講義の題材とすべき具体的事例が少なかったのである。またそのために学生も卒業後の就職先が不安で、希望者が少なかったのであろう。

(9) 前掲「十年紀要」16頁。
(10) 前掲「大学部経済系合作組」252頁。
(11) 同上。
(12) 前掲「本校合作教育与中国合作事業的発展」146頁。
(13) 前掲「大学部経済系合作組」252頁、前掲「本校合作教育与中国合作事業的発展」146頁。
(14) 前掲「本校合作教育与中国合作事業的発展」146頁。
(15) 前掲『中華合作事業発展史』(下）603頁、前掲「大学部経済系合作組」252頁。
(16) 前掲「本校合作教育与中国合作事業的発展」146頁。
(17) 前掲「十年紀要」17、18頁、前掲『中国合作運動史』271頁。
(18) 唐仁儒「合作学院」(前掲『国立政治大学校史史料彙編』第一集）282－286頁。
(19) 前掲「抗戦前合作運動大事記」553頁。
(20) 前掲「本校合作教育与中国合作事業的発展」147頁、前掲「合作学院」283－286頁、前掲「本校大事記」483頁。
(21) 前掲「合作学院」285、286頁。
(22) 同上稿、286頁。
(23) 前掲『中国合作運動史』283－287頁、「中央合作指導人員訓練弁理之経過」(『合作月刊』第8巻第3期、1936年3月）31－35頁。谷正綱（1902～?）は、ベルリン大学留学、24年国民党加入、26年帰国、31年国民党第4期中央執行委員候補、34年実業部常務次長、35年国民党第5期中央執行委員会常務委員兼中央組織部副部長、40年社会部長（前掲『民国人物大辞典』407頁)。
(24) 前掲「合作学院」291、292頁。
(25) 前掲『中華合作事業発展史』(上）185頁。
(26) 前掲『民国人物大辞典』1358頁、樓桐孫「九十自述」(『合作経済』第6期、1985年10月）12－14頁、李啓紘「『東方査理・季特』的小故事」(『合作経済』第6期）31頁。
(27) 周建卿「桐孫先生為合作的立法立言与立人」(『合作経済』第35期、1992年12月）60－65頁。
(28) 樓桐孫「中国合作運動偉大的戦士陳果夫先生」(『合作経済』第2巻第2期、1951年9月）4頁。

(29) 孫炳焱「合作社法立法的史要和精神」(『合作経済』第6期、1985年10月) 48頁。
(30) 同上稿、48、49頁。
(31) 前掲「中国合作運動偉大的戦士陳果夫先生」4、5頁。中央政治会議で「合作社法原則」が修正通過したのは32年9月28日であった (『合作月刊』第4巻第11期、1932年11月、52頁)。
(32) 前掲「合作社法立法的史要和精神」49頁。
(33) 前掲『中華合作事業発展史』(上) 188頁。「合作社法」及び「施行細則」は『農行月刊』第2巻第8・9期、1935年9月に収録されている。
(34) 『全国合作事業討論会彙編』(1935年) 1－74頁、丁鵬翥「参加全国合作事業討論会之報告与評議」(『湖南合作』第8・9期、1935年4月) 349－353頁。
(35) 鄒樹文はイリノイ大学修士の学位を持つ農学者であり、国立東南大学農科教授、江蘇省農民銀行設計部主任などを経て、1932年には国立中央大学農学院院長に就任しており (前掲『民国人物大辞典』1293頁、前掲『国立中央大学農学院院友録』10頁)、また同年には合作学社社員であった (前掲「本社社員録」)。また于永滋 (樹徳) は32年の社員名簿には記載はないが、後述のように41年には同社執行委員候補に選出されている。
(36) 前掲「参加全国合作事業討論会之報告与評議」353、354頁。
(37) 同上稿、359－362頁。
(38) 前掲『中華合作事業発展史』(上) 200、205、206頁。
(39) 前掲「抗戦前合作運動大事記」555頁。
(40) 張逵「抗戦時期我国的合作事業」(『合作経済』第13期、1987年6月) 17頁。

Ⅳ．抗日戦争・国共内戦と中国合作学社

1．抗日戦争と合作行政機関

1938年1月には実業部が経済部に改組され、合作行政は経済部農林司第5科の担当となった。しかし、全国合作社の指導は1つの科では不充分なので、経済部農本局に合作指導室が設置された。39年1月、陳果夫は国民党5期5中全会に「加緊推進合作事業方案」を提出し、経済部あるいは行政院の下に全国合作事業の統括機関である「全国合作事業管理局」を創設するよう提起した。これを受けて39年5月には経済部に合作事業管理局が設置され、農本局の合作指

導室は廃止された。こうして合作事業管理局は全国合作事業の推進機関となり、農本局の合作社関係業務は金融調整のみに限定された[1]。

　この経済部合作事業管理局局長に任命されたのが壽勉成であり、彼は内戦期まで一貫して同職にあった。同局は当初職員100人に満たない小規模な組織であり、簡任官も局長1人であった。ただ1939年には同局附属施設として全国合作人員訓練所が創設され、重慶南温泉の中央政治学校内に設置された。また40年11月には全国合作社物品供銷処も附設された[2]。40年10月国民党中央党部の社会部が行政院の隷属機関となり、同年12月には合作事業管理局が社会部の管轄となった[3]。また41年1月には農本局が改組され、その農業金融業務は中国農民銀行に移行された[4]。合作事業管理局は41年11月「省合作事業管理処組織大綱」を公布して、これまで省によって機構と名称がまちまちであった省政府合作行政機関の統一を図ろうとした[5]。42年には合作事業管理局に合作工作輔導団が附設され、団長は局長が兼任した。団員は全部で110名からなり、第1団（重慶）・第2団（貴州）・第3団（西北）・第4団（東南）が編成され、各地に駐在し合作社の指導活動を展開した[6]。

　合作事業の発展には、金融機関の整備も不可欠であった。1940年10月、陳果夫は中国農民銀行の董事に就任し、また四聯総処（中央銀行・中国銀行・交通銀行・中国農民銀行の4国家銀行の統合機関）農業金融設計委員会主任委員にもなった。こうして陳果夫は、農業金融機関の再編にも乗り出した[7]。まず前述のように41年1月には農本局が農業金融業務から撤退した。42年5月には、四聯総処臨時理事会議が「四行業務劃分及考核弁法」を決議し、中国・交通両銀行と中央信託局の農業金融業務を中国農民銀行に移管することを決定した。同年8月には、その移管業務が完了している[8]。45年10月には、陳果夫は中国農民銀行董事長に就任した[9]。

　1941年12月、陳果夫など14名により国民党5期9中全会に「合作金融を適切に改善し、合作事業を発展させ、抗戦建国の社会経済の基礎を定めるための案」が提出され、合作事業発展には中央合作金庫の創設が不可欠であることが決議された[10]。すでに、前述の実業部「合作金庫規程」を根拠に一部の省市・県においては合作金庫が設立されていた。さらには抗日戦争開始後の38年2月には

経済部が同規程を変更して、合作金庫の出資条件を緩め一般銀行の出資も可能となり、各地で合作金庫が次々と設立された[11]。こうして各地の合作金庫を統括する中央機関として、中央合作金庫の設立が待たれたのである。しかし中央合作金庫の創設は抗日戦争のために遅れ、44年12月にやっと中央合作金庫理事会が設立され（理事22名）、陳果夫が理事長に任命された。45年12月に中央合作金庫第1回理事会が開催され、陳果夫・谷正綱・俞鴻鈞（中央銀行総裁）・劉攻芸（中央信託局局長）・霍亜民（宝樹、中国銀行総稽核）・趙棣華・壽勉成を常務理事に選出し、壽勉成を主任として籌備処が設立された。こうして46年11月1日には、資金100億元で中央合作金庫の営業が開始された[12]。中央合作金庫は48年8月には、全国15省市に分庫を設置し、支庫22カ所、分理処56カ所を持つまでに組織を発展させた[13]。

　以上のように抗日戦争終結後には、合作事業管理局・中央合作金庫・全国合作社物品供銷処が、中央の合作行政の主要機関となった。そしてこの3機関のトップには王世穎・壽勉成・陳仲明という中国合作学社のリーダーが就任したのである。また陳果夫が董事長を務める中国農民銀行も、合作事業には重要機関であった。そしてこれらの機関の中堅幹部として合作行政を支えたのが、中央政治学校合作学院の卒業生であった。1947年当時、卒業生85名中、合作事業管理局勤務22名、中央合作金庫勤務9名、全国合作社物品供銷処勤務9名、中国農民銀行勤務8名であり、その他14名は各省の合作行政担当部局に勤務していた（第3表）。特に46年合作事業管理局は綏靖区合作工作輔導団を3団組織し、河北省東部・山東省東部・江蘇省北部の共産党側から奪還した地域での合作社活動を指導した[14]。

　国共内戦末期には、合作事業管理局は解体した。まず、1948年には王世穎が病気のため局長を辞し、陳岩松に替った。同年秋には南京の情勢も不安となり、局員の分散を図るため浙江・湖南・広東・四川の4省に向かう合作工作隊が組織され、局員の多くがそれに参加して南京を離れた。そして48年末には社会部も広州に撤退することとなり、同部の規定で広州に移動できる合作事業管理局職員は10名に限定された。広州では49年5月社会部が内政部に併合され、同局は内政部合作司に縮小された[15]。

次に抗日戦争時期の中国合作学社の動きを概観して見よう。まず、1940年2月には同社社員が中心となり重慶において中国合作事業協会が設立され、陳果夫が理事長に就任した(16)。同協会は各省市に分会、各県市に支会を設け、合作社に関係する個人及び団体会員を広く網羅した。48年末には、個人会員8980名・団体会員2500単位を擁した。同協会は44年2月には重慶市内に合作会堂を建設し、45年5月には会誌『民力週報』を創刊している(17)。中国合作学社は2年ごとに大会を開催する規定であったが、抗日戦争時期には実行できなかった。第6回大会は重慶市南温泉白鶴林において1941年4月1日に開催され、以下の役員を選出している(18)。ここでは陳立夫が初めて役員に加わったことが注目すべき点であろう。

第6回大会役員（1941年4月選出）
執行委員　陳果夫・王世穎・壽勉成・陳立夫・余井塘・侯哲莽・侯厚培・陳仲明・彭師勤
候補委員　胡士琪・于永滋・樓桐孫・唐啓宇・伍玉璋

　南京の仙舟紀念合作図書館蔵書は重慶に搬入し南温泉白鶴林に図書館を設置したが、中国合作学社はより本格的な図書館を建設することとした。南温泉の全国合作人員訓練所に隣接した場所を敷地とし、1943年7月から建設工事が始められ、翌年1月には仙舟紀念合作図書館として開館した。44年12月21日には重慶市において中国合作学社第7回大会が開催された(19)。中国合作学社の社員は、39年末には565名となり、41年4月には620名に増加し、さらには44年12月には個人社員902名・団体社員2単位（湖南省合作協会・浙江省合作協会）にまで増加している(20)。

　国民政府合作社政策を1930年代初頭から絶えず最前線で指導した陳仲明は、内戦時期にこれまでの合作運動を次のように否定的に総括している。すなわち、「本来合作運動は一種の社会経済改革運動の具体的実践形態である。しかし現実には、往々にして社会経済の改革に資するものではなく、反対に経済現勢中の悪い権力傾向に操縦され統制されてしまっている。同時に、合作社は社会的

経済的弱者の自救運動により組織され、彼等の経済生活を改善し経済的地位を高めるためのものである。同様に現実には、往々にしてこの使命を完成できないだけでなく、反対に社会経済の操縦権を握る強者の利用するところとなり、社会的弱者の搾取と窒息を強めた」[21]と。すなわち第2部・第3部で詳述するように、南京政府時期の江蘇・浙江両省でも合作事業は理想通りには進まなかった。まして抗日戦争時期に経済的・文化的に遅れた奥地で合作社を育成するのは、極めて困難な課題であったのであろう。

2．中国合作学社の台湾での再建

　台湾における中国合作事業協会の活動は、1950年に開始された。51年7月の国際合作節には第1回代表大会を開催し、正式に組織を再建した[22]。谷正綱を理事長、余井塘を常務理事、陳岩松を総幹事とした[23]。同協会が取り組んだ重要問題は、農会への合作社の併合問題であった。1944年の日本統治時期に、台湾の産業組合と農会は統合され農業会に改組された。台湾が国民政府の支配下に入ると、46年農業会を農会と合作社に分割した。それが49年2月に台湾省政府委員会が合作社を農会に併合し、農会は農林庁の管轄下に入ることを決定したのである[24]。これは農村部から合作社の呼称が消滅することを意味し、また内政部の既得権限の大幅な削減も意味した。そのために同協会は、これを重大問題として反対運動を展開し、51年6月には座談会を開催した[25]。結局は農会への併合方針は覆らず、郷鎮の合作社は農会に吸収合併された。ただ商工業者を対象とした信用合作社として合作社の名称は存続し、後には農業分野においても青果運銷合作社などの単一業務の合作社が組織された[26]。

　1952年8月17日、台北市第一信用合作社において中国合作学社第8回大会が開催された。これが事実上の台湾での再建大会であった。出席者は30数名、社員は85名（第4表）のみであった[27]。創設時22名の社員の内、台湾の合作学社に加入したのは余井塘・胡健中・郭任遠・許心武・許紹棣・温崇信の6名のみであった。陳果夫は既に亡く、合作教育・合作行政の先頭に立った王世穎・壽勉成・陳仲明は大陸に残留した。台湾の中国合作学社はこうした厳しい状況の中、陳岩松などの中央政治学校卒業生により支えられるようになったのである。

第4表　中国合作学社社員名簿（1952年8月現在）

○理事　△監事

姓　名	役職	主　要　経　歴	典　拠
文　羣 1884－1969	△	1905年日本留学、中央大学入学、11年帰国、12年南京臨時参議院議員、13年衆議院議員、17年北京政府農商部総長代理、22年江西省財政庁庁長、31年江西省政府委員、32年同省農村合作委員会委員長、33年軍事委員会南昌行営第2庁第2組長、36年江西省財政庁庁長、38年内政部禁煙委員会委員、42年江西省田賦糧食管理処処長、48年行憲後立法院立法委員	A
毛　飛		本文参照	
王鴻祺		中央政治学校合作学院第1期卒、江蘇省南通県合作督導員、台湾で土地銀行稽核室主任	①
王正倫		中央政治学校合作学院第2期卒	
王保身 1907－1967		28年中央党務学校卒、国民党河北省党部常務委員、教育部戦区教育指導委員会委員兼組主任、国民党中央調査統計局督察室主任、国民大会代表	A、E
王紹林		中央政治学校合作学院第1期卒	E
尹樹生 1907－	○	中央党務学校卒、東北帝大経済学部卒、社会部合作事業管理局科長、陝西省合作事業管理処処長、中央合作金庫秘書処長、台湾省合作管理事務処処長	A
史元慶		36年中央政治学校大学部（経済系土地経済組）卒、47年当時社会部全国合作社物品供銷処稽核	E
仲肇湘	△		
汪茂慶	○	33年中央政治学校大学部（財政系財務行政組）卒、47年当時中央合作金庫副総経理	E
李錫勛	○	36年中央政治学校大学部（行政系）卒、実業部農本局、39年広東省合作事業管理処処長、41年全国合作人員訓練所講師、47年徐州陸軍総司令部	A、E
李　安		本文参照	
李吉辰		北平特別市党部及び河北省党部委員、米国ミネソタ大学農学修士、34年帰国、江蘇省建設庁実業技師兼丹陽合作実験区副主任	②、③
李星輝		中央政治学校合作学院第2期卒	E
李維新			
李少陵		第1表参照	
呉大鈞 1902－		清華大学卒、26年米国ペンシルベニア大学卒、29年国民党中央党部統計処長、32年国民政府主計処統計局局長、36年主計局長、中国統計学社社長	A
呉挹峯		27年中央党務学校総務副主任、47年当時中央政治学	④、E

		校校務委員兼国民党中央執行委員	
呉鋳人 1902-1984		北京大学生物系卒、英国オックスフォード大学農業経済学修士、中央政治学校蒙蔵学校主任、国民党第6期中央委員、行憲後立法院立法委員	A
呉克剛			
呉翕元			
余井塘	○	本文参照	
金越光 1902-		中国文化学院政治経済系卒、28年国民党浙江省党部執行委員、浙江省参議員、46年制憲国民大会代表、48年監察院監察委員	A
周時中			
洪陸東 1893-		31年国民党第4期中央監察委員、34年国民政府司法行政部政務次長、46年制憲国民大会代表、48年行憲国民大会代表	A
胡健中		第1表参照	
兪克孝 1907-		浙江省金華地方農民銀行経理、抗日戦争後湖北省政府財政庁会計主任、抗戦勝利後国防部予算局科長	A
郭任遠		第1表参照	
郝遇林	△	32年中央政治学校大学部（行政系）卒、47年天津市参議会秘書長	E
袁継熱			
徐沢予 1911-		復旦大学卒、米国コロンビア大学商学修士、米国滞在14年、台湾淡江文理学院商学系主任、中興大学法学院教授	A
徐晴嵐 1908-1996	○	上海大学文学士、モスクワ中山大学卒、34年湖北省合作委員会委員兼総視導、35年河南省合作委員会委員兼総幹事、抗日戦争後、江西省政府参事、中央設計局委員兼秘書処長、45年吉林省政府建設庁庁長、48年台湾水産公司総経理、50年国民党中央改造委員会第6組副主任	⑤
徐宝忠		中央政治学校合作学院第3期卒	E
秦亦文 1900-1963		北京師範大学卒、30年青島市党部、34年江蘇教育学院、35年山東郷村建設研究院、39年全国合作人員訓練所訓導主任（後に副所長）、47年山東省合作管理処処長	A、⑥
唐仁儒 1909-1985		中央政治学校合作学院第2期卒、湖北省政府社会処主任秘書、湖北省合作社連合社協理、国民大会代表	①、⑦
陳岩松	○	本文参照	
陳立夫	○	本文参照	
陳康和 1903-1971		28年中央党務学校卒、46年制憲国民大会代表、47年当時江蘇省党部委員兼『蘇報』社社長、行憲後立法	E、①

第1章　中国合作学社と国民政府の合作社政策　73

		院立法委員	
陳世燦			
陳祖平			
陳　立			
許心武		第1表参照	
許紹棣	○	本文参照	
許俊斑			
陸栄光		23年復旦大学商科卒	D
隋玠夫	○	32年中央政治学校大学部（行政系市政組）卒、47年当時中央合作金庫山東分庫籌備処秘書	E
黄時夏		中央政治学校合作学院第1期卒	E
焦如橋		32年中央政治学校大学部（行政系市政組）卒	E
程天放	△	本文参照	
湯恵蓀 1900－1966	○	21年鹿児島高等農業学校卒、26年北京農業大学教授、29年浙江省建設庁合作事業室主任、30年ドイツ留学、32年浙江大学農学院教授、33年中央農業実験所技正、34年中央政治学校地政学院兼任教授、39年国立雲南大学農学院院長、43年中国地政研究所副所長、47年行政院地政署副署長、48年中国農村復興連合委員会土地組組長、50年台湾省土地銀行董事	A
温崇信	△	第1表参照	
楊　甲		中央政治学校合作学院第1期卒	E
楊兆熊		35年～39年江蘇省農民銀行副総経理	⑧
楊綿仲 1899－		北京大学卒、29年江西省政府委員兼秘書長、31年浙江省政府委員、35年安徽省政府委員兼財政庁庁長、38年湖北省政府委員兼財政庁庁長、42年財政部地方財政司司長	A
鈕長耀 1905－		上海法学院卒、日本大学卒、上海市立敬業中学校長、上海審美女子中学校長、29年江蘇省立俞塘民衆教育館館長、抗日戦争以降、重慶で江蘇復興中学を創設し校長に就任、次に国民政府社会部処長、45年社会部処長兼江蘇省政府委員、制憲及び行憲国民大会代表、国民党中央党部宣伝委員	A
鄒志奮			
章長卿		34年中央政治学校計政学院第1期卒、47年当時中央政治学校教授	E
張鏡予 1907－		燕京大学社会学修士、厦門大学教授、上海大夏大学・交通大学教授、37年国民政府統計主任、41年国家総動員会議調査室主任、49年台湾省立法商学院教授	A
張則堯 1914－	○	35年北平朝陽大学法律系卒、明治大学に留学し民法と経済法を学ぶ、37年江西省財政庁及び農村合作委	A

		員会に勤務、42年国立中正大学経済系教授、抗戦勝利後、上海臨時大学農科教授、次に中央合作金庫江西分庫経理、50年台湾省立行政専科学校教授	
張邃	○	40年中央政治学校高等科（合作行政人員）卒、47年当時合作事業管理局秘書	E
張遇民 1906-		早稲田大学大学院卒、38年綏遠省第1区行政督察専員兼保安司令、40年第2期国民参政会参政員、45年綏遠省合作事業管理処処長、46年綏遠省政府委員兼財政庁庁長、49年行政院設計委員会委員	A
端木愷 1904-1987	△	復旦大学文学士、東呉大学法学士、米国ニューヨーク大学法学博士、34年国民政府行政院参事、41年行政院会計長、42年国家総動員会議秘書処処長、46年制憲国民大会代表、47年糧食部政務次長、同年立法院委員、49年総統府顧問	A
董時進			
趙葆全 1908-	○	28年中央党務学校卒、米国コーネル大学博士、中央政治学校教授、40年～47年農林部農村経済司司長、47年中国農民銀行協理、49年中国農民銀行総経理、54年交通銀行総経理	F、⑨
斉国琳 1907-1967		北京大学経済系卒、中央政治学校合作学院第1期卒、南京市政府合作指導員、抗日戦争以降、浙江省合作管理処・社会部合作事業管理局で勤務、抗戦勝利後日本の華北合作事業の接収、行憲国民大会代表	A、E
蔡文清			
劉存良			
劉振東 1898-1987	△	19年北京大学法学院卒、22年米国コロンビア大学卒、後に大学院入学、26年英国ロンドン大学で経済学を研究、29年中央政治学校財政系主任、35年立法院第4期立法委員、中央政治学校教務主任兼研究部主任、41年安徽糧食管理局副局長、42年財政部煙類専売局局長、45年財政部全国財務人員訓練所教育長、46年制憲国民大会代表、47年立法院立法委員	A
鄭彦棻 1903-		国立広東高等師範学校卒、フランスパリ大学で統計師の学位取得、国際連盟秘書庁で7年間勤務、36年帰国し国立中山大学法学院教授兼法学院長、37年国際反侵略会中国分会執行部主任、国民党中央訓練団教育委員会主任秘書、39年三民主義青年団中央幹事会幹事、40年広東省政府委員兼秘書長、43年三民主義青年団中央幹事会常務幹事兼宣伝処長、45年国民党第6期中央執行委員、48年行憲後立法院立法委員、	A、⑩

第1章　中国合作学社と国民政府の合作社政策　75

		49年国民党中央党部秘書長	
熊在渭 1903－1987	△	北平工業大学電機系卒、31年軍事委員会南昌行営科長、豫鄂皖贛四省農村合作委員会委員兼総幹事、42年江西省合作事業管理処処長、46年制憲国民大会代表、48年監察院監察委員	A
熊国清			
潘公展		第1表参照	
欧陽匯		中央政治学校合作学院第1期卒	E
蔣生雅			
樓桐孫	○	本文参照	
謝哲馨 1913－	△	33年中央政治学校大学部（行政系市政組）卒、南昌行営より合作学員に選抜されヨーロッパ留学に派遣される、英国オックスフォード大学経済学修士、国立中央大学・中山大学教授、40年広東省合作事業管理処処長、48年行憲後立法院立法委員	A、E、⑪
謝持方			
薛国棟			
嚴必康			
蕭家點			
顧達一		上海大同学院卒、海寧県農民銀行を創設、蠶業生産合作社連合社の設立、34年の旱魃時には「海寧旱災賑済会」を組織して飢餓救済に尽力、38年寧塩行動委員会副主任を務め、海塘修築のための「搶修工程処」を設立、海寧県県長、浙江省参議会議員	⑫
蘇志彬			
馬毓俊			
柯　松	○	台湾で内政部社会司合作科科長	⑬
謝森中			

出所：「中国合作学社々員名冊」（国史館所蔵教育部档案196－156「中国合作学社」)。なお、理事・監事は「中国合作学社第八届年会盛況」（『合作経済』第2巻第12期、1952年8月）18頁。

注：A～Dは第1表と同じ。E前掲『中央政治学校卒業同学録』、F『国民政府職年表』第1冊（中央研究院近代史研究所、1987年）①陳岩松「本校合作教育与中国合作事業的発展」（政大四十年特刊編輯委員会編『政大四十年』1967年）、②「江蘇省建設庁丹陽合作実験区工作報告」（『合作月刊』第7巻第10・11期、1935年11月）3頁、③菊池一隆『中国工業合作運動史の研究』（汲古書院、2002年）128頁、④『政大四十年』9頁、⑤「徐晴嵐先生事略」（『国史館館刊』復刊第20期、1996年）、⑥秦亦文「紀念合作事業姨姆陳果夫先生」（『合作経済』第2巻第2期、1951年9月）6頁、⑦「唐仁儒先生事略」（『国史館現蔵民国人物伝記史料彙編』第3輯、1990年）、⑧『江蘇省農民銀行二十週年紀念刊』（同行編、1948年）76頁、⑨趙葆全・陳運生・金克和「我們在金融方面的服務」（『政大四十年』）125頁、⑩鄭彦棻「我所敬佩的余井塘先生」（『合作経済』第10期、1986年9月）12－15頁、⑪謝哲馨「念中国合作運動敬悼果夫先生」（『合作経済』第2巻第2期、1951年9月）9頁、⑫王梓良「浙江省参議会来台同仁繽紛録」（下）（『浙江月刊』第15巻第12期、1983年12月）17頁、⑬李玉梅「五十年来的中央合作行政」（『合作経済』第20期、1989年3月）36頁。

注
（ 1 ）　秦亦文「紀念合作事業媤姆陳果夫先生」（『合作月刊』第 2 巻第 2 期、1951年 9 月） 7 頁。
（ 2 ）　前掲『中華合作事業発展史』（上）201、202頁。全国合作社物品供銷処は、重慶周辺の公務員・教員などが組織した合作社に生活物資を供給することを業務とし、総勢300名の職員を擁していた。江西省上饒に東南分処を設立し、上海に輸入された物資を同分処が購入し重慶まで陸送した。この東南分処主任を務めたのが陳仲明であった。全国合作社物品供銷処はまた重慶近郊で紡織・石鹸・食品などの工場を経営して生活物資を生産した（同上書、242頁、前掲『合作事業論叢』225、227頁）。
（ 3 ）　前掲『国民政府職官年表（1925〜1949)』第 1 冊、242頁。なお社会部部長は谷正綱であり、同部は陳果夫・陳立夫の強い影響下にあったと考えられる。
（ 4 ）　同上書、540頁。
（ 5 ）　前掲『中華合作事業発展史』（上）20 9 頁。しかし、名称・機構は内戦時期になっても完全には統一されなかった。
（ 6 ）　同上書、203頁。
（ 7 ）　前掲『陳果夫傳』276頁。
（ 8 ）　林和成「民元来我国之農業金融」（中国人民銀行金融研究所編『中国農民銀行』中国財政経済出版社、143、144頁）。
（ 9 ）　前掲『陳果夫傳』281頁。
（10）　中央合作金庫秘書処編『一年来之中央合作金庫』（1948年 3 月） 4 頁。
（11）　詳しくは、前掲「戦時中国の農業金融と合作金庫制度」（上）87−101頁、参照。
（12）　前掲『一年来之中央合作金庫』 4 、 5 頁。経歴はいずれも前掲『民国人物大辞典』参照。
（13）　前掲『中華合作事業発展史』（上）326、327頁。
（14）　陳岩松「我与社会部合作事業管理局」（前掲『合作事業論叢』）227頁。
（15）　同上稿、229頁、陳岩松「我国合作事業之発展及其応循之途径」（前掲『合作事業論叢』）128頁、前掲『国民政府職官年表（1925〜1949)』第 1 冊、90頁。
（16）　前掲『中華合作事業発展史』（下）691、692頁、前掲『陳果夫傳』245頁。ただし、同協会はルースな組織であり、会費は徴収されず、事務員と経費は合作事業管理局や中央合作金庫が負担したとされている（前掲『中華合作事業発展史』（下）692頁）。

(17) 前掲『中華合作事業発展史』(下) 693頁、陳仲明「民元来我国之合作運動」(朱斯煌主編『民国経済史』銀行週報三十週紀念刊、銀行学会、1947年、ただし台湾華文書局復刻版、1967年) 353頁。
(18) 「本社啓事」(『合作月刊(戦時版)』第26・27期、1941年9月) 2頁。
(19) 「中国合作学社三十二年度工作報告簡表」(国史館所蔵教育部档案196-156「中国合作学社」)、「本社概況」(『合作月刊(戦時版)』第38期、1944年12月) 32、33頁。
(20) 同上稿、32頁。
(21) 前掲「民元来我国之合作運動」353、354頁。
(22) 「一年来之中国合作事業協会」(『合作経済』第2巻第10期、1952年6月) 32頁。大陸から台湾に移り協会に加入した者は約500名とされている(前掲『中華合作事業発展史』(下) 693頁)。
(23) 前掲「追憶尽瘁合作的陳岩松兄」70頁。
(24) 前掲『中華合作事業発展史』(下) 383、384、389頁。この併合は中国農村復興連合委員会主任委員・蔣夢麟の提案で決定されたものである(「対於台湾合作社与農会問題的意見」『合作経済』第2巻第12期、1952年8月、13頁)。こうした戦後台湾における農民組織の変遷は、孫炳焱「台湾農会の成立過程とその特質」(滝川勉・斎藤仁編『アジアの農業協同組合』アジア経済研究所、1973年) が詳しい。
(25) 前掲『中華合作事業発展史』(下) 387頁。
(26) 戦後台湾における合作事業の展開は、同上書が詳しい。
(27) 国史館所蔵教育部档案196-156「中国合作学社」、及び「中国合作学社第八届年会盛況」(『合作経済』第2巻第12期、1952年8月) 18頁。

む す び

　五四運動を経験した復旦大学の学生達は、平民主義を標榜して実践活動を開始した。すなわち、労働大衆の地位向上を目的に掲げ平民週刊社を組織し、機関紙『平民』の発行などにより、労働大衆への啓蒙活動・教育普及活動を推進ようとしたのである。これは五四運動後に学生を中心に各地で結成された社団と同一の動きであった[1]。それが復旦大学の場合は、教員の薛仙舟や湯松の影

響から、合作主義の提唱団体へと変容を遂げた。そして平民週刊社は、平民学社へと改組されたのである。

　1927年に国民党が権力を掌握すると、旧平民学社メンバーは陳果夫の下に結集し、中国合作学社を組織して活動を再開した。同社は、合作社の研究・普及団体としての側面、復旦大学の平民週刊社・平民学社の同窓団体としての側面、さらには陳果夫を中心とした政治団体としての側面という、3つの側面を持っていた。余井塘・許紹棣などは陳果夫の下で清党活動にも従事し、特に前者は陳果夫の腹心の部下として政治活動を共にした。中国合作学社をまとめて行く上では、旧平民学社のリーダーとしての余井塘の存在が大きかったと考えられる[2]。この余井塘が、陳果夫と復旦大学同窓生を結合する重要な媒介者となっていた。復旦大学と直接の関係を持たない陳果夫にとって、中国合作学社の存在は大学教育・合作行政などを担当できる専門人材と関係を結ぶ重要な場であった。そしてこうした復旦大学人脈は、中央政治学校の運営や江蘇省の行政に生かされた。そのために陳果夫は、復旦大学旧平民学社のグループとの一体感を強調するため、共通の師として薛仙舟を称揚する必要があったのであろう。他方では、復旦大学グループにとっても自分達の理想である合作社の発展を実現するには、国民党の実力者としての陳果夫の政治力が必要だった。こうした両者の利害の一致によって、中国合作学社は陳果夫の重要な政治資源となると同時に、党政機構に強力な影響力を持つ団体となったのである。

　陳果夫の権力の源泉は、「ＣＣ」派と言われるような国民党内派閥の力だけによるものではなく、こうした学界・官界・実業界に跨る幅広い人脈に支えられていたのである。さらに陳果夫人脈は、中央政治学校を通じて拡大生産された。ただ陳果夫は中国合作学社を自己の権力の道具として利用しただけかと言えば、そうではない。彼は中国社会にとっての合作社の必要性を真剣に考えていたと思われる。特に共産党の階級闘争路線に対抗するためには、合作社政策が有用と考えていた。こうした合作社にかける陳果夫の熱意が中国合作学社に強い求心力として働き、その結束を維持させたと考えられる。

　南京政府時期には合作行政の進展に伴い、中国合作学社は各地合作事業の幹部を社員あるいは役員として取り込み、勢力を拡張して行った。特に江蘇・浙

江・湖南・江西などにおいては、合作行政に大きな影響力を持った。中国合作学社の中で中軸となり研究・教育・実務面を担ったのは、王世穎・壽勉成・陳仲明の三人であった。彼等は南京政府時期には、中央政治学校を舞台に合作人材の養成に従事し、また江蘇・浙江省では合作社の指導活動を展開した。そして抗日戦争を経て、それぞれ合作事業管理局局長・中央合作金庫総経理・全国合作社物品供銷処総経理という合作行政の主要ポストを占めることとなったのである。しかし、王世穎は病気のため役職を辞任し、壽勉成及び陳仲明は国共内戦時期には国民政府への批判を強めその地位を離れた。結局この3名は大陸に止まり、1949年以降台湾での合作事業に対する中国合作学社の影響力は弱まった。

注
（1） 北京学生の動きは、小林善文「五四時期の平民教育運動」（同『中国近代教育の普及と改革に関する研究』汲古書院、2002年）が詳しい。
（2） 日本側の調査では、余井塘は陳果夫と親戚関係にあり、陳果夫麾下の「五虎将」の一人と目されていた（在上海日本大使館特別調査班『C・C団に関する調査』1939年、15、16頁）。

第2章　江浙地域における末端行政機構の編成

は　じ　め　に

　南京国民政府時期の農村の行政機構、及びそれと農村集落との関係については、十分な研究がなされていない[1]。その詳細な研究は、今後の重要な課題である。ここでは既存の研究にも依拠しながら、本書の論述に必要な範囲で鳥瞰して行く。

　清末から民国初期の地方自治に関しては、ある程度の研究の蓄積が見られる[2]。県レベルより下級の自治団体を組織する動きは、清末の「城鎮郷地方自治章程」（1908年公布）により開始された。すなわち城・鎮・郷に議決機関である議事会と執行機関を設置して、地方自治を実行させるという内容である。城とは府・庁・州・県衙門のある城廂地方（城内と城外の連接した市街地）を指し、鎮はその他の人口5万人以上の地方、郷は人口5万人未満の地方である。この場合の鎮と郷は、市鎮（商店などが密集した市街地）とその周辺の農村部分を包括していた。そして執行機関としては、城・鎮には董事会（総董1名・董事1～3名・名誉董事4～12名で構成）が設置され、郷には郷董1名・郷佐1名が置かれた[3]。

　江蘇・浙江両省では、この鎮・郷の設定は清代以降の「鎮董制」を利用したと考えられる。稲田清一の研究では、江南地方では1800年前後から「鎮董制」が定着するようになり、市鎮在住の生員（科挙の予備試験である童試の及第者）クラスの有力者で志向のある人々が「鎮董」に任じ、官費補助や各種「捐」（寄付金）を財源として水利・救恤などの公的事業を実行した。この「鎮董」に任ずる人々は主要には市鎮居住の商人であり、地主を兼ねる場合も多かった。またその専管区域は市街地部分だけではなく、周辺農村部も含んでいたとされている[4]。中国農村社会においては、農村村落の自立性は低く、市鎮とその周辺の農村部は一つの市場圏として緊密に結合していた。江南地域では、地方公益事業もこうした市鎮在住の商人・地主に担われていたのである。そして清末の

県レベルより下級の地方自治もこうした「鎮董制」を踏襲する形で進められたものと考えられる。

　江蘇・浙江省においては、清末民初に「城鎮郷地方自治章程」に基づいて県レベルより下級の自治団体の組織化が進展した⁽⁵⁾。ただ江蘇省においては、辛亥革命直後の1911年末に「江蘇暫行市郷制」が制定・公布され、自治区画としての「城・鎮・郷」が「市・郷」に改正された。すなわち、県内各地方で人口５万人以上のものを市、５万人未満のものを郷とし、市には議事会と董事会を設け、郷には議事会と郷董・郷佐を設けるという内容であった⁽⁶⁾。その後、「第二革命」を鎮圧した袁世凱は、1914年２月には県以下の地方自治機関の停止を命令した。そして同年12月には「地方自治試行条例」を公布して、独自の「自治」計画を提示した。同条例では、県を４～６の「自治区」に分け、戸数が各自治区平均以上のものを「合議制自治区」、平均以下のものを「単独制自治区」とした。そして前者には「区董」１名、「自治員」６～10名を置き区董を議長として「自治会議」を組織する、後者には「区董」１名のみを置くと規定した⁽⁷⁾。このように同条例は、議決機関である議事会を排除し、さらに「城・鎮・郷」を「自治区」に統一する点に特徴があった。この後、浙江省では各県で自治弁公処が設置され、自治委員・自治助理員が県長により任命されたが、袁世凱の帝政実施後にはそれも廃止された。他方、江蘇省では「地方自治試行条例」は実施されず、1923年になって「市郷制」が復活している⁽⁸⁾。

　それでは清末・民国初期に「城・鎮・郷」（後の自治区）レベルより下層の末端農村レベルには、どのような統治機構が存在したのであろうか。辛亥革命を経て北京政府時期となっても、江蘇・浙江省の末端農村の統治制度は基本的には清代の制度が維持されたと考えられる。清代江南において末端の農村部には、明代の里甲制の「里」を引き継いだ「図」が設置された。明代の「里」とは税役賦課を目的に賦役義務戸110戸から編成されたものであり、明朝政府はこの「里」を村落内の唯一の自治組織とすべく様々な施策を講じた⁽⁹⁾。清代から民国時期における江南の田賦徴収機構の変遷については岩井茂樹・高嶋航による研究が進行しており、その中で「図」と「経造」・「図正」の実態についても解明されつつある⁽¹⁰⁾。まず、「図」は固定的な地理的境界をもつ徴税区画であり、

複数の「荘」(集落をいくつか合わせたもの)から構成されていた[11]。「経造」は「図」を単位として賦役と徭役の一切を請け負う者であり、課税関係の簿冊の作成、所有名義変更届けの受付、さらには徴税までを業務とした。この「経造」は農村居住者ではなく、県城において執務する人役とも推定されている[12]。また図内には「図正」なる人々も存在した。彼らは元々は里役の一種として土地の丈量及び「魚鱗冊」作成の責任者であったが、やがては土地の推収(所有者名義の書き換え)作業など徴税業務に関係するようになった人々である[13]。

江蘇省呉県唯亭山郷で活動した蘇州中華基督教青年会の施中一によれば、同郷は19の小村落からなり、戸数303戸・人口1444人であり、田地を基本にして3図に区画されていた。そして南京政府により新行政組織が設けられるまでは、各図には「経漕」、「図董」、「保長」が存在した。「経漕」は官府による任命で田賦徴収の全権を握り、その他にも農村内の訴訟、けんか、戸籍調査、田地丈量、田産売買、家産分割、債務紛糾、冠婚葬祭にまで関係した。「図董」は区域内の財力・権勢のある者の中から「経漕」が任命し、その助手とした。さらに「図董」の下には「保長」が2人おり、「図董」に使役された。「図董」は世襲であるが、「保長」は毎年の輪番であった。その他、農村には演劇・銭会・仏事・賽会(祭り)などの各種活動があり、それぞれに「小領袖」が存在した[14]。この「経漕」は岩井・高嶋の研究の「経造」と同一のものと考えられる。施中一による明確な説明はないが、「経漕」は図内には居住していないように読み取れる。また図内には単なる徴税業務担当の「図正」ではなく、図内の有力者の中から「図董」が選任され、事実上の図の指導者となっていた[15]。

このように清代江南農村は、徴税と治安維持を目的とした図に区画され、その業務は「経造」や「図正」が個別に請け負いの形で担当しており、行政組織は設置されていなかったと考えられる。清末の「図董」の設置は、図の指導者を選任することによって図に行政組織としての機能を持たせようと企図されたものであろう。清末・民国初期には、末端農村はこうした「図」というルースな行政組織の包摂下にあったと考えられる。そして農民は「図」や自然村落の下で結集するのではなく、廟会・銭会など必要に応じて各種組織をつくり結合していたものであろう。

第 2 章　江浙地域における末端行政機構の編成　83

　以上の通り清末・民国初期の地方統治制度を概観したが、ここで問題となるのは南京国民政府はこうした制度を継承するのか、あるいはそれとは別個の新たな制度を構築したのかである。また地方統治制度の中で、村落はどのように位置付けられたかも問題となる。本章では、こうした問題意識の下に基礎的な考察を進めたい。

注
（ 1 ）　Geisert, Bradley K. "Power and Society: The Kuomintang and Local Elites in Kiangsu Province, China, 1924－1937", Ph.D.diss., University of Virginia, 1979, が江蘇省における県以下の行政機構の動きを追っており参考となる。また、南京政府成立直後の国民党党部主導の「迷信打破運動」とそれに対抗した民衆暴動を研究した論文として、三谷孝「南京政権と『迷信打破運動』（1928－1929）」（『歴史学研究』第455号、1978年 4 月）、同「江北民衆暴動（1929年）について」（『一橋論叢』第83巻第 3 号、1980年 3 月）がある。中国側の重要な研究としては、李徳芳『民国郷村自治問題研究』（人民出版社、2001年）、張益民「南京国民党政権的郷村機構演変之特点」（『南京大学学報（哲学・人文・社会科学）』1987年第 1 期）がある。また河南省における区の設置を論じた研究に、坂井田夕起子「抗日戦争時期における河南省の地方政治改革――区の設置と改編、そして新県制の実施まで――」（大阪教育大学歴史学研究室『歴史研究』第35号、1998年）がある。
（ 2 ）　代表的な研究に、寺木徳子「清末民国初年の地方自治」（『お茶の水史学』第 5 号、1962年）、R. Keith Schoppa, "Local Self-Government in Zhejiang, 1909－1927" (Modern China, Vol.2, No.4, 1976)、松本善海『中国村落制度の史的研究』（岩波書店、1977年）、味岡徹「護国戦争後の地方自治回復――江蘇省を中心に――」（中央大学人文科学研究所『人文研紀要』第 2 号、1983年）、横山英「二〇世紀初期の地方政治近代化についての覚書」（横山英編『中国の近代化と地方政治』勁草書房、1985年）、田中比呂志「清末民初における地方政治構造とその変化――江蘇省宝山県における地方エリートの活動――」（『史学雑誌』第104編第 3 号、1995年 3 月）、同「民国初期における地方自治制度の再編と地域社会」（『歴史学研究』第772号、2003年 2 月）、黄東蘭「清末地方自治制度の導入と地域社会の対応――江蘇省川沙県の自治風潮を中心に――」（『史学雑誌』第107編第11号、1998年11月）などがある。また南京政府の地方制度のモデルともなる

閻錫山の山西省「村制」の研究として、黄東蘭「民国期山西省の村制と日本の町村制」(中国社会文化学会『中国—社会と文化』第13号、1998年)がある。
(3) 寺木・前掲論文、14頁、松本・前掲書、517－538頁。
(4) 稲田清一「清末江南の鎮董について」(森正夫編『江南デルタ市鎮研究』名古屋大学出版会、1992年)。
(5) その具体的な過程は、Schoppa, *op.cit.*, 李国祁『中国現代化的区域研究――閩浙台地区, 1860－1916』(中央研究院近代史研究所専刊44、1982年) 255、256頁、王樹槐『中国現代化的区域研究――江蘇省, 1860－1916』(中央研究院近代史研究所専刊48、1984年) 199－204頁。
(6) 田中「民国初期における地方自治制度の再編と地域社会」36頁、味岡・前掲論文、147、148頁。
(7) 田中「民国初期における地方自治制度の再編と地域社会」39、40頁、味岡・前掲論文、148－152頁。
(8) 李国祁・前掲書、256頁、王樹槐・前掲書、205頁。
(9) 詳しくは、松本・前掲書、458－469頁。
(10) 岩井茂樹「武進県『実徴堂簿』と田賦徴収機構」(夫馬進編『中国明清地方档案の研究』科学研究費補助金研究成果報告書、2000年)、同「清代の版図順荘法とその周辺」(京都大学人文科学研究所『東方学報』第72冊、2000年)、同「武進県の田土推収と城郷関係」(森時彦編『中国近代の都市と農村』京都大学人文科学研究所、2001年)、高嶋航「呉県・太湖庁の経造」(前掲『中国明清地方档案の研究』所収)、同「江南農村社会の土地と徴税」(前掲『中国近代の都市と農村』所収)。
(11) 岩井「武進県『実徴堂簿』と田賦徴収機構」183、184頁。
(12) 岩井「清代の版図順荘法とその周辺」435、436頁、同「武進県の田土推収と城郷関係」22頁、及び高嶋航「呉県・太湖庁の経造」201－213頁。
(13) 岩井「清代の版図順荘法とその周辺」3－14頁。
(14) 施中一編『旧農村的新気象』(1933年、蘇州中華基督教青年会) 6－9、124頁。
(15) 小島淑男の研究によれば、太平天国以後同治年間には農村統治強化のために紳士を「図董」に充任する動きが開始されたとされる(同「清末の郷村統治について――蘇州府の区・図董を中心に――」『史潮』第88号、1964年、17、18頁)。また、山本進の研究では、「図董」の設置が本格的に実行に移されたのは光緒中葉以降であるとされる(同『清代財政史研究』汲古書院、2002年、222－225頁)。

この「図董」と「図正」との関係、さらには清末・民初の江南農村でどこまで普遍的に「図董」が設けられたかなどは、今後の研究課題である。

I. 末端行政機構の組織と再編

1. 区・郷鎮の編成

1927年7月、江蘇省政府は「江蘇省市郷行政組織大綱」を公布し、末端の行政組織として市政局・郷政局を設置し、県長が局長を任命することとした。そしてその局長には旧来の郷董・董事が充任された[1]。27年9月、省政府は山西省の「村制」に倣って農村自治を実行するために、まず松江県で村制を試験し、さらに江南の28県に普及することとした（江浙両省の各県の位置は第3章・第4章の付図を参照されたい）。その内容は、5戸を1鄰、5鄰を1閭とし、4閭すなわち100戸を1村とする、そして鄰長、閭長、村長・副村長を選定するというものであった。さらには数カ村を連合して区を設置して、区長を選出するとされた。また10月には省政府は江南各県での戸口調査も命じた。だがこの村制の編成と戸口調査は進捗せず、それが完成したのは太倉・江寧・松江の3県のみであった。そこに28年6月、国民政府内政部から戸口調査を3カ月以内に完成せよとの指示があり、村制の編成に再度拍車がかかった[2]。

1928年9月、国民政府は第1次「県組織法」を公布した。そこで規定された県以下の行政組織は次頁の通りであり、まず5戸を1鄰、5鄰を1閭とし、100戸以上で「村」（農村部）・「里」（市街地）を組織し、20村里以上を集めて「区」を設置するとされた[3]。このように第1次「県組織法」の内容は、鄰閭の編成や100戸以上で「村」を組織する点が江蘇省の「村制」と共通しており、江蘇省で実験中のものを全国に適用しようとしたと考えられる。すなわち、末端行政機構である「村」を比較的小規模なものとし、自然村落の自治的機能を利用して自治を行わせ、地方自治の振興を図ろうとしたものであろう。また「区」の設置は、江蘇省では市政局・郷政局が廃止され、「区」に取って替わられることを意味した。この区の編成には、郷董・董事層の抵抗があったのではないかと考えられる。あるいは郷董・董事層の力が強く、彼らが区長へ横滑りした

ケースも存在したと予想される。

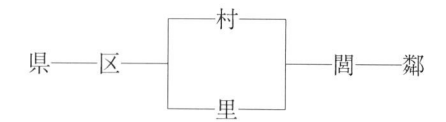

```
            ┌─村─┐
県──区──┤    ├──閭──鄰
            └─里─┘
```

　1929年6月には重訂「県組織法」が公布され、「村・里」は「郷・鎮」に改称され、また20〜50郷・鎮で区を組織するとされた。すなわち、農村部は「村」の名称を取り止め「郷」とし、商店などが密集した市街地は「里」から「鎮」と改称したのである。だが、5戸を鄰、5鄰を閭とし、さらに100戸以上で郷・鎮を組織する点は、先の第1次「県組織法」と同一であった。引き続いて、同年9月には「郷鎮自治施行法」、10月に「区自治施行法」、翌年2月に「郷鎮閭鄰選挙暫行規則」などが公布され、郷自治・鎮自治のための法整備が進んだ。それらの規定により、20歳以上の男女を郷公民・鎮公民とし郷民大会・鎮民大会を開催し、そこで郷長・副郷長、鎮長・副鎮長を選出するなどの、自治の内容が定められた。1930年7月には「県組織法」が再度修正され、1区は10〜50郷鎮で組織され、1つの郷・鎮は多くても1000戸を越えないと規定された[4]。

　浙江省では中央の第1次「県組織法」に先んじて、1928年5月には省民政庁により「浙江省街村制施行程序」が公布され地方組織の再編が開始された。この「程序」では、まず北京政府時期の自治区ごとに街村籌備委員会を組織し、村落と戸口の調査を行い、街村閭鄰清冊を編纂し住民に公告するとされた。そして鄰ごとに住民集会を開いて鄰長を選出し、この鄰長が閭長及び街長・副街長（市街地）、村長・副村長（農村部）を選出すると規定されていた。28年6月、省政府は各県に4カ月内に「街村制」を完了させるように命じた。だが直後に、国民政府内政部から同省に第一期戸口調査を9月末までに完成せよとの指示があり、街村制編成は後回しにされた。さらに9月には国民政府の第1次「県組織法」が公布され全国で「村里制」を実施するよう命じられたため、「街村」を「村里」に呼び改め、その組織化の方法は「街村制」の規定を用いることとした。こうして29年夏には「村里制」が完成した[5]。

　1929年に完成した浙江省村里制では、全省で1万4647村里が編成された。同省では、29年夏には区の設立にも着手し、30年春までに460区が組織された。

これが32年には、432区、郷1万1290、鎮1227、合計1万2517郷鎮に再編された。1930年初頭浙江省の総戸数は455万9540戸とされており、1区当り平均1万554戸、1郷鎮当り平均364戸となる。江蘇省では1930年末に区・郷鎮の編成が完了し、全省61県が608区、郷1万7423、鎮3028、合計2万451郷鎮より構成された。同省の総戸数は643万8036戸であり、1区当り平均1万589戸、1郷鎮当りの平均戸数は315戸となる[6]。このように郷鎮は平均で300～400戸程度の極めて小規模な内容として措定されたのである。

なぜ郷鎮がこのように小規模なものとされたのか。それは国民政府の国家構想に規定されていたと考えられる。国民政府にとって、孫文の「国民政府建国大綱」(1924年4月)に基づいて「訓政」段階から「憲政」に移行するには、県を単位とした地方自治の完成が不可欠だった[7]。しかもその際には、清末民初のような郷紳による自治ではなく、全住民による自治を目指さなければならなかった。すなわち農村の末端までを自治組織に包括し、全住民の政治参加を獲得しなければならなかったのである。そのために自然村落の自治的機能を利用しようとし、行政村である郷をなるべく自然村落に近い小規模なものに抑えようとしたのであろう。ただ問題は、自然村落に期待したような自治的機能が存在しなかったことである。

2. 区公所・郷鎮公所の実態

ここで区公所・郷鎮公所の内実と区長・郷鎮長にどのような人物が選任されたのかを探ろう。まず、『浙江省農村調査』により浙江省各県の状況を追う。龍游県は北京政府時期には21の自治区から構成されていたが、5区に再編され、郷鎮数は157であった。区公所は、年経費1416元であり、区長以外の要員としては助理員1名・区丁2名が存在した。郷鎮公所は、郷鎮長と副郷鎮長、監察委員3名、調解委員3名からなり、年経費は36元であった。次に東陽県は、旧来の14自治区から8区に削減され、郷鎮公所は407であった。区公所の年経費は1200元であったが、実際は月20元しか支給されず、活動は停頓していた。崇徳県は、旧来の12自治区が5区に削減され、121郷6鎮よりなっていた。区公所は2等級に分けられ、4等区は年経費1576元、助理員1名・雇員1名・区丁

2名を有し、5等区は年経費1176元であり、助理員1名・区丁1名からなった。郷鎮公所は、郷鎮長と副郷鎮長がいるだけであり、経費は月3～5元であったが、現実には未支給となっていた[8]。以上のように新設の「区」は北京政府期の「自治区」よりは各県とも数が大幅に削減されより広域的なものとなっており、北京政府期のものとは断絶した内容であると推察できる。

　次に江蘇省では、1934年の保甲制実施以前は、区公所の経費が以下のように規定されていた。すなわち各区を甲から丁までの4等級に分けて、それぞれ経費月額400～250元を支給した。それには全省で年間207万2400元が必要であったが、各県の実際の自治専款収入は合計95万4400元であり、必要額にはるかに及ばなかった。不足分は各区公所が、独自に「捐派」（寄付金の割り当て）を定めて徴収した[9]。

　以上のように区公所は財政的裏付けが一定程度あり独自の事務所と要員を有していたが、郷鎮公所は財政的裏付けがなく郷鎮長も無給であり、事務要員も存在しなかった。郷鎮公所は行政機構と呼ぶにはあまりにも非組織的な内容であった。ただ郷鎮長も区長と同様に、各種方式で独自に財源を調達し、それが不正行為・汚職として住民に訴えられる場合もあった[10]。

　それではこの区長には、どのような人物が選任されたのであろうか。浙江省では、区公所創設時期には、自治学校の前期過程を終了した学生が試験的に任用されたと言われる[11]。この自治学校とは、1928年9月に学生230名で開校した浙江省地方自治専修学校であろう。同校は修業年限1年半の3学期制であり、第1・第3学期が学内での学習、第2学期は実習期間とされていた[12]。その実習として同校学生が区長に充任されたものであろう。さらには同校を卒業した学生のかなりの部分が、正式に区長に任命されたと推測される。

　江蘇省では1929年に区長訓練所を2期開催し約700名の卒業生を出し、この中から県長が区長を選任した。しかし30年5月、省民政庁は区長には職務能力に乏しい者が多いとして区長の審査を実施し、成績の悪い者は罷免した。成績優良者は継続勤務できたが、その他は区長補習班を開設して再教育を行った。こうして生じた区長の欠員は県長が任意に補充することとなり、この区長にも問題のある人物が多かった[13]。江蘇省に関しては、第1表のように13県の区長

第2章　江浙地域における末端行政機構の編成　89

第1表　江蘇省13県の区長人数及び出身

県名	区長人数	出　　身
邳県	11	大部分が区長訓練所卒業、その他は中学卒業、また旧幕僚出身者あり
銅山	12	大部分が軍政出身、少数が中学及び区長訓練所卒業
塩城	14	学校出身と旧官僚及び紳士
泰県	15	大部分が区長訓練所卒業、その他は県政府出身
興化	6	すべて区長訓練所卒業
東台	9	ほぼ区長訓練所卒業
啓東	8	ほぼ学校及び区長訓練所卒業、また大学卒業者もあり
海門	11	すべてが学校及び区長訓練所卒業、また大学卒業者もあり
南通	18	すべて区長訓練所及び学校卒業
常熟	15	ほぼすべてが区長訓練所卒業、また日本留学者もあり
呉県	23	新旧出身者が均しくあり
崑山	10	ほぼすべてが区長訓練所卒業
無錫	17	ほぼすべてが区長訓練所卒業
合計	169	

出所：行政院農村復興委員会編『江蘇省農村調査』（商務印書館、1934年）61頁。

の出身がある程度分かる。それによれば各県で区長訓練所の卒業生が多数を占める趨勢にあった。特に、江北南部の泰県・興化・東台・啓東・海門・南通、及び江南の常熟・崑山・無錫は大部分が区長訓練所卒業生であると報告されている。しかし、官僚や紳士及び地主が区長を勤める県も多かった[14]。区長訓練所卒業の区長が罷免された後は県長が任意に選任するため、こうした在地の有力者が選ばれたと考えられる。

　江蘇省の区長訓練所に入学し区長となったのは教員出身者が多かったと考えられる。例えば、江蘇省農民銀行崑山弁事処に勤務していた呉彝章によれば、同県区長は自分と同じく教育界に勤務していた者が多いとしている[15]。また、無錫県の各区区長はみな教育界出身者であるとされている[16]。この他にも、銅山県第3区区長は復旦大学卒の元県立中学校長であり、常熟県第14区区長は元小学校校長であった[17]。このように小中学校の教員が区長の人材供給源となっていたのである。国民政府は近代的な地方自治の確立のためには旧来の郷紳層に代わる新しい指導者層を必要としており、その人材供給源とされたのが教育界であった[18]。しかし、行政実務経験のない教員を短期訓練で区長に就任させ

るのは無理があり、期待された成果を上げることができない場合が多かったのである。

　次に、郷鎮長にはどのような人々が就任したのかを探ろう。前述の唯亭山では、村制施行により3図が1村に併合されたが、村長には元「図董」の一人である盧梅軒が就任した。しかし、盧村長は老齢であり、実務は副村長（3人）中の40歳の顧国鈞が取仕切った。そして1929年の村から郷への改編に際して、顧国鈞が郷長に就任している[19]。江蘇省無錫県の場合、郷鎮長の半数は元の「図董」であり、半数が国民党員あるいは新進の青年であるとされている[20]。このように、郷鎮長には旧来の「図董」が就任する場合も多かったが、ある程度の世代交代が進んだと考えられる。特に経済的に発展し近代教育の普及した無錫県では、農村末端にもある程度人材がおり彼等の郷鎮長への進出が見られたのであろう。ただ、経済的・文化的に遅れた地域ほど、旧来の農村指導者がそのまま横滑りする比率が高かったと考えられる。

　江蘇省農民銀行職員・周明懿は、地方には真の領袖たるべき人材がおらず、区長・郷長・村長などは大部分が次の5タイプの領袖であるとしている。すなわち、第1のタイプは「旧式領袖」であり、詩書を少し読み田産を若干所有し、県の大老爺（役人）と会うことができ、地方ではごろつき連中と付き合いがある。彼らは、弱者を欺き、強者にはへりくだり、儲け話があれば利益を貪る。第2のタイプは洋学堂（新式学校の農村での呼称）あるいは区長訓練課程で教育を受けた「新領袖」である。彼らは新式の公文書・報告書は書けるが、農村問題には無知または無関心である。第3のタイプは、田産を多く所有し市鎮に店舗を持ち、終日その業務に忙殺され、村長・郷長の役職を名目だけとする人々である。第4のタイプは、政治家・軍人などの縁故を背景にして農村に覇を唱える「郷村領袖」である。彼らは区長・郷長・村長などの役職に就き、ごろつき連中と結びついてアヘン・賭博を庇護し、農民をむしり取っている。第5のタイプは、自ら農業に従事し知識がほとんど無く、悪事もしないが良い事もしない「廃物領袖」である[21]。

　この5タイプのうち区長に該当するのは第1・第2・第4であるが、前二者のタイプが数的には多数とされている。すなわち、区長レベルでは旧来の在地

有力者と新式教育を受けた「新領袖」が拮抗する状況にあったのである。しかし、都市部において中学校教育または高等教育を受けた「新領袖」は農村部への関心は薄く、上記のような批判を招いたものであろう。また、郷長に該当するのは第3・第4・第5のタイプである。実際の郷長には第3タイプのような地主・商人が多かったと考えられるが、あくまでも郷長は兼職であり、彼らはその仕事に消極的に関与するだけであった。さらには、郷長の仕事の煩雑さが忌避され、第5のタイプのような能力を欠如した農民に押し付けられるケースも存在したのであろう。他方では、第4タイプのような、自らの権勢・利権の拡張のためにその地位を積極的に利用するという場合も少なくなかったであろう。

以上のように、区公所・郷鎮公所などの行政機構は組織されたが、財政的裏付けは不充分であり、それに加えて人材の欠如が最大のネックとなっていた。

3．末端行政機構の再編

1934年3月には、内政部が「改進地方自治原則」及び「各省県市地方自治改進弁法大綱」を公布した。これにより郷鎮制度には大幅な改正が加えられた。まず、区公所は原則的に廃止となり（特別の場合保留する、あるいは県政府の補助機関とする）、郷・鎮・村を地方自治の基本組織とし、これが県政府の直接の指揮監督を受けることとなった。また閭鄰などの組織は固定した制度とせず、地方政府が状況を斟酌して設置できることとされた。さらに郷鎮長・副郷鎮長の民選規定も緩和され、民選の郷鎮長なども選挙を経ずに再任可能となり、選挙未実施の地方は選挙が免除された[22]。このように今回の制度改正は、区公所の廃止や郷鎮長の民選免除など、地方組織を自治団体としてではなく行政機構として位置付け直し、その整備・強化を図ろうとしたものと考えられる。また「村」の設定は、大規模村落が多く自然村落がそのまま行政村となるケースが多かった華北地方の現状を追認したものと考えられる。同地方の自然村落は多くが「某某村」を名乗ったが、そのままの呼称で行政村に位置付けられたのである[23]。

江蘇省では区公所は廃止されず、その統合が進められ、456区に削減された。

郷鎮も合併による規模の拡大が進められ、1935年には8164郷鎮に削減された[24]。浙江省では35年10月に郷鎮の再編が終了し、1万2568郷鎮を4232郷鎮に削減した。区公所は一旦廃止されたが、35年には区署あるいは郷鎮連合弁事処を設置することが命じられた[25]。既述のように30年の江蘇省の郷鎮数は2万451郷鎮であったので、同省ではおよそ2.5郷鎮が1郷鎮に統合された計算になる。また浙江省は約3郷鎮の統合であった。このように末端行政機構である郷鎮が小規模かつ未整備・脆弱であるとの反省から、35年にはその機能強化を目指して統合が進められたのである。

1934年に江蘇・浙江両省では、保甲制度の編成が着手された。前者は同年4月、後者は9月の開始であった。保甲制度は治安維持に重点を置いた地方再編策であり、内政部を中心に進めてきた地方自治策と抵触する不安があった。また保甲編成では10戸を甲とし、10甲を保としたため、保の戸数と郷鎮戸数がほぼ同一となり、両組織が重複するケースも考えられた[26]。そのためにも前述の郷鎮合併が必要であり、保甲組織を郷鎮の下部組織に位置付けようとしたのである。ともかくもこの保甲編成事業の中で、再度戸口調査が実施され、形骸化した閭鄰制度に代わり各戸の組織化が進められたのである。また各級行政人員の教育も実行された。江蘇省では、省政府が郷鎮長訓練所を設け郷鎮長を召集して訓練を実施し、保長・甲長は県政府が訓練した[27]。しかし、これら郷鎮や保甲組織は依然として、人材・経費の乏しさからは脱却できなかった。35年当時江蘇省の規定では、郷公所の経費が月6〜10元、保長弁公処の経費は月2元であり、しかも実際には未支給の場合が多いと報告されていた[28]。また浙江省では、郷鎮公所は内容が空虚であり、郷鎮長及び副郷鎮長以外には書記が一人いるだけであり、通常事務も十分ではなく、まして各項の建設事業には対応できないとされていた[29]。

江蘇省民政庁長・余井塘は、保甲制実施以前の同省自治組織の問題点を次のように総括していた。すなわち、その最大の問題点は区・郷鎮組織が細分され過ぎていることであり、その結果、組織運用の不活発、経費の困難、人材確保の困難が発生したとしている。特に、区長として適当な人物を多数確保するのは容易ではなく、膨大な数の郷鎮に適当な人材を大量供給するのはより困難で

あると述べている⁽³⁰⁾。こうした状況は、区・郷鎮の併合以降に若干は緩和されたであろうが、依然として深刻な問題だったのである。

注

（1） 黄兆鵬「江蘇過去地方自治之失敗与今後保甲運用之途径」（江蘇省民政庁編『江蘇保甲』第10期、1935年6月）5頁、Geisert, *op.cit.* pp.47.
（2） 前掲「江蘇過去地方自治之失敗与今後保甲運用之途径」5－7頁。ただし、江寧県では、画一的に1村100戸とするのではなく、各地の状況を斟酌し1村を300～400戸とできるようにした。28年8月に村制が完成した時には、元々の2487の村落が270村に編成され、1村平均人口1720人とされている（李徳芳・前掲書、123頁）。
（3） 銭端升等『民国政制史』（商務印書館、1939年）665頁、李徳芳・前掲書、135頁。
（4） 松本・前掲書、546頁、前掲『民国政制史』665頁、李徳芳・前掲書、137－139頁。
（5） 李徳芳・前掲書、123、124頁。
（6） 区・郷鎮数は、内政部年鑑編纂委員会『内政年鑑』（一）（上海商務印書館、1936年）B647、681頁、総戸数は東亜研究所『支那農業基礎統計資料』1（同所発行、1940年）1頁。なお後者は国民政府主計処統計局『各省農業概数估計総報告』（1932年）に基づく数字である。
（7） 松本・前掲書、541－548頁。
（8） 行政院農村復興委員会編『浙江省農村調査』（商務印書館、1934年）36、93、94、146頁。
（9） 『江蘇省鑑』上冊、民政篇41頁。区公所による任意の「捐派」は、各地で弊害を引き起こした。そのために保甲制度実施以後は、区公所経費の減額と「捐派」の禁止が打ち出された（同上書、42頁）。
（10） 浙江省蕭山県では、村里長が地位を利用し不正に経費を徴収し、あるいは土地を収得したとして住民により県政府に訴えられていた（『申報』1930年6月26日）。
（11） 潘震球「浙江地方自治之検討」（『浙江民政』第5巻第1期、1935年3月）49頁。
（12） 浙江省民政庁編『浙江民政年刊』（1929年）375－380頁。
（13） 江蘇省政府秘書処編『三年来江蘇省政述要』上冊（1936年）民政篇25、26頁、「蘇省保甲制度実施二年全部編竣」（『天津大公報』1935年11月26日）。

(14) 行政院農村復興委員会編『江蘇省農村調査』(商務印書館、1934年) 61頁。
(15) 呉蘂章「缺少宣伝工作」(『蘇農』第1巻第2期、1930年2月) 5頁。
(16) 江蘇省農民銀行総行編『第二年之江蘇省農民銀行』(1930年) 169頁。
(17) 前掲『江蘇省農村調査』77、83頁。
(18) 江蘇省では小中学校などの教職員が、省内国民党員の3分の1に及び、国民党員の重要な構成要素となっていた(高田幸男「南京国民政府の教育政策——中央大学区試行を中心に——」中国現代史研究会編『中国国民政府史の研究』汲古書院、1986年、290－293頁)。
(19) 前掲『旧農村的新気象』78頁。
(20) 前掲『第二年之江蘇省農民銀行』170頁。1933年の調査では、無錫県6区123人の郷鎮長のうち20人は父親が「図董」あるいは「董事」であり、世代交代とは言え世襲の側面も見られた(李珩「中国農村政治結構的研究」『中国農村』第1巻第10期、1935年7月、36頁)。
(21) 周明懿「郷村領袖」(『蘇農』第2巻第8期、1931年8月) 13頁。
(22) 前掲『民国政制史』671頁、李徳芳・前掲書、153、154頁。
(23) 浙江省では、「村」は設置されなかった(「浙地方自治改進方針全文」『東南日報』1934年6月22日)。
(24) 前掲『三年来江蘇省政述要』上冊、民政篇29頁、羅志淵「現行郷鎮制度検討」(『江蘇保甲』第5期、1935年4月) 10頁。
(25) 『東南日報』1935年10月20日、「一年来浙江政治検討」(『東南日報』1936年1月10日)。
(26) 杉山部隊本部訳『中国県政ノ改革』(1939年、原文は史文忠『中国県政改造』国民政府県市行政講習所発行、1937年) 27、31、32、46、47頁。
(27) 同上書、31頁。
(28) 李晋芳「保甲運用問題之商権」(『江蘇保甲』第8期、1935年5月) 1頁。福武直は日本占領下江蘇省の郷鎮の実態を次のように述べている。すなわち、郷鎮民大会は開催されず、郷鎮長は無給の名誉職であり、区長の推薦で県長から委任されるのが現状であり郷鎮民大会で選出されることはない。郷公所・鎮公所は実際には寺廟あるいは郷鎮長の私邸であり、助理員が1、2名いる程度である(福武直『中国農村社会の構造』株式会社大雅堂、1946年、186、187頁)。
(29) 前掲「浙江地方自治之検討」52頁。
(30) 余井塘「江蘇弁理保甲的経過及其現状」(江蘇省民政庁編『保甲半月刊』第4

期、1935年3月）3頁。

Ⅱ. 各県末端行政機構の動向と農村村落

　ここでは区・郷鎮の編成の動きをより具体的に見るために、いくつかの県の動向を探ろう。特に江蘇・浙江省の自然村落とはどの程度の規模で、それがいかに郷鎮に編成されたかに重点を置く。

　まず江蘇省に関しては、実験県となった江寧県の状況が比較的詳細に分かる。第2表が江寧県第5区の郷鎮ごとの村落数・戸数を示したものである。その調査時期は明確ではないが、1933、34年頃と考えられる。それによれば各郷鎮は1～24村落で構成され、1郷鎮の平均は7.2村落、戸数305戸であった。最小の郷は121戸からなり、最大の郷で439戸であった。また1村落平均戸数は42.5戸であった[1]。次に、第2表のように第5区には4つの鎮が存在しており、区は単一の市場圏より構成されたものではなく、それぞれの鎮を中心とした複数の市場圏より構成されていたと考えられる。実際に、第5区の中でも淳化鎮を市場圏とするのは56村落（戸数2896戸）のみであった[2]。このように区は複数の市場圏が機械的に結合されたものであり、自治単位としては一体性を欠いていたと考えられる。

　この第5区中の淳化鎮を市場圏とする56村落の場合、最小が6戸であり、最大は232戸と大きさにはばらつきがあった。その56村落の内訳は、6～10戸が6村落、11～20戸が13村落、21～30戸が7村落、31～40戸が7村落、41～50戸が3村落、51～100戸が12村落、100戸以上が8村落となっており、1村落当り平均51.7戸であった。このように村落は100戸以下の小規模村落が圧倒的に多く、複数の村落を合同して郷を編成したのである。この56村落の教育機関としては、官立小学が4校、私塾が34校と圧倒的に私塾が多数であった[3]。

　1933年2月、江寧県は自治実験県となり、地方行政制度の改革に乗り出した。同年6月には県政府より区公所に自治指導員各1名が派遣され、自治行政を指導した。さらに34年7月には区公所が廃止され、8つの自治指導区（後には同県の一部が南京市に編入され7区となる）が設置され、自治指導員がその責任者と

第2表 江寧県第5区（淳化区）の概況

郷鎮名	村数(A)	戸数(B)	(B)/(A)
淳化鎮	—	382	—
古淳郷	8	351	43.9
雲淳郷	7	330	47.1
南淳郷	10	384	38.4
王淳郷	1	202	202.0
咸淳郷	7	261	37.3
霊淳郷	5	230	46.0
慶淳郷	3	212	70.7
宋淳郷	9	439	48.8
建淳郷	7	339	48.4
余淳郷	14	283	20.2
橋頭鎮	5	136	27.2
印淳郷	3	121	40.3
駱淳郷	4	200	50.0
済淳郷	8	362	45.3
天淳郷	6	317	52.8
高淳郷	5	308	61.6
東淳郷	6	434	72.3
西北鎮	—	157	—
解渓頭	—	289	—
北淳郷	4	163	40.8
殷淳郷	3	380	126.7
楽淳郷	14	350	25.0
方淳郷	7	348	49.7
正淳郷	10	341	34.1
索墅鎮	4	324	81.0
丹淳郷	8	401	50.1
龍淳郷	11	363	33.0
福淳郷	10	381	38.1
孟淳郷	24	400	16.7
鶴淳郷	9	262	29.1
陵淳郷	15	387	25.8
清淳郷	7	202	28.9
厚淳郷	12	302	25.2
渓淳郷	8	263	32.9
合　計	258	10,976	42.5

出所：喬啓明「江寧県淳化鎮郷村社会の研究」（佐々木衛編・南裕子訳『中国の家庭・郷村・階級』文化書房博文社、1998年、原文は『金陵大学農林叢刊』第23号、1934年に掲載）115頁より作成。

なり各郷鎮を指導した。すなわち、区は自治機関ではなくなり、県政の補助機関に位置付け直されたのである。また、旧来の295郷鎮は109郷鎮に整理された。そして郷鎮の行政機能を強化するために、郷鎮公所の自治経費を増額した。各郷鎮は3等級に分けられ、それぞれ月24元・28元・32元支給された[4]。このように同県では、前述の「改進地方自治原則」に沿う形で、郷鎮の拡大と機能強化が進められたのである。

次に、浙江省のケースを見てみよう。まず、嘉興県では1928年6月に街村制の編成が着手され、255村里が組織された。29年には区公所の設置もなされ、7区235郷鎮となった。34年には「改進地方自治原則」に基づき、区が取り消され、郷鎮も27鎮37郷、合計64郷鎮に合併された。35年には全県で戸口調査と保甲編成がなされ、総戸数9万8920戸という数字が得られた[5]。この総戸数を基に計算すると、29年当時は1郷鎮当りの平均戸数421戸であったものが、34年には1546戸に増加したこととなる。また34年の郷鎮合併はおよそ3.7郷鎮の合併であり、浙江省の平均よりは大規模なものであった[6]。

呉興県は区制・郷鎮制が実施されると、10区、59鎮325郷、合計384郷鎮に編成された。1933年の県政府の調査では総戸数16万1246戸であるので、1郷鎮当りの平均戸数

第3表 蘭谿県の村落規模

単位：村、戸

区別	調査村数	合計戸数	1村平均戸数	最大村戸数	最小村戸数
I	65	2,704	41.6	212	6
II	82	4,342	53.0	365	6
III	111	5,606	50.5	354	8
IV	75	5,618	74.9	620	4
V	102	6,393	62.7	450	9
合計	435	24,663	56.7		

出所：馮紫崗編『蘭谿農村調査』（国立浙江大学、1935年）6頁。

は420戸となり、嘉興県とほぼ同じであった。同県には自然村落が1000以上存在し、大きい村落では500～600戸のものがあり、小さな村落では30～40戸であった[7]。このように同県は養蚕・製糸業が盛んで人口稠密なため、村落規模が江寧県よりかなり大きい。35年10月には、18鎮91郷、合計109郷鎮に合併された[8]。

地政実験県となる蘭谿県は、元々は自治区が15区であった。しかし1930年の区公所の設置では5区に併合され、178郷鎮（うち鎮は17）となり、総戸数は5万1665戸（城鎮8879戸、農村部4万2786戸）であった。1郷鎮の平均戸数は290戸となり、鎮の平均戸数は522戸、郷の平均戸数は266戸であった。34年には区公所が廃止され、93郷鎮に併合された[9]。第3表が、同県の435村落の調査であるが、最大が620戸、最小が4戸であり、平均で56.7戸程であった。30年当時の郷の平均戸数は266戸であったので、およそ4.5村で1郷を構成していたこととなる。次に、教育機関を検討して見よう。34年当時、全県に小学校は302校あったが、その内訳は県立小学11校、区立小学13校、私立小学273校であり、私立小学のうち完全小学が5校、初級小学が273校であった。また全県小学校教師781名中、小学校卒が225名、無資格者が233名を占めていた[10]。この私立の初級小学の大部分は、私塾に近い存在であったと考えられる。小学校教員は地方自治の担い手として期待されたが[11]、人数的にも僅少であり質的にも問題があったのである。

注
（ 1 ） 平野義太郎は上海・南京間を飛行機で飛び観察した結果として、本地域の農村は概ね30戸程度の小集落を形成していたと結論付けている（平野義太郎「北中支における農村聚落の鳥瞰」『東亜研究所報』第10号、1941年 6 月、15頁）。
（ 2 ） 喬啓明「江寧県淳化鎮郷村社会の研究」（佐々木衛編・南裕子訳『中国の家庭・郷村・階級』文化書房博文社、1998年、原文は『金陵大学農林叢刊』第23号、1934年掲載）86頁の第 1 表。
（ 3 ） 同上。
（ 4 ） 鄭大華『民国郷村建設運動』（社会科学文献出版社、2000年）430頁、前掲「現行郷鎮制度検討」11頁。
（ 5 ） 馮紫崗編『嘉興県農村調査』（国立浙江大学・嘉興県政府発行、1936年） 4 頁。
（ 6 ） そうした理由からか、1945年に同県は 7 区・28鎮・38郷であり、34年の郷鎮制度が基本的に維持されていた（嘉興市志編纂委員会編『嘉興市志』（上）中国書籍出版社、1997年、205頁）。また同県に関しては、1946年当時郷鎮制度が比較的機能していたとする研究もある（豊簫「権力与制衡——1946年嘉興県的郷鎮自治」（『社会学研究』2002年第 6 期、2002年11月）。
（ 7 ） 中国経済統計研究所編『呉興農村経済』（同所発行、1939年） 5 、 6 頁。
（ 8 ） 『東南日報』1935年10月20日。
（ 9 ） 馮紫崗編『蘭谿農村調査』（国立浙江大学発行、1935年） 1 − 6 頁。この合併が小規模であったためか、1938年にはさらに 3 鎮・32郷に合併されている（蘭谿市市志編纂委員会編『蘭谿市志』浙江人民出版社、1988年、 5 頁）。
（10） 前掲『蘭谿農村調査』11、12頁
（11） 1934年浙江省政府は、郷鎮公所が未確定の場合は当地の学校内にそれを設置し、また学校教職員を事務員として兼務させる方針を決定していた（前掲「浙地方自治改進方針全文」）。

む　す　び

清朝政府は郷紳を従来通り地方自治の主体として承認しつつも、これを末端行政機構として再編し権力の浸透を図ろうとした。つまり、それまでの「鎮董制」を承認し、それを行政機構の末端に組み入れようとしたのである。これは

すなわち伝統的な農村市場圏の中での市鎮居住の商人・地主の自治機能を利用しつつ、末端支配を構築することを意味した。しかし、南京政府が新たに編成した「区」は、清末民初の末端行政組織とは完全には一致していなかった。また伝統的な農村市場圏とも一致せず、「区」は機械的に編成されていた。さらに南京政府期の「区」では、人員も刷新し伝統的な郷紳層を排除しようとしていた。浙江省では地方自治専修学校、江蘇省では省立区長訓練所を設立し、独自に人材養成を進めた。そして江蘇省の事例では、区長には小中学校教員が多数採用されていたのである。しかし、彼ら新任区長は若く経験に乏しく、実務能力に問題があるとの批判も多かった。こうして江蘇省では、彼ら新任区長が罷免されて、伝統的な郷紳・官僚が区長に再任されるケースも存在した。

さらに南京政府は、「区」以外に、より末端の自治組織である郷・鎮を編成した。すなわち、南京政府の地方自治は、清末民初の市街地・農村部を合わせた広域市場圏での自治とは異なり、より狭い範囲での直接参加型の自治を目指したものであった。農村部は「郷」、市街地部は「鎮」として、それぞれ別個に自治単位を組織させたのである。地方自治を早期に完成し「訓政」から「憲政」へ移行することは国民党の党是であり、それにはまず末端農村部での地方自治の振興が不可欠であった。こうして南京政府は、自治振興のために村落機能を活用しようとしたのである。江南地方は小規模な自然村落が多いため、その結果どうしても「郷」は小規模にならざるを得なかった。

1934年からは、末端組織には自治機能よりも行政機能が重視されるようになった。したがって区公所に関しては、廃止あるいは県政府の行政補助組織としての再編が打ち出された。また郷・鎮に対しても、自治機関ではなく末端行政機関としての位置付けが付与され、合併により規模拡大が進められた。さらには郷・鎮の下部に保甲が編成され、個別農家を厳密に把握しようとの試みも実施された。しかし、それでも郷公所・鎮公所は行政組織としての内実はあまり持たず、非組織的内容に終始した。これが南京政府の権力基盤が弱体であったことの一つの要因となり、各種政策を農村で遂行する際のネックとなったのである。

第 2 部　農業金融政策と合作社・農業倉庫

第 3 章　浙江省の農業金融政策と地域金融

は じ め に

　本章では浙江省という省レベルの農業金融政策の全体像を明らかにすることによって、『中国農村』派やその批判を意図した既往の研究の内包する疑問点を解明し、当該時期中国の農業金融・地域金融を研究するための新しい視角を提示することを主な目的としている。概括的に言えば、浙江省では省立農民銀行の設立がなされず、農業金融機関の整備が不備で、合作社への強力な指導体制も組めなかった。こうした地域では、農業恐慌救済策として何か有効な施策は講じられたのか、それとも貸付資金不足と資金媒介組織の欠如から何ら具体的方策は講じられず、『中国農村』派の主張のように農村金利低下や農業生産回復には効果のない少額の資金が合作社・農業倉庫を通じて融資されるのみであったのか。この点に関して同省では、省政府の農業金融政策の不備を補完するため中国銀行や浙江地方銀行による農業金融が積極的に展開され、特に自営倉庫での農産物担保貸付が広汎に実施された。そこで本論文の主要な課題は以下の二点となる。第一に、省政府による農業金融政策の展開を追うことであり、具体的には農業金融機関の整備過程と資金貸付状況を検討し、その政策にはいかなる問題点が内包されていたかを考察してゆく。第二に、中国銀行・浙江地方銀行による農業金融の実施過程とその内容を解明することであり、その際には倉庫担保貸付の内実とその意義の検証が中心課題となる。

Ⅰ．浙江省政府による農業金融政策

　1928年 6 月、浙江省政府は「浙江省農民銀行条例」を制定し、同政府が資本金200万元で省農民銀行を設立し、各県政府は資本金20万元で地方農民銀行を

設立すること（ただし共にその4分の1の資本金で開業可能）を決定した。さらに7月には「浙江省農村信用合作社暫行条例」を制定し、農民銀行の融資の受け皿として農民に農村信用合作社を組織させることとした。8月には、省農民銀行の設立準備と地方農民銀行・農村信用合作社設立指導のために浙江農民銀行籌備処も組織され、主任には許璇が就任した(1)。そして10月には、第一期合作指導人員養成所が開設され、農業金融・農村合作社を指導する行政人員の養成が目指された(2)。かかる農業金融機関設立と農村合作社奨励は国民党の党是であり、しかも隣接する江蘇省ではいち早く28年7月に省農民銀行が設立されておりそれに倣ったものであった(3)。しかし省農民銀行設立は資金不足を理由に翌29年7月に断念され、農民銀行籌備処も廃止された(4)。そして、省農民銀行設立基金の中から50万元を中国農工銀行に出資し杭州分行を設立させ、38万元を農業貸付基金として同行に預託し農業貸付事業を代行させる政策に切り替えられた(5)。中国農工銀行の前身は1918年に北京政府財政部の主導で設立された大宛農工銀行（北京）であるが、後に完全な民間銀行となり27年に現在の名称に改称された。さらに29年2月には対仏義和団倍償金返還金管理組織である中仏教育基金委員会の出資を受け入れ拡充・改組され、李石曾を董事長、張静江を監察長としていた。その営業内容は一般の商業銀行と相違がなく、特別に農工金融を専門とする銀行ではなかった(6)。

　省農民銀行設立のための最低資金額50万元はすでに確保されており、その設立断念の背景には単なる資金不足問題だけでなく、「二五減租」政策（小作料の最高額を全収穫量の半分と規定し、さらにその25％を削減する政策）をめぐる省党部と省政府（主席張静江）の対立が反映したものと想像される。すなわち、省農民銀行設立が構想される1928年は、省党部主導で「二五減租」政策が本格化される時期であり(7)、後に省党部機関紙『杭州民国日報』でも「浙江省の農民銀行計画は、元々二五減租及び農村教育などの計画と相補い合うものであり、同じく本党農民政策の一つである」(8)とされ、その設立は小作農民層を金融的にも支援し「二五減租」を補完しようと省党部主導で構想されたものと思われる(9)。省党部の「二五減租」に反対し1929年4月にその停止を決定した張静江は、省農民銀行設立にも反対し、その基金を自己と関係を有する中国農工銀行

の省内支店開設に転用したのであろう。中国農工銀行杭州分行には農業金融代行のみでなく省政府建設経費の経理という役割も付与されており[10]、大規模な経済建設を計画していた張静江は後者の役割をより重視していたものと思われる。こうして省農民銀行設立は中止され、全省規模の農業金融専門銀行は設立されず、以後の浙江省における農業金融・農村合作社の発展を大きく制約した。

　1929年7月の農民銀行籌備処廃止に伴い、合作事業の指導監督権は建設庁へ移管され、その下に合作事業室が新設され、主任には湯恵蓀が任命された。また事業室職員には先の養成所卒業生10数名が充てられ、残余の卒業生は合作事業促進員（1933年合作事業指導員と改称、以下では共に合作指導員と略称）として22県に派遣され、現地での指導に当った。同年12月には「浙江省合作社規程」が公布され、先の「暫行条例」を廃止し、信用合作社だけでなく販売・購買・利用等の多様な形態の合作社が公認されるなど法体系の整備も進んだ[11]。31年1月には財政緊縮政策から合作事業室が閉鎖されたが翌年6月には復活し、主任に中国合作学社会員の陳仲明が招聘された。33年4月には同室が拡充され建設庁内の科と同格となり、同年には合作指導員の派遣も67県に及んだ[12]。

　中国農工銀行杭州分行は1929年9月に設立され、省政府交付の農業貸付基金を用いてすぐに農業金融事業に着手した。省政府から同行への基金貸付利率は年利6％であり、同行から農村合作社への貸付利率は月利1％（年利12％）以下、貸付期限は最長1年と規定された[13]。これを借り入れた合作社が農民に貸し付ける場合は月利1.2〜1.5％程度となるが、通常の農村金利よりはかなり低かった[14]。

　農村ではこの低利資金借入を目的に信用合作社が多数組織された。合作社への資金貸付は、第1表のように信用及び保証貸付・不動産担保貸付・農産物担保貸付に区分された。農産物担保貸付とは合作社設営の農業倉庫に寄託された米穀を担保とした貸付であり、1934年からは建設庁農業改良総場棉場が棉作改良のために設けた棉業改良実施区での生産棉花を担保とした融資も実施されている[15]。農業貸付基金38万元は、1929年12万元、30年9万5000元、31年4万5000元、32年6万7000元、33年5万3000元と分割交付されたため[16]、当初の貸付額は少なかったが32年には約33万元に増大している。ただ31年の貸付額が約

第3章　浙江省の農業金融政策と地域金融　103

第1表　中国農工銀行杭州分行の合作社貸付状況

単位：元，（　）内％

年別	信用及び保証貸付			不動産担保貸付			農産物担保貸付			合　計		
	貸付額	回収額	未回収額	貸付額	回収額	未回収額	貸付額	回収額	未回収額	貸付額	回収額	未回収額
1929年	400	400	0	31,900	31,900	0	0	0	0	32,300	32,300	0
1930年	25,145	22,636	2,509	94,786	89,719	5,067	0	0	0	119,931	112,355	7,576
	(100.0)	(90.0)	(10.0)	(100.0)	(94.7)	(5.4)				(100.0)	(93.7)	(6.3)
1931年	8,806	8,105	701	65,772	58,529	7,243	6,000	6,000	0	80,578	72,634	7,944
	(100.0)	(92.0)	(8.0)	(100.0)	(89.0)	(11.0)	(100.0)	(100.0)		(100.0)	(90.1)	(9.9)
1932年	22,685	21,142	1,543	275,342	166,446	108,896	34,000	34,000	0	332,027	221,588	110,439
	(100.0)	(93.2)	(6.8)	(100.0)	(60.5)	(39.6)	(100.0)	(100.0)		(100.0)	(66.8)	(33.3)
1933年	82,554	75,971	6,764	100,926	70,119	30,807	33,900	33,900	0	217,380	179,990	37,571
	(100.0)	(92.0)	(8.2)	(100.0)	(69.5)	(30.5)	(100.0)	(100.0)		(100.0)	(82.8)	(17.3)
1934年	12,462	11,062	1,400	40,803	19,410	18,253	95,707	95,707	0	148,972	126,179	19,653
	(100.0)	(88.8)	(11.2)	(100.0)	(47.6)	(44.7)	(100.0)	(100.0)		(100.0)	(84.7)	(13.2)
1935年	8,185			2,784	80	470	46,130	1,196		57,099	1,276	470

出所：韋保泰「浙江省弁理農業金融之過去与未来」（『浙江省建設月刊』第9巻第3期，1935年9月）170、171頁より作成。

注：（1）1929年の貸付額は11、12月のみの金額、35年は6月末までの金額。回収額・未回収額は35年6月末現在の金額である。
　　（2）農産物担保貸付は、33年までがすべて米穀担保貸付であり、34年は米穀担保22,500元でそれ以外は棉花担保、35年はすべて棉花担保である。
　　（3）未回収額は、返済期限経過後の未回収分のみを掲出した。
　　（4）33年の信用及び保証貸付は、回収額・未回収額の合計が貸付額を越えるが、そのままの数字を掲出した。
　　（5）1元未満の端数は四捨五入した。以下の各表も同じ。

8万元と少ないのは、前述の合作事業室閉鎖で合作事業が停滞したためである。同行は杭州分行以外に省内支店を持たないので、農業貸付は第1図のように杭州市周辺の各県に集中していた。第1表により各年次貸付金の35年6月末現在の回収状況を見ると、その成績は極めて悪く34年までの貸付分で未回収額累計約18万元となり、農業貸付基金の半額近くが未回収であった事実が判明する。さらに同行報告書により各年次貸付金の契約期限内回収率を見ても、30年の信用・保証貸付で56％、担保貸付では78％であり、31年には同じく44％と56％、32年には53％と27％となるなど極めて低率であり[17]、第1表の回収率も返済期限経過後の度重なる返済督促を経てようやく達成された数字であると言える。

　ではこうした延滞や債務不履行が多発した原因は何か。まず貸付側の主体的要因である。農工銀行杭州分行の農業金融業務体制は極めて不備で、担当職員が2名配置されるのみで、当初は貸付審査さえ建設庁合作事業室に任せていた。1931年8月よりは貸付審査は同行自身の責任となったが、合作社の信用調査と

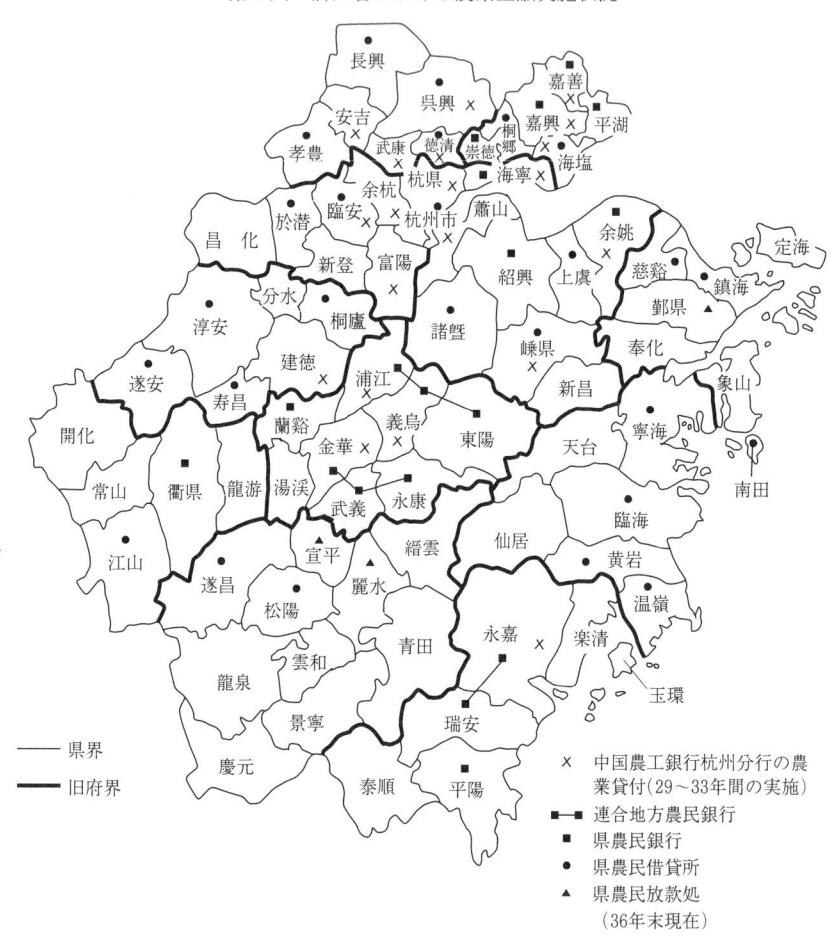

第1図　浙江省における農業金融実施状況

```
県界
旧府界
×　中国農工銀行杭州分行の農
　　業貸付(29～33年間の実施)
■━■　連合地方農民銀行
■　県農民銀行
●　県農民借貸所
▲　県農民放款処
　　（36年末現在）
```

出所：中国農工銀行杭州分行の農業貸付は、『杭州中国農工銀行農民放款第一期報告』
　　（1934年1月）第17表より、県農業金融機関の分布状況は、後掲第2表により作
　　成した。

貸付金返済督促は依然として各県政府に依存していた[18]。県政府内でその職務を担当する者は合作指導員であるが、彼らは短期養成でレベルが低くかつ各県１名程度の配置にすぎず、県内合作社の信用状況を正確に調査するのは無理と言われていた[19]。このように農工銀行は委託業務である農業金融を軽視し、経費節約のため信用状況調査を県政府に委ね、その不正確な報告に基づき貸付の審査・決定を行い、返済督促までも県政府に頼ったのである。こうして資金の管理・貸付主体と、農民と直接接触し指導・監督にあたる主体とが分離し、責任所在が曖昧となり、不良貸付濫発や債権回収遅滞を招いたのである[20]。

次に、借入側の問題点である。前述のような各県合作指導員の質的・量的限界のため、農民への合作社の意義や運営方法に関する啓発・教育活動も手薄となり、合作社の健全な育成は阻まれた。1930年代初頭まで合作社の主流は信用合作社であり、農民にとってそれは単なる借金のための組織であり、「合借社」とも揶揄された。信用合作社は成立時以外は会議も開かれず、帳簿もでたらめで借入金の用途も不適当であり、組織は一部の役員に握られる場合が多かった[21]。こうした役員は、借入金分配の際に自己の借入分を故意に水増ししたり、社員入社に際して正規の出資金以外にも諸名目で金銭を徴収・着服したりと、一般農民の合作社への無理解を利用して様々な不正行為を働いた（詳しくは第５章参照）。さらには役員による借入金・返済金の使い込みや持ち逃げ事件も起こり、これは直接的に貸付金焦げ付きの原因となった[22]。借入金の用途として、申請書類には肥料・種子・農具等の生産用具の購入と書かれる場合が多いが、実際には借金返済・婚礼費用・納税等の用途に使われることも多く[23]、こうした非生産的消費への流用も債務不履行の一因となった。

貸付金回収率悪化のより根本的な要因は、浙江省の農村をめぐる客観的経済状態の悪化にあった。1931年の揚子江流域の大水害は同省をも襲い、被災農地約1573万畝（１畝は約0.067ha）・被災農家約93万戸、損失金額3000万元に上った。翌32年には世界恐慌の波及により農産物価格が暴落し、特に浙西の旧嘉興府・湖州府（呉興県を中心とする地域）一帯では繭価が大暴落し空前の大恐慌となり、また輸入米麦の増大により穀物価格も下落し、この年には農村金融の枯渇から銭荘・典当の倒産が相次いだ。34年には旱魃に見舞われ被災農地約2000

万畝となり、これは省内全農地の53％にあたる大規模なものであった[24]。こうした自然災害と農産物価格下落により農家経営は悪化し、債務の不履行を余儀なくされたのである。それでも相対的に額が僅少な信用及び保証貸付では未回収率は1割前後に止まったが、諸貸付中で中軸を占めた不動産担保貸付の未回収率は32～34年分が3～4割にも上った（第1表）。それは恐慌と「二五減租」の影響により地価が急落し、債務不履行で農地を差し押さえても売却不可能となったためと推測される。他方、米穀・棉花担保貸付は100％の回収率であり、たとえ債務不履行となっても担保品の売却で容易に償還できる農産物の担保物件としての安全性が確認され、その比重が増大して行くのである[25]。特に棉業改良実施区への貸付は、棉作改良指導機関の保証も得られたためより安全性が高かった。

このように浙江省では、農村合作社普及の初期段階でその健全な育成に失敗したため、以後の合作事業の質的・量的発展が大きく制約された。

注
（1） 陳仲明・黄石「八年来浙江合作事業的演進」（『浙江省建設月刊』第9巻第3期、1935年9月）156頁、韋保泰「浙江省弁理農業金融之過去与未来」（同上誌）170頁。なおこの2条例及び「浙江農民銀行籌備処組織大綱」は、『浙江建設庁月刊』第14号、1928年7月に掲載。
（2）「浙江省合作事業三年工作計画大綱」（『浙江省建設月刊』第6巻第2期、1932年8月）4頁。本養成所は29年5月に訓練を終了し40名の卒業生を出した（同上）。
（3） 江蘇省農民銀行の設立については、本書第4章参照。
（4）『浙江建設庁月刊』第27号、1929年8月、会議摘録欄7頁。
（5） 程振基「本省農民放款之現在与将来」（『浙江省建設月刊』第35号、1930年4月）6頁。省農民銀行基金には、煙酒附加税22万3660元と軍事善後特捐の4分の1の66万6000元、合計約88万9600元が充てられていた（浙江省政府建設庁編『両年来之浙江建設概況』1929年、第6章2頁）。
（6） 林和成『中国農業金融』（中華書局、1936年）266－269頁。
（7） 浙江省の「二五減租」については、笹川裕史『中華民国期農村土地行政史の研究』（汲古書院、2002年）参照。

（8）「農民銀行放款時期」（『杭州民国日報』星期雑評、1930年3月16日、ただし前掲「本省農民放款之現在与将来」10頁より再引用）。
（9）これはまた小作争議の仲裁機関である浙江省佃業理事局主席委員・許璇（浙江大学農学院教授）が、農民銀行籌備処主任及び第一合作指導人員養成所所長をも兼務していたことからも裏付けられる（『農鉱部農政会議彙編』1929年12月開催、12頁）。
（10）前掲「本省農民放款之現在与将来」6頁。
（11）前掲「八年来浙江合作事業的演進」156、157頁。
（12）同上稿、157頁、陳仲明「二十二年本省合作事業設施概況」（『浙江省建設月刊』第7巻第7期、1934年1月）2頁。
（13）前掲「本省農民放款之現在与将来」6頁、『杭州中国農工銀行農民放款第一期報告』（1934年1月、以下『第一期報告』と略記）6頁。
（14）農民への資金融通は地主・富農等による個人貸付を除いて、典当（質屋）と米行（米問屋）が主に担い、特に後者による資金・食糧・肥料等の貸出は農家の再生産にとって不可欠であった。こうした貸付の金利は、1928年の浙西（旧湖州・嘉興・杭州府）農村での調査によれば、通常月利2％と言われていたが、端境期の窮乏農民への貸付などはより高利であった（韓徳章「浙西農村之借貸制度」『社会科学雑誌』第3巻第2期、1932年6月、139－146頁）。1930年代に入ると資金枯渇から典当・米行による貸付も激減し、崇徳県では養蚕時期通常は年利30％前後であったが34年当時は40～50％でも貸す者がいないと言われるような、金融逼迫と高金利化が進んだ（杜巌雙「浙江之農村金融」『申報月刊』第3巻第9期、1934年9月、50頁）。
（15）浙江省における棉作改良事業については、拙稿「南京政期・浙江省における棉作改良事業」（日本植民地研究会編『日本植民地研究』第5号、1993年7月）参照。
（16）『第一期報告』31頁。
（17）同上書、46頁。
（18）甘博爾（W.K.H.Campbell）「考察浙江合作事業後之印象」（『天津大公報』「経済週刊」第163期、1936年4月29日）、邵佩農「浙江省弁理農民放款之概況」（『浙江省建設月刊』第5巻第10期、1932年4月）1頁。なお、キャンベルは国際連盟の協同組合専門家であり、1936年1月に浙江省を視察した。
（19）方顕廷「中国之合作運動」（『天津大公報』「経済週刊」第63期、1934年5月16

日）。
(20) 特に、1932年次分の不動産担保貸付未回収額中9万3000元までが蕭山県東郷蚕糸信用合作社への貸付であるが（『第一期報告』63頁）、建設庁はその貸付を農業貸付基金から拠出しないよう指示していた（『浙江省建設月刊』第8巻第2期、1934年8月、工作概況欄37頁）。東郷蚕糸合作社の問題点は、本書第6章参照。
(21) 李仁柳「浙江省合作事業之検討」（『浙江農業推広』第2巻第3・4期、1937年）27－30頁。
(22) 蔡斌咸「浙江省之農民放款」（続）（『浙江省建設月刊』第5巻第5期、1931年11月）15頁。
(23) 沈文輔「農村経済崩潰声中之本省合作事業」（『浙江省建設月刊』第5巻第10期、1932年4月）86頁。
(24) 朱其伝「浙江農村病態之経済観」（『浙江省建設月刊』第7巻第4期、1933年10月）17、18頁、前掲拙稿「南京政府期・浙江省における棉作改良事業」16頁。
(25) 不動産担保貸付は担保品時価の3分の2、動産担保貸付は7割までの貸付が認められていた（『第一期報告』4、5頁）。しかし1931年以後地価は下落し、35年当時省内地価は2分の1から3分の1にまで暴落し、かつ売買途絶という状況であった（洪瑞堅『浙江之二五減租』正中書局、1935年、81、82頁）。一方、米穀価格の推移を杭州市の粳米市価について見ると、1石（1932年までは旧石、33年以降は市石、1旧石は1.035市石、1市石は日本の0.55石に相当し玄米で約83kgである）当りの各年平均価格は、1931年11.6元、32年11.0元、33年7.7元、34年9.1元、35年10.4元、36年9.9元と推移し、特に33年の下落幅は大きいが前年の7割程度は維持し、担保価値は辛うじて保たれていた（興亜院華中連絡部訳『中国米』、1941年、附表）。

Ⅱ．各県農業金融機関の整備と活動

省農民銀行設立は中断されたが県農民銀行設立の方針は継続され、1929年に「浙江省県農民銀行在田賦正税項下帯徴股本弁法」が策定され、各県政府は田賦附加税を徴収し農民銀行の資本金を確保することが規定された[1]。だが資本金5万元の確保は容易でなく、そのために30年8月には「浙江省県立農民借貸所規程」が公布され、まず資本金2万元（その4分の1で開業可）で県農民借貸

所として営業することが認可された[2]。また後には単独では農民銀行を設立できない県も、数県合同で連合地方農民銀行を設立するよう奨励された。こうして県農業金融機関は34年頃までにほぼその陣容を整え（第2表参照）、36年には銀行・借貸所・放款処（資金の独自調達ができず銀行融資を利用した金融機関）合計41カ所、資本金総額110万元となり、全省75県中46県をカバーするまでに至った（その分布状況は第1図参照）。

　ここでいくつかの県農業金融機関について、その設立過程と経営の特徴を考察して見よう。省内で最初に県農民銀行設立を構想したのは海寧県であった。同県では「浙江省農民銀行条例」に先駆けて1928年2月に県建設委員会が農民銀行設立を決議した。3月には全県紳士58名を招集して農民銀行会議を開催し、資本金10万元を田賦附加税で徴収することが決定された。こうして31年2月に海寧県農民銀行は開業し、翌年3月末までに設立基金が10万3986元となった[3]。このように同県は省都杭州に近接しかつ経済的に富裕なこともあり、省政府の政策を先取りしいち早く農民銀行設立に踏み切り、短期間に資金も集めきったのである[4]。第3表が同行の貸借対照表であり、これをもとにその経営の特徴を探ろう。まず資産の部の貸付金では、定期貸付（合作社への信用貸付）・定期担保貸付（合作社への農産物担保貸付）、農産物担保貸付（合作社未加入農民への農産物担保貸付）を中心とし、特に後二者は、同行経営の農業倉庫で農産物（米麦・豆類・生糸・繭）を保管し、それを担保に低利資金（合作社社員には月利0.8〜1％、一般農民には1％、他に両者共に1カ月0.6％の保管手数料負担）を融資するという方式であり[5]、これは農業倉庫担保貸付とも呼ばれた[6]。同行はこの貸付を重視し、農村地区である袁化鎮・斜橋鎮・長安鎮に農業倉庫を持ち、信用貸付に比してその比重が圧倒的に高かった[7]。貸付金回収状況は32年の繭価惨落で極度に悪化した。農産物担保貸付では延滞金が出ても担保品売却で償却できたが、合作社信用貸付ではそれができず、32年1〜6月分の同貸付の契約期限内回収率は僅か62％であり、残額は返済延期許可24％、返済督促勘定（原文は催収款項）への繰り入れ14％となった。33年には第3表のように不良債権である返済督促金及び未収利息が1万2000元となり、その後も増大した。

　次に負債の部を見よう。同行の重要な資金源は当座預金であるが、それは地

110 第 2 部 農業金融政策と合作社・農業倉庫

第 2 表 各県農業金融機関の設立状況

年別	種類別	設　立　県　（　）内は設立月
1929年	県農民銀行	衢県（5）
1930年	県農民借貸所	崇徳（11）
1931年	県農民銀行	海寧（2）
	県農民借貸所	嵊県（2）　呉興（3）　海塩（5）　徳清（6）　余姚（9）
1932年	県農民銀行	嘉興（7）　余姚（10）
	県農民借貸所	蘭谿（2）　嘉善（4）　南田（4）　孝豊（4）　平陽（7） 東陽（8）　諸曁（9）　江山（10）　桐郷（10）　平湖（10） 金華（10）　寿昌（10）　永嘉（10）　瑞安（11）　長興（11）
1933年	県農民銀行	崇徳（3）　紹興（5）　嘉善（11）
	県農民借貸所	黄岩（2）　浦江（3）　義烏（5）　永康（10）　桐廬（11） 遂安（12）　臨海（12）
1934年	連合地方農民銀行	金武永〔金華・武義・永康〕（5） 義東浦〔義烏・東陽・浦江〕（6） 永瑞〔永嘉・瑞安〕（6）
	県農民銀行	平陽（7）
	県農民借貸所	於潜（1）　慈谿（2）　遂昌（3）　松陽（4）　鎮海（4） 温嶺（6）　寧海（9）
	県農民放款処	麗水（1）　宣平（6）
1935年	県農民銀行	蘭谿（9）
	県農民借貸所	臨安（1）　淳安（9）
	県農民放款処	鄞県（3）
1936年	県農民銀行	平湖（7）
	県農民借貸所	上虞（?）

出所：嘉興県農民銀行、嘉善・東陽県農民借貸所は浙江省建設庁統計委員会編『民国二十一年浙江省建設統計』（1933年11月）77頁、崇徳・余姚県農民借貸所は張範村「浙江省弁理農民経済事業之経過及改進之意見」（『浙江省建設月刊』第5巻第10期、1932年4月）4、5頁、海寧県農民銀行は楼荃「海寧県農民銀行設施之概要」（同上誌、第5巻第10期、1932年4月）15頁。その他は、1929～33年が浙江省政府建設庁編『民国二十二年度浙江省建設統計』（1935年4月）103頁、1934～36年が唐巽沢「十年来之浙江合作事業」（『浙江省建設月刊』第10巻第11期、1937年5月）194－196頁によった。

注：（1）嘉善・嘉興・衢県の県農民銀行の正式名称は、県地方農民銀行である。
　　（2）中国銀行経済研究室編『全国銀行年鑑』民国25年版（1936年）では、県農民銀行の設立年月が上記資料とは若干異なり、崇徳（1933年4月）、紹興（1934年3月）となっている。

第3章 浙江省の農業金融政策と地域金融 111

第3表 海寧県農民銀行貸借対照表

単位：元

資産の部					負債の部				
項目／年	1933年	1934年	1935年	1936年	項目／年	1933年	1934年	1935年	1936年
現金	17,769	18,266	20,377	10,823	基金(払込資本)	106,692	107,081	107,081	107,174
同業預け金	77,677	34,406	56,637	48,896	積立金	4,838	7,123	10,358	13,765
有価証券			17,496	17,653	基金配当金	3628	5,342	7,769	10,324
定期貸付	25,895	28,714	20,710	20,378	定期預金	13,438	21,738	21,897	24,014
定期担保貸付	35,779	38,234	33,561	32,535	当座預金	84,149	48,060	66,113	49,270
農産物担保貸付	47,028	47,906	40,857	68,708	儲蓄預金	9,679	14,535	16,721	18,229
特種貸付		17,585	10,519	8,211	未払金	6,950			
実物貸付			1,662	1,104	未払利息	1,157	2,200	3,153	4,011
種穀貸付			15,086	9,619	仮受金	3,242	2,946	1,318	10,641
倉庫貸越				6,290	貸戸貸款所基金			9,200	12,796
返済督促勘定	9,549	11,097	13,747	12,245	当期利益金	1,340	5,118	2,736	4,878
未収利息	2,498	5,225	4,592	5,757					
仮払金	3,139	161	2,229	4,429					
開業費・什器	8,828	8,535	8,394	8,312					
その他資産	6,950	4,013	478	142					
合計	235,112	214,142	246,346	255,102	合計	235,112	214,142	246,346	255,102

出所：中国銀行経済研究室編『全国銀行年鑑』民国24－26年版より作成。
注：（1）本行は6月・12月の年2回決算であり、本表は各年とも12月の残高である。し
たがって、負債の部の当期利益金は、いずれも7－12月の下半期の金額である。
上半期の利益金は、1933年2,341元、36年5,781元であり、その他は不明。
（2）資産の部の特種貸付とは合作社未加入農家への個別貸付であり、実物貸付は合
作社への肥料の現物貸付、種穀貸付は稲作改良のための純良種子の貸付である。

方機関の公金の一時預け入れであり、1934年には旱害による税収減で急減して
いる[8]。定期・儲蓄預金は当座預金に比較して僅少であり、特に合作社の貯蓄
業務兼営は皆無に近く、辛うじて合作社出資金が預け入れられるのみであった。
しかし預金額に対する現金準備（現金及び同業預け金）の比率は非常に高く、農
民相手の貸付事業のみでは資金を有効に活用できず遊資を抱えていたものであ
ろう[9]。年間の利益金は33・36年だけ分かり、払込資本対当期利益率（当期利
益金額を期末払込資本金額で除して求めた百分率）は33年3.5％、36年10.0％であり、
36年には景気回復もあり高収益となった。だが依然として返済督促勘定・未収
利息が2万元近くあり、健全な経営とは言えなかった。利益金の処分内容は未
公表だが、毎年2000～3000元の新規積立がなされており内部蓄積が重視されて
いた。また基金に対する配当金も毎年内部留保されており、事実上配当が免除
されていたと考えられる。

　衢県地方農民銀行は1929年5月に開業した同省初の県農民銀行であった。前

年7月に省政府の提起に応え農民銀行籌備委員会が組織され、翌年1月の第一次股東（株主）大会で県政府地方公金1万元及び民間5万1800元の出資が決定され、2月には商股（民間株）董事6名・公股（公金出資株）董事3名が選出され、董事長には項槐が就任した(10)。項槐は資本金10万元を有する大規模な典当・億成の経理であり、また県商会会長でもあった(11)。このように同行は官商合弁の形態ではあるが、資金的・人的に民間主導であり、特に典当資本の影響下にあったと言える。『全国銀行年鑑』民国25－26年版掲載の同行貸借対照表によれば、1934年末の貸出残高は当座貸越約2万6000元、当座担保貸越約5500元、信用貸付約1万1000元、担保貸付約5万2000元、合作社貸付約8400元であり、35、36年もほぼこれと同額であった。このように合作社貸付は別途計上されており、信用・担保貸付は海寧県と異なり合作社対象ではないことが判明する。それでは同行の融資はいかなる階層に向けられたものであろうか。実業部国際貿易局の調査では、同行の顧客は「工界5％、商界5％、農界70％、住戸20％」であり、その中の農民金融は「商辦性質」（民営的）とされていた(12)。同行は典当経営者に掌握されていたことから判断して、農民貸付は低利資金の信用貸付ではなく、典当の方式に倣った担保貸付であったと思われる。農民は農産物等を担保に典当と同程度の金利負担で小額貸付を受けたのであろう。また「住戸」とは、県城内の住民であり、服飾品等を担保に同様の貸付を受けたものと想像される。この典当類似の貸付は、先の同行貸借対照表の担保貸付項目に該当するものであろう。他方、当座貸越・当座担保貸越・信用貸付は、商工業者への貸出であろう。このように同行は、農民銀行とは名目のみで実際は商工業者対象の商業銀行と農民・地域住民対象の典当という両機能を果していたものと思われるのである(13)。

　紹興県農民銀行は1932年2月に設立準備が開始され、経理には復旦大学卒の朱仲華が就任した。資本金は20万元を予定したが、まずは県款産委員会の備荒捐より5万元を出資し開業した。同行は田賦附加税による資本金徴収も計画したが、それは実行できなかった。そのために41年に同行が閉鎖されるまで資本金は増加することなく、同行の業務展開を制約した。同行は県内合作社の未発達を理由として、33年4月には「農民個人放款章程」を制定し個人貸付を実施

した。同年4月から10月までの融資70数件中、個人貸付が60件以上を占めていた。また34年4月には「小工商業放款章程」を制定し、商工業者への貸付にも途を開いた[14]。第4表のように、同行の合作社貸付額は公表されておらず、35・36年段階でも合作社貸付は僅少であり商工業者などの個人が融資の中心であったと予想される。それを裏付けるように、36年末の同県合作社は僅か17社のみであった（第6章第5表参照）。

以上のように、海寧県では合作社貸付の限界から農業倉庫担保貸付に重点が移行したとは言え、低利資金が農民中心に貸し付けられ、農民銀行の性格を大きく逸脱することはなかった。それは杭州市に近く常に省政府の指導監督を受け、また県政府全額出資の豊富な資本金や公的機関の預金など有利な条件が備わり、低利貸付でも経営的に成り立ち得たからであろう。それに対して衢県は杭州から遠隔の地にあり省政府の監視も不十分なため、農民銀行の経営権を典当資本中心の民間勢力が握り、商業銀行及び典当に類似した営利追及組織としてしまったのである。また紹興県でも個人貸付が中心であり、民間商業銀行と変らない業務内容であったと考えられる。

さらに県農民借貸所の実態も若干考察しよう。呉興県では1930年に県農民銀行設立を準備したが基金の目処なく断念し、災害救済資金の剰余金約6000元を資金に31年3月県農民借貸所を開設した。それは県政府建設局内に付設され、職員も同局職員の兼任であり、貸付は合作社貸付に限定し月利0.8％の資金を主に商人保証で貸し付け、預金は合作社の出資金のみであった[15]。このように県農民借貸所は、ほとんどが県政府建設部局の兼務であり、総じて預金業務には重点が置かれずその手持ち資金の貸付だけに止まっていた。県農民借貸所の中にも問題を抱えるものがあった。たとえば、嵊県農民借貸所主任は商業銀行である嵊県農工銀行の経理が兼任し、借貸所資金2万元のうち農民貸付は6000元程度であり残額は同行に預け入れられ、しかも職員を4人も抱え経営は赤字となっていた[16]。つまり農民借貸所が農業金融機関としての役割を十分果さず、その資金は銀行に預けられ、いたずらに冗員を扶養するだけだったのである。

これら県農業金融機関は設立当初、資金不足で信用を欠き各県間の相互連携もなく、資金の県政府による流用も常態であり、農業貸付業務は不振であると

第4表 各県農民銀行の貸出残高

単位：元

行名	合作社貸付				倉庫担保貸付	各種農民貸付	小商工業貸付	当座貸越	合計
	信用	保証	担保	計					
(1) 1935年12月末現在									
義東浦	850	9,832	5,135	15,817	5,174	3,532	640	1,053	26,216
永瑞	37,545		36,120	73,665	5,990	1,427		20,643	105,776
金武永	15,682	10,306	55,817	81,805	48,912	8,036	3,005	45,450	187,208
海寧	20,710		33,561	54,271	40,857	27,267			122,395
嘉興	…	…	…	69,024	23,679	535	775	454	94,467
嘉善	73,990		10,022	84,012	1,549				85,561
崇徳	…	…	…	26,478	18,644	11,258	550		56,930
紹興	…	…	…	…	…	…	…	…	99,579
余姚	41,931	14,751	3,696	60,378	3,780	9,407	500	10,993	85,058
衢県	…	…		8,400	51,045		※10,682	31,080	101,207
平陽	5,189	5,100	21,048	31,337		4,584	3,070	7,363	46,354
合計	195,897	39,989	165,399	505,187	199,630	66,046	19,222	117,036	1,010,751
(2) 1936年12月末現在									
義東浦	…	…	…	24,495	11,827	6,222	15,320	21,574	79,438
永瑞	36,214		34,037	70,251	5,405			47,274	128,328
金武永	11,393	20,462	27,582	59,437	58,477	50,338	6,866	112,870	287,988
海寧	20,378		32,535	52,913	68,708	18,935			140,556
嘉興	72,708		24,853	97,561	81,223				178,784
嘉善	28,205		436	28,641	21,326		850		50,817
崇徳	6,580		500	7,080	50,982	7,707	630	6,098	72,497
紹興	…	…	…	…	…	…	…	…	121,862
余姚	…	…	…	113,423	2,835			3,125	119,383
衢県	…	…		8,400	48,413		※9,852	33,134	99,799
平陽	6,539	1,960	27,170	35,669		2,438	3,948	26,766	68,821
合計	182,017	22,422	147,113	497,870	349,196	85,640	37,466	250,841	1,348,273

出所：『全国銀行年鑑』民国25・26年版より作成。
注：（1）空欄は金額ゼロ。…は合計金額のみ分り内訳不明。
　　（2）各行貸借対照表では、信用・保証・担保貸付が合作社への貸付であると明記されていないが、農民銀行の貸付は合作社貸付を原則としているので、特別の場合を除いて合作社貸付欄に入れた。各種農民貸付とは、特種農民貸付・実物貸付など農民への貸付と推測できるものの合計である。
　　（3）永瑞銀行の合計欄には、手形割引（35年4,051元、36年5,398元）を加えてある。
　　（4）※は信用貸付となっているが、合作社貸付は別途計上されており、商工業貸付と推測した。35年の紹興県銀行は当座貸付72,043元、定期貸付22,066元、定期保証貸付1,685元、定期担保貸付2,260元、手形割引1,525元となっているが、同上資料民国25年版L132頁では同行設立以来農民への信用貸付は1,000－2,000元のみとされているので上記のように記載した。

総括されていた[17]。特に1934年には、県長や職員による資金の流用・横領事件が続発した。具体的には、同年1月に海寧県前任県長による農行基金流用が発覚し、5月には平湖県県長による基金約1万元の私的流用が発覚した[18]。さらに同年8月には、嘉興県地方農民銀行において約4万3000元と宝飾品の盗難事件が発生した。捜査の結果、経理・呉和叔による犯行であることが発覚し、呉経理は逃走した。その後の調査では呉経理による合作社への乱脈融資も判明し、焦げ付きが4万元に達するとされた[19]。この後省政府は、農民銀行基金の流用禁止命令を出し、また各種規程を制定し資金の各県間の調整や会計・人事面の管理強化に努め、その経営は徐々に改善された[20]。

　各県農民銀行の貸出残高は第4表のように1935年末約101万元、36年末約135万元となり、第5表の払込資本金額35年末約66万元、36年末約75万元を大きく凌駕している。このように各県農民銀行は貸出業務を拡大させたが、その原資は第5表のように資本金以外には預金の吸収にあった。既述のように合作社の貯蓄業務兼営は寡少で、出資金が儲蓄預金として預けられる程度であった。ただこの時期、中国銀行・浙江地方銀行等は県農業金融機関支援の融資を増大させ、それが当座貸越・当座預金の形で預け入れられていた。第5表の当座預金残高中に占めるその比率は不明であるが、外埠（県外）同業当座借越残高は35年末約4万元、36年末約5万元となっていた。さらに県農民銀行は為替業務や小商工業貸付業務も兼営し地域の商工業者との取引関係もできており、定期預金・当座預金にはそれら商工業者からの預入分も相当含まれていたものと思われる。そして第4表の当座貸越はそうした商工業者の当座預金に対する貸越部分であろう。小商工業貸付および当座貸越の全貸出額に占める割合は35年末13.5％、36年末21.4％とかなり高い。

　農民対象の貸付では、合作社貸付と並んで農業倉庫担保貸付が重要な位置を占めた。特に後者は1935年末の約20万元から36年末には約35万元へと増大している[21]。合作社貸付では信用・保証貸付の比重が高いが、担保貸付も相当多額であった。この担保貸付は不動産担保の場合もあったが[22]、海寧県同様に直営農業倉庫で合作社農民の農産物を保管し融資を行う方式も普及した。さらには省政府による生産・運銷合作社育成政策により合作社の共同販売農産物を担保

第5表 各県農民銀行の資本金額と預金・借越残高

単位：元

行名	払込資本金額	預金残高					外埠同業当座借越
		定期	当座	儲蓄	その他	合計	
(1) 1935年12月末現在							
義東浦	49,208	1,375	2,239			3,614	2,651
永瑞	50,068	27,350	21,795	6,082	1,172	56,399	5,346
金武永	58,920	22,895	75,466	36,488	2,142	136,991	30,276
海寧	107,081	21,897	66,113	16,721		104,731	
嘉興	106,050	8,278	29,579	105		37,962	
嘉善	58,000	31,988	7,150	2,701		41,839	
崇徳	17,147	3,516	4,384	9,911	6,673	24,484	
紹興	50,000	23,444	55,289	15,951	112	94,796	409
余姚	60,614	7,364	24,268		3,357	34,989	
衢県	62,180	280	16,386	5,048	5,791	27,505	194
平陽	44,761	5,217	7,212	157	428	13,014	
合計	664,029	153,604	309,881	93,164	19,675	576,324	38,876
(2) 1936年12月末現在							
義東浦	49,455	9,461	23,053	482	287	33,283	
永瑞	50,068	26,401	38,903	6,896	900	73,100	26,959
金武永	82,618	54,566	147,280	31,245	3,574	236,665	15,411
海寧	107,174	24,014	49,270	18,229		91,513	
嘉興	111,450	10,385	55,269			65,654	11,429
嘉善	65,000	24,408	11,002	3,537	1,904	40,851	
崇徳	61,100	3,246	36,569	13,055	1,353	54,223	
紹興	50,000	･･･	･･･	･･･	1,504	103,536	
余姚	62,627	25,394	45,244		11,137	81,775	
衢県	62,180	2,500	26,380	4,474	6,491	39,845	
平陽	44,761	7,550	33,569	307	847	42,273	
合計	746,433	187,925	466,539	78,225	27,997	862,718	53,799

出所：第4表と同じ。

とした貸付も増大していた。このように農業倉庫貸付と合作社担保貸付中の農産物担保貸付部分を合わせると、県農民銀行の全農民貸付中で農産物担保貸付の割合はかなり高くなるのである。

　第6表はすべての農民借貸所を網羅せず農民貸付の具体的内容も不明であり不十分な数字ではあるが、各県農民借貸所の1936年当時の資本金額及び預金・貸付残高を示したものである。それによれば預金残高は資本金額の3分の1程

第6表　各県農民借貸所の資本金額と預金・貸付残高（1936年）

単位：元

県名	資本金額 12月末現在	預金残高 6月末現在	貸付残高（12月末現在） 農民貸付	貸付残高（12月末現在） 小商工業貸付	貸付残高（12月末現在） 合計
臨安	5,000	7,023	4,252	1,198	5,450
於潜	1,324	8,889	17,598	1,360	18,958
桐郷	42,288	4,060	※18,518		18,518
呉興	5,000	438	※8,790		8,790
孝豊	7,257		3,820		3,820
鎮海	10,374	5,259	3,915	1,530	5,445
慈谿	5,000	50	3,635		3,635
嵊県	27,550	1,012	27,939		27,939
諸曁	18,354	2,029	28,541		28,541
黄岩	11,000	42,156	※46,646		46,646
温嶺	5,917	2,239	3,850		3,850
寧海	7,828		6,990		6,990
江山	28,688		22,743		22,743
桐廬	3,200		488		488
遂安	9,204	2,042	9,010	2,404	11,414
遂昌	3,776	315	590		590
海塩	20,500		※11,347		11,347
臨海	4,995		2,026	615	2,641
合計	217,255	75,512	220,698	7,107	227,805

出所：前掲「十年来之浙江合作事業」195、196頁、附表3・4より作成。

注：（1）預金残高の内訳は、定期預金13,316元、当座預金51,436元、儲蓄預金10,760元である。
　　（2）1935年12月末現在の貸付残高は、農民貸付160,327元、小商工業貸付1,190元、合計161,517元である。
　　（3）※は36年6月末の貸付残高である。

度に止まり依然として低調であり、貸付残高も低く36年12月末にやっと資本金額を越えた程度であった。このように農民借貸所の預金業務は不振であり、辛うじてその資本金を原資に農民貸付を実施するという経営内容であった。ともかくも第4表の農民銀行貸出残高と合わせると35年末約117万元、36年末約158万元という資金が地域経済に投入されていたのである。

　以上のように、浙江省では各県農業金融機関の小規模性・分散性は最後まで克服できず、特に県農民借貸所でそれが顕著であった。ただ各県農民銀行は

1930年代半ばまでに預金・貸出・為替業務を実施し金融機関としての内実を備えはじめたが、資本金額に対して預金残高はほぼ同額に止まるなど、その活動はやっと緒に就いた程度と言える。また衢県地方農民銀行のように当初から在地商人勢力に掌握され農民銀行の性格を逸脱したものも存在した。その他の県農民銀行も農業貸付より商工業貸付に重点が移行するという商業銀行化の問題を抱えていた。合作社貸付は信用調査・指導監督・返済督促などに経費がかかり、また農家経済の窮乏の中で不良債権化する危険性も高かった。県農民銀行にとっても、欠損を出さず経営を維持するには、こうした高コスト・高リスクの合作社貸付のみに集中できず、商工業者への貸出も実施し危険を分散させる必要があり、また農村合作社の未発展と貯蓄業務の欠如により農村内での資金吸収は困難なため商工業者との結合を強め資金調達を図らなければならなかったのである。このような原因から、合作社貸付は伸び悩み商工業貸付が増大するのである。また合作社貸付が困難という状況下で、比較的貸付経費が軽く危険も少なく農民に低利資金を供給できる農業倉庫担保貸付が重視されるに至った。ただ各県農業金融機関の管理の杜撰さや商工業者との関係の緊密さからすれば、この農業倉庫担保貸付も実際は商工業者や地主・富農層へ向けられた部分も多かったのではないかと想像される。

注
（１） 唐巽沢「十年来之浙江合作事業」（『浙江省建設月刊』第10巻第11期、1937年5月）194頁。
（２） 同「規程」は、『浙江省建設月刊』第4巻第5期、1930年11月、法規欄15頁。
（３） 樓荃「海寧県農民銀行設施之概要」（『浙江省建設月刊』第5巻第10期、1932年4月）15、16頁。
（４） 同行は顧達一（1896～1982）を経理としていた。彼は上海大同学院卒業であり、1929年よりは国民党海寧県党部監察委員も務めていた（海寧市志編纂委員会編『海寧市志』漢語大詞典出版社、1995年、739、1176頁、及び本書第1章第4表）。
（５） 貸付内容は「一年半来之海寧県農民銀行営業概況」（『銀行週報』第16巻第37号、1932年9月）27－34頁によった。以下の同行経営に関する記述も主として同稿による。

（6）　各県農業金融機関は、収穫農産物の窮迫販売防止のため農業倉庫経営による担保貸付を重視した。農民は農産物を倉庫に預け融資を受け当面の必要資金を確保し、農産物価格上昇を待ちそれを引き出して売却し、もし価格上昇分が借入金利を上回れば、元利返済後も利益が残るという計算である。ただその実態は嘉興県地方農民銀行の事例で見ても、農民は米穀を値上り期待で預託するよりは急需に迫られて飯米・種籾を抵当に借金するという場合が多数であり（沈咸恒「嘉興県地方農民銀行弁理農業倉庫情形」『農行月刊』第3巻第4期、1936年4月、56頁）、典当類似の機能を果すにすぎなかった。ただその利率は典当より低く、典当閉店が相次ぐ中で借金の機会をなくしていた農民にとり、かかる低利貸付は貴重であった。

（7）　農業倉庫数は1935年6月時点のものである（「浙各県農業金融機関設法増加放款資金」『東南日報』1936年1月22日）。ちなみに担保農産物は米穀と生糸が多く、33年7月より翌年6月までの1年間の累計貸付額で米穀（13万9000元）、生糸（4万6000元）であった（「上年度弁理農産抵押各県市放款38万元」『東南日報』1934年10月15日）。なお、『東南日報』は「中華全国図書館文献微縮中心」作成のマイクロフィルムによった。

（8）　中国銀行経済研究室編『全国銀行年鑑』民国25年版（1936年）F58頁。

（9）　1933年6月には現金準備が増えたため、余剰資金を県城内の商工業者に貸し出すことを省政府建設庁に申請しているが（杜巌雙「浙江之農民銀行」『東南日報』1934年9月30日）、第4表より見るとこれは許可されなかったようである。

（10）　路祖焘「三年来之衢県地方農民銀行」（『浙江省建設月刊』第5巻第10期、1932年4月）5、6頁。

（11）　中国銀行経済研究室編『全国銀行年鑑』民国24年版（1935年）B357頁、O13頁。

（12）　実業部国際貿易局編『中国実業誌（浙江省）』（1933年）（壬）12頁。

（13）　その貸付金利も農民銀行の原則から逸脱し、1931年11月当時、定期貸付で月利1.3〜1.4％、定期担保貸付で1.3〜1.5％と比較的高利であり（前掲「三年来之衢県地方農民銀行」14頁）、その経営が営利目的であったことが分かる。おそらく農民や地域住民を相手とした小口担保貸付にはさらに保管手数料等が課され、典当と同程度の金利負担とし、その営業妨害を避ける手段が講じられていたのであろう。こうした衢県地方農民銀行に改革の手が入るのは1936年末のことであった。1936年12月24日の『東南日報』には、省政府財政・建設両庁の調査により同行の営業

は不正常と判断され、経理が罷免され代理経理が派遣されたことが報じられている。

(14) 陳又新「紹興第一家農業金融機構—紹興県農民銀行」(『紹興文史資料』第6輯、1991年) 149-152頁。

(15) 朱景熹「呉興県立農民借貸所一年来之報告」(『浙江省建設月刊』第5巻第10期、1932年4月) 17-22頁。

(16) 『浙江省建設月刊』第8巻第4期、1934年10月、工作概況欄38頁。

(17) 前掲「十年来之浙江合作事業」197頁。

(18) 駱耕漢「信用合作事業与中国農村金融」(『中国農村』第1巻第2期、1934年11月) 146、147頁

(19) 銭承沢『(嘉興)調査及実習日記』(民国二十年代中国大陸土地問題資料、第140冊、1977年) 73913-73916頁、前掲『全国銀行年鑑』民国25年版、F77頁。1937年初頭段階でも合作社貸付の回収は進捗せず、返済督促金勘定は約5万8000元に上った(周剣佩「嘉興県地方農民銀行二十五年度業務進行計画綱要」『浙江合作』第4巻第13・14・15期、1937年2月) 39頁。

(20) 前掲「十年来之浙江合作事業」198頁。

(21) 前述の海寧県農民銀行倉庫3カ所以外に、1935年6月当時各県農民銀行の倉庫数は義東浦2カ所、永瑞1カ所、金武永2カ所、嘉興5カ所、崇徳3カ所、蘭谿4カ所、合計20カ所となり、さらに各県農民借貸所のものと合計すると50数カ所に上った(前掲「浙各県農業金融機関設法増加放款資金」)。

(22) たとえば余姚県農民銀行では、担保物件として不動産(農地)が一番多く、差し押さえたその物件の処分難が問題となっていた(『浙江省建設月刊』第8巻第7期、1935年1月、工作概況欄44頁)。

Ⅲ. 中国銀行・浙江地方銀行の活動

1933年7月、中国銀行総経理・張公権は杭州分行経理・金百順を伴い、農産倉庫設立準備のため呉興・嘉興等の各県を視察した。上海に戻った張公権は、1000万元を農民貸付に充て浙江省農村を救済することを決定し、その第一歩として呉興・嘉興等の10数県に農産倉庫を設立し、最低利息で担保貸付を行うこととした[1]。こうして同行は36年末までに既存のものと合わせて省内10市県に

18倉庫を有するようになった（第7表参照）。

　省内で倉庫が最も集中したのは省都・杭州であった。同市内には第7表のように1930年代に入って銀行経営の大規模倉庫が簇生した。それらは米穀保管を中心とする倉庫群と省特産の蚕糸業製品を取り扱う倉庫群とに分かれ、前者は省内最大の米穀集散地・湖墅に集中した。これら倉庫の営業内容は、36年の湖墅での米穀保管業務調査によれば、全取扱量のうち単純な保管が3分の2、担保貸付も伴うものが3分の1であり、大市場では荷主も大商人が多く資力が豊かなため担保貸付の比重が低いと言われていた(2)。このように杭州市内の銀行経営倉庫は保管手数料収入を主目的に営業され、保管専門の伝統的倉庫の呼称である「堆桟」と呼ばれる場合が多かった。ただ1930年代の銭荘業の衰退により資金逼迫に陥る商工業者も多く、寄託貨物を担保とした与信業務もかなり増大していたのである。

　中国銀行と浙江地方銀行を除いて銀行が地方で倉庫業を営むことは稀であった(3)。では第7表のように各地に進出した中国銀行の倉庫はいかなる経営内容であったのか。張公権の構想のように本当に農民対象の資金融通が実施され、農民にその恩恵が及んだのであろうか。それをまず呉興県を事例に探ろう。中国銀行呉興支行は1933年6月、県城北門外に倉庫を開設した(4)。その保管品は繭・絹織物・巻たばこ・織布用板紙・生糸・米穀の順に多く、同県は省内屈指の蚕糸業地帯であるだけに保管品も蚕糸業関係生産物が中心であった。米穀保管容量は1万5000石、うち2000石分が「小額担保貸付」用であった(5)。浙江省の銀行経営倉庫の米穀担保貸付で、「大額貸付」は50石以上を担保とした大口貸付、「小額貸付」とは5斗を一口とした小口貸付であり、前者は米行・米販と呼称される米穀商を主な対象とし、稀に米店（米穀小売店）・機米廠（精米所）に及ぶ場合もあり、後者は中小農民対象であった。米穀商は収買米穀を倉庫に寄託し値上りを待つと同時に担保貸付により収買資金を調達したが、農民の寄託は値上り期待ではなく担保貸付を受け急な資金需要を補うことにあった(6)。このようにその保管容量から見て同倉庫の米穀担保貸付は米穀商中心であったと言える。米穀以外の保管品についても、一部小額貸付もあったが商人の利用が多数を占めたとされている。養蚕農家は繭を生繭のまま販売する以外に、家

第7表 浙江省における倉庫（杭州市及び中国銀行経営倉庫一覧）

(1) 杭州市倉庫一覧（1935年当時）

名　　称	設立年月	保管品種類	保管数量
浙江地方銀行第一北桟	1917	紙・米	8万担
浙江地方銀行第二北桟	1921	米	7万担
中国農工銀行堆桟	1930・10	米	1万担
浙江実業銀行北桟	1932・11	米・籾・雑糧・麻・紙等	3万担
元泰銭荘堆桟	1933・1	米・紙	
浙江建業銀行北桟	1933・10	米・紙・箔・雑貨	米3万担 紙・箔2万枚
浙江興業銀行倉庫	1933・12	米・紙等	3万石
中国銀行倉庫	1933・12	米	3万5000石
浙江地方銀行東桟	1910	生糸・絹織物・繭・布	3万担
浙江実業銀行東桟	1924・1	生糸・絹織物・繭・布	4000件
上海綢業銀行堆桟	1934・7	生糸・絹織物	3000件
浙江地方銀行南桟	1917	繭・雑貨・米・紙	3万件
源源公司堆桟	1932・1	米・籾・豆・紙・繭・棉実	

(2) 中国銀行経営倉庫一覧（1936年当時）

県名及び名称(所在地)	設立年月	保管品種類	保管数量
呉興（県城北門外）	1933・6	生糸・絹織物・百貨・米	米1万石 生糸240箱
呉興（菱湖鎮）	1935・11	同上	同上
金華・第一倉庫	1931	籾・米・油・豆・麦・紙・布	
金華・第二倉庫	1935	同上	
臨海・第一倉庫	1935・5	糧食・南方産物・煙草等	
海寧（硤石鎮）	1933・10	生糸・米・籾・豆等	3万7000件
嘉興	1934・11	糧食・豆・布・雑貨	2万1000担
鄞県・第一堆桟	1921・10	煙草・貝母	
鄞県・第二堆桟	1936・5	貝母・綿糸	
余姚・周巷倉庫	1933・9	籾・米・豆・棉実・繰綿	2000担
蘭谿・第一倉庫	1933・8	米・籾・雑糧	1万石
蘭谿・第二倉庫	1933・10	同上	6000石
蘭谿・臨時倉庫	1935・9	同上	同上
蘭谿・臨時倉庫	1935・11	同上	同上
蘭谿・臨時倉庫	1935・10	同上	2000石
蘭谿・臨時倉庫	1935・12	同上	1600石
衢県	1933・10	糧食・油・紙・煙草・雑貨・布	

出所：(1)は『全国銀行年鑑』民国24年版，P16，17頁，(2)は衢県のみ同書，P19頁，その他は『全国銀行年鑑』民国25年版，L107－109頁。

注：(1) 米とは白米・玄米であり，籾とは籾米である。
　　(2) 保管数量は概数である。
　　(3) 1担は50kgであり，玄米1石は約83kgである。

内副業として土糸・絹織物生産も行っていたが、同行の貸付は個別農家のそうした生産物ではなく、商人（繭・生糸・絹織物商人）を対象とした大口貸付を主軸としていたのである。倉庫担保貸付の利息は、小額貸付が月利1％ならびに保険・保管費0.5％、大額貸付が月利1％（保険は自己加入）と、大口貸付が優遇されていた。以上のように、中国銀行経営の同県倉庫は、一部に農民対象の小口貸付も含んだが、主要には商人対象の大口商業貸付であった。ただ大口貸付中にも、精米所や製糸・絹織物工場等の工業者への貸付も若干含まれると思われるので、本稿では以下「商工業貸付」と呼称する。

呉興県以外に次の県で中国銀行の倉庫経営の実態が窺える。まず1935年の嘉興支行倉庫の米穀担保貸付については金額が分かり、小額貸付約2万元に対し大額貸付7万6000元と小額貸付は全体の約2割であった[7]。さらに34年当時、蘭谿県の中国銀行と浙江地方銀行の「堆桟」は共に県城内にあり、1件当り担保貸付額も20〜50元以上と高く、8〜9割までが商人相手であるとされていた[8]。このように中国銀行の倉庫担保貸付は、杭州市では完全に商工業者対象であり、その他の県城レベルの倉庫でも一部農民対象の小口貸付を含みつつも、主軸は商工業者対象の大口貸付にあったことはほぼ確実である。

中国銀行の浙江省内での倉庫貸付の総額は1933年分を除いて不明である。同年のその貸付額は年間累計約44万元であり[9]、第7表のように同行倉庫の多くが33年後半に設立されたことを考慮すると、この累計額は年末残高額をあまり超過していないと思われる。

中国銀行の全国での農業・農産品貸付額は1933年の営業報告書から公表されている。それによれば同行33年の全貸出残高の4.81％が農業・農産品貸付であり、全貸出残高3億5139万元から計算すると1690万元となる。その内訳としては①農産品担保貸付約1950万元（おそらく年間累計額）、②農民小額担保貸付約62万元（下半期累計額）、③合作社貸付（金額不明）が示されている。この①は同行既存倉庫を利用した貸付であり、従来の営業報告書では商業貸付に分類されていたものを、同行の農業建設への貢献度合を誇示すため本年より独立させたものであり、②は本年新設の農産倉庫を通じての農民貸付であると説明されている[10]。このように①は商工業者対象の大口貸付であることは明確であろう。

1934年には農業・農産品貸付は全貸出残高の5.38％に増大し、これは2216万元となる。その内訳は①約7600万元（下半期累計額）、②約112万元（年間累計額）、③約197万元（年間累計額）が示されている(11)。このように②の比重はきわめて低く、①の下半期累計額と比べてもその1.5％にすぎない。35、36年の営業報告書では農業・農産品貸付（ただ両年は農業貸付とのみ記述されている）残高の実数値が示されており、35年は2516万元、そのうち「小農」貸付が51万元とされている。この「小農」貸付とは②の貸付であると思われ、それは農業・農産品貸付残高の2％にすぎない。36年には農業・農産品貸付残高4355万元となり、その急激な増加が読み取れる。36年の全貸出残高は7億1031万元であり、農業・農産品貸付はその6.1％を占めていたことになる(12)。

　中国銀行杭州分行は、抗日戦争直前に預金約7000万元、貸出額は約3600万元であったとされ(13)、この金額を仮に1936年末のものと見なし、さらに同省でも36年末の全国と同じく6.1％が農業・農産品貸付残高であったと仮定すると、同省の農業・農産品貸付残高は約220万元となる。つまり倉庫担保貸付と合作社貸付の合計で220万元の貸付残高を有するという意味である。同分行は、35年には合作社貸付にも着手し、36年には貸付累計額約26万元、貸付合作社210社・社員約5000戸となり(14)、この合作社貸付は残高では約10数万元程度と思われるので、それを差し引くと約200万元という倉庫担保貸付残高の推計値が得られる。ここで江蘇省農民銀行の36年農業倉庫担保貸付と同じくその累計額が残高額のほぼ2.4倍になると仮定すると（第4章第Ⅲ－4表参照）、中国銀行杭州分行の36年倉庫担保貸付年間累計額は約480万元にも上るのである。ただその中で農民対象の小額担保貸付がどの程度となるかは不明であるが、同省の倉庫は元々農産倉庫として構想され地方の県城レベルに細かく配置されているため、その比重は全国平均よりはやや高かったと思われる。

　ここで再度第7表に立ち返り、中国銀行経営倉庫の分布状況と保管品の特徴を探ろう。まず保管品の中軸が米穀にあったことは明確であろう。しかも倉庫の多くは米穀の広域的流通拠点に布陣されていた。海寧県硤石鎮は省外移入米穀を浙東の紹興・蕭山・余姚各県に移出する中継基地であり、杭州市湖墅も周辺生産米・省外移入米を集荷し同市米穀需要を賄うとともに浙東移出をも担い、

金華・蘭谿両県も旧金華・厳州・衢州府属各県の米穀を集荷し旧紹興府等に移出する拠点であった[15]。米穀以外の保管品としては呉興県の蚕糸業関係生産物、金華・衢県の桐油、鄞県の貝母（漢方薬原料）、余姚県の棉花など地域の特産物が選択されている。このように同行倉庫では米穀及び省内重要特産物を保管品とし、それを担保とした資金融通がなされていたのである。

　1908年設立の浙江官銀号は、翌年に官商合弁の浙江銀行に改組され、15年には浙江地方実業銀行と改名し上海を拠点に商業銀行としての業務を強化し業績を伸ばしたが、23年に官股・商股の対立から、浙江地方銀行（官股側）と浙江実業銀行（商股側）に分裂した。こうして完全な省立銀行となった浙江地方銀行は、以後しばらく停滞状況にあったが、31年に新章程を公布し、新総経理・徐恩培のもと経営改革を進めた。32年には資本金を100万元より300万元に増資し、同年6月には発券業務を回復し500万元の兌換券発行が認可され、33年よりは中国銀行より省市県金庫の代理業務を接収して行き、恐慌により銭荘倒産が相次ぐ中で急速に省内支店網を拡大し預金量を増大させた[16]。

　同行は1933年春より農業貸付を開始し、翌年1月には総行内に農工貸款処を開設し農業貸付と小資本手工業貸付を担当させた[17]。農業貸付額は第8表（1）の数字が判明しているが、これによれば35年7月から翌36年にかけての貸付額の着実な増加がまず確認できる。貸付項目①の中心は農村合作社への直接貸付であり、この金額以外にも県農業金融機関経由の合作社貸付もあった。②は耕作物を担保とした春耕資金の貸付であり、みな各県政府・県農業金融機関・現地社会教育機関との協力で実施された。④は農民の衣服等を担保とした貸付であり、典当に類似した業務であった。

　問題は農業貸付中圧倒的多数を占める③の倉庫貸付の内実である。第8表（2）の通り、同行は1936年に倉庫を多数設立し年末には15市県23倉庫を有し、その多くが浙西に集中した。こうした倉庫貸付について、平湖県の調査では、県農民借貸所の農業倉庫貸付は農民相手の小額担保貸付であるが、浙江地方銀行平湖弁事処の倉庫貸付は「商工業のための巨額担保貸付であり農民には恩恵は及ばない」としている[18]。また『中国地方銀行史』では、同行は倉庫担保貸付の形をとった商工業貸付を活発に展開し、他方農業貸付は危険が大きいので

第8表 浙江地方銀行の農業貸付と倉庫網

(1) 農業貸付額 単位：元

項　　目	1935年7月～36年6月	1936年1月～12月
①農村合作社及び連帯保証貸付	289,000	550,000
②農業青苗担保貸付	227,500	800,000
③倉庫担保貸付	3,005,000	4,200,000
④小額動産担保貸付	296,000	450,000
合　　計	3,818,000	6,060,000

(2) 倉庫網

年別	設　立　場　所　（　）内は設立年月
1935年以前	杭州市東街路（1910）　杭州市閘口（1917）　杭州市湖墅（1917）　蘭谿県（1919・7）　杭州市湖墅（1921）　呉興県（1933・6）　嘉興県（1934・11）
1936年	衢県（2）　龍游県（5）　呉興県雙林鎮（5）　平湖県（6）　嘉善県（6）　徳清県新市鎮（6）　鄞県（7）　長興県泗安鎮（9）　呉興県南潯鎮（9）　嘉興県（10）　臨海県海門鎮（10）　奉化県（10）　金華県（10）　嘉興県王店鎮（11）　嘉興県新塍鎮（11）　建徳県（11）

出所：(1)は「浙江地方銀行農業貸款概況」（『銀行週報』第20巻第37号、1936年9月）21－23頁、「浙江地方銀行民国二十五年度営業報告」（『全国銀行年鑑』民国26年版）V68、69頁、(2)の1935年以前は『全国銀行年鑑』民国24年版、P16－19頁、36年は前掲「浙江地方銀行民国二十五年度営業報告」V67頁。

注：(1)の貸付金額は概数であり、また累計額である。
　　(2)で設立場所が県名だけの場合は県城内の設立。

終始慎重な態度で臨んだとしている[19]。さらに『東南日報』1936年11月の記事では、同行は各地支店の直営倉庫で農民対象の小額農産物担保貸付を実施する以外に、各地の県政府・県農業金融機関経営の農業倉庫に担保貸付用資金を融資しその額は約40万元に上り、それと直営倉庫の貸付分を合計すると約100万元に達すると報じている[20]。このことから同行直営倉庫の小額農産物担保貸付は、36年11月当時約60万元程度であったことが判明する（おそらくこの数字も累計額）。以上の点ならびに前述の蘭谿県の事例から判断して、③は若干の農民への小口貸付も含むが、主要には商工業者を相手とした大口担保貸付と見て間違いないであろう。では36年の同行直営倉庫担保貸付累計額420万元は、年末残高額ではどの程度となるのか。第8表（2）のように同行倉庫の半数近くは36年後半以降の短期の営業であり、江蘇省農民銀行のように累計額が残高額の

2.4倍にまで及ぶことはなく、せいぜい2倍かそれ以下であろう。仮に2倍とすれば、残高額約200万元となる。

　以上のように省立農民銀行が未設立で中国農工銀行による農業貸付が停滞した段階で、中国銀行・浙江地方銀行は各県農業金融機関への融資や合作社・農民への直接貸付を通じて、浙江省の農村合作社・農業倉庫の維持・発展に重大な貢献をなした。さらに両行の貸出業務中でより大きな比重を占めていたのは、直営倉庫を利用しての主に農産物及びその加工品を対象とした担保貸付であった。これは浙江地方銀行の場合で1936年の年間累計額約420万元にも達し、中国銀行も推計値で残高額約200万元となり、かなりの巨額となる。両行の営業報告書ではこうした倉庫担保貸付を農業貸付に分類しているが、一定程度農民への小口貸付を含むものの主要には商工業者を対象とした生産・流通資金貸付であり、厳密には商工業貸付に分類されるべきであろう。元来地域の商工業者への融資は銭荘が担っていたが、30年代の経済恐慌により商工業者の信用も低下し、銭荘の商工業貸付も従来の信用貸付から倉庫担保貸付に重点を移しつつあった。そして銭荘に代わって商工業への融資をも拡大した銀行は、旧来取引関係がない地域の中小商工業者の信用状況を把握するのは困難なため、倉庫担保貸付を重視したのである。

　ここで両行の倉庫担保貸付が、浙江省経済にとりいかなる意味を持つのかを、銭荘の資金供給力との比較で明らかにしてみよう。銭荘の資本額や営業実態を知る統計資料は極めて少ないが、比較的網羅的なものが『中国実業誌（浙江省）』掲載の「浙江省銭荘分布表」であり、これは省政府財政庁作成のものであった[21]。それによると1933年当時浙江全省で、銭荘数632店、資本総額（積立金等を含む）953万1300元、営業総額（預金額と貸出額の合計、調査時点での残高額）5315万7400元とされている。しかしこの営業総額は、省内銭荘で最大勢力を占める鄞県（寧波）部分が利益金額で代替され、また数県の営業総額も不明のため極めて不備である。そこで寧波銭荘の営業額は資本額のほぼ20倍に達するとの指摘[22]に従い鄞県及び不明県の営業総額の推計値を求め、また営業総額のうち預金・貸出額はほぼ半々になると仮定して、省内銭荘の貸出額を算出すると約6600万元となる。ただ財政庁でも銭荘の正確な営業実態把握は困難であり

実際の貸出額はこれを上回ることは確実であり、他方、銭荘の貸出も総てが地域の商工業者対象ではなく各級政府への貸付・公債購入ならびに上海市場への融資に充当される部分も相当あるはずであり、地域の商工業者への貸出額が実際にはどれほどになるのか正確にはつかめない。ともかくこの33年当時の浙江省銭荘の貸出額約6600万元と前述両行の36年末倉庫担保貸付推計残高額約400万元とを比較すると、後者も無視できるだけの少額の数字ではないのである。

　以上のように、銀行の倉庫貸付は、銭荘倒産で資金難にあった商工業者にとり貴重であり、合作社・農業倉庫経由の資金と相俟って、1935年までの恐慌期には地域金融の逼迫状況を緩和し金融状況のさらなる悪化を防ぎ、幣制改革実施以後の景気回復期には貸付額をより増大させ地域金融の活性化に貢献した。また倉庫貸付の対象は主に農産物及びその加工品であり、一旦商工業者に入った資金も農産物買付資金あるいは商業活動に伴う信用供与（例えば米行による資金・食糧・肥料などの貸出）により農民の間に散布されるのであり、結果的に農村部への資金還流を促しその資金枯渇の緩和にも間接的ながら効果があった。さらに農産物の倉庫での保管は、農産物価格の季節による大幅な変動を抑え価格安定にも寄与し、36年の全般的な農産物価格の回復に結び付いたのである。

　1936年12年末現在、浙江地方銀行の預金残高は約3300万元、貸出及び投資残高は約2600万元であり、浙江省内では中国銀行杭州分行に次ぐ資金量であった[23]。特に上海に本店を構える銀行は浙江省内で預金として吸収した資金を上海で運用する傾向が強く、中国銀行もその例外でなかったのに対して、浙江地方銀行は省内で集めた資金を省内に再還流させ、しかも倉庫貸付を通じて地域の商工業者にも融資し、さらには省政府の指示に従い各地の農業金融機関や合作社にも融資し、省経済・地域経済への貢献度合は大きかった。こうしたことから36年には、各県農業金融機関を同行のもとに統合するプランも出されたが、これは各県側からの反発が強く実現しなかった[24]。

注

（１）　姚崧齢編『張公権先生年譜初稿』（上冊）（台北、伝記文学出版社、1982年）129頁、「中国銀行救済浙省農村」（『銀行週報』第17巻第31号、1933年8月、国内要

聞欄 2 頁)。ただし後者の資料では、これを物産倉庫と呼称している。
（2） 張培剛・張之毅『浙江省食糧之運銷』（商務印書館、1940年）125頁。
（3） 1936年当時でも浙江興業銀行（呉興県）、交通銀行（金華県・鄞県・余姚県）、中国墾業銀行（鄞県）が有るのみであった（前掲『全国銀行年鑑』民国25年版、L108、109頁)。
（4） 同上書、L107頁。
（5） 徐淵若「蘇浙皖農倉考察記」(『農村復興委員会会報』第2巻第2号、1934年7月) 108－110頁。以下の同倉庫に関する記述も本資料による。
（6） 前掲『浙江省食糧之運銷』132、138、139頁。
（7） 同上書、133、134頁。
（8） 「各県物産状況及農村状況報告（蘭谿県)」（浙江省生産会議編『浙江省生産会議報告書』1934年5月序文) 230頁。
（9） 実業部中国経済年鑑編纂委員会編『中国経済年鑑』（続編）（商務印書館、1935年) R66、67頁。
（10） 張公権「中国銀行二十二年度営業報告」(『中行月刊』第8巻第4期、1934年4月) 3、4、7頁。
（11） 「中国銀行民国二十三年度営業報告」(『中行月刊』第10巻第4期、1935年4月) 30、33、34頁。
（12） 「民国二十四年度中国銀行董事長宋子文先生致股東大会報告書」(『中行月刊』第12巻第4期、1936年4月) 11頁、「民国二十五年度中国銀行董事長宋子文先生致股東大会報告書」(『中行月刊』第14巻第4期、1937年4月) 4、5頁。
（13） 周峰主編『民国時期杭州』（浙江人民出版社、1992年) 217頁。
（14） 「計画業経核准／中行拡充農村放款」(『東南日報』1937年3月27日)。
（15） 浙江省の米穀流通状況については、前掲『浙江省食糧之運銷』参照。
（16） 姜宏業主編『中国地方銀行史』（湖南出版社、1991年) 208－213頁。ただし同書では1932年に500万元に増資したと記述されているが、前掲『全国銀行年鑑』民国24年版、B216頁により修正した。
（17） 「浙江地方銀行農業貸款概況」(『銀行週報』第20巻第37号、1936年9月) 21頁。
（18） 段蔭壽『平湖農村経済之研究』（民国二十年代中国大陸土地問題資料、第45冊)、22716－22718頁。
（19） 前掲『中国地方銀行史』213、214頁。
（20） 「地行継続弁理農産品抵押貸款」(『東南日報』1936年11月21日)。

(21) 「浙省統計三種」（『中央日報』1934年5月10日、『民国20－30年代中国経済農業土地水利問題資料』成文出版社、1980年、番号121－0212）。
(22) 朱恵清「浙江金融業之史的分析」（『浙江商務』第1巻第3期、1936年3月）3頁。
(23) 「浙江地方銀行民国二十五年度営業報告」（中国銀行経済研究室編『全国銀行年鑑』民国26年版、1937年）Ⅴ70頁。
(24) 1936年1月30日の『東南日報』に、省政府当局が浙江地方銀行への各県農業金融機関の併合を計画中であると報道されると（「浙農業金融機関組織将有変動」）、翌日の同紙にはそれに反対する社論（「論浙省農業金融機関不応帰併地方銀行」）が掲載され、また2月4日には嘉興県党部と桐郷県農会の反対電（「嘉桐党部農会電請維護農業金融機関」）も掲載されるなど、激しい反対にあった。

むすび

　以上のように浙江省の農業金融政策は江蘇省をモデルとして開始されながら、江蘇省農民銀行のような全省単一の強力な農業金融専門銀行は作られず、省レベルの事業は中国農工銀行杭州分行への委託、県レベルでは県単独で小規模な金融機関を設立する方針が取られた。中国農工銀行の農業貸付業務体制は極めて不備で合作社への指導・監督も弱く、同行融資の農村信用合作社は充分機能せず、農業恐慌とも重なり貸付資金の不良債権化をもたらし業務の停滞を招いた。
　一方、浙江地方銀行は1930年代に急速に発展し、30年代半ばには中国銀行杭州分行と並んで農業金融の分野でも重要な役割を果すようになる。また同時期には、各県農業金融機関の整備も進み、諸銀行からの金融的支援も受けて活動を強化した。両行並びに各県農業金融機関による農業金融はやや複雑な様相を呈したが、ここで貸付資金の流れを中心にその構造を簡略化して図示すると第2図のようになる。その特徴はまず第一に、中国銀行・浙江地方銀行、県農業金融機関のいずれの場合も、農民への資金貸付の際に合作社貸付が独占的地位を占めるのではなく、農民への直接貸付と直営倉庫利用の担保貸付が併存していたことである。第二に、中国銀行・浙江地方銀行の倉庫担保貸付の主要部分

第 3 章　浙江省の農業金融政策と地域金融　131

第 2 図　浙江省における農業金融の構造

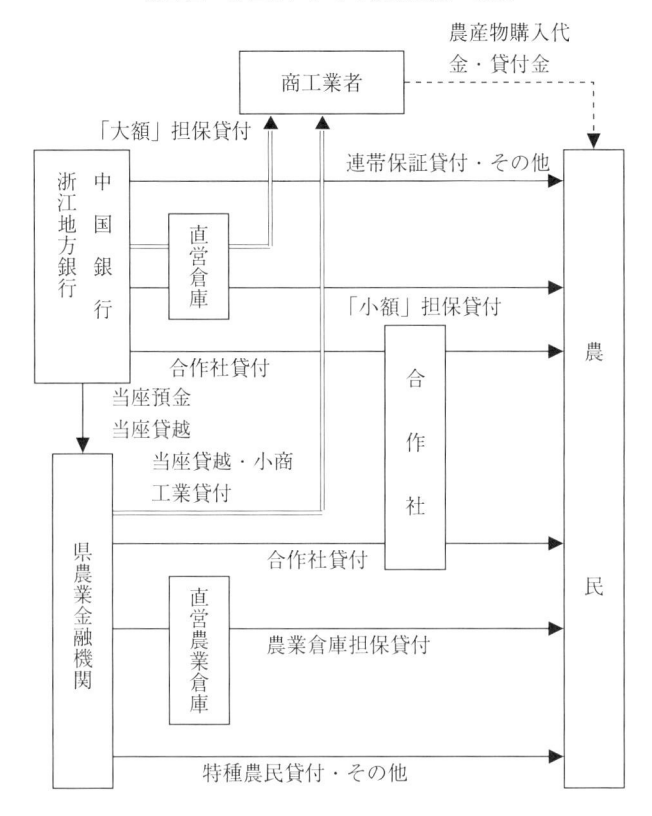

[図：浙江省における農業金融の構造を示す図。浙江地方銀行・中国銀行（直営倉庫）、県農業金融機関（直営農業倉庫）、合作社、商工業者、農民の関係を示す。

- 浙江地方銀行・中国銀行 →（「大額」担保貸付）→ 商工業者
- 浙江地方銀行・中国銀行 →（連帯保証貸付・その他）→ 農民
- 中国銀行 →（合作社貸付）→ 合作社
- 合作社 →（「小額」担保貸付）→ 農民
- 中国銀行 → 県農業金融機関（当座預金・当座貸越）
- 県農業金融機関 →（当座貸越・小商工業貸付）→ 商工業者
- 県農業金融機関 →（合作社貸付）→ 合作社
- 県農業金融機関 →（農業倉庫担保貸付）→ 農民
- 県農業金融機関 →（特種農民貸付・その他）→ 農民
- 商工業者 ⇢（農産物購入代金・貸付金）⇢ 農民]

は商工業者への貸付であり、県農業金融機関も小商工業貸付・当座貸越を通じて商工業者と密接な関係にあったことである。つまり農業貸付という名目の下に貸付資金の圧倒的部分が商工業者に提供され、真の農民貸付部分でも合作社貸付は中軸となれなかったのである。

　どうしてこのような状況が発生するのかを①合作社貸付、②倉庫利用の農民貸付、③倉庫利用の商工業者貸付、という各々の性質に則して考察して見よう。まず、①は三者の中で最も高コスト・高リスクであり営利採算ベースに乗りにくかった。ただ生産・運銷合作社貸付は、農産物を担保として確保でき、また作物改良事業を指導する公的機関の保証も得られるので、信用合作社貸付よりは安全であった。②は担保が確保でき①よりは安全であるが、小口貸付で貸付

経費がかさむのが難点であるが、利率を③より高めに設定することで対処できる。三者の中で一番有利な貸付方法は③であり、大口貸付でしかも確実な担保が取れた。通常では、営利追及を目的とする商業銀行が①に本格的に取り組むことは不可能であり、政府の農業金融政策への協力として一部資金を振り分け、それも生産・運銷合作社に貸付の重点を置くか、あるいは農業金融機関を通して間接的に貸し出し危険回避するという形態を取ることになる。それに対して浙江省の各県農業金融機関は、その本来の使命として①に重点を置いたが、各県毎に分立し小規模・小資本のため貸付規模には限界があった。また合作社事業の現状から、融資可能な健全な合作社を見いだすことは容易でなく、②をも重視せざるを得なかった。さらには資金調達や合作社貸付による危険分散のために商工業者との取引も不可欠であった。中国銀行は政府出資の特許銀行として、浙江地方銀行は省立銀行として①に協力せざるを得なかったが、農業金融専門銀行ではなく、その協力にも限界があった。ただ両行は省内に細かく支店網を張り巡らし地域経済と密接な関係にあり、銭荘倒産による地域金融の閉塞状況に対して何らかの打開策が求められており、またそうした時こそ業務発展の好機でもあった。そのために両行は積極的に③に乗り出したのであり、その際に政府の政策への協力の意味から②をも兼営したのである。こうした両行による倉庫貸付は、主要には商工業貸付ではあったが農産物及びその加工品を担保とし、結果的に農村部への資金還流に結び付き、恐慌時期の資金枯渇緩和や幣制改革以後の農産物価格回復に貢献したのである。

　以上のように、浙江省の農業金融の事例研究から判明した事実は、駱耕漠を中心とした『中国農村』派の理論と顕著に背馳するものである。まず彼等は、合作社・農業倉庫を利用した銀行資本の農業金融は、遊資のはけ口を求めた営利活動であるとしているが、両事業共に十分な収益は保証されず営利活動にはなじまず、一般の商業銀行の参入は少なく、主に省政府の委託を受けた中国農工銀行杭州分行と各県農業金融機関により担われていた。このような合作社・農業倉庫経由の農村流入資金は決して十分ではなく、その意味では彼等の主張もあながち誤りとは言えない。ただ1930年代中国において、このような農業金融事業は新しい試みであり、短期間でそれを成功させることは極めて困難な課

題であり、様々な問題点が付随するのも当然のことであった。『中国農村』派の主張は、こうした点を全く考慮しない余りにも厳しすぎる批判であると言える。さらに彼等が見過ごした点は、合作社・農業倉庫経由を上回る多額の資金が倉庫担保貸付という形態で地域の商工業者に貸し付けられていたという事実である。この商工業者対象の大口担保貸付は銀行の営利活動として成り立ち、銀行は業務拡大のため積極的にそれに取り組み、結果としてそれが農業金融政策の不備を補完したのである。同省でそれを担ったのは中国銀行・浙江地方銀行であり、その貸付金額は銭荘の貸出資金量と比較しても看過できるものではなく、合作社・農業倉庫ルートを越えて農村部への資金還流の重要ルートとなったのである。

浙江省の農業金融の構造は、単に同省特有のものではなく、詳細には各地域毎の実証研究を待たなければならないが、おそらく全国に敷衍可能と思われる。例えば、交通銀行の各種貨物担保貸付及び荷為替取組残高額は1936年末で5436万元（金額は棉花・雑穀・綿糸布・塩・米・糸繭の順に多い）であり、上海商業儲蓄銀行の商品担保貸付額は35年6月末で4145万元（金額は棉花・綿糸布・塩・雑穀の順に多い）、36年末には5090万元にも上った[1]。もちろん両行のこの担保貸付は総てが倉庫貸付ではなく、大規模な工場に対しては綿糸布・棉花などの製品・原材料を工場在庫のまま担保とする場合もあったであろう。ともかくも両行の場合にも、農産物を中心とした倉庫担保貸付がかなり多額となることは間違いない。その他の銀行も倉庫担保貸付を増大させており、こうした銀行による倉庫担保貸付は36年の農産物価格回復の重要な要因となったのである[2]。

本稿では、十分に論及できず残された課題も多い。特に、中国銀行・浙江地方銀行と省内商工業者との取引関係の全容は明らかにできなかった。おそらく両行とも比較的大規模な銭荘や商工業者とは密接な取引関係を結び、この関係を通じた地域への資金還流も相当な額に上ると思われるが、本稿ではそれは解明できなかった。だがこれは農業金融政策研究上の課題と言うよりは、幅広く地域金融全般を研究する中で解明されて行くべき課題であろう。今後、南京政府時期の農業金融政策を研究・評価するには、ただ農村合作社・農業倉庫の問題だけを考えるのでは不十分であり、本論文のような倉庫貸付の問題をも視野

に入れるべきであり、しかもその際には、単に中央政府系銀行・商業銀行だけでなく、地方銀行の動向も含めて総合的に研究されるべきである。

注
（１）「民国二十五年份交通銀行営業報告書」（『銀行週報』第21巻第13号、1937年4月）20、21頁、中国人民銀行上海市分行金融研究所編『上海商業儲蓄銀行史料』（上海人民出版社、1990年）628、629頁、「上海商業儲蓄銀行民国二十五年度営業報告」（『銀行週報』第21巻第15号、1937年4月）14頁。
（２）張培剛「民国二十五年的中国農業経済」（『実業部月刊』第2巻第4期、1937年4月、56、57頁）は1936年の農産物価格回復の要因として、幣制改革による通貨制度の安定、同年は春荒・秋旱があり言われるほどの豊作ではなかった点、海外での戦争に備えた農産物備蓄の増大、さらに国内では商人や富裕農民が幣制改革後のインフレ進行を予測して農産物を貯蔵し、しかも各地の倉庫が彼等に資金を融通しそれを助けた点を上げている。

第 4 章　江蘇省農民銀行の経営構造と農業金融

は じ め に

　本章は前章で論述した浙江省との比較から、江蘇省の農業金融政策に検討を加えるものである。前者では省立農民銀行の創設に頓挫し県単位の小規模農業金融機関が分立したが、後者の場合は江蘇省農民銀行（以下農民銀行と略称）という省単位の銀行が設立され、資本力・資金力ともに浙江省より優勢であった。そのために同省では、合作社及び農業倉庫事業が全国有数の発展を見せた。

　こうした江蘇省の農業金融に関しては、すでに台湾の劉河北の研究がある。同氏はまず、江蘇省農民銀行と上海商業儲蓄銀行の農業金融を検討している[1]。しかし、この論文の問題点は、江蘇省農民銀行の経営構造が全く解明されていないことである。例えば、農民銀行が預金量を増大させる要因の一つに省金庫・県金庫の代理業務により公金が預金された点があったが、本論文ではそれが見落とされている。またその貸付業務については、融資のほとんどが合作社貸付・農業倉庫担保貸付などの農民対象であると理解しているようであるが、実際には本稿で詳述するように農民対象以外の貸付が多額に上っていたのである。同氏はまた、江蘇省農民銀行・中央模範倉庫・上海商業儲蓄銀行などの農業倉庫担保貸付事業を比較的詳細に解明している[2]。そして農業倉庫事業は資金量も少なく、貸付手続も煩雑であり、結果的には地主・商人中心の貸付であったとして、否定的評価を下している。しかし筆者は、江蘇省における農業倉庫事業は農村に資金を還流させそれを確実に回収するという面では比較的有効に機能したと考える。たとえそれが貧農層を裨益する点が少なく、商人及び地主を利することになったとしても、経済恐慌下で資金枯渇に苦しむ農村には重要な政策であった。こうした農業倉庫担保貸付と比較して、合作社貸付は資金回収面の不安があり、農民銀行は貸付の比重を農業倉庫担保貸付に移していったのである。本章においては、この農民銀行の農業倉庫経営の実態をより具体的に解明し、その歴史的役割に再検討を加えたい。

日本において江蘇省の農業金融及び合作社政策を論じたものに、菊池一隆と弁納才一の研究がある。菊池一隆の研究は、江蘇省の合作事業のあり方を中央政府・江蘇省政府の合作行政との関係、さらには江蘇省農民銀行による農業金融との関係から総合的に捉えようとした力作である[3]。しかし、菊池論文でも農民銀行の経営実態は充分に解明されたとは言い難い。特に、農民銀行の手形割引や為替などの多様な業務については考究されず、また合作社・農業倉庫を経由して実際にどれ程の資金が農家に融資されたのかも明確にされていない。さらに農業倉庫担保貸付に関しても、それが現実には商人・地主などにも向けられていたとの視点も欠落している。

　弁納才一の合作社・農業金融研究の問題点についてはすでに序章において詳述した。また同氏の研究では、江蘇省農民銀行の農業倉庫担保貸付も、実際は農民だけを対象としたものでない点が看過されている。さらに弁納著書と本章とでは、江蘇省の合作社数の推移及び江蘇省農民銀行の合作社貸付額・農業倉庫担保貸付額についても相違がある[4]。

　以上のような既往の研究の成果と問題点をふまえて、本章においては江蘇省農民銀行の経営実態を可能な限り解明することを課題とする。そのために同行の営業報告書を基礎史料として、その創設から抗日戦争直前までの動向を年度ごとに詳細に追いたい。また農民銀行の営業内容や貸付事業は支店ごとにかなりの相違が見られる。そこで各支店レベルの動きを可能な範囲で追い、農業金融の実態を地域に即して解明したい。本章では、この二点を研究方法とする。ただし江蘇省の合作社政策及び具体的な合作社の実態については、紙幅の関係から論述に必要な範囲にとどめ、第5章・第7章において詳述したい。

注
（１）　劉河北「江蘇省新式農業金融機構農村業務之検討（民国十七年〜二十六年）」（『中国歴史学会史学集刊』第17期、1985年5月）。
（２）　劉河北「抗戦前我国農業倉庫之研究」（『中国歴史学会史学集刊』第23期、1991年7月）。
（３）　菊池一隆「江蘇合作事業推進の構造と合作社」（野口鐵郎編『中国史における

教と国家』雄山閣、1994年）。
（4）弁納才一『近代中国農村経済史の研究——1930年代における農村経済の危機的状況と復興への胎動——』（金沢大学経済学部、2003年）、第4章の表2－2（134頁）及び第5章の表2（169頁）と本章の第Ⅲ－4表、第Ⅲ－12表を比較のこと。

Ⅰ．創業と初期の経営（1928年7月～30年6月）

1．創業過程

　1927年6月7日の江蘇省政府第13次政務会議において、省政府財政庁は孫伝芳時代に徴収が完了しなかった特借畝捐（2角畝捐）をいかに処理すべきかを提起した。同会議では、省政府政務委員の葉楚傖（建設庁長を兼任）・張壽鏞（財政庁長を兼任）・高魯にその検討が委ねられた。検討の結果、6月9日の第14次会議において、葉楚傖はその税金を継続して徴収し江蘇省農民銀行設立の基金とすること、さらに基金が予定額の4分の1に達した段階で農民銀行創設の準備に入ることを提案した。6月11日の第15次会議でこの葉楚傖提案が決議され、農民銀行の設立が正式に決定された[1]。

　同年8月2日の省政府第30次政務会議において葉楚傖・張壽鏞は、農民銀行の籌備主任に薛仙舟、籌備員に陳淮鐘・陳其鹿を招聘することを提案した。この提案は同会議で承認されたが、薛仙舟は就任前に病死した。そこで10月4日の第43次政務会議において、改めて馬寅初・皮宗石・唐有壬・蔡無忌・過探先・陳淮鐘・陳其鹿を籌備委員として招聘することを決定し、10月29日より農民銀行の創設準備に入った[2]。

　1928年2月11日には「江蘇省農民銀行組織大綱」が省政府第3次臨時会議を通過し、4月13日には省政府会議で修正のうえ公布された[3]。また4月3日の省政府会議では「江蘇省農民銀行章程」も決定された[4]。2月18日には、省政府会議で「江蘇省農民銀行監理委員会簡章」が可決され、農民銀行の監督機関として監理委員会が設置されることとなった。監理委員会には、総ての章則の決定、資金の保管、総副経理の推薦など大きな権限が付与されていた。そして3月2日には、7名の監理委員会委員が任命された。省政府委員の兼任は何玉

江蘇省地図

江蘇省農民銀行の16分区

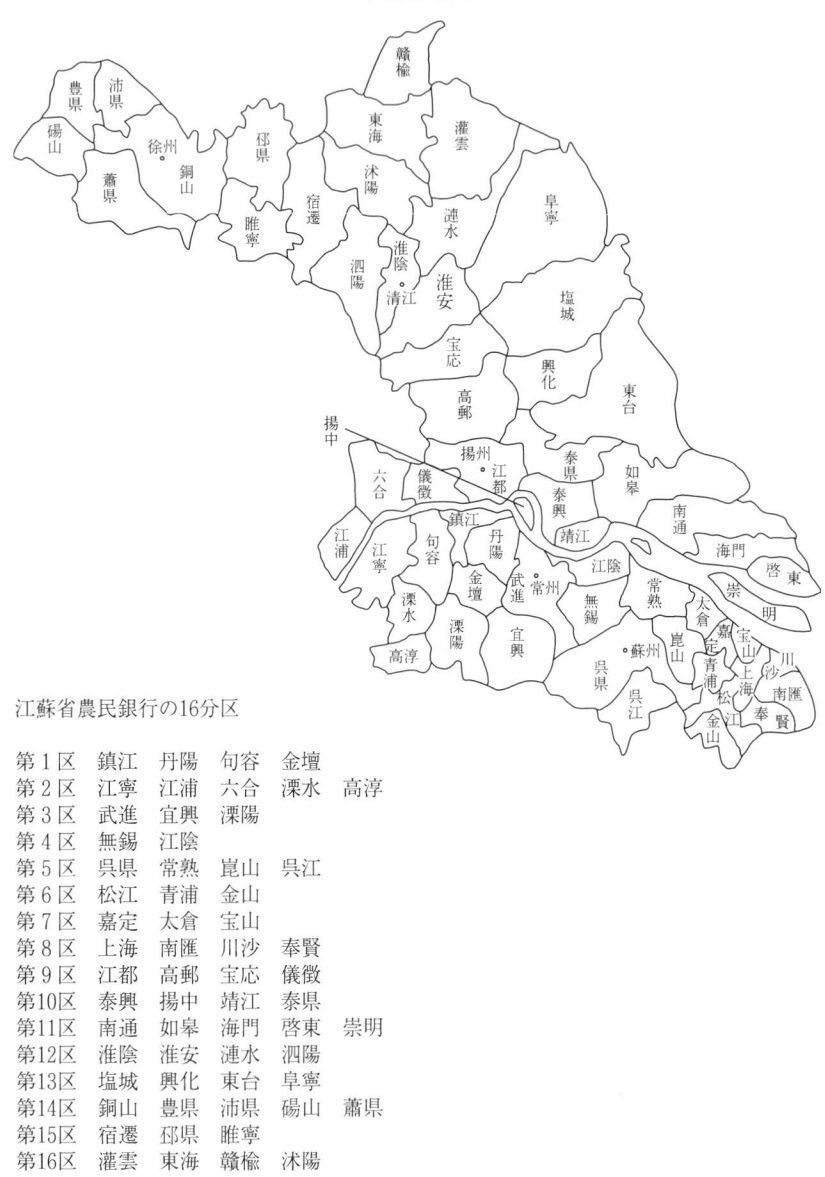

第1区	鎮江	丹陽	句容	金壇	
第2区	江寧	江浦	六合	溧水	高淳
第3区	武進	宜興	溧陽		
第4区	無錫	江陰			
第5区	呉県	常熟	崑山	呉江	
第6区	松江	青浦	金山		
第7区	嘉定	太倉	宝山		
第8区	上海	南匯	川沙	奉賢	
第9区	江都	高郵	宝応	儀徴	
第10区	泰興	揚中	靖江	泰県	
第11区	南通	如皋	海門	啓東	崇明
第12区	淮陰	淮安	漣水	泗陽	
第13区	塩城	興化	東台	阜寧	
第14区	銅山	豊県	沛県	碭山	蕭県
第15区	宿遷	邳県	睢寧		
第16区	灌雲	東海	贛榆	沭陽	

出所：江蘇省農民銀行編『一年来之江蘇省農民銀行』（1929年7月）27、28頁。

書（農工庁長）・張壽鏞（財政庁長）・陳和銑の3名、省政府委員以外の招聘委員は葉楚傖（省政府委員枠は3名のため中央建設委員会委員の肩書きで参加）・過探先・陳淮鐘・陳其鹿の4名であった[5]。そして3月22日には、監理委員会は過探先を総行総経理に、王志莘を副総経理に推薦し、両名は省政府の任命を経て4月16日に正式に就任した。農民銀行総行（本店）は南京に置かれることになり、同市戸部街に所屋を購入し、7月16日に開業した[6]。

1929年3月には総経理の過探先が病死し、後任には王志莘が昇格し、副総経理には劉新鋭が就任した[7]。総行は省政府所在地に置く規定であったので、29年省政府が鎮江に移転されると、30年4月30日に総行が鎮江に移された[8]。30年冬には劉新鋭が病気のため辞職したので、楊敷慶が副総経理となっている[9]。

第Ⅰ-1表が農民銀行基金の徴収状況である。1930年6月現在で222万元の徴収であり、徴収達成率は僅か20.5％に止まっていた。特に江北各県での徴収は遅滞していたが、その原因は各地各様であった。あるいは孫伝芳が江北を守備する際に徴収しすでに使用されており、あるいは各県の政費にすでに使用されていた。また農民は納入したが冊書の着服があり、あるいは県長や財政局長の着服もあった。その実態は、農民銀行側でも良くつかめない状況にあった[10]。

農民銀行は、各県の基金徴収が予定額の6割に達した段階で支店を開設することとした。そのために創業1年後の1929年6月段階では、支店の正式開業は3分行・1弁事処のみに止まった（第Ⅰ-2表）。特に基金徴収が進展しない江北各県では、支店網が全く整備できない状況であった。そこで29年7月には、「分区営業計画方案」を作成し、全省を16区に分け（地図参照）、区内に1カ所の分行を設置することとした。すなわち、各県の基金徴収が6割に達しなくても、区内合計で10万元に達すれば分行を設置できるとしたのである。ただ基金徴収が6割を超過した県は、単独での支店開設も可能であった[11]。第Ⅰ-2表の第1・2区分行、第4区弁事処は、この方針に沿って新設されたものである。

2．初期営業状況

1928年度（1928年7月～29年6月）の貸付は第Ⅰ-3・Ⅰ-4表の通りであり、合計約40万元が合作社361社に貸し付けられた。同年度は「江蘇省農民銀行章

第Ⅰ-1表　江蘇省農民銀行の基金徴収予定額と徴収実績

単位：元、％

県名		予定額	1930年6月末		県名	予定額	1930年6月末	
			金額	達成率			金額	達成率
江南	鎮江	130,156	15,897	12.2	海門	124,904	―	―
	句容	140,179	41,455	29.6	靖江	111,267	4,316	3.9
	江寧	137,483	93,339	67.9	南通	89,212	2,541	2.8
	溧水	76,161	―	―	如皋	617,236	71,020	11.5
	高淳	83,467	63,080	75.6	泰興	88,020	13,518	15.4
	丹陽	184,921	118,590	64.1	淮陰	74,166	―	―
	金壇	161,452	32,239	20.0	淮安	93,854	620	0.7
	溧陽	209,287	99,878	47.7	泗陽	130,574	14,500	11.1
	上海	124,782	37,540	30.1	漣水	61,957	137	0.2
	松江	192,454	184,044	95.6	阜寧	45,601	―	―
	南匯	126,180	20,292	16.1	塩城	389,010	11,970	3.1
	青浦	136,965	107,173	78.2	江都	344,455	11,669	3.4
	奉賢	104,582	3,001	2.9	儀徴	50,024	―	―
	金山	71,944	50,818	70.6	東台	53,386	22,000	41.2
	川沙	23,781	9,254	38.9	興化	300,504	―	―
	太倉	167,160	64,965	38.9	宝応	32,434	1,443	4.4
	嘉定	113,715	58,114	51.1	銅山	340,588	―	―
	宝山	102,501	21,439	20.9	泰県	115,409	1,894	1.6
	呉県	365,009	51,566	14.1	高郵	337,196	9,988	3.0
	常熟	326,449	210,317	64.4	豊県	250,125	―	―
	崑山	218,007	120,916	55.5	沛県	234,462	―	―
	呉江	236,659	202,753	85.7	蕭県	436,672	―	―
	武進	314,367	204,654	65.1	碭山	171,320	―	―
	無錫	252,735	100,896	39.9	邳県	232,011	―	―
	宜興	234,812	42,910	18.3	宿遷	128,981	―	―
	江陰	219,845	46,239	21.0	睢寧	181,917	―	―
江北	崇明	303,334	―	―	東海	80,273	―	―
	啓東	324,235	―	―	灌雲	107,886	―	―
	江浦	75,407	7,967	10.6	沭陽	147,428	―	―
	六合	170,709	375	0.2	贛楡	98,762	―	―
	揚中	31,441	―	―	合計	10,829,807	2,225,207	20.5

出所：予定額は江蘇省農民銀行編『一年来之江蘇省農民銀行』（1929年）5頁、徴収実績は江蘇省農民銀行編『江蘇省農民銀行二十週年紀念刊』（1948年）57－60頁。

注：徴収実績の合計は合わないが、そのまま掲出した。

第Ⅰ－2表　江蘇省農民銀行の支店開設状況（1930年6月末現在）

店舗名（所在地）	籌備処開設	正式開業	備　考
第1区分行(鎮江)		1930年5月	総行内に附設、支店未設置の県への貸付も担当
第2区分行(南京)		1930年5月	元総行に設立
第4区弁事処(無錫)	1929年3月	1930年3月	
呉江分行	1928年3月	1929年1月	
常熟分行	1928年3月	1928年9月	
高淳分行	1928年8月	1929年4月	
武進分行	1928年11月	1929年7月	
松江弁事処	1928年12月	1929年6月	
崑山弁事処	1929年1月	1929年9月	

出所：前掲『一年来之江蘇省農民銀行』8頁、江蘇省農民銀行総行編『第二年之江蘇省農民銀行』（1930年7月）149、150、173、192頁より作成。

第Ⅰ－3表　総行・分行の種類別貸付累計額（1928年度）

単位：元

貸付種類	総行		常熟分行		呉江分行		高淳分行		松江弁事処		合　計	
	件数	金額	件数	金額	件数	金額	件数	金額	件数	金額	件数	金額
定期信用	6	7,600	5	1,160	54	55,600	20	6,060			85	70,420
当座信用							3	2,100			3	2,100
定期担保	121	115,379	35	5,765	3	15,000	27	11,658	4	2,310	190	150,112
当座担保	2	10,000	50	97,378	21	69,157	9	3,621	1	2,600	83	182,756
合　計	129	132,979	90	104,303	78	139,757	59	23,439	5	4,910	361	405,388

出所：前掲『一年来之江蘇省農民銀行』10頁。

程」に従い貸付は合作社に限定され、28年下期12万5000元、29年上期27万9000元の貸付であった[12]。第Ⅰ－4表のように分行が設立されていた常熟・呉江・高淳3県での貸付額が多く、その他各県は主に総行による融資であった。合作社は信用合作社が中心であったが、呉江県では蚕業合作社が設立され養蚕資金を貸し付けている。この養蚕資金は28年5月には22合作社（社員1702人）に2万9118元、11月には31合作社（社員1562人）に1万7214元が貸し付けられた。さらに同県では開弦弓生糸精製運銷合作社が組織され、29年4月には1万5000元の担保貸付がなされ工場建設資金となった[13]。常熟県では28年度に農産儲蔵合作社が7社組織された。それは郷（後の区）を単位に設立され、5社が郷政局長を責任者とし、2社は当地の富戸を責任者としていた。この7社に合計7

第Ⅰ-4表　江蘇省農民銀行の県別貸付累計額（1928年度）
単位：元

県名	金額	合作社数	備　考
江寧	55,067	46	
鎮江	10,420	10	
丹陽	1,800	3	
武進	10,380	17	
無錫	3,000	1	
呉県	4,550	6	常熟分行の貸付
常熟	100,953	87	総行が3社(1,200元)の貸付
呉江	186,089	121	総行が43社(46,332元)の貸付
松江	6,890	8	総行が2社(1,980元)の貸付
句容	1,500	1	
高淳	23,439	59	
江都	600	1	
南通	700	1	
合計	405,388	361	

出所：前掲『一年来之江蘇省農民銀行』12頁。

万6000元が融資された。しかし7社のうち6社が赤字経営となり、29年度には郷政局が廃止されたこともあり、同年度には2社を除いて活動を停止した[14]。第Ⅰ-3表の常熟分行の当座担保貸付は、大部分が農産儲蔵合作社を経由した農産物担保貸付であった。

合作社への貸付は月利1％以下、貸付期間は最長で1年と規定されていた。返済は社員全体の連帯責任であった。また、返済困難が予想された場合、合作社が返済期日1カ月前に申請し農民銀行が正当な理由があると判断すれば返済繰越ができたが、その場合でもそれまでの利息部分は返済しなければならなかった。農民銀行により返済繰越が承認されない場合は、返済延期とみなされて本来の利率に0.5％を加算した利息が掛けられた。しかもこの返済延期も1カ月までしか認められなかった[15]。このように農民銀行は貸付資金の焦げ付きを防ぐために、返済条件はかなり厳しく規定していたのである。

ここで江蘇省政府の合作社指導体制を一瞥してみよう。1928年5月には省農工庁（同月末に農鉱庁に改組）が合作社指導員養成所を設立し、唐啓宇が教務主任となった。養成所は9月に終了し、卒業生73名を出した。この卒業生のうち24名が省内各地に派遣され、10月までに農鉱庁合作社指導所8カ所を組織した。それは江南では鎮江・無錫・蘇州・松江、江北では揚州・南通・淮陰・徐州に設けられ、管轄下各県の合作社指導を担当した[16]。こうして、合作指導員が農民銀行各支店と連携して合作社の組織・運営を指導するという体制が構築され

第4章　江蘇省農民銀行の経営構造と農業金融　143

第Ⅰ-5表　江蘇省農民銀行の貸借対照表（1930年6月末現在）

単位：元

資産の部		負債の部	
科　目	金　額	科　目	金　額
定期信用貸付	119,642	基金	1,368,700
当座信用貸付	31,197	積立金	72,797
定期担保貸付	352,788	定期預金	2,640
当座担保貸付	262,402	当座預金	2,936
割引手形	73,575	当座儲蓄預金	58,446
一時債権	38,923	一時預金	25,737
取立依託金	500	送金手形	8,610
返済督促勘定	14,131	行員儲蓄金	5,013
営業用固定資産	8,301	未払行員報酬金	5,319
営業用器具	13,357	未払利息	65
保証金	9,605	純益	18,913
現金	20,314		
未収利息	22,773		
同業当座貸越	590,224		
開業費	2,445		
合　計	1,569,178	合　計	1,569,178

出所：前掲『第二年之江蘇省農民銀行』15頁。
注：（1）「資産の部」の合計は合わないが、そのまま掲出した。
　　（2）純益は半期分である。

たのである。

　次に1929年度（1929年7月～30年6月）の営業状況を詳しく検討して見よう。30年6月末の貸借対照表は第Ⅰ-5表の通りである。その資産の部によれば、資産合計約156万元のうちその半数にあたる約77万元が各種貸付に向けられていた。その中でも定期・当座の担保貸付の比重が高い。定期貸付とは、一括して資金を借り入れ、返済期日に元利を一度に返済する方法である。当座貸付とは、借入限度額と返済期限を取り決めて、期限内に随時借入・返済できる方法である。そして担保貸付とは主要には土地を担保とした貸付である[17]。

　農民銀行は単に農業貸付だけではなく、手形割引や為替業務を通じて商業銀行としての機能も果していた。第Ⅰ-5表によれば、割引手形が7万元以上あった。武進分行の報告では、手形割引は銭荘の荘票の割引が中心であるとされて

第 I − 6 表　店舗別内国為替取扱高（1929年度）

単位：元

店舗名	送　金	入　金	差　額
総行	461,392	95,347	366,045
第1区分行	4,982	30,570	−25,588
第2区分行	885	14,608	−13,723
第4区弁事処	74,054	22,412	51,642
呉江分行	15,632	26,882	−11,250
常熟分行	34,233	2,704	31,529
高淳分行	12,423	442	11,981
武進分行	882,576	41,420	841,156
松江弁事処	5,126	383	4,743
崑山弁事処		1,300	−1,300
合　計	1,491,304	236,068	1,255,236

出所：前掲『第二年之江蘇省農民銀行』12頁。

いる。同分行では、1929年11月から翌年6月までの期間において手形割引が総額15万元に上った[18]。第 I − 6 表は総行・分行の内国為替取扱高であるが、かなりの取扱高であった。そのうち為替取扱高が最大の武進分行では、その顧客は商人がほとんどであり、まれに建設局・財務局などの県政府行政機関の利用もあったとされている[19]。為替業務は全体として、上海への送金が多く著しく出超となっていた。農民銀行は上海には支店を持たないために、上海への送金は他銀行に委託しなければならなかった[20]。

　第 I − 5 表の負債の部によれば、預金業務はあまり発展せず、主要には基金が貸付に充てられていた事実が分かる。各地支店の中で最大の預金量を有したものは呉江分行であった。同分行は30年6月末に当座儲蓄預金が4万1133元、一時預金が1万3373元あり、前者は主に各公的機関及び合作社の預金であり、後者は県政府建設局の建設専款であった。この合作社の預金は、各合作社が徴収した出資金が預金される場合もあったが、大半は社員が合作社に返済した貸付金が一時的に預金されたものであった[21]。また、第 I − 5 表の資産の部では、資金の相当部分が同業当座貸越として運用されていた事実も分かる。これはまだ貸付業務が十分に発展せず、農村でも資金の受け皿としての合作社が十分に育成されていないためであろう。

　1929年度の農民銀行と合作社の取引状況は第 I − 7 表の通りである。合作社が農民銀行に融資を申請するには、設立後6カ月以上を経過し、なおかつ所在地の県政府に登記していなければならなかった。こうした条件を満たした合作社は融資申請書と定款・社員職員名簿・借入用途詳細説明書（あるいは使用計画

第Ⅰ-7表　江蘇省農民銀行の融資合作社（1929年度）

単位：社、人

区別		県別	定款送付合作社数	融資申請合作社数	調査員派遣合作社数	融資合作社	
						合作社数	社員数
江南	第1区	鎮江	79	78	65	37	1,301
		句容	66	57	46	20	519
		丹陽	43	38	32	28	590
	第2区	江寧	64	64	55	46	1,083
		高淳	120	120	120	89	2,760
	第3区	武進	56	56	56	56	1,226
		宜興	3	3	3	3	47
		溧陽	3	3	3	3	47
	第4区	無錫	6	6	6	5	140
		江陰	1	1	1	1	26
	第5区	常熟	35	35	35	35	1,124
		呉江	47	47	47	44	3,903
		崑山	36	36	31	24	461
		呉県	16	16	16	16	488
	第6区	松江	61	61	61	52	1,134
		金山	4	4	4	3	80
	第7区	宝山	2	2	2	2	31
		嘉定	1	1	1	1	46
江北	第9区	江都	23	23	23	10	212
		高郵	1	1			
	第11区	南通	4	4	3	2	107
		海門	1	1			
	第14区	銅山	3	3	3	2	36
		沛県	2	2	2	2	52
	第15区	宿遷	3	3	3	3	88
		睢寧	1	1			
合計		26県	681	666	618	484	15,501

出所：前掲『第二年之江蘇省農民銀行』37、38頁より作成。

書）などを各地支店に送り、支店側は調査員を派遣して貸付可能かどうかを調査した。このような手続を経て初めて融資が許可されるのである。また融資には「確実な商店或いは個人」を返済保証人に立てる必要もあった[22]。第Ⅰ-7表によれば29年度は666社が申請して484社（社員１万5501人）に貸付がなされた。この貸付は江南地域に集中しており、江北地域の合作社の育成は遅れ、融資合

作社は僅か19社に過ぎなかった。この484社の内訳は、信用合作社441社・生産合作社29社・運銷合作社11社・購買合作社3社であり[23]、信用合作社が圧倒的に多数であった。

　以上のように農民銀行の融資条件はかなり厳しく、融資を申請しても許可されない合作社が多数存在したのである。そもそも、合作社を組織して県政府に登記し、さらに融資を申請するまでにかなりの煩雑な事務作業を必要とし、こうした実務に習熟した人物が存在しなければ合作社の設立と融資申請も困難であった[24]。また融資には「確実な商店或いは個人」を返済保証人に立てる必要があり、それに加えて土地担保貸付の場合は土地証書を用意する必要もあった。さらに返済は社員の連帯責任制であった。こうした厳しい条件を考慮すると、貧困な農家層が合作社から排除されるのは必然と言えた。それら貧困な農家層は非識字者が多く、主体的に合作社を組織することは困難であった。また田面権（両田制の下での永代小作権）さえ持たない小作農あるいは雇農は、担保貸付の対象外であった。さらには、連帯責任制をとる合作社には、信用力に欠ける貧困な農家の加入が許されないのも当然のことであった。農民銀行は建前上では貧農の救済を唱っていたが、現実には貸付資金を不良債権化するわけにはいかず、確実な担保や保証人を必要としたのである。そして、貸付に際して「確実な商店或いは個人」の保証を必要とした点が、後述のように合作社への商人の介入を許す原因となったのである。

　1930年3月に開催された第2次業務会議において、崑山弁事処主任は合作社貸付の困難さを以下の五点にわたって率直に吐露している。第一に、「信用合作社は往々にして借金を目的とする一、二人の者が、友を呼び仲間を集め人数を揃えて設立する。入社するのは必ずしも真の貧農ではなく、また真の貧農にはそのような組織力もない。したがって、合作社内部では組織の操縦という弊害が生じ、入社できない外部の人々には失望感が広まるだけである。本行はただ基金を抱え貸付方法がない」。第二に、「本行は事実を把握し資金を浪費しないために、合作社が融資を申請してくると、まずその借入用途の調査から着手することを規則としている。ただし、申請書の記載からでは、融資後の用途の真偽やその信用状態を知ることはできない。形式上は調査を一度実施するが、

それでも実際上はほとんど効果が上らない」。第三に、「本行の貸付には、担保貸付と信用貸付の二種類がある。だが、本当に貧困な農民がどうして確実な担保品を有しているであろうか。また充分な担保品を有するものが、真の貧農でないことも明らかである。ゆえに、営業の安定のために信用より担保を重視するのか、それとも（貧農）扶助のために担保より信用を優先するのか、両者を兼ね合せるのは困難である」。第四に、担保とする土地の評価については、同一の圩田（クリークに囲まれた農地）内であってもその土地の高低により価格に大きな差があるため、土地価格を適正に評価するのが極めて困難である。第五に、最近の不況の中で土地価格が大きく下落しており、債務不履行により没収した土地を競売にかけても貸付金が回収できない[25]。このように農民銀行は低利資金融資による貧農救済を理想としながらも、現実にはそうした貧農に恩恵が及ぶことは少なかったのである。また経営安定のために担保を重視しながらも、土地担保貸付は資金回収の危険性が高い貸付方式であった。

　農民銀行は合作社貸付を原則としたが、監理委員会の承認を経て例外的に江蘇省立農具製造所への貸付を実施した。同製造所と5万元を限度とした当座貸越契約を結び、1930年3月現在は4万211元の貸越であった[26]。また同行は合作社未発達地域及び合作社を組織できない農家にも資金を提供するために、合作社を経由しない各種貸付をも模索した。それはまず江北各県での種子貸付事業として実現した。29年江北各県は旱魃に見舞われ、農民銀行はその救済を企図したが、貸付は合作社に限定するとの同行章程が障碍となり実施できないでいた。しかし30年3月には省農鉱庁長・何玉書が省政府と監理委員会の同意を得て、正式に実施することとなった。こうして農民銀行の資金10万元の融資により、省農鉱庁が塩城・阜寧・興化・宝応の各県で種籾・豆類種子を貸し付けた。その借入農家は種籾が9万851戸、豆類種子が2174戸に上った[27]。さらに30年5月には農民銀行章程が改正され、合作社が充分に発達する前には、農業発展に有用ならば合作社以外にも貸付ができるようになった[28]。こうして農本貸付（原文は農本放款）の名称で、合作社を組織できない個別農家への農業生産資金の貸付も実験的になされた。それは下記で詳述するように常熟・第4区弁事処（無錫）・崑山弁事処などで実行された。

第Ⅰ-8表　店舗別貸付累計額（1929年度）

単位：元

店舗名	1929年下期	1930年上期	合　計
総行	115,020	172,525	287,545
第1区分行	—	41,106	41,106
第2区分行	—	29,203	29,203
第4区弁事処	—	23,921	23,921
呉江分行	49,964	117,243	167,207
常熟分行	86,633	96,145	182,778
高淳分行	26,919	40,036	66,955
武進分行	41,010	66,583	107,593
松江弁事処	74,855	65,880	140,735
崑山弁事処	7,345	44,753	52,098
合　計	401,745	697,395	1,099,140

出所：前掲『第二年之江蘇省農民銀行』7頁。

　それでは合作社にどの程度の資金が融資されていたのか。また合作社は農民銀行資金の受け皿として有効に機能していたのか、それとも合作社を経由しない農本貸付が重視されたのであろうか。以下では、各支店の営業状況を詳細に検討し、この問題を考察してみたい。

　まず、第Ⅰ-8表が農民銀行の1929年度の貸付累計額であり、これは手形割引を含まない農業関係のみの金額である。しかし、この金額すべてが合作社への貸付ではなく、個別農家などへの非合作社貸付も含んでいた。残念ながら、この第Ⅰ-8表の合作社貸付と非合作社貸付の割合は不明である。ただ各支店ごとの営業報告からは、以下の非合作社貸付が実施された事実が分かる。

　第2区分行（南京）　同分行の設立は1930年5月であり、実質的営業期間は2カ月しかなかった。そのために合作社貸付は8社、6820元のみであった。その他は、30年5月に江寧県政府に1万9500元が貸し付けられ、区公所を仲介として種子貸付が実施された。また同年4月総行は、金陵大学農業推広系に4871元を融資し、同大学はその資金で優良水稲品種を江寧県内の農家に貸し付けた。この融資も第2区分行が引き継いだ[29]。

　第4区弁事処（無錫）　無錫・江陰両県では合作社が発展せず、合作社貸付は6社、4703元のみであった。内訳は信用1社・蚕糸2社・灌漑2社・消費1社であった。第Ⅰ-8表の2万3921元のおよそ半分は個人貸付であった。個人貸付は「地方公益に熱心な領袖」5名と契約して、個別農家に対する信用調査と貸付を委託したものである。その他には、東亭鎮と后宅鎮に米糧抵押借貸処を2カ所設置して、農産物を担保とした貸付も行っている。さらには蚕種製造

場3カ所への貸付も実施された(30)。

　呉江分行　同分行の貸付は、定期信用貸付が最も多く、他はすべて当座担保貸付であったと報告されている(31)。この定期信用貸付は合作社対象のものであろう。同県では合作社45社（第Ⅰ－7表では44社）が融資を受けており、その内訳は、信用33社、蚕糸11社、運銷1社であった。信用合作社への貸付は、稲作資金・養蚕資金として貸し出され、総額で11万7496元に上った。ただ、治安の悪化から合作社役員は現金の取り扱いを嫌がり、農行職員が直接貸付・回収にあたっている。開弦弓生糸精製運銷合作社には生繭購入資金として2万5000元が貸し付けられた。震沢鎮には「食米儲蔵処」という名称の倉庫を設立し米穀担保貸付を実施し、担保米は1600石余りとなった。また30年6月には、震沢鎮において生糸担保貸付も実施され、貸付額は5772元となった(32)。以上のように同分行では、合作社が多数設立され資金は合作社中心に貸し付けられたが、農家への貸付業務は分行職員が直接担当し、合作社役員はあまり現金の取り扱いに関与しなかった。

　常熟分行　同分行は合作社貸付以外に小農保証信用貸付を実施した。それは合作社を組織できない農家に無担保で20元までを月利1.2％で貸し付けるという内容であり、保証人を必要としていた。第Ⅰ－8表のように同分行の貸付は合計で18万2778元となり、その内訳は信用貸付1万2020元、担保貸付17万757元であった。また担保貸付は、農産物担保が38.65％、土地担保が61.35％であり、後者は契紙（不動産売買契約書）を証拠書類とし、特に田面権の契紙が中心であった(33)。この信用貸付1万2020元の中に小農保証信用貸付は含まれるので、非合作社貸付である同貸付は少額であったことがわかる。すなわち、同分行では資金の大部分が合作社経由で貸し付けられており、それは主として担保貸付、特に土地担保が中心であったことが確認できるのである。

　崑山弁事処　同弁事処は、合作社は構成分子が複雑で貸付は困難とみて、合作社貸付は抑制された。24社に3884元が貸し付けられたのみであった。同県では1929年の蝗害と30年春の米価高騰により農家が窮乏しているとして、各区公所が困窮農家に短期貸付を行った。同弁事処は、その貸付に資金を提供した。その他には、郷長を仲介とした個別農家への貸付も実施した(34)。

第Ⅰ－9表　店舗別返済督促勘定（1929年度）

単位：元

店舗名	1929年下期 返済督促勘定転入	1929年下期 返済督促勘定残高	1930年上期 返済督促勘定転入	1930年上期 返済督促勘定残高
総行	12,959	3,522	4,066	
第1区分行			5,054	4,922
第2区分行			2,130	3,712
第4区弁事処			2,040	
呉江分行	4,116			
常熟分行	2,743	1,180	2,732	453
高淳分行	6,573	613	8,937	3,500
武進分行	683	683	191	
松江弁事処			2,942	1,108
崑山弁事処			436	436
合　計	27,072	5,998	28,528	14,131

出所：前掲『第二年之江蘇省農民銀行』9頁。

以上が非合作社貸付の実態である。呉江・常熟両分行は非合作社貸付も試みられたが、合作社貸付を中心としていた。それ以外の第2区分行・第4区弁事処・崑山弁事処は、合作社の育成が遅れ、非合作社貸付が中心であった。農民銀行は合作社貸付を基本としていたが、実際には合作社の未発達地域ではその他の貸付方式を模索せざるを得ない現状にあったのである。それは、県政府や区公所の貸付事業に資金を提供するか、あるいは郷鎮長を仲介とした貸付であった。また第4区弁事処・呉江分江では、農業倉庫を設立し農産物を担保とした貸付も試みられた。第1区分行・高淳分行・武進分行・松江弁事処は非合作社貸付の事実が報告されていないので、すべて合作社貸付であったと考えられる。これらの地区は、第Ⅰ－7表のようにいずれも融資合作社の数が多かった。

　第Ⅰ－9表が、返済が延滞して返済督促勘定（原文は催収款項）に転入された金額である。第Ⅰ－8表の貸付累計額に占めるその割合は、1929年下期で6.7％、30年上期で4.1％とそれほど高くはない。しかし、第1区・常熟・高淳・松江のように、合作社中心に貸付を行なった県が督促勘定への転入が多かった。合作社の土地担保貸付は白契（未登記の不動産売買契約書）を担保物件とする場合が多く、それは偽造が容易でありリスクが高かった[35]。返済延滞の面で特筆すべき事例は、江寧県の秀霊村運銷合作社である。同合作社は28年村長呉品廉を中心として組織され、村特産の大頭正菜（かぶらの一種）の広州・香港への直接販売を目指した。信用合作社が中心の当時としては、運銷合作社という新

しい動きであった。29年1月、総行はその新しい試みに期待して1万元を貸し付けた。しかし、返済期日の30年1月となっても返済がなされなかった。総行が調査したところ、村長は香港などの市況に疎く共同販売に失敗し、公金を持ち逃げし、合作社は責任者不在となっていた。そこで総行は合作社を改組し、職員を新たに選出し、借金返済を半年間延期した[36]。

また、合作社には様々な問題点を内包するものも多かった。特に商人の関与、あるいは融資が商業資金として利用されるケースが存在した。中国合作学社の委託による陳仲明の調査では、次の事例が報告されている。まず、江寧県の尚家荘無限責任信用合作社の理事・監事は元々農民であったが、借り入れた資金で米店を開業していた。また同県の駱家圩無限責任信用合作社は、連絡先が鎮内の湧興祥布店となっており、他の数社の連絡先も同一であった。そしてこの布店店主も合作社社員となっていた。すなわちこの布店店主によって、合作社数社が牛耳られていたのである。江都県の廟頭鎮第一郷無限責任信用合作社は、理事主席が雑貨店を営んでおり、その人物はすこぶる狡猾であるとされた。彼等合作社幹部は農民銀行からの融資が提供される前に動力揚水機を購入しており、彼等のねらいは灌漑事業で金を稼ぐことにあるとされていた[37]。前述のように合作社が借金するには保証人が必要であり、また煩雑な事務作業も不可欠であった。これがこのような商売を行う才覚のある人々、あるいは実際の商人の介在を余儀なくさせた要因であった。では江都県の廟頭鎮第一郷信用合作社の理事主席は、商人にもかかわらずなぜ灌漑事業を着手しようとしたのか。それは1930年代に入って江蘇省農村に動力揚水機（内燃機関あるいは電気モーターと揚水ポンプ）が普及しつつあり、それで灌漑作業を請け負えば金儲けができたためであろう。省内灌漑合作社のかなりの部分が、少数者により金儲け目的に組織されたものであったと思われる[38]。

こうした問題合作社が叢生する背景には、合作社指導所指導員や農民銀行職員の未熟さ及び相互の連携不足もあった。陳仲明の報告では、合作指導員はとにかくその量的増加のみを求め組織の健全性は問題としないため、借金のみを目的とした合作社が乱立していると批判していた。それは省政府による指導員の成績評価が、組織した合作社の数量だけでなされていたからである。他方で、

農民銀行職員は貸付資金の回収確実性ばかりを問題とし、保証人や担保にしか目が行かないと批判されていた。さらに、分行経理の中には合作社の理論に疎い者もおり、農民銀行が営利追求のみに走る「商業化」も危惧されていた[39]。

1929年9月には第二期合作社指導員養成所が開設され、6カ月の教育期間を経て78名が卒業した[40]。こうした指導人材の増加により、30年7月には前述の8区の合作社指導所が廃止され、県ごとに1名〜数名の合作事業指導員を配置することとなった。30年8月には53県に73名の合作事業指導員が配置された。後には、合作事業を特別に振興したい県は、農鉱庁に申請して合作事業指導所を開設することが許可され、同年11月には呉江・無錫・南通・呉県・武進・如皋・江都など7県に合作事業指導所が設置された。各県の指導員は大部分が県立農場に事務所を構えて駐在し、各県が徴収する農業改良畝捐（田賦附加税）の2割がその経費に充てられた[41]。

注

（1）江蘇省農民銀行編『一年来之江蘇省農民銀行』（1929年7月）1頁、季可宗「江蘇省農民銀行史略」（江蘇省農民銀行編『江蘇省農民銀行二十週年紀念刊』1948年7月）55、56頁、周綱仁「江蘇省農民銀行籌備経過」（同上書）70頁。なお葉楚傖・張壽鏞の役職は、趙如珩編『江蘇省鑑』上冊（新中国建設学会、1935年）第3章7頁を参照した。

（2）前掲『一年来之江蘇省農民銀行』2頁、前掲「江蘇省農民銀行史略」56頁、前掲「江蘇省農民銀行籌備経過」70頁。陳其鹿（1895〜1983）は、ハーバード大学経済学修士、帰国後、江蘇省立法政専門学校・上海中国公学教授、江蘇省工庁科長などを歴任し、後には中央銀行業務局文書科主任も務める金融の専門家であった（徐友春主編『民国人物大辞典』河北人民出版社、1991年、1029頁）。

（3）前掲『一年来之江蘇省農民銀行』3頁。ただし、前掲「江蘇省農民銀行史略」56頁、及び前掲「江蘇省農民銀行籌備経過」70頁では、「江蘇省農民銀行組織大綱」修正案の可決を3月2日としている。

（4）前掲『一年来之江蘇省農民銀行』3頁。

（5）同上、及び前掲「江蘇省農民銀行史略」56、57頁、前掲「江蘇省農民銀行籌備経過」70、71頁。

（6）前掲『一年来之江蘇省農民銀行』6、7頁。

（7）　同上書、9頁。
（8）　前掲「江蘇省農民銀行史略」60頁。
（9）　前掲『江蘇省農民銀行二十週年紀念刊』75頁、江蘇省農民銀行総行編『江蘇省農民銀行四年来之経過』（1932年7月）2、3頁。
（10）　江蘇省農民銀行総行編『江蘇省農民銀行五年来之回顧』（1933年7月）6頁。
（11）　前掲『一年来之江蘇省農民銀行』27頁、江蘇省農民銀行総行編『第二年之江蘇省農民銀行』（1930年7月）2頁、前掲『江蘇省農民銀行五年来之回顧』4、5頁。
（12）　前掲『江蘇省農民銀行五年来之回顧』12、13頁。
（13）　江蘇省農民銀行総行編『江蘇省農民銀行第一次業務会議彙編』（1929年5月）30、31、36、37頁。
（14）　陳桑「補述常熟之農産儲蔵合作社」（『蘇農』第1巻第12期、1930年12月）2頁。
（15）　「江蘇省農民銀行合作社放款章程」（林和成編『中国農業金融』中華書局、1936年）166頁。こうして延滞が1カ月を超えると返済督促勘定（原文は催収款項）に転入され、債権の取り立てが開始されたと考えられる。ただ上記「合作社放款章程」には返済督促勘定の規定はなく、その詳細は不明である。
（16）　唐啓宇「一年来江蘇省之合作事業」（『合作月刊』第1巻第10期、1929年12月）3－6頁。なお、菊池・前掲論文362、363頁では、この合作社指導所とは別に合作社指導員が派遣されて指導区が作られたとしているが、それは誤りである。
（17）　前掲『中国農業金融』139、140、146頁。
（18）　前掲『第二年之江蘇省農民銀行』102－104頁。なお荘票とは、銭荘が貸し出しや預金の払い戻しなどの際に、現金を交付する代わりに自ら支払人となって発行する一種の約束手形であり、期限は10日以内とする場合がほとんどであった（満鉄東亜経済調査局『上海の金融機関』1927年、附録2頁）。
（19）　前掲『第二年之江蘇省農民銀行』102頁。
（20）　同上書、12頁。
（21）　同上書、77頁。ちなみに呉江分行の事例では、一般の儲蓄預金は年利5％、合作社の預金は年利8％、公的機関の預金は年利2～3％、一時預金は無利子であり、合作社の預金は優遇された。
（22）　前掲「江蘇省農民銀行合作社放款章程」165、166頁。
（23）　前掲『第二年之江蘇省農民銀行』42頁。
（24）　合作社が提出する書類の書式は、前掲『中国農業金融』170－186頁に掲載され

ている。
(25) 江蘇省農民銀行総行編『江蘇省農民銀行第二次業務会議彙編』（1930年4月）46、47頁。
(26) 同上書、30頁。この省立農具製造所とは、1928年6月に資金40万元での設立が決められ、29年2月に操業を開始したものである。所在地は呉県蘇州胥門外であり、ディーゼルエンジンと揚水ポンプの生産に主力を置いていた（前掲『江蘇省鑑』下冊、社会編57、58頁）。
(27) 前掲『第二年之江蘇省農民銀行』9、10頁。
(28) 前掲『江蘇省農民銀行五年来之回顧』13頁。
(29) 前掲『第二年之江蘇省農民銀行』175－185頁。
(30) 同上書、153－167頁。
(31) 同上書、75頁。
(32) 同上書、75－85頁。
(33) 同上書、53－56頁。なお1930年5月施行の新民法では、田面権のような永佃権（永代小作権）に抵当権を設定するのは認められていなかった（天野元之助『中国農業経済論』第1巻、龍溪書舎改訂復刻版、1978年、478頁）。このように田面権の抵当融資は、法的根拠を欠いた不安定な業務であった。
(34) 前掲『第二年之江蘇省農民銀行』139－146頁。
(35) 前掲『江蘇省農民銀行五年来之回顧』17、18頁。
(36) 前掲『第二年之江蘇省農民銀行』177頁。
(37) 陳仲明「国内合作事業調査報告」（二）（『合作月刊』第3巻第2期、1931年4月）13－15頁。本調査は30年4月からの数カ月に渡る調査である。
(38) だが灌漑合作社すべてが金儲け目的のものではなく、他方では水田の揚水作業を共同で行なうという農民の共同慣行が存在しており、その集団を単位として合作社が組織されたものと考えられる。この揚水作業の共同慣行については、Hsiao-Tung Fei, *Peasant Life in China*, London, 1939, pp.154－173、費孝通著・仙波泰雄・塩谷安夫訳『支那の農民生活』（生活社、1942年第3版）188－209頁が詳しい。
(39) 陳仲明「国内合作事業調査報告」（三）（『合作月刊』第3巻第5期、1931年7月）16、17頁。1934年9月の『農業周報』社論には、合作指導員と農民銀行との対立が指摘され、その要因として次の点が上げられていた。合作指導員の農民銀行に対する不満としては、その任用に県長の推薦以外に農民銀行側の同意も必要

第4章　江蘇省農民銀行の経営構造と農業金融　155

なこと、合作社に融資を紹介する際に銀行側は指導員の要望を聞かず様々なあら探しをすること、銀行は指導員を信頼せず合作行政の過誤を指導員に押し付けること、などがあった。反対に銀行側の指導員に対する不満としては、銀行の指揮統括に従わないこと、指導員の品行が悪く合作社に名を借りて利を漁ること、本省が訓練した指導員が本省の農民銀行に忠実でなく商業銀行の融資の紹介をしていること、などが上げられていた（英「合作指導員与農民銀行糾紛平議」『農業周報』第3巻第36期、1934年9月、768頁）。

(40)　林養志「抗戦前合作運動大事記」（中国国民党中央委員会党史委員会編『抗戦前国家建設史料──合作運動』（四）革命文献第87輯、1981年）522頁。

(41)　前掲「国内合作事業調査報告」（二）7、8頁。

Ⅱ．本格経営時期（1930年7月～33年6月）

1．1930年度

　江蘇省政府は、農民銀行の基金徴収を強化するために、1930年下期には各県に「清理農行基金委員会」を組織させた。県政府の財政・農鉱（あるいは建設）両局の責任者及び農民銀行分行経理を委員とし、さらに県の士紳を委員に招聘し、基金の調査・整頓・監督に当たらせようとした[1]。こうしてこれまで不明となっていた資金の流用先が若干解明された。例えば、第14区の各県の場合は以下の状況であった。銅山県では、27年の上忙（上期の納税）で1畝1角、合計約16万元が徴収されていた。しかし大半は孫伝芳軍が商会から借用した借款の返済金に充てられ、さらには北伐軍の徐州駐屯費用にも充当された。残額は約3万元であるが、これも国民党県党部により流用されており、返済の目途は全く立っていなかった。沛県ではすでに約9万9000元を徴収したが、農民銀行総行への納入は約1万8000元のみであり、省財政庁への納入約1万5000元、県での使用約1万1000元であり、その他は軍閥時代の借款の返済と党軍の駐屯費用として使用されてしまった。その他の豊県・碭山・蕭県の3県では、まだ全く徴収されていなという状況であった[2]。ともかくもこうして農民銀行の基金徴収はある程度進展して行った。

　第Ⅱ－1表が1931年6月末の貸借対照表である。負債の部では、基金が191

第Ⅱ-1表 江蘇省農民銀行の貸借対照表（1931年6月末現在）

単位：元

資産の部		負債の部	
科　目	金　額	科　目	金　額
各種貸付	1,611,977	基金	1,912,944
当座貸越	344	積立金	104,492
返済督促勘定	70,908	普通預金	319,525
取立依託金	4,900	儲蓄預金	73,837
一時債権	30,489	一時預金	42,407
営業用固定資産	70,895	借入金	10,000
営業用器具	18,543	保証金	1,450
保証金	15,545	約束手形	2,000
開業費	18,564	省庫金	58,666
同業預金	585,770	行員儲蓄金	9,985
未収利息	36,381	未払行員報酬金	11,617
籌備処	113,380	行員救恤金	5,282
倉庫貸越	7,998	送金手形	7,348
現金	21,642	支払手形	1,784
		未払利息	853
		その他	55
		純益	45,082
合　計	2,607,337	合　計	2,607,337

出所：江蘇省農民銀行総行編『第三年之江蘇省農民銀行』（1932年7月）10頁。

注：（1）約束手形の原文は「本票」、送金手形は「匯出匯款」、支払手形は「応解匯款」である。

　　（2）純益は半期分である。

万元にまで増加している。これは前述の「清理農行基金委員会」の成果であろう。また預金は普通預金を中心に一定の伸びを示している。資産の部では、預金と比較して各種貸付が多額に上っている点が特徴的である。すなわち基金を貸付資金として運用していたのである。また同業預金が58万元に上り、資金の運用に困り同業に預け入れられ利鞘を稼いでいる実態が窺われる。第Ⅱ-2表が店舗別の内国為替扱高である。前年と較べて各支店の為替取扱高は大きく増加している。特に商業活動の盛んな第3区分行（常州）と第4区分行（無錫）の比重が高い。ただ、第2区分行（南京市）以外は著しい出超であり、特に上

第Ⅱ－2表　店舗別内国為替取扱高（1930年度）

単位：元

名　称	1930年下期		1931年上期	
	送　金	入　金	送　金	入　金
第1区分行	74,516	67,816	113,250	121,687
第2区分行	7,511	69,806	11,367	48,940
第3区分行	518,441	51,522	301,716	52,828
第4区分行	414,367		75,325	13,587
第6区分行	2,557	105	31,746	3,069
常熟分行	88,328	7,460	53,983	34,658
呉江分行	12,642	947	23,654	12,769
高淳分行	83,994	400	69,764	16,887
崑山分行	25	10,465	3,488	814
丹陽分行	132,725		140,990	
青浦分行	694		42,047	
如皋分行	8,001		36,772	
合　計	1,343,801	208,521	904,102	305,239

出所：前掲『第三年之江蘇省農民銀行』8頁。

海への送金が圧倒的に多かった。そのために、業務を委託していた上海の銀行と決済をいかに行うかが問題となっていた[3]。30年度には、第Ⅱ－3表のように支店網の充実も図られた。前述の「分区営業計画方案」に沿って第3・4・6・11区分行が改組あるいは新設された。特に、第11区分行（如皋県）は江北で初めて開設された支店である。さらに同年度には、江南の丹陽・崑山・青浦各県に単独で分行が開設された。

　第Ⅱ－1表の貸借対照表では、貸付の詳細な内容が不明となっている。ここで農民銀行の資金がどのように利用されていたのか、すなわち貸付の具体的内容を可能な限り探ってみたい。まず、第Ⅱ－4表が各分行ごとの貸付の累計額・残高額である。それによれば1930年度には、累計額合計で416万3322元が貸し出されていた。これは手形割引を含む数字であり、手形割引は30年下期累計額82万2000元（残高額15万3000元）、31年上期61万5000元（残高額6万4000元）であった[4]。したがって、この手形割引を除いた農業関係への貸付は、1930年下期累計額115万8694元、31年上期累計額156万7628元となる。また返済督促勘定への転入は30年下期6万6000元、31年上期7万元であった[5]。そうすると農業関係

第Ⅱ-3表 江蘇省農民銀行の支店網（1932年7月現在）

名称	所在地	開設年月	備考
第1区分行	鎮江県	1930・5	28年7月総行として開設
第2区分行	南京市	1930・5	
第3区分行	常州城内	1930・11	29年7月武進分行として開設
第4区分行	無錫県	1930・11	30年3月弁事処として開設
第5区分行	蘇州城内	1931・9	
第6区分行	松江県	1930・11	29年6月弁事処として開設
第7区分行	嘉定県	1931・7	
第11区分行	如皋県	1930・11	
第13区分行	塩城県	1931・10	
第14区分行	徐州城内	1931・12	
丹陽分行		1930・11	
高淳分行		1929・4	
江陰分行		1932・1	開設時は営業処
常熟分行		1928・9	
崑山分行		1930・11	29年9月弁事処として開設
呉江分行		1929・1	
青浦分行		1930・12	
太倉営業処		1931・8	
宝山営業処		1931・7	
沭陽代理処		1931・11	

出所：第Ⅰ-2表、前掲『第三年之江蘇省農民銀行』裏表紙、1頁、前掲『江蘇省農民銀行二十週年紀念刊』78-80頁参照。

第Ⅱ-4表 各分行の貸付比較表

単位：元

行名	1930年下期		1931年上期	
	累計額	残高	累計額	残高
第1区分行	133,516	222,225	321,252	269,952
第2区分行	75,484	97,868	52,727	130,713
第3区分行	669,023	235,029	614,502	308,013
第4区分行	103,455	48,694	164,563	87,841
第6区分行	121,306	133,142	139,511	138,168
常熟分行	446,084	216,178	217,900	247,958
呉江分行	141,263	106,672	187,094	124,472
高淳分行	54,718	44,794	25,956	51,487
崑山分行	43,072	42,614	127,796	90,148
丹陽分行	136,286	101,758	137,177	143,572
青浦分行	52,286	29,858	96,354	46,714
如皋分行	4,200	4,200	97,799	44,192
合計	1,980,694	1,283,033	2,182,628	1,683,229

出所：前掲『第三年之江蘇省農民銀行』5頁。

累計額に占める返済督促勘定の割合は、30年下期5.7％、31年上期4.5％となる。30年秋作が豊作であったため、返済状況は昨年度より改善されている。次に、農業関係貸付としては合作社貸付以外に以下の項目が実施された。それは、①小農貸付約10万4900元、②農団貸付約11万8800元、③担保貸付約31万6500元、④特種貸付23万5800元、合計で約77万6000元である[6]。

　それではここで合作社貸付以外の農業貸付の内容を検討してみよう。まず、①の小農貸付とは、合作社に加入していない貧困な農家を対象とした個別貸付である。その貸付方法は分行ごとに若干の相違はあるが、基本的には担保は必要とせず「確実な商店或いは富戸」の保証を必要とし、1戸当り50元程度の少額の資金を貸し付けるという内容であった。ただ本貸付は、個別農家を対象とするので、調査や事務処理が煩瑣となり、改善が必要とされていた。②の農団貸付とは農家7戸以上で借款連合会という名称の団体を組織させ、会員の連帯責任により資金を貸し付けるという方式である。借款連合会は区公所或いは郷鎮長が責任者となる場合が多いが、特に郷鎮長の信用調査を慎重に行い貸付の安全を確保する必要があるとされていた。③の担保貸付とは、農民銀行が各地に倉庫を設置してそこに農産物を寄託させ、その農産物を担保に貸し付けるという方式である。これまでの土地を担保とした貸付では、田面権も持たないような貧困な農家を排除せざるを得なかった。そこで1930年秋、総行は各分行に倉庫の設置を指示し農産物担保貸付を開始したのである。30年度には常州・呉江・無錫・常熟・崑山・青浦などに24の倉庫が設置された。この担保貸付は、資金の確実な回収が可能であり、また農民の利益も多く、有望な方法であると報告されている。④の特種貸付とは、省政府の各庁・試験場などへの融資であり、優良品種や改良農機具などの普及事業を支援するための資金であり、監理委員会の承認の下に貸し付けられた[7]。以上のように合作社貸付が様々な問題を抱えていたことから、合作社を利用しない各種貸付方法が模索され、その中でも農産物担保貸付が有望視されて行くのである。

　では次に、各分行ごとの業務内容を仔細に検討することにより、農民銀行の経営実態をより具体的に把握しよう。

　第2区分行　本分行の営業範囲は、江寧・溧水・江浦・六合の4県であった。

同分行より貸付を受けた合作社は68社であり、貸付金額は11万1926元であった。貸付は江寧・江浦の2県だけであり、しかも江寧県中心で江浦県は3社のみであった。合作社の種類は、信用合作社63社、漁業合作社2社、購買合作社2社、蚕業合作社1社となっていた。合作社貸付の回収状況はあまり良くなかった。年度内の返済期日のものが44社・5万8906元であったが、返済が滞り返済督促勘定に転入されたものが12社・1万163元に上った。特に灌漑合作社の返済状況が悪く、その理由は多雨のために動力揚水機の活用の余地がなく灌漑経費が徴収できないためとされていた。それでも分行は資金の回収に努め、31年6月末には返済督促勘定が4467元にまで減少した[8]。

昨年度の各区公所への種子貸付資金は1930年12月に返済期日がきたが、各区公所は不作のため農民が返済できないとして、その延期を要請してきた。そこで農民銀行は第1・2・4・5・6区公所へ合計8418元の返済延期を認めた。結局はこの延期分はすべて返済督促勘定に転入され、31年6月末の未返済が元利合計9174元に上った。各区公所へは何度も督促状を出したが、未だ返済の目途が立たないとされていた[9]。

第3区分行　第Ⅱ-4表によれば、農民銀行の各支店中で貸付額が最大なのは本分行（営業範囲は武進・宜興・溧陽3県、店舗は常州城内）であった。第Ⅱ-5表（1）がその月別貸付状況である。それによれば、1930年度貸付累計額は農業関係約37万元に対して手形割引約91万元と、手形割引の方が多額となっている。前述のように農民銀行全体の30年度手形割引累計額は143万7000元であったので、第3区分行はその63％を占めていた計算になる。しかし、手形割引は10日前後の短期であり、一年或いは半年の農業貸付と比較すると資金の回転が速いために累計額は大きくなる。第Ⅱ-5表（2）が各種貸付の残高額を比較したものであり、残高額ではやはり農業関係の方が圧倒的に高くなっていた。同分行の貸付内容は、合作社を中心とした農業関係貸付を中心とするという農民銀行の貸付原則から大きく逸脱していた訳ではなかった。同分行の手形割引は、確実な「商号」を対象とし、銭荘の発行する期限10日の荘票を取り扱った。30年末には手形割引が急激に伸びた。しかし、31年になると銭荘は農民銀行の手形割引への対抗措置を講じ、荘票の払い戻し期限を5日間に短縮するなどし

第Ⅱ－5表　第3区分行の月別貸付状況（1930年度）

（1）貸付額

単位：元

月　別	農業関係貸付				手形割引	合　計
	定期信用	定期担保	当座担保	小　計		
1930年7月	25,415	7,756	15,240	48,411	91,160	139,571
8月	600	13,200	7,800	21,600	45,350	66,950
9月	2,200	3,388	2,200	7,788	82,350	90,138
10月	―	6,330	10,394	16,724	64,320	81,044
11月	―	8,520	16,150	24,670	64,370	89,040
12月	―	21,092	21,951	43,043	159,237	202,280
1931年1月	―	18,134	39,765	57,899	122,050	179,949
2月	―	21,480	30,986	52,466	99,210	151,676
3月	15,000	500	34,436	49,936	25,000	74,936
4月	―	2,300	4,535	6,835	68,100	74,935
5月	―	4,810	11,398	16,208	33,210	49,418
6月	―	6,288	19,919	26,207	57,381	83,588
合　計	43,215	113,798	214,774	371,787	911,738	1,283,525

（2）残高額

月　別	農業関係貸付				手形割引	合　計
	定期信用	定期担保	当座担保	小　計		
1930年7月	25,415	70,066	17,170	112,651	26,950	139,601
8月	26,015	81,956	24,868	132,839	19,600	152,439
9月	28,195	80,414	26,018	134,627	45,700	180,327
10月	28,195	76,506	36,191	140,892	53,080	193,972
11月	15,640	64,826	50,368	130,834	41,850	172,684
12月	2,800	65,462	65,138	133,400	90,210	223,610
1931年1月	2,800	75,504	100,719	179,023	64,910	243,933
2月	600	92,205	131,633	224,438	50,000	274,438
3月	15,600	91,605	161,623	268,828	49,500	318,328
4月	15,600	92,105	161,554	269,259	35,500	304,759
5月	15,600	95,370	162,429	273,399	38,410	311,809
6月	15,600	87,593	158,563	261,756	39,656	301,412

出所：前掲『第三年之江蘇省農民銀行』45、47、52頁より作成。
注：小計・合計欄は独自に集計した。

た。これにより分行への荘票の持ち込みは減り、第3区分行は割引を減少させた(10)。

　第Ⅱ-5表のように農業関係貸付累計額は37万1787元であった。その内訳は、合作社貸付24万9318元（全体の67%）、肥料保証貸付2万5415元（同7%、第Ⅱ-5表の30年7月の定期信用貸付がそれに該当）、農産物担保貸付6万8123元（同18%）、小農個人貸付1万1729元（同3%）、その他1万7200元（同5%）であった(11)。まず、肥料保証貸付とは、合作社を組織できない貧しい農家に保証人を立てさせて肥料を貸し付けるという内容である。郷ごとに「熱心な公益人士」を1～2人選んで「経管員」とし、貸付・回収の全責任を負わせる。貸付利息は合作社への貸付より高く設定し、月利1.4%とした。1.2%を農民銀行の取り分とし、0.2%を「経管員」に支給した。肥料借入農家は803戸となった(12)。次に、農産物担保貸付とは、倉庫を設置して農産物を担保に貸し付けることである。第3区分行は、30年12月に奔牛鎮と㵸渓鎮に第一倉庫・第二倉庫を開設し、担保貸付を実施した。同分行の貸付規則では、担保品は農家自身の生産物に限定し、貸付額は1人当り50元を超えないこととした。貸付利息は月利1%とし、別に手続費として0.5%を徴収した(13)。小農個人貸付は「郷公所貸付」とも呼ばれており、郷長を仲介とした貸付であった(14)。

　第Ⅱ-5表によれば1930年末より当座担保貸付が大きく増加し、31年1月には当座担保貸付残高が定期担保貸付残高を超えている。ただ31年6月末の倉庫貸付残高は、第一倉庫1万6845元、第二倉庫1万6744元、合計3万3589元であり(15)、当座担保貸付における倉庫担保貸付の比重はそれほど高くない。また、儲蔵合作社が3社設立され、2万数千元が貸し付けられている(16)。したがって、当座担保貸付と言っても農産物を担保とするだけでなく、土地を担保とした貸付もかなりあったと考えられる。

　第Ⅱ-6表は、1930年度内を返済予定とした農業関係貸付の実際の返済状況であるが、すべてを合計すると返済督促勘定が10.9%にも上っていた。その中でも肥料貸付の返済状況は悪く、督促勘定が42.7%を占めた。この肥料貸付の返済悪化原因は、返済時期に穀物価格が下落し返済延期を求める農家が多かった点と、「経管員」が十分にその職責を果さなかった点が上げられている(17)。

第Ⅱ－6表　第3区分行の農業関係貸付回収状況（1930年度）

単位：元，%

返済内容	合作社貸付		倉庫貸付		肥料貸付		その他		合　計	
	金額	割合	金額	割合	金額	割合	金額	割合	金額	割合
期日前の返済	65,232	52.8	30,655	88.9	8,220	32.3	1,050	16.0	105,157	55.4
期日通りの返済	32,149	26.0	3,846	11.1	6,141	24.2	600	9.2	42,736	22.5
期日後の返済	13,382	10.9	0	0.0	200	0.8	1,299	19.8	14,880	7.8
返済の延期	6,450	5.2	0	0.0	0	0.0	0	0.0	6,450	3.4
返済督促勘定への転入	6,323	5.1	0	0.0	10,854	42.7	3,600	55.0	20,777	10.9
合　計	123,536	100.0	34,501	100.0	25,415	100.0	6,549	100.0	190,000	100.0

出所：前掲『第三年之江蘇省農民銀行』49頁。

「経管員」は個別農家には対人信用で貸し付けており、返済を確実に担保するものがなかったため、回収が困難となったものであろう。合作社貸付は、督促勘定は5.1%であるが、期日後の返済と返済延期が16%あり、合作社も回収に不安があった。他方で、倉庫貸付は100%が期日内に回収されており、その安全性が確認できる。なお、その他の返済督促の割合が非常に高いが、その詳細は不明である。

1931年6月末の第3区分行の預金残高は、当座預金11万7729元、儲蓄預金2959元、その他合計12万2896元であった。そのほとんどが本阜機関の専款あるいは地方公金とされ、個人及び商人の預金は僅少であるとされていた[18]。

常熟分行　各支店の中で開設が最も早く、1930年度の貸付累計額が第3区分行に次いで2番目であったのが常熟分行であった（第Ⅱ－4表）。同分行の手形割引は累計27万6110元であり[19]、農業貸付累計は第Ⅱ－7表（1）のように38万7874元であった。両者を合計すると66万3984元となり、第Ⅱ－4表の30年度貸付合計額に符合する。

次に、農業関係貸付は合作社貸付以外に次の二種類が実施された。まず第一に前年に引き続いて小農保証信用貸付が実施され、291戸に5785元が貸し付けられた。同貸付の問題点としては、遠隔地の農民が借金の申請のために個別に県城に出るのは費用が掛かり過ぎること、保証人の確保が困難なことなどが指摘されている。そのために保証書の偽造が多く、また何とか保証人を確保した農家は偽名を用いて何口も借り入れる場合が多いと報告されている[20]。第二に、分行自ら倉庫2カ所を開設し、米・棉花を担保とした倉庫貸付も実施している。

第Ⅱ－7表　常熟分行の農業関係貸付状況（1930年度）

(1) 農業関係の月別貸付・返済・残高

月　別	貸　付	返　済	残　高
1930年7月	22,761	25,771	86,114
8月	7,170	7,259	86,025
9月	4,837	1,523	89,338
10月	9,940	9,997	89,281
11月	35,193	24,263	100,212
12月	127,563	30,869	196,906
1931年1月	79,390	18,644	257,651
2月	31,772	8,514	280,910
3月	9,859	4,938	285,831
4月	9,278	9,288	285,821
5月	23,350	19,172	290,000
6月	26,761	84,625	232,135
合　計	387,874	244,863	

(2) 合作社貸付累計額　　単位：元

合作社種類	社数	金　額
信用合作社	53	183,494
儲蔵合作社	3	88,367
生産合作社	16	48,070
生産兼信用合作社	2	9,737
儲蔵兼購買合作社	3	5,998
購買合作社	1	1,868
合　計	78	337,534

出所：前掲『第三年之江蘇省農民銀行』111、112頁。

　その貸付額は、大義橋倉庫2万2307元（1756戸）、梅李倉庫1万6548元（1448戸）、合計3万8855元（3204戸）であった[21]。このように常熟分行の場合は、合作社以外の農業関係貸付は合計で4万4640元（3495戸）のみであり、その比重は比較的低かった[22]。

　報告書では農業関係貸付を信用・担保の2種類に分け、信用貸付4万2554元、担保貸付34万5319元、合計38万7873元との数字も示されている[23]。このうち信用貸付は上記のように小農保証信用貸付は小額なので、大部分が合作社貸付であると考えられる。担保貸付の内訳は、土地担保貸付が20万1883元、米・棉花・豆粕を担保とした貸付が14万3436元である[24]。上記のように倉庫利用の非社員農家への貸付は4万元ほどなので、残りおよそ10万元は合作社社員への米・棉花・豆粕を担保とした貸付と推定される。常熟県では、第Ⅱ－7表（2）のように儲蔵合作社3社が8万元以上の融資を受けていた。また信用合作社のうち3社は儲押部を組織し、農産物担保貸付も受けていた[25]。分行は合作社に現金での貸付だけでなく、豆粕の貸付も行った。合作社13社に2万8720斤（価格1万2637元）の豆粕を貸し付けた[26]。以上のように同分行では、前年に引き続き土地担保の合作社貸付が最大の比重を占めていた。

1931年6月末の常熟分行の預金残高は、定期預金2930元、当座預金9864元、当座儲蓄預金5475元、一時預金444元、合計1万8713元であった(27)。このように預金業務は未だ低調であった。手形割引は、割引27万6110元、回収30万6110元であり、割引戸数は197戸であった。取り引きは商人が多数を占め、銭荘との若干の取り引きもあり、期間は最長1カ月であった(28)。

　高淳分行　同分行の営業範囲は高淳県1県であった。同県は江南には位置するが安徽省に隣接した省境地域に所在し、経済的に遅れており治安も悪く、分行の経営も様々な問題を抱えていた。ここでその問題点を紹介しよう。

　まず、県政府の公款公産管理処による農行基金の流用である。分行成立前から徴収基金が流用されており、その額は約1万6000元に達した。分行側は各種方法で基金の返還を働き掛けたが、未だ実現していなかった(29)。同県には銀行・銭荘などの金融機関が存在しないため、資金を県城内の商店に預け運用した。その預け入れは、最高時には37戸・15万元に達した。ただ後に総行の指示により10万元以上を回収しようとした。しかし、商店の中には様々な理由をつけて返済を拒むものが数店あり、資金を回収できないでいた(30)。

　同県には金融機関が存在しないので、為替業務は分行の重要な収入源となっていた。しかし、為替業務は送金中心で著しい出超となっており、現金の移送が不可欠であった。ただ同県は僻地に位置し盗賊の出没も絶えず、現金の輸送が困難であった。そのため1931年3月には、総行より為替業務の漸次停止を命じられた。こうして30年7月から停止前までに15万193元あった送金額が、停止後には3264元に激減した。この為替業務の停止と前述の商店預け入れ資金の回収により、分行の経営は悪化した。30年下期には利益が937元あったが、31年上期には170元の損失となった(31)。

　同県では多数の合作社が設立された。第Ⅱ-8表が、その合作社の詳細である。このように信用合作社を中心に129もの合作社が設立され、101社に資金が貸し付けられた。分行は個人貸付や倉庫貸付は行わず、農業貸付はすべて合作社を利用した。しかし、合作社は質的に問題が多く、貸付資金の返済が滞り、多額の焦げ付きを生じさせてしまった。1931年6月末時点で、貸付は7万9903元、そのうち回収できたものが5万3977元であり、返済督促勘定に転入したも

第Ⅱ－8表 高淳県合作社の組織概況（1931年6月末現在）

(1) 設立数　　　　　　　　　　　　　　　　　　単位：社

区別／種類別	信用	儲蔵	灌漑	漁業	森林	墾植	合計
第1区	12		2				14
第2区	6	1					7
第3区	17	1		1		1	20
第4区	7						7
第5区	21	1	2				24
第6区	19	2					21
第7区	35				1		36
合　計	117	5	4	1	1	1	129

(2) 概況

内容／種類別	信用	儲蔵	灌漑	漁業	森林	墾植	合計
かつて借款した社	93	3	4	1			101
業務停滞の社	41	2			1	1	45
県政府により解散	7						7

出所：前掲『第三年之江蘇省農民銀行』148頁。
注：1930年度だけではなく、これまでの累計数であると思われる。

のは29社・金額1万8000元にも上った。返済督促の合作社の内訳は、1年以上の延滞が5社、半年以上が7社、2カ月以上が15社となっていた[32]。こうして融資を受けた101社のうち、45社は業務が停滞し、7社はすでに県政府の命令で解散させられていた（第Ⅱ－8表）。同県の合作社の実態は、以下のように言われていた。まず、組織の指導者は投機分子が多く、合作社組織という名目で農民を利用し、少数者の利益を図ろうとしている。特に信用合作社は組織が容易なので、同一の市鎮に4～5社、小さな村落にも2～3社が競って設立された。ほとんどの合作社は、出資金は徴収されず、社の看板も掲げられず、帳簿は不備で社員大会も開催されない。さらには、「借金を入手すると職員で分配し、高利で社員・非社員に又貸しする者も少なくない。その他にも借金で糧行を開業し食糧を安く買い叩く者や、借金を雑貨店・茶寮・酒館の開業資本とする者も少なくない」とされていた[33]。灌漑合作社は4社あったが、1社のみまともな合作社であり、他は合作社の原則から逸脱していた。例えば、薛城西郷灌漑合作社は少数者が金儲け目的に設立したものであるとされた[34]。

第Ⅱ－9表　江蘇省農民銀行の貸借対照表（1932年6月末現在）

単位：元

資産の部		負債の部	
科　目	金　額	科　目	金　額
各種貸付	2,573,315	資本総額	2,200,000
有価証券	88,622	新規資本	10,536
取立依託金	3,109	積立金	153,953
営業用固定資産	95,429	各種預金	715,869
営業用器具	26,071	儲蓄処預金	225,951
保証金	28,349	保証金	550
開業費	29,980	約束手形	15,235
同業預金	427,347	省庫金	2,028
同業貸越	36,354	行員儲蓄金	17,771
未収利息	54,277	未払行員報酬金	19,657
儲蓄処資金	100,000	行員救恤金	13,286
倉庫貸越	11,979	送金手形	39,363
籌備処	2,723	支払手形	23,303
現金	86,795	未払利息	3,759
		同業預金	1,888
		同業借越	79,928
		その他	203
		純益	41,070
合　計	3,564,349	合　計	3,564,349

出所：江蘇省農民銀行総行編『第四年之江蘇省農民銀行』10頁。
注：純益は半期分である。

2．1931年度

　第Ⅱ－3表のように、1931年度には支店網の急速な拡充が図られた。第5・7・13・14区には分行が開設され、江陰・太倉・宝山には営業処、第16区の沭陽には代理処が設立されている。

　1931年の夏から秋にかけて長江流域が大水害に見舞われ、江蘇省でも江北地域の被害が甚大であった。また32年1月には上海事変が勃発し、上海周辺の各県は直接的あるいは間接的に戦闘に巻き込まれた。こうして31年度は江蘇省農民銀行の経営にとっても多難な年となった。第Ⅱ－9表が31年度末の貸借対照表である。それによれば資本金は220万元に増加し、預金量もある程度増加している。特に32年1月には、資金10万元で儲蓄処を創設し、独立会計で小口の

儲蓄預金を吸収しようとした(35)。しかし結局は、各種貸付257万元に対して預金額は約96万元しかなく、同行の経営は依然として資本金（基金）の運用が中心であった。同行は資金量増強のために省金庫代理業務も強化し、同年度には約53万元の入金があり、これまでの最高額を記録した。しかし、水害・戦争などにより省財政は逼迫し、省金庫預金はすぐに引き出されてしまい、第Ⅱ－9表のように年度末残高は約2000元のみであった(36)。資産の部では同業預金が42万元もあり、資金の有効な投入先がなく他銀行に預け入れられていることが分かる。

　ここで貸借対照表からは不明な貸付内容を追って見よう。まず、1931年下期には水害救済のために積極的に資金を貸し付け、同年下期累計額は304万4000元に上った。32年には、上海事変の影響により貸付業務は停滞し、32年上期累計額は258万8000元に減少した(37)。それでも31年度の貸付累計額は563万2000元となり、前年度より150万元程度の増加となっている。ただしこれは手形割引も含む数字であり、31年度のその累計額は116万3700元（残高額4万3000元）であった。手形割引は前年度より減少しており、これは時局不安や金融不安により農民銀行が同貸付に緊縮方針で臨んだためである(38)。こうして手形割引を除いた農業関係貸付は、446万8300元となる計算である。そのうち倉庫貸付は約42万8700元であった(39)。

　第Ⅱ－10表が1931年度末の各分行ごとの貸付残高である。それによれば前年度に引き続いて第3区分行が貸付残高1位であった。2位は第1区分行であるが、同分行は省及び県機関への貸付が大きな比重を占めていた。第1区分行から省機関への約23万元の貸付は、既述の前年度の貸付が返済されず継続されたものと考えられる。本年度においては各地支店が県機関への貸付を活発化させ合計で13％を占めており、これが本年度貸付の特徴であった。各種貸付の比率では、合作社貸付が53％と最大であり、合作社を経由しない借款連合会・個人・担保などの貸付は合計でも21％程度であった。ただ江北に新設された第13区（塩城）・第14区（徐州）の両分行は、合作社が未発達のため借款連合会や個人貸付などの非合作社貸付の割合が高かった(40)。次に、第Ⅱ－11表によれば31年度には、返済督促勘定が顕著に増加している事実が分かる。同表の貸付残高と

第4章 江蘇省農民銀行の経営構造と農業金融　169

第Ⅱ-10表　店舗別貸付残高分類表（1932年6月末現在）

単位：元、%

店舗名	合作社	借款連合会・郷鎮代表	個人	倉庫担保	省機関	県機関	その他	合　計
第1区分行	96,338		150		237,670	77,260	683	412,101
第2区分行	117,840	8,139					8,209	134,188
第3区分行	240,482	16,671		51,772		145,685	1,300	455,911
第4区分行	14,308	10,183	5,652	30,589		27,838	6,026	94,596
第5区分行	26,959	3,129				2,937		33,025
第6区分行	156,822		50		7,038	2,172		166,082
第7区分行	4,035		116,753			35,318	2,623	158,730
第13区分行	11,730		24,269			19,949	1,152	57,100
第14区分行	9,507	23,903				3,000		36,410
常熟分行	155,619	37,132	3,311	15,502		1,000		212,564
呉江分行	127,429	891	6,941	25,211			2,000	162,471
高淳分行	59,744							59,744
崑山分行	46,708	6,329	30,387					83,424
丹陽分行	158,023		4,212			10,989		173,225
青浦分行	28,730	1,993	67,106	22,400		840		121,069
如皋分行	46,049	17,453		3,033				66,536
合　計	1,300,324	125,823	258,831	148,507	244,708	326,990	21,993	2,427,176
割　合	53.57	5.18	10.66	6.12	10.08	13.47	0.91	100.00

出所：江蘇省農民銀行総行編『江蘇省農民銀行歴年放款之回顧及改進計画』（1932年12月）9－11頁。

　返済督促勘定を合計すると243万8826元となり、第Ⅱ－10表の貸付残高合計額とは若干の相違があるがその差は僅少である。農業関係貸付累計額446万8300元に対して、返済督促勘定36万5466元は8.2％となる。これは29・30年度と比較して、かなり高い数字である。大水害と上海事変が影響して、返済状況が極端に悪化したのであろう。しかもこの返済督促勘定はあくまでも残高値であり、督促勘定の累計額はそれを相当上回っていたであろう。第Ⅱ－11表の数字で計算すると、貸付残高合計243万8826元のうち15.0％が返済督促勘定で占められていた計算になる。

　それではここでそうした返済状況に着目しながら、各支店の営業状況を検討しよう。

　第2区分行　本年度内の返済期日の合作社は78社（11万1436元）あり、そのうち期限通りの返済が32社（4万3566元）、返済延期請求23社（3万9330元）、返

170 第2部 農業金融政策と合作社・農業倉庫

第Ⅱ-11表 店舗別営業状況比較表（1932年6月末現在）

単位：元

店舗名	貸付残高	返済督促勘定残高	預金残高	手形割引残高	純益	純損
総行					15,738	
第1区分行	368,236	43,865	50,360		9,432	
第2区分行	106,841	27,347	803	2,000		2,174
第3区分行	438,399	17,512	133,687	8,800	9,394	
第4区分行	84,497	10,100	43,767			1,239
第5区分行	32,592	433	8,834			4,027
第6区分行	151,832	14,250	10,007	5,773	2,418	
第7区分行	85,342	73,388	93,562		2,117	
第13区分行	45,035	9,065	19,024			844
第14区分行	36,200	210	8,865	1,500		3,044
常熟分行	192,414	20,150	22,207	10,700	3,661	
呉江分行	156,456	6,015	37,299		2,766	
高淳分行	37,348	22,396	3,721			268
崑山分行	66,661	16,763	3,093		151	
丹陽分行	107,602	77,272	13,691	2,450	3,822	
青浦分行	101,342	19,727	150,628		1,838	
如皋分行	59,562	6,973	15,804	11,800	1,283	
合　　計	2,073,360	365,466	642,408	43,023	52,656	11,595

出所：江蘇省農民銀行総行編『江蘇省農民銀行第七次業務会議彙編』（1932年12月）35、36頁より作成。
注：貸付残高・預金残高・純益は合計額が合わないが、そのまま掲出した。

済督促勘定への転入が23社（2万8570元）であった[41]。このように期限通りに返済した合作社が半数以下となり、その信用力が大きく揺らいでいた。返済督促勘定への転入も、金額にして25.6％も占めていたのである。

　第3区分行　第Ⅱ-12表によれば、1932年に入ってから手形割引の削減がなされ、5月には新規割引が停止され、6月末残高が8800のみとなった。農業関係貸付は累計約64万元となり、前年度よりは約27万元増加している。その増加理由は、第Ⅱ-13表のように、農産儲蔵貸付と河川開浚経費貸付にあった。後者は県財政局・開浚運河武進段委員会・開浚孟河委員会への貸付であり、合計で24万685元であった[42]。おそらく第Ⅱ-12表（1）の定期信用貸付11月分9万5000元と当座信用貸付合計額14万5686元、合計24万686元がそれに該当す

第4章　江蘇省農民銀行の経営構造と農業金融　171

第Ⅱ－12表　第3区分行の月別貸付状況（1931年度）

（1）貸付額

単位：元

月　別	農業関係貸付					手形割引	合　計
	定期信用	当座信用	定期担保	当座担保	小　計		
1931年7月			8,600	10,777	19,377	53,190	72,567
8月			15,520	8,330	23,850	78,900	102,750
9月			19,970	9,139	29,109	68,950	98,059
10月			14,300	30,906	45,206	103,637	148,843
11月	95,000		16,353	45,561	156,914	102,290	259,204
12月		36,579	28,440	56,781	121,800	99,890	221,690
1932年1月	400	17,000	39,773	47,154	104,327	77,570	181,897
2月			4,360	5,944	10,304	76,600	86,904
3月		3,500	200	150	3,850	4,000	7,850
4月		70,408		116	70,524	9,500	80,024
5月		8,038	800	667	9,505		9,505
6月		10,161	13,050	26,532	49,743		49,743
合　計	95,400	145,686	161,366	242,057	644,509	674,527	1,319,036

（2）残高額

月　別	農業関係貸付					手形割引	合　計
	定期信用	当座信用	定期担保	当座担保	小　計		
1931年7月	15,600		83,665	142,530	241,795	47,750	289,545
8月	15,000		91,385	126,387	232,772	63,300	296,072
9月	15,000		103,325	106,256	224,581	72,150	296,731
10月	15,000		112,035	123,449	250,484	91,970	342,454
11月	95,000		111,113	149,843	355,956	94,870	450,826
12月	95,000	36,579	112,770	187,459	431,808	90,700	522,508
1932年1月	95,400	33,579	139,893	216,115	484,987	67,950	552,937
2月	95,400	33,579	137,693	215,540	482,212	66,800	549,012
3月	95,400	37,079	134,843	205,406	476,728	65,400	542,128
4月	20,400	107,486	134,543	193,666	456,095	53,300	509,395
5月	20,400	115,524	134,543	173,665	444,132	53,500	497,632
6月	20,000	125,685	130,393	162,320	438,398	8,800	447,198

出所：前掲『第四年之江蘇省農民銀行』72、73、79頁より作成。
注：小計・合計欄は独自に集計した。

ると考えられる。それは、第Ⅱ－12表（2）の定期信用貸付と当座信用貸付の32年6月末の残高は合計14万5685元となり、第Ⅱ－10表の第3区分行の県機関貸付残高額と一致することからも間違いないであろう。そうすると第3区分行では、合作社への定期信用貸付は僅か400元であったことになる。合作社貸付は前年同様に土地担保貸付が中心であったと考えられる。農産儲蔵貸付の中心

第Ⅱ-13表　第3区分行の貸付詳細（1931年度累計額）

単位：元

(1) 県別

武進県	561,099
宜興県	48,522
溧陽県	34,885
合計	644,507

(2) 借入機関別

合作社	268,639
倉庫	113,329
郷公所	20,153
その他団体	242,385
合計	644,507

(3) 種類別

農産儲蔵	139,085
肥料貸付	5,500
灌漑機器	3,773
養蚕改良	7,971
土産運銷	15,570
河川の開浚	240,685
その他資本	231,923
合計	644,507

出所：前掲『第四年之江蘇省農民銀行』69、70頁より作成。

は農業倉庫貸付であり、それは本年度にはより拡充され、年間累計額は第一倉庫4万672元、第二倉庫6万4657元、合計10万5329元となった[43]。これは昨年度の3倍以上であった。

　昨年度試験的に実施した肥料保証貸付は、回収がうまく行かず「経管員」が賠償するケースが生じたため、本年度は中止された。ただ、信用状況が良好であった郷には、郷公所貸付の形で継続して貸し付けられた[44]。第Ⅱ-13表の肥料貸付5500元がそれに該当するものと思われる。郷公所を通じた個人貸付は本年も継続され、貸付額は第Ⅱ-13表のように2万元あまりであった。第Ⅱ-14表が農業関係貸付の回収状況である。それによれば合作社貸付の回収が極端に悪化し、返済の延期が34.9％も占め、返済督促勘定への転入も11.1％に上った。ただ返済督促勘定に転入されてもすべてが回収不能となる訳ではなく、年度中にかなりの部分が回収されている。

　第7区分行　1931年7月には嘉定県に分行が開設され、8月には太倉・宝山の両県にも営業処が設置された。分行は3県の合作社は未発達であるとして、個人貸付に重点を置いた。こうして貸付は個人貸付が中心となり、合作社貸付は全体の1割以下であった[45]。第Ⅱ-10表のように32年6月末残高でも、個人貸付の比重が極めて高い。上海事変が勃発すると、分行及び両営業処は貸付業務を停止し、預金の引き出しに対応した。3月には3県がすべて日本軍に占領され、分行及び両営業処職員は避難した。5月中旬になりやっと復帰できたが、

第4章　江蘇省農民銀行の経営構造と農業金融　173

第Ⅱ－14表　第3区分行の農業関係貸付の回収状況（1931年度）
（1）内容別回収状況
単位：元、％

返済内容	合作社貸付		その他貸付		合　計	
	金額	割合	金額	割合	金額	割合
期日通りの返済	117,902	47.2	118,039	54.1	235,941	50.4
期日後の返済	16,739	6.7	98,964	45.3	115,703	24.7
返済の延期	87,120	34.9	1,300	0.6	88,420	18.9
返済督促勘定への転入	27,800	11.1	0	0.0	27,800	5.9
合　計	249,561	100.0	218,303	100.0	467,864	100.0

（2）返済督促勘定の回収状況

月　別	転入	回収	残高
1931年7月	6,090	3,923	8,768
8月	672	4,223	5,217
9月	4,654	672	9,199
10月		4,654	4,545
11月	150		4,695
12月	2,319	4,232	2,782
1932年1月	1,851	1,388	3,244
2月	2,730		5,974
3月	7,573		13,547
4月	336		13,883
5月			13,883
6月	8,892	5,263	17,512
合　計	35,267	24,355	

出所：前掲『第四年之江蘇省農民銀行』74頁。

分行と宝山営業処の建物は日本軍により占拠され破壊がひどかった。ただ営業書類は避難直前に太倉営業処に移しておいたため、難を免れた。同区の農村は前年の水害と上海事変により大きな打撃を蒙り、貸付資金の回収は極端に悪化した[46]。第Ⅱ－11表のように同分行の返済督促勘定残高は7万元以上となり、極めて巨額であった。

常熟分行　上海事変の勃発により、同県には膨大な中国軍が集結・駐屯し、塹壕の建設も進められた。農民の多くは徴発や戦闘に巻き込まれることを恐れて避難した[47]。こうした厳しい環境により、同分行の営業は大きくダメージを受けた。まず、手形割引を除いた各種貸付は第Ⅱ－15表のように約20万元となり、前年度よりは約18万元の削減であった。手形割引も年間累計12万6430元であり、前年度より約15万元減少した[48]。

昨年度実施された小農保証信用貸付は、本年度は中止された。前述のように本貸付は保証書偽造などの問題を抱え、また貸付も各地に分散し調査も容易でなかった。そのために1931年度末時点でも前年度貸付のうち3233元しか回収できず、貸付の約44％が回収できないでいた[49]。また、昨年度実施された合作社への豆粕貸付の回収率も良くなかった。13社のうち期限通りに返済したものが

第Ⅱ-15表 常熟分行の種類別貸付状況（1931年度）
単位：元

種類	貸付	返済	残高
信用	96,264	133,669	128,928
生産	4,065	4,379	5,227
購買	5,617	5,295	5,422
儲蔵	35,855	54,201	23,338
倉庫	52,338	49,157	15,502
小農	369	2,215	3,311
区公所	9,087		9,087
財政局	2,400	800	1,600
合計	205,995	249,717	192,414

出所：前掲『第四年之江蘇省農民銀行』190頁。

4社であり、6社が返済延期、3社が返済督促勘定への転入となった[50]。第Ⅱ-7表のように昨年度累計額で33万7534元あった合作社貸付が、本年度は14万1801元に激減した（第Ⅱ-15表の信用・生産・購買・儲蔵の合計額）。31年の大水害及び32年の上海事変により貸付金の返済状況が極端に悪化したので、分行は合作社への貸付を厳しく制限し合作社の整頓を図ろうとした[51]。そのために合作社貸付の激減となったのである。他方で、第Ⅱ-15表のように倉庫貸付は前年度よりかなり増加しており、その安全性から重視されたものである。なお、第Ⅱ-15表の財政局への貸付とは、県政府が県内金融機関に割り当てた軍関係経費である。また、区公所への貸付とは、31年の水害救済のために被災民に種子を貸与するための資金である[52]。

高淳分行 同県では資金の回収成績が更に悪化して、1931年度には返済督促勘定への転入が合作社57社、金額4万3796元となった[53]。そして第Ⅱ-11表のように、返済督促勘定の年度末残高が2万2396元に上ったのである。回収悪化の理由は1931年の水害と32年の麦作・養蚕の不作にあると説明され、農家の経済状況が極度に悪化し返済延期を求める者が後をたたなかったとされている[54]。しかし、この回収悪化は単に農家の窮迫だけが原因ではなく、前年度部分で詳述したような合作社組織の劣悪さも大きな要因であったと考えられる。

3．1932年度

本年度に関しては営業報告書が入手できず、詳細な経営データが得られない。辛うじて以下の数字が分かる。まず年度末（1933年6月）には、融資合作社1039社（社員3万2640人）、貸付残高は123万7407元であった。また、年度末の各種貸付割合は、合作社貸付46.73％、生産互助会貸付5.46％、個人貸付13.43％、

倉庫担保貸付11.71％、省機関貸付11.47％、県機関貸付8.34％、その他2.26％であった(55)。この割合は、累計額か残高額かが明記されていないが、おそらく残高額と考えられる。また生産互助会とは、前述の借款連合会と同一内容のものであろう。これら数字を第Ⅱ-10表と比較すると、本年度貸付の特徴として次の点が浮かび上がる。まず、第一に、合作社貸付が絶対額及び割合ともに低下していることである。第二に倉庫担保貸付割合の大幅な上昇が確認でき、第三に県機関貸付の割合低下も読み取れる。

　第一の合作社貸付減少の原因は、回収状況の急速な悪化から各支店が貸付に慎重となり、貸付額が抑制されたためであろう。さらに、1932年7月には経費節減のために合作社指導体制が簡素化されており、これも同貸付の減少に影響したと考えられる。すなわち、同月には合作事業指導員を県政府の役所内で勤務させ、独立した事務所は閉鎖させた。また、これまで指導員は省実業庁直属であったものを、県長の指揮監督を受けるようにした。こうして人員・経費の削減が進められ、同年10月には指導員配置は39県、指導員63名となった(56)。

　第二の倉庫担保貸付の比重が増大した原因は、合作社貸付に較べての回収の確実性にあった。さらには、1932年の農村経済の動向も強く影響していた。同年秋には、豊作のために米価が急落した。例えば崑山・呉県などでは、米穀は通常の収穫量の5～20％増となった。それにより米価は下落し、無錫では春夏に粳米1石13～14元であったものが、新穀登場時には10元に下落し、10月中旬には8～9元にまで続落した(57)。こうして価格の回復を期待して米穀が農業倉庫に寄託され、当座資金として担保融資を受けたのである。

　第三の県機関への貸付割合が低下した原因は、1932年春に農民銀行監理委員会が政府関係機関への貸付の一律停止を決定したことによる。すなわち、公的機関への貸付は返済延滞が多く農民銀行の活動を阻害する恐れがあるとの理由から、貸付停止が決定されたのである(58)。それでも省機関・県機関への貸付割合を合計すると20％近くに上り、完全な貸付停止は困難であり、また旧来の貸付の回収も円滑には進まなかったと推測される。

　本年度に関しては、各支店単位の動向も詳しくは分からない。ただ武進分行の場合は、合作社貸付の回収成績が極端に悪化している。すなわち、1932年下

期（32年12月）には、期日通りの返済が22.2％しかなく、返済延期が57.1％、返済督促勘定への転入が20.7％にも上った。他方で農産物担保貸付は増加し、32年秋には第三・四・五農業倉庫が新設されている[59]。このように31年の大水害による被害に、32年には農産物価格の下落が加わり、農家の経済状況は益々窮迫し、合作社貸付の返済状況の大幅な悪化となったのである。

注
（1） 前掲『江蘇省農民銀行五年来之回顧』6、7頁。
（2） 江蘇省農民銀行総行編『江蘇省農民銀行第五次業務会議彙編』（1932年5月）158頁。
（3） 江蘇省農民銀行総行編『第三年之江蘇省農民銀行』（1932年7月）9頁。
（4） 同上書、10頁。
（5） 同上書、7頁。
（6） 同上書、5、6頁。
（7） 同上。この特種貸付の詳細な内容は不明である。しかし、1930年9月当時、第1区分行は、省金庫の資金不足を補填するために省財政庁・建設庁に各5万元を貸し付けており、また省農鉱庁に種子貸付資金として10万4585元、省農具製造所に2万5257元、省稲作試験場に1232元などを貸し付けていた（前掲『江蘇省農民銀行第五次業務会議彙編』34頁統計表の附注及び39頁）。特種貸付とはおそらくこの貸付を指すものであろう。また省農鉱庁への種子貸付資金とは、前述の29年の江北旱魃被害救済資金が未返済であったものと考えられる。
（8） 前掲『第三年之江蘇省農民銀行』24－29頁。同書35、36頁によれば灌漑合作社は江寧県に5社、江浦県に1社存在したとされるが、信用合作社に分類されていたものであろう。
（9） 同上書、27－29頁。
（10） 同上書、52頁。
（11） 同上書、46頁。
（12） 同上書、47、48頁。
（13） 同上書、48頁。
（14） 同上。
（15） 同上書、54、55頁。
（16） 同上書、44頁。

(17) 同上書、49、50頁。
(18) 同上書、50頁。
(19) 同上書、115頁。
(20) 同上書、107-109頁。こうして同貸付は32年6月段階でも半分しか回収できず、翌年度は中止された（江蘇省農民銀行総行編『第四年之江蘇省農民銀行』発行年月不明、188頁）。
(21) 前掲『第三年之江蘇省農民銀行』105、106、110頁。
(22) ただ同上書、111頁では、個人貸付5万339元（3495戸）としており、貸付戸数は同一だが、金額が異なっている。
(23) 同上書、110頁。
(24) 同上。
(25) 同上書、111頁。
(26) 同上書、109頁。この豆粕貸付の返済状況は、期日通りの返済が4社、返済延期が6社、返済督促が3社であった（前掲『第四年之江蘇省農民銀行』188頁）。
(27) 前掲『第三年之江蘇省農民銀行』117頁。
(28) 同上書、115頁。
(29) 同上書、143頁。
(30) 同上書、143、147頁。
(31) 同上書、146、147頁。
(32) 同上書、145頁。
(33) 同上書、149頁。
(34) 同上。まともな合作社1社とは南蕩圩灌漑合作社であり、それは圩田（クリークで囲まれた田地）800畝・農家200戸から組織されていた。また、その成功要因は指導者が優秀な人物であり、農民の土着信仰をうまく利用したためとされる。さらにこの圩田は低湿な土地であり、元々排水作業を共同で行っていたものであり、灌漑合作社も排水事業を主体としていた（恒敬「高淳南蕩圩灌漑合作社開車紀」『合作月刊』第3巻第5期、1931年7月、12-15頁）。このように、本合作社は少数者が金儲け目的で組織したものではなく、圩田の揚水作業集団を単位として組織されたと考えられる。また排水事業を主体としたために、30年から31年にかけての多雨の気候にちょうど適合できたのであろう。土着信仰利用の具体例としては、旧暦2月2日の土地菩薩の誕生日に合作社設立の最後の準備会を開き、農民が一堂に会する機会を利用して重要問題を決議したことが上げられている

178　第2部　農業金融政策と合作社・農業倉庫

　　（厳恒敬「高淳南蕩圩灌漑合作社調査紀」『蘇農』第2巻第7期、1931年7月、6頁）。なお、土地菩薩とは「五穀豊穣」、「身体安全」を守護するものであり、その誕生日には村落（あるいは複数の村落）の農民が土地廟に集まり祭祀と同時に会食も行った（喬啓明「江寧県淳化鎮郷村社会の研究」97頁、佐々木衛編・南裕子訳『中国の家庭・郷村・階級』文化書房博文社、1998年）。

(35)　前掲『第四年之江蘇省農民銀行』9頁。
(36)　同上書、11頁。
(37)　同上書、6頁、前掲『江蘇省農民銀行五年来之回顧』14頁。
(38)　前掲『第四年之江蘇省農民銀行』12頁。
(39)　同上。
(40)　第14区分行は、1932年2月から農業資金の貸付のために農家に借款連合会を組織させ、同年6月までに銅山・蕭県・碭山3県で111の借款連合会（会員1749人）に2万4100元を貸し付けた。なおこの貸付は、借款申請書が郷鎮長を通じて配布され、さらに申請には郷鎮長・区長の承認も必要とするなど、末端行政機構に依拠したものであった（江蘇省農民銀行総行編『江蘇省農民銀行第七次業務会議彙編』1932年12月、123－134頁）。
(41)　前掲『第四年之江蘇省農民銀行』47頁。
(42)　同上書、70頁。
(43)　同上書、81、82頁。
(44)　同上書、69頁。
(45)　同上書、143－146頁。
(46)　同上書、145、146頁、及び前掲『江蘇省農民銀行第七次業務会議彙編』98、99頁。
(47)　前掲『第四年之江蘇省農民銀行』202頁。
(48)　同上書、195頁。
(49)　同上書、187、188頁。
(50)　同上書、188頁。
(51)　同上書、199、200頁。
(52)　同上書、190頁。
(53)　同上書、216頁。
(54)　前掲『江蘇省農民銀行第七次業務会議彙編』150頁。
(55)　前掲『江蘇省農民銀行五年来之回顧』16、19頁。

(56) 童玉民「江蘇省最近合作事業概況」(『合作月刊』第 4 巻第11期、1932年11月)3 頁。なお、実業庁は1931年12月に農鉱庁が改組されたものである（劉壽林ほか編『民国職官年表』中華書局、1995年、688頁）。さらに、32年12月には実業庁が廃止され、その業務は建設庁に接収された（英「江蘇省実業庁裁撤平議」『農業周報』第 2 巻第 5 期、1933年 1 月、23頁）。

(57) 姜解生「一九三二年中国農業恐慌底新姿態──豊収成災」（『東方雑誌』第29巻第 7 号、1932年12月）8 頁。なお玄米 1 石は、新度量衡制度である市用制では約83kgである。

(58) 前掲『江蘇省農民銀行五年来之回顧』19頁。

(59) 李範「武進県郷村信用之状況及其与地権異動之関係（1934年 5 月）」（蕭錚主編『民国二十年代中国大陸土地問題資料』88、成文出版社、1977年）46848、46849、46858、46859頁。

Ⅲ．経営発展時期（1933年 7 月～37年 6 月）

1．業務の拡大

　1933年10月 3 日、江蘇省政府主席に陳果夫、財政庁長に趙棣華が任命された(1)。陳果夫は、江蘇省経済にとって江蘇銀行（省立銀行）と江蘇省農民銀行は極めて重要であると考えて、就任 2 週間後には両行の資料を集めて研究を開始した。彼は、農民銀行には創設時より関係しており、また江蘇銀行については同郷の同行職員より内部が陳腐・保守であると常々聞いていた。そのために両行の改革を急いだのである。検討の結果、両行の営業範囲が共に江南地区に集中し江北には支店をほとんど持たず、営業活動が著しく偏っている事実が判明した。そこでまず江蘇省農民銀行の改革から着手することとし、趙棣華が総経理を兼任することとなった(2)。こうして33年12月18日に趙棣華が正式に農民銀行総経理に就任し、翌年 1 月には侯厚培と呉任滄が副総経理に迎えられた(3)。

　農民銀行は1934年には「補充江蘇農民銀行関于今後収集資本及経営方法案」を作成し、資本の増強と支店網の拡充を計画した(4)。同年 1 月15日には、旧来の「区管轄行制」を廃止して、「総行営業制」に切り替えられた。これまで総行は営業活動を行わず、各支店の管理だけを行った。しかしその制度では各支

店の独立性が強く、支店間の資金調整が困難であった。そこで「総行営業制」に転換し、第1区分行を総行に併合し、区分行の名称も取り消し、各地の支店はすべて総行の直接の指揮・監督下に入れた。そして各支店はみな「某某県農民銀行」を名乗ることになった。また支店間で資金の過不足が生じれば、総行が調節することとした。さらには、分行が設立できない県にも「支行」或いは「営業処」を設立するとしていた[5]。34年の営業計画では、第一に運送販売貸付（原文は運銷放款、合作社が共同販売するために農民銀行の農産運銷処へ寄託した農産物を担保とした貸付）の強化、第二に担保貸付（原文は儲押放款）の普及、第三に実物（種子・肥料など）貸付の推進、第四に青苗貸付（原文は青苗放款、種子・肥料・農具・家畜などの生産資材購入費用の貸付、前述の農本貸付と同内容）の改良などが提唱された。また、典当が存在しない県での衣類宝飾品を担保とした貸付の実施、手形割引の拡充、不良債権の積極的回収なども唱えられていた[6]。

それではここで支店網の拡大がいかに進んだかを検討してみよう。第Ⅲ-1表が支店の設立状況である。まず、1934年には上海市・清江（淮陰県）に分行が設置され、金壇・宜興・宿遷には支行が、金山・奉賢・東坎（阜寧県）には弁事処が設けられた[7]。続いて35・36年には江北各県に分行・支行・弁事処が次々と設立され、江北の支店網の充実が図られた。また35・36年には、すでに分行が存在し営業活動が活発な各県にも弁事処がつくられ、複数の支店を持つ県も現れた。こうして、37年初頭には48市県をカバーするまでになった。また農民銀行は、運銷合作社の農産物共同販売を奨励するために34年1月「江蘇省合作社農産運銷弁事処」の設立を決定し、副総経理・侯厚培を弁事処主任に任命した。同年2月には上海に弁事処が開設され、5月1日に営業を開始した[8]。

第Ⅲ-2表と第Ⅲ-3表が1933年から36年までの貸借対照表であるが、両表からその経営の発展状況を探ろう。まず注目すべきは、資本金が239万元から393万元（35年末）さらには408万元（36年末）へと大幅に増強されたことである。農民銀行は34年3月、資本金増強の方針を決定した。その方策の一つが、各県の官荒（公有の荒地）の一部を最低価格で見積り資本金に充当することであった。この官荒は開墾し小作地とし、小作料収入を農民銀行に納め、土地売却の際には代金を農民銀行に納入することとされた[9]。この方策に基づいて35年に

第Ⅲ－1表　江蘇省農民銀行の店舗網（1937年初頭）

区別	市県別	名　称	設立年月
鎮寧区	鎮江	総行	1928・7
	南京市	南京分行	1930・5
	江寧	江寧弁事処	1935・7
	丹陽	丹陽分行	1930・11
		呂城弁事処	1936・7
	溧陽	溧陽支行	1935・1
	金壇	金壇支行	1934・4
	高淳	高淳支行	1929・4
	句容	句容弁事処	1936・8
	揚中	揚中弁事処	1936・5
	溧水	溧水弁事処	1936・5
	六合	六合弁事処	1936・11
蘇常区	呉県	蘇州分行	1931・9
		閶門弁事処	1936・5
		滸墅関弁事処	1936・7
	武進	常州分行	1929・7
		奔牛弁事処	1936・7
	無錫	無錫分行	1930・3
	常熟	常熟分行	1928・9
		東塘市弁事処	1936・7
	江陰	江陰分行	1933・3
	呉江	呉江分行	1929・1
		震沢弁事処	1933・9
		盛沢弁事処	1935・10
		同里弁事処	1936・10
	宜興	宜興支行	1934・4
		和橋弁事処	1936・7
		張渚弁事処	1936・7
松滬区	上海市	上海分行	1934・3
		上海農産運銷弁事処	1934・5
		南市弁事処	1935・6
	上海	北橋弁事処	1935・7
		周浦弁事処	1936・7
		閔行弁事処	1936・9
	松江	松江分行	1929・6
		楓涇弁事処	1936・7
	崑山	崑山分行	1929・9
	嘉定	嘉定分行	1931・7
	太倉	太倉弁事処	1931・8

区別	市県別	名　称	設立年月
	青浦	青浦分行	1930・11
		朱家角弁事処	1936・4
	宝山	宝山弁事処	1931・7
		羅店弁事処	1936・7
	金山	金山弁事処	1934・6
	奉賢	奉賢弁事処	1934・10
	南匯	南匯弁事処	1935・1
		大団弁事処	1936・9
	川沙	川沙弁事処	1935・6
	崇明	崇明弁事処	1935・11
塩阜区	塩城	塩城分行	1931・10
		合興弁事処	1936・9
		上岡弁事処	1936・8
	阜寧	阜寧支行	1935・7
		東坎弁事処	1934・12
	東台	東台分行	1935・8
		安豊弁事処	1936・7
		湊潼弁事処	1936・7
		時堰弁事処	1936・12
	興化	興化弁事処	1935・2
	泰県	姜堰弁事処	1936・5
		海安弁事処	1936・7
		曲塘弁事処	1936・7
		樊汊弁事処	1936・7
通如区	如皋	如皋分行	1930・11
	泰興	泰興弁事処	1935・3
淮揚区	淮陰	清江分行	1934・10
	宝応	宝応弁事処	1935・2
		氾水弁事処	1936・7
	漣水	漣水弁事処	1935・2
徐海区	銅山	徐州分行	1931・12
	宿遷	宿遷支行	1934・8
	沭陽	沭陽弁事処	1931・11
	豊県	豊県弁事処	1935・5
	睢寧	睢寧弁事処	1935・10
	沛県	沛県弁事処	1937・1
	邳県	邳県弁事処	1936・11

出所：「民国二十五年本行業務報告」（『農行月刊』第4巻第3期、1937年3月）12、13頁。

は、駱馬湖官田約27万6000畝（宿遷県所在）が最低価格86万5000元と見積られ、それが資本金に充当された。また同年には、各県からの基金納入が約56万元、省政府からの返済金が約31万1000元あった[10]。こうして35年末には資本金の大幅な増強が実現したのである。

　1933年から36年にかけては、預金量も大幅に増加している。特に34年の預金量の増加は顕著であり、前年末と比較して各種預金が3.7倍、儲蓄処当座預金は2.4倍に増えている。35年にも預金量は増加し、各種預金（35年は当座預金と定期預金の合計）が対前年比2.3倍、儲蓄処当座預金は1.9倍の増加であった。35年末は当座預金と定期預金の金額も判明し、圧倒的に当座預金が多額であったことが分かる。36年には各種預金が2050万元、儲蓄処当座預金が470万元にまで増加した[11]。こうした預金額増加の要因の一つは、省・県金庫の代理業務による資金の確保にあった。農民銀行は設立時から省金庫の代理業務は行っていたが、31年の水害直後には金庫残高は僅少となった。しかし、37年上期には残高が約246万元に達した。県金庫の代理業務は34年下期から実施したが、37年上期にはその残高は約301万元となった[12]。こうして37年上期の省・県金庫代理の残高は合計で547万元となった。それを36年末の貸借対照表の各種預金残高約2050万元と比較すると、およそ4分の1となる。すなわち、預金残高の約4分の1が省・県政府の各行政機関の公金で占められていた計算になる。残念ながらその他の預金がいかに集められたのかは不明である。

　1934年の県金庫制度実施以前は、各県の公金は各行政機関により民間銀行・銭荘及商店に預け入れられていた。この商店の信用は確実でなく倒産などが常に発生し、公金が損失を受けた。また公金の監督・調査も容易ではなく利息の損失が甚だしく、かつ公金の保管機関が利を漁りやすかった[13]。このように、公金が各行政機関によりばらばらに管理され、各行政機関の責任者のコネで様々な金融機関・商店に預け入れられていた。そして行政機関の責任者は、金融機関・商店からの贈賄や利息の着服を行っていたのである。このように県金庫制度の実施と公金の農民銀行への集中は、県長以下の官僚層の既得権益を制限する内容であった。それが断行できた点は、陳果夫及び趙棣華による省財政制度改革の成果の一つであった[14]。

第Ⅲ－2表　江蘇省農民銀行の貸借対照表（1933・34年12月末現在）

単位：元

資産の部			負債の部		
科　目	1933年	1934年	科　目	1933年	1934年
各種貸付	2,743,258	7,957,260	資本総額	2,200,000	2,200,000
領用券準備金		1,499,200	新規資本	191,944	399,853
同業預金	1,578,012	1,296,837	積立金	175,376	191,551
現金	227,676	809,762	各種預金	1,560,029	5,797,568
倉庫貸越	106,272	195,149	儲蓄処当座預金	384,434	934,270
儲蓄処資金	100,000	100,000	領用兌換券	250,000	1,695,381
有価証券	41,503	170,607	領用券準備金		138,445
取立依託金	21,080	151,724	送金手形	88,437	493,241
営業用固定資産	124,026	179,450	支払手形	4,395	60,750
営業用器具	27,184	66,401	同業預金	46,312	447,788
保証金	44,169	60,809	同業借越	44,068	26,107
未収利息	33,062	82,494	代理取立金	11,082	71,754
開業費	26,756	42,536	未払利息	8,812	14,358
その他	15,188	63,468	行員救恤金	15,908	17,474
			行員儲蓄金	32,748	35,557
			未払行員報酬金	38,591	43,893
			その他資産	9,524	5,883
			本年純益	26,527	101,825
合　計	5,088,186	12,675,697	合　計	5,088,186	12,675,697

出所：中国銀行総管理処経済研究室編『全国銀行年鑑』民国24年版（1935年）B153頁、『全国銀行年鑑』民国25年版（1936年）F38頁。

　第Ⅲ－2・Ⅲ－3表によれば、領用兌換券の発行も毎年増加し、1936年末には337万元となり、資金量の増加に大きく貢献していた。さらに農民銀行は、36年には江北で1角・2角・5角の3種類の補助紙幣（輔幣券）を発行し、その発行残高は第Ⅲ－3表のように164万元にも上った。この補助紙幣発行は江蘇銀行と共に徐州平市官銭局の事業を引き継いだものであり、農民銀行には300万元の発行が許可された。両行による小額紙幣の発行は、江北で非合法に発行されていた補助紙幣の駆逐に貢献したとされる[15]。

　それではここで農民銀行の貸付業務の推移を追って見よう。1936年の営業報告書に記載された貸付額は第Ⅲ－4表（1）の通りである。しかし、その内容を各年の営業報告書に戻って詳細に検討すると、33～36年にかけての合作社貸

184　第2部　農業金融政策と合作社・農業倉庫

第Ⅲ－3表　江蘇省農民銀行の貸借対照表（1935・36年12月末現在）

（1）1935年　　　　　　　　　　　　　　　　　　　　　　　単位：元

資産の部		負債の部	
科　目	金　額	科　目	金　額
現金及び同業預金	7,713,486	実収資本	3,935,611
当座貸付	6,927,457	積立金	380,307
定期貸付	3,421,887	当座預金	12,495,892
領用券準備金	1,893,000	定期預金	608,053
有価証券	134,615	儲蓄処当座預金	1,795,165
儲蓄処資金	100,000	領用兌換券	1,893,000
固定資産及び器具	1,209,043	未払手形	712,065
未収金	642,915	未払金	80,164
		本年純益	142,146
合　計	22,042,403	合　計	22,042,403

（2）1936年

資産の部		負債の部	
科　目	金　額	科　目	金　額
現金及び同業預金	13,580,917	資本総額	4,000,000
各種貸付	15,996,167	新規資本	88,706
領用券準備金	3,379,950	積立金	560,812
補助紙幣発行準備金	1,649,300	各種預金	20,503,874
有価証券	1,222,303	儲蓄処当座預金	4,708,071
儲蓄処資金	200,000	領用兌換券	3,379,950
固定資産及び器具	1,302,014	補助紙幣発行	1,649,300
未収金	446,964	領用券保証準備金	961,860
		未払手形	1,481,153
		未払金	211,708
		本年純益	232,182
合　計	37,777,616	合　計	37,777,616

出所：『全国銀行年鑑』民国25年版、F39頁、『全国銀行年鑑』民国26年版（『近代中国史料叢刊』第3編第23輯、台北、文海出版社、1987年）376頁。

付及び倉庫担保貸付の金額について明確な誤りがあることが判明した。それを修正したものが同表（2）である。まず、合作社貸付から検討して見よう。34年の営業報告書では、同年の合作社貸付累計が236万844元、前年の貸付残高が116万483元、合計で352万1327元を貸し付けたと説明されている[16]。したがって同表（1）の34年合作社貸付累計額は、実際は33年貸付残高と34年貸付累計

第４章　江蘇省農民銀行の経営構造と農業金融　185

第Ⅲ－４表　江蘇省農民銀行の貸付状況

(1) 修正前

単位：元、％

年別	合作社貸付		農業倉庫担保貸付		合　計		総貸付残高
	年間累計	12月末残高	年間累計	12月末残高	年間累計	12月末残高	
1933年	2,126,764	1,426,023	1,281,707	320,743	3,408,471	1,746,766	2,892,542
1934年	3,521,327	2,334,728	4,278,621	2,244,032	7,799,948	4,578,760	8,195,117
1935年	3,428,857	1,623,311	10,471,476	2,955,203	13,900,333	4,578,514	9,862,378
1936年	4,453,438	1,578,654	17,224,018	5,861,089	21,677,456	7,439,743	15,541,655

(2) 修正値

年別	合作社貸付		農業倉庫担保貸付		合　計		総貸付残高
	年間累計	12月末残高	年間累計	12月末残高	年間累計	12月末残高	
1933年	2,126,764	1,160,483	1,281,707	320,743	3,408,471	1,481,226	2,892,542
1934年	2,360,844	1,575,695	4,278,621	2,167,171	6,639,465	3,742,866	8,195,117
1935年	1,811,638	1,569,645	8,304,305	3,039,052	10,115,943	4,608,697	9,862,378
1936年	3,397,769	1,578,654	14,184,966	5,861,089	17,582,735	7,439,743	15,541,655

(3) 貸付残高の割合（修正値）

年別	合作社貸付	農業倉庫担保貸付	その他貸付	合　計
1933年	40.1	11.1	48.8	100.0
1934年	19.2	26.4	54.3	100.0
1935年	15.9	30.8	53.3	100.0
1936年	10.2	37.7	52.1	100.0

出所：前掲「民国二十五年本行業務報告」9頁より作成。修正理由は本文参照。

との合計であることが判明した。これにより33年合作社貸付残高と34年貸付累計を、同表（２）のように修正した。こうした合作社貸付額の操作は、貸付額を誇大に見せる目的で故意になされたのではないかと考えられる。さらに34年の貸付残高は、第Ⅲ－５表のように筆者が独自に算出した数字である。34年の営業報告書では、合作社貸付の種類として青苗貸付、担保貸付、運送販売貸付の３種類が上げられている[17]。したがって第Ⅲ－４表（２）の34年合作社貸付には、合作社に対する農産物担保貸付が農業倉庫担保貸付と重複してカウントされている。35年の営業報告書では、合作社への貸付は青苗貸付累計168万2868元、運送販売貸付累計12万8770元、残高がそれぞれ154万7510元、２万2135元とされているので[18]、同表（２）では両貸付を合計して累計181万1638元、残高156万9645元という数字を採用した。36年については、同年の営業報告書には合作社貸付の算出根拠が示されていない[19]。ただ同報告書の各県業務報告部分には、県ごとの合作社貸付累計額が掲載されている。それを一覧表にまとめ

たものが第Ⅲ－6表である。その結果同年の農本貸付累計289万6544元、運送販売・副業貸付累計50万1225元という数字が得られ、両者の合計339万7769元を第Ⅲ－4表（2）には記載した。なお第Ⅲ－6表の担保貸付は、農業倉庫担保貸付にも重複してカウントされているので割愛した。

第Ⅲ－4表（1）の1935・36年の農業倉庫担保貸付も水増しされた数字である。第Ⅲ－7表は同貸付を月別に示したより詳細なデータであるが、35・36年の貸付累計額は第Ⅲ－4表（1）よりかなり少なめになっている。実は第Ⅲ－4表（1）の数字は、年間貸付累計に前年12月末の貸付残高をプラスした数字なのである。そこで第Ⅲ－7表の数字に基づいて、第Ⅲ－4表（2）のように修正した。

第Ⅲ－4表（3）からは、合作社貸付の比重の急激な低下と、農業倉庫担保貸付の比重増大が読み取れる。1936年には合作社貸付は、農民銀行の貸付残高総額の僅か1割にまで低下したのである。それに代わって34年からは農業倉庫担保貸付が増加し、36年には37.7％を占めるまでになった。なお同表によれば、合作社貸付・農業倉庫担保貸付以外に、その他貸付が多額に上っていたことが分かる。残念ながら各年度の営業報告書ではその貸付の詳細は明らかにされておらず、断片的な史料からその実態に迫らざるを得ない。その他貸付については、第4項において検討する。

2．合作社貸付の状況

第Ⅲ－5表のように、1933年末の合作社貸付残高は常州分行が最大であり、次いで丹陽分行が多かった。また貸付合作社数では総行に次いで丹陽分行が多く、総行は複数県で業務を展開しており、単独の県では丹陽県が最大の合作社を擁していた。このように丹陽県の合作社は数量的には省内有数であるが、内容的には問題を抱えるものが極めて多く、様々な弊害を生み出していた。そのために民衆は、合作社を揶揄して「活捉社」「合借社」と呼び、合作指導員は「死導員」、催収員は「催命員」「討債鬼」と呼ばれた。34年当時、同県には161の合作社が存在し（第Ⅲ－8表では165社）、そのうち133社が丹陽分行より融資を受けていた[20]。第Ⅲ－9表がその貸付の返済状況であるが、借入金を返済し

第Ⅲ－5表　店舗別合作社貸付状況（1934年）

単位：社、元

区別	店舗名	33年貸付残高(A) 社数	33年貸付残高(A) 金額	34年貸付累計(B) 社数	34年貸付累計(B) 金額	34年返済額(C) 社数	34年返済額(C) 金額	34年貸付残高(A+B-C) 社数	34年貸付残高(A+B-C) 金額
鎮寧	総行	135	91,124	94	50,708	123	57,374	106	84,458
	南京分行	98	112,177	74	120,111	76	99,838	96	132,450
	丹陽分行	123	153,361	109	74,141	111	70,917	121	156,585
	高淳分行	85	49,527	92	50,689	90	47,674	87	52,542
	金壇支行	9	1,000	96	66,885	102	44,834	3	23,051
	溧陽支行			104	77,355	47	24,255	57	53,100
蘇常	常州分行	112	238,379	176	232,351	193	296,638	95	174,092
	無錫分行	12	7,615	23	18,976	20	19,215	15	7,376
	蘇州分行	35	31,030	26	37,546	54	37,405	7	31,171
	呉江分行	78	78,772	131	63,027	154	74,557	55	67,242
	常熟分行	58	116,144	63	94,485	87	85,124	34	125,505
	江陰分行	12	10,474	78	58,133	60	44,023	30	24,584
	宜興支行			158	229,788	106	82,085	52	147,703
松滬	崑山分行	29	34,541	21	50,677	36	46,264	14	38,954
	嘉定分行	6	3,341	14	34,150	12	26,582	8	10,909
	上海分行			13	105,052	5	98,720	8	6,332
	松江分行	112	130,102	139	202,706	206	240,571	45	92,237
	青浦分行	21	25,660	24	33,178	24	32,450	21	26,388
	金山弁事処			50	36,455	26	14,848	24	21,607
徐海	徐州分行	41	7,856	39	42,153	76	26,467	4	23,542
	宿遷支行			106	63,580	24	24,947	56	38,633
	沭陽弁事処			23	8,721	15	4,550	8	4,171
淮揚	清江分行			158	92,415	103	45,827	55	46,588
通如	如皋分行	49	58,165	96	154,865	102	134,207	43	78,823
塩阜	塩城分行	13	11,214	111	362,695	61	265,161	63	108,748
	合計	1,028	1,160,483	2,018	2,360,844	1,939	1,945,632	1,107	1,575,695

出所：「江蘇省農民銀行二十三年業務報告」（『農行月刊』第2巻第1・2期、1935年2月）77－79頁より作成。
注：1934年返済額の合計金額は合わないが、そのまま掲出した。

継続して融資を受ける合作社は僅か13社であった。利息のみを返済し残金は返済繰越とする合作社が最も多く53社あった。長期滞納の合作社も多く、旧来からの督促案件が16社、新規編入予定が24社あった。

そうした督促案件の中でも、悪質なものには灌漑合作社が多かった。肇巷郷灌漑合作社は1930年に農民銀行より3000元を借り入れ、12馬力揚水機2台と船1隻を購入した。だが灌漑事業では支出がかさみ採算が合わず、負債が4700元に累増した。そこで機材が鄺徳裕という個人に委ねられ、金壇・江北などで営業活動がなされ、社員には何の役にも立たないとされていた[21]。上柵郷灌漑合

第Ⅲ-6表 江蘇省農民銀行の合作社貸付累計額（1936年）

単位：元

区別	県別	農本貸付	運送販売・副業貸付	担保貸付	合　計
鎮寧	鎮江	64,518			64,518
	江寧	30,141			30,141
	丹陽	98,791	19,228	35,492	153,511
	溧陽	81,449		6,181	87,630
	金壇	98,240	21,607		119,847
	高淳	86,173			86,173
	溧水	46,731			46,731
	句容	6,614		1,142	7,756
	六合	13,750			13,750
	江浦	4,589			4,589
	揚中	1,695			1,695
蘇常	呉県	20,453	101,460		121,913
	武進	267,837		36,915	304,752
	無錫	59,372			59,372
	常熟	70,739			70,739
	江陰	125,221	31,983	34,324	191,528
	呉江	240,530			240,530
	宜興	55,462	13,619		69,081
松滬	上海	56,819			56,819
	松江	53,279		1,300	54,579
	崑山	38,342			38,342
	嘉定				0
	太倉	1,618			1,618
	青浦	26,828			26,828
	宝山	3,112			3,112
	金山	26,666			26,666
	奉賢	5,433			5,433
	崇明	10,769			10,769
塩阜	塩城	204,684			204,684
	阜寧	51,998		28,700	80,698
	東台	35,564			35,564
	興化	14,959			14,959
	泰県	14,315			14,315
通如	如皋	43,604			43,604
	南通	42,004			42,004
	泰興	30,418			30,418

第 4 章　江蘇省農民銀行の経営構造と農業金融　189

	靖江			14,875	14,875
淮揚	淮陰	70,000	130,339	28,610	228,949
	江都	18,324			18,324
	宝応	37,551			37,551
	淮安	59,192	14,888	4,679	78,759
	漣水	101,368			101,368
	高郵	16,749			16,749
徐海	銅山	84,871	39,468	53,811	178,150
	宿遷	83,793	117,928	180,257	381,978
	泗陽	3,949			3,949
	沭陽	80,157		81,318	161,475
	豊県	47,810	8,130		55,940
	睢寧	38,040	2,575	113,899	154,514
	沛県	6,690		15,446	22,136
	碭山	4,240		4,468	8,708
	蕭県	174,879		23,914	198,793
	邳県	24,520		20,304	44,824
	贛楡	11,694			11,694
合計	54県	2,896,544	501,225	685,635	4,083,404

出所:「民国二十五年本行業務報告（続）第三章合作事業」（『農行月刊』
　　第 4 巻第 4 期、1937年 4 月）53－118頁より作成。
注:分類が不明な貸付は農本貸付に入れた。

第Ⅲ－ 7 表　月別農業倉庫担保貸付額

単位：元

月別	1935年				1936年			
	前月残高	本月貸付	本月回収	本月残高	前月残高	本月貸付	本月回収	本月残高
1 月	2,167,171	1,779,149	186,788	3,759,532	3,039,052	2,068,502	602,720	4,504,834
2 月	3,759,532	416,436	279,959	3,896,009	4,504,834	369,340	757,982	4,116,192
3 月	3,896,009	409,493	791,406	3,514,097	4,116,192	413,104	1,022,584	3,506,713
4 月	3,514,097	207,930	598,150	3,123,877	3,506,713	456,280	996,869	2,966,123
5 月	3,123,877	173,743	669,910	2,627,710	2,966,123	299,102	1,002,975	2,262,250
6 月	2,627,710	590,338	775,387	2,442,660	2,262,250	782,152	1,130,237	1,914,165
7 月	2,442,660	414,369	853,536	2,003,494	1,914,165	1,328,574	895,609	2,347,130
8 月	2,003,494	236,745	559,854	1,680,385	2,347,130	1,071,966	824,713	2,594,382
9 月	1,680,385	702,642	534,875	1,848,152	2,594,382	1,057,557	549,977	3,101,963
10月	1,848,152	1,045,370	847,113	2,046,409	3,101,963	2,007,424	927,676	4,181,711
11月	2,046,409	1,025,194	709,606	2,361,997	4,181,711	2,191,489	1,232,309	5,140,892
12月	2,361,997	1,302,895	625,840	3,039,052	5,140,892	2,139,475	1,419,278	5,861,089
合計		8,304,305	7,432,424			14,184,966	11,362,929	

出所:「民国二十五年本行業務報告（続）第四章農業倉庫」（『農行月刊』第 4 巻第 5 期、1937年
　　 5 月）97頁。
注:1936年の本月貸付合計は「141,184,966.40」となっているが、上記のように修正した。

第Ⅲ-8表　丹陽県における合作社の動向

単位：社、人

(1) 合作社数の推移

年度	社数	社員数
1928年	9	142
1929年	46	851
1930年	149	2,644
1931年	159	3,133
1932年	159	3,102
1933年	160	5,987
1934年	165	6,059
1935年	181	4,421
1936年	202	5,122

(2) 1936年合作社の種類

	種類	社数	社員数
登記済	信用	25	571
	生産	20	997
	供給	4	195
	兼営	32	1,133
	小計	81	2,896
未登記	信用	107	2,054
	生産	12	130
	運銷	2	42
	小計	121	2,226
合　計		202	5,122

出所：前掲「民国二十五年本行業務報告（続）第三章合作事業」55、56頁。

第Ⅲ-9表　丹陽分行合作社貸付の返済状況（1934年）

項　目	合作社数
返済期日に到らず	21
返済し、借入せず	1
返済し、継続借入	13
利息のみ返済し、残金返済繰越	53
督促により返済し、借入停止	1
督促により利息のみ返済し、残金繰越	3
督促により利息と元本の一部を返済し、残金繰越	1
督促案件への編入予定	24
旧来の督促案件であり未解決	16
合　計	133

出所：総行調査股「本行丹陽分行一年来合作事業推進情形」（『農行月刊』第2巻第3期、1935年3月）47頁。

注：明確な説明はないが1934年末のデータと考えられる。

作社は32年1月に850元を借り入れ、同年9月を返済期日とした。しかし長期間滞納し、34年4・5月に丹陽分行が厳しく督促して、灌漑機器を没収し1200元を回収した。残金も35年2月には回収された。廟段郷灌漑合作社は30年6月に1900元を借り入れ、同年12月を返済期日とした。しかし返済が全くなされないため、34年に機器・機船を没収し1200元を回収した。残額1745元も3回に分

けて返済させることにした[22]。このように灌漑合作社に多くの焦げ付きが生じたのは、貸付体制にも問題があった。すなわち、合作社貸付は最長1年であり、動力揚水機などに多額の投資をしてもその資金の回収は1年では困難であった。それに加えて、旱魃や水害などにより業務が計画通りに進まなければ、返済はより難しくなる。農民銀行はこのような生産手段への投資のためには、より長期の貸付を設定するか、あるいは合作社側でかなりの自己資本を用意させるなどの工夫が必要であった[23]。

信用合作社も多くのトラブルを発生させていた。まず、商人が農民を偽装して借金を行うケースが見られた。劉家村信用合作社の社員の多くは東洋橋の商人であり、借金の目的は農民に高利で又貸しすることであると報告されている[24]。合作社責任者による、借入金・返済金の着服も多かった。蘇巷郷信用合作社は1930年に1500元を借り入れたが、帳簿には800元の入金のみ記載され、残金は理事主席が着服した。800元は社員に貸し付けられ期日通りに理事主席に返済されたが、彼はこれも着服し農民銀行には全く返済しなかった。翌年農民銀行は同社を調査し実態をつかみ、県政府により理事主席は逮捕・投獄された。半年後、理事主席は出獄したが、貸付金は全く回収できない状況にあった[25]。潘家村信用合作社は31年5月に1000元を借り入れたが、翌年3月の返済期日になっても返済の動きがなかった。農民銀行が同村に調査に入っても、村民はこの合作社の存在自体を否定した。34年6月に秘密調査を数回行い、同社の司庫（金庫係）が城内に隠れ住んでいることを突き止めた。司庫に対する10数回の厳しい督促で、やっと貸付金の一部が回収できた[26]。このように信用合作社の場合は確実な担保もなく、また個人による不正行為も多く、回収には多大の労力を必要とした。

1933年10月に省政府主席に就任した陳果夫は、丹陽県合作事業の改革を重視し、同年冬に中国合作学社の専門家の視察を要請し、改革のための意見書をまとめさせた。34年11月には同県が合作実験区に指定され、県長・畢静謙を主任、建設庁実業技師・李吉辰（米国ミネソタ大学農学修士）を副主任とし、総勢16名の指導員で合作事業の改革が開始された[27]。その改革の方向は、これまでの信用合作社中心から、生産合作社と運銷合作社及び倉庫事業を重視することであ

192　第2部　農業金融政策と合作社・農業倉庫

第Ⅲ－10表　丹陽分行の合作社への貸付・返済状況（1935年）

（1）貸付状況

項　目	合作社数
新合作社への貸付	31
旧合作社への貸付	50
繰越貸付	74
合　計	155

（2）返済状況

項　目	合作社数
期日前の返済	38
期日通りの返済	8
延期返済	27
繰越返済	74
期日経過後の返済	23
返済督促案件	34
本年分の未返済	32
合　計	236

出所：「本行二十四年業務報告」（『農行月刊』第3巻第2期、1936年2月）41頁。

注：繰越貸付（原文「転期放款」）は、正当な理由があるために利子のみ返済し繰越が認められたものである。それが返済されたのが繰越返済である。
延期返済（原文「延期還款」）は、繰越が認められず0.5％の利子を加算され、1カ月以内に返済されたものである。
期日経過後の返済（原文「過期還款」）は、延期・繰越の期限にも遅れて返済された部分、さらには返済督促案件で回収された部分であろう。

り、生産合作社にも現金ではなく種子・肥料などの現物を貸し出すことが目指された[28]。第Ⅲ－5表のように、34年に丹陽分行は不良貸付の回収を進めたため、新規の貸付は抑制した。しかし、34年末の貸付残高は依然として15万元以上あり、不良貸付回収の困難さを示すものであろう。翌35年には、第Ⅲ－10表のように新規貸付は81社（新合作社31社・旧合作社50社）に抑えられ、繰越貸付が74社に上った。同年には期日経過後の返済が23社あり、長期滞納貸付の回収がかなり進展したことが窺える。しかし、まだ返済督促案件が34社残っていた。36年には大胆な合作社の整理が断行された。同年11月段階の報告によれば、143社が不健全な合作社と認定され整理対象となった。その内訳は、本来は解散させるべきであるが債務が残っているため活動停止としたもの40社、債務は清算したために解散を命令したもの30社、改組予定のもの10社、登記を許可せず整理方法を検討中のものが63社であった[29]。このように、淘汰の対象となるべき劣悪合作社と判断されたものが70社にも上ったのである。第Ⅲ－8表によれば、

36年末段階で登記が許可されなかった合作社は121社となった。登記済合作社は81社のみであり、いかに不健全な合作社が多かったかが一目瞭然となる。特にその中でも信用合作社が107社と圧倒的に多かった。

丹陽県のように合作実験区に指定された県以外には、劣悪合作社や貸付資金焦げ付きの実態はつかみにくい。ここでいくつかの事例を紹介しよう。まず、前述のように合作社貸付の回収状況が極端に悪化した武進県では、100余りあった合作社を1933

Ⅲ－11表　常熟分行の合作社貸付（1935年）
単位：元

月別	貸付	回収	残高
1月	1,475	3,074	123,106
2月	220	434	122,892
3月	1,914	140	124,666
4月	80	1,773	122,973
5月	462	3,213	120,222
6月	3,633	1,355	122,500
7月	―	896	121,604
8月	1,020	510	122,114
9月	123	990	121,247
10月	―	3,706	117,541
11月	―	1,747	115,794
12月	2,807	2,005	116,596
合計	11,734	19,843	

出所：前掲「本行二十四年業務報告」67頁。

年末には解散・合併により79社に減らした[30]。鎮江県でも35年には合作社改善計画を策定した。そして全県合作社94社が、解散予定10社、指導改善予定41社、解散あるいは合併予定43社に分類され、35年中に16社が解散させられた。また同県には督促案件の合作社が21社存在した。同県でも灌漑合作社の成績は悪く、3社すべてが経営に失敗し活動停止に陥り、しかも器材の保管も悪くすべて廃棄されていた[31]。次に、常熟分行であるが、その合作社貸付の多くが回収困難に陥ったことは既述の通りである。第Ⅲ－11表によれば、同分行の合作社貸付残高は、貸付・回収金額に比べて異常に高い。すなわち約12万元の貸付残高のほとんどは不良債権とみなして間違いないであろう。このように同県では、不良債権が長期累積してこのような巨額となっていたのである。そのために35年には1万1000元ほどしか新規貸付に回せない状況にあった。宜興県では34年4月に支行が設立されるまでは、合作社貸付は常州分行の担当であった。宜興支行は設立されると県内合作社の調査に乗り出し、合作社の約3分の2が業務停頓状態にあることをつかんだ[32]。同県の合作社は郷鎮長の指導下にあるものが大多数であり、その操縦による弊害が甚だしく、改善を加えることは容易ではない、と報告されていた[33]。宿遷県では、34年11月現在県政府に登記された合

第Ⅲ-12表　江蘇省における合作社数の推移

単位：社、人、元

年別	分布県数	合作社数	社員数	徴収出資金額
1929年6月	20	309	10,971	46,371
1930年6月	31	668	21,175	96,453
1931年6月	50	1,226	38,280	266,885
1932年6月	51	1,721	53,512	434,312
1933年6月	52	1,828	57,100	453,580
1934年12月	60	2,937	105,036	―
1935年12月	56	4,091	138,369	―
1936年6月	59	3,825	133,386	1,006,759
1936年12月	56	1,876	79,170	814,489
1937年5月	61	2,408	112,936	805,099

出所：1937年5月は『江蘇合作』第27期、1937年7月、14-16頁、それ以外は前掲「民国二十五年本行業務報告（続）第三章合作事業」50頁より作成。

注：1929年～33年までは、原資料ではそれぞれ1年前の数字になっているが、上記のように修正した。

作社は114社あり、8月に新設された宿遷支行が12月20日までに貸し付けたものは57社であった。宿遷支行は徐州分行より返済督促案件合作社15社・元利合計3329元を引き継いだが、同年11月までに1424元を回収した。返済督促案件の中でも悪質なものは、第7区浜河郷信用合作社であった。同社は31年第1区分行より600元を借り入れた。だが理事主席の丁楽禮は200元を社員への貸し付けに充てるだけで、残額を票紙（私的発行の紙幣）発行の準備金にした。丁楽禮は裕華布荘を営業する商人であり、同時に票紙を発行していたのである。この事実が判明し、彼は県政府に逮捕された[34]。既述のように高淳県でも劣悪合作社が叢生し、36年当時同県では合作社の5分の4以上が名目だけの存在になっていると報告されていた[35]。

　第Ⅲ-12表が江蘇省における合作社数の推移である。それによれば1934年から35年にかけて合作社数は急増した。それは既述のように農民銀行の支店網と貸付業務が拡充され、これまで合作事業が活発でなかった地域にも合作社が次々と設立されたためである。ただこれら合作社すべてに資金が貸し付けられた訳ではない。第Ⅲ-13表が35年に農民銀行より融資を受けた合作社であり、全省4091社のうち約6割にあたる2407社が融資を受けていた。このように設立さ

第Ⅲ-13表　江蘇省農民銀行の融資合作社（1935年）

単位：社、人

区別	信用		購買		利用		生産		生産販売		兼営		合計	
	社数	社員数	社数	社員数	社数	社員数	社数	社員数	社数	社員数	社数	社員数	社数	社員数
鎮寧区	452	11,631	13	699	22	722	118	7,758	12	842	17	441	634	22,093
蘇常区	215	8,268	6	154	25	481	62	2,440	83	2,919	120	4,360	511	18,622
松滬区	213	5,476	5	523	1	18	6	373	22	492	42	1,810	289	8,692
塩阜区	62	1,241			1	35	4	95	51	2,509	57	1,797	175	5,677
通如区	27	692	10	258	1	23	5	341	5	485	40	943	88	2,742
淮揚区	104	2,476	2	65			28	856	15	169	124	3,901	273	7,467
徐海区	250	6,289	1	18			4	228	91	2,072	91	2,371	437	10,978
合計	1,323	36,073	37	1,717	50	1,279	227	12,091	279	9,488	491	15,623	2,407	76,271

出所：前掲「本行二十四年業務報告」29、30頁より作成。

た合作社がすべて融資を受けられた訳ではなく、融資を受けることが出来ない合作社も多かったのである。もちろん同省では中国銀行や上海商業儲蓄銀行も合作社貸付業務を展開しており、そこから融資を受ける合作社も一部存在した。

　第Ⅲ-14表が合作社貸付の返済状況である。1935年部分は同年末時点の歴年の返済状況と説明されているが、期限内返済は64.4％のみであり、貸付期限経過後の返済が18.2％にも上り、さらには返済督促勘定に転入されたものが7.9％もあった。このように歴年の返済状況は極めて悪かった。地区別では通如区が最悪であり、次いで高淳・丹陽両県が含まれる鎮寧区の成績が悪かった。淮揚・徐海区は返済督促の比率が低いが、それは両区では合作社の組織化が遅れ貸付の年数が浅いためであろう。実際に、第Ⅲ-14表（1）のように両地区では返済期限前の貸付の割合が2割前後を占めていた。すなわち、35年秋期の貸付が多いために、同年末にはまだ返済期限に至らなかったということであろう。貸付種類別では、利用貸付の返済督促比率が高く、前述の灌漑合作社はこれに該当する。購買合作社の比率も高く、大豆粕の購入はこれに該当した。このように合作社貸付の返済率が悪いのは、自然災害や農業恐慌の中で農民の経済状況が極端に悪化していたことが最大の要因であった。だがそれだけが原因ではなく、合作社そのものの不健全性も大きな要因となっていた。

　本書第1章で既に述べたように、1936年4月には陳仲明が江蘇省に移り合作事業を統括することになった。彼の指導の下で、合作社の成績評価と劣悪合作社の淘汰がなされた。その陳仲明の36年6月段階の報告では、全省には3000余

第Ⅲ－14表　合作社貸付の返済状況（1935・36年）

（1）1935年　　　　　　　　　　　　　　　　　　　　　　単位：％

	期限内返済	期限後返済	返済督促	返済期限前
鎮寧区	62.8	19.4	12.6	5.2
蘇常区	72.3	18.6	6.3	2.8
松滬区	65.8	19.3	8.7	6.2
塩阜区	72.5	10.3	5.0	12.2
通如区	36.0	27.3	28.0	8.7
淮揚区	59.2	16.7	4.3	19.8
徐海区	57.9	17.2	0.6	24.3
信用	64.9	19.3	8.9	6.9
購買	51.7	20.0	18.3	10.0
利用	55.2	13.8	25.9	5.1
生産	60.1	23.3	10.0	6.6
生産販売	61.2	12.4	3.6	22.8
兼営	68.5	14.6	3.2	13.7
合　計	64.4	18.2	7.9	9.5

（2）1936年

	合作社数		金　額	
	期限内返済	返済延期	期限内返済	返済延期
鎮寧区	83	17	74	26
蘇常区	73	27	74	26
松滬区	84	16	84	16
塩阜区	85	15	87	13
通如区	87	13	88	12
淮揚区	85	15	90	10
徐海区	85	15	90	10
合　計	83	17	82	18

出所：1935年は前掲「本行二十四年業務報告」35頁、1936年は前掲「民国二十五年本行業務報告（続）第三章合作事業」53頁。

注：1935年は、同年末時点の歴年の貸付件数に対する返済率と説明されている。1936年は明確な説明はないが、当年分の貸付に対する返済率であると考えられる。

りの合作社があり、そのうち3分の1が農民銀行の審査に合格し融資を受けており、返済督促案件の合作社は400社以上存在し、残りは農民銀行から融資を受けられない合作社であるとされている[36]。第Ⅲ－12表のように36年6月当時合作社は約3800社存在したので、農民銀行より融資を受けた合作社はおよそ

1200～1300社となる。この数字は35年の融資合作社2407社（第Ⅲ－13表）と較べるとかなり少なく、36年には融資が優良な合作社に絞り込まれたことが窺える。ただこの1200～1300社への融資はあくまでも36年前半時点のことであり、同年後半には運銷合作社などへの融資もかなりなされたと考えられる。ここで注目すべきは、返済督促案件合作社が400社以上存在した事実である。農民銀行の合作社貸付は、かなりの部分が不良債権化していたのである。

　1936年には省政府は合作社の成績審査を行い、成績が劣悪な合作社は解散させた。そのために同年12月末には合作社が1876社に淘汰された。すなわち36年6月に比べて合作社は半分以下に減らされたのである（第Ⅲ－12表）。また、信用合作社中心から脱却してより活発な活動を展開するために、特産合作社の組織も奨励された。同年12月には、合作社39社の連合による省運銷連合社も結成された。さらに同年には、各県で区単位に合作社が連合を結ぶ動きが広まり、12県で33の合作社連合社が組織された[37]。

　第Ⅲ－14表（２）によれば、1936年には合作社貸付の返済状況はかなり改善された。すなわち、期限内返済が83％（金額では82％）に向上している。36年に入っての農村経済状況の好転や劣悪合作社の淘汰が、返済状況改善に結び付いたのであろう。それでも返済延期が17％（金額18％）あり、かなりの高さであった。

　陳仲明は今後の合作社の指導方針を次のように述べていた。第一に村・鎮を単位とした合作社を設立する。すなわち、末端の行政組織である村・鎮（正確には当時は郷・鎮であった）に合作社を設立し、全農家が加入するよう指導する。この合作社は兼営合作社とし、複合的な事業を展開する。同時に村・鎮内のあらゆる経済活動・社会活動及び政治活動は、この合作社機構を推進軸とする。第二に村・鎮合作社―区連合社―県連合社―省連合社と連なる強力な合作系統を樹立する。第三に全省の合作会計制度を統一し、わかりやすく簡易な新式簿記を導入する。第四に合作社の貯蓄業務を奨励する。第五に全省をいくつかの区に分けて、合作巡回督導員を置き各県を巡回指導させる[38]。以上のように陳仲明の将来構想では、行政機構と一体化した複合的事業を展開する合作社が目指されていた。これは第１章で述べたような、日本の産業組合視察の影響によ

るものであろう。

1937年になると合作社指導体制が強化された。まず、同年4月には合作指導員が63名から88名に増員され、7月には10行政督察区に各1名の合作事業督導員が配置され、各県を巡回指導することとなった[39]。そしてこの督導員のうち4名は、合作学院第1期卒業生が充てられたのである（第1章第3表参照）。

3．農業倉庫業務の発展

1933年11月17日、江蘇省政府により設置された農村金融救済委員会が開催され、農業倉庫政策を起案した。これが省政府常務委員会議で「農業倉庫規程」「調節食糧暫行弁法」などとして決定され、農業倉庫政策が推進されることになった。その内容は、農産物の需給調節と農村金融の活性化のために、各県の重要市鎮に農業倉庫を設立することであった。そのために、全省の農業倉庫の管理・監督機関として江蘇省農業倉庫管理委員会を設立し、各県には県農業倉庫管理委員会を設置するとされた。この県委員会の委員は、県長と農民銀行代表を加えた5～7名より構成するとされた。こうして各地に省営・県営の農業倉庫を建設し、農民の農産物の貯蔵及び省政府の買付食糧の貯蔵を行うとされた。なお、農産物の倉庫への受け入れは、農民が直接持ち込んだ農産物あるいは省政府の買付食糧に限定し、営利を目的とした寄託は受け付けないとされた。さらに各倉庫は農産物の保管証として倉庫証券を発行し、農産物寄託者はその証券で指定銀行より融資を受けることができるとされた。そしてこの銀行には農民銀行と江蘇銀行が指定された[40]。こうして34年には、省営・県営の倉庫が多数設立されて行く。

1934年には、農民銀行が担保貸付を実施した農業倉庫は184カ所（36県）となった。その内訳は、農民銀行の直営倉庫36カ所、省営倉庫5カ所、県営倉庫57カ所、合弁及び委託倉庫53カ所、合作社経営倉庫33カ所であった（第Ⅲ－15表～第Ⅲ－19表）。このように本年には、省営・県営の農業倉庫が多数設置され、農民銀行はこれら倉庫での貸付事業も開始したのである。この各種倉庫での貸付額を合計したものが第Ⅲ－20表である。同表の貸付残高は、第Ⅲ－4表（2）の34年残高とは若干の相違がある。ともかくも第Ⅲ－20表によれば、直営倉庫

での貸付が最も比重が高く残高で33.8％、下期累計で36.6％を占めていた。次いで倉庫数が最多の県営倉庫の比重が高く、合作社経営倉庫の比重は１割程度にすぎなかった。担保品で最大のものは米穀であり、特に江南ではそれが担保品の８～９割を占めた。次に棉花が多く、江南の嘉定・太倉両県、江北の東台県が棉花を主要担保品としていた。そのほか小麦・豆類・肥料（豆粕）・玉蜀黍・高粱・乾繭など、各種農産品が担保となっていた[41]。

　第Ⅲ－15表によれば直営倉庫は江南中心に分布し、江北は如皋・東台・清江・徐州の７カ所のみであった。直営倉庫は常州分行の倉庫数が最多であり、各倉庫の規模も大きく貸付業務も盛んであった。無錫分行の東亭倉庫では米穀の信託・加工業務を兼営し、貯蔵・籾摺・精米から包装・販売までを請け負った[42]。江南の各地倉庫では、生糸・絹布・綿布に対する担保貸付もなされた。丹陽分行では糸綢儲押部を設け、生糸を担保に7762元、絹布を担保に3256元を貸し出した。また呉江分行震沢弁事処では生糸儲押処を設け、生糸担保貸付を実施した。江陰分行は布疋儲押処を設け、農民が副業で生産した綿布を担保品とした[43]。江北は７倉庫のみであるが、如皋分行の雙甸倉庫、東台弁事処の安豊倉庫は貸付額が非常に多い。それは棉花担保貸付もなされたためと考えられる。清江分行の漁溝倉庫では農具の担保貸付を実施し、農民約2000人におよそ３万件の農具を担保として6000元余りを貸し付けた[44]。農民銀行は、直営倉庫には郷鎮代理処を附設して、為替や信託などの銀行業務を兼営することを方針としていた[45]。

　ここで直営倉庫の実態を探るために、幾つかのケースを紹介しよう。まず、崑山県の倉潭倉庫は、元の積穀倉（穀物備蓄倉庫）を7000元かけて改築したものであった。保管品は白米であり、それを担保に市場価格の７割が貸し付けられ、月利は１％と保管費0.5％がかかった。毎年12月15日に営業を開始し、翌年の７月15日を満期日とした。満期を過ぎても請け出されない担保品は、競売にかけられた[46]。この金利プラス保管費合計1.5％が農民銀行倉庫担保貸付の平均的利率であり、1934年当時の典当利率月利２％よりは低めに設定されていた[47]。東台県の安豊倉庫は、旧典当の建物を購入して34年９月に開業したものである。同倉庫は約130室を有していたが、営業開始後２カ月足らずで満杯と

第Ⅲ-15表 江蘇省農民銀行直営倉庫の営業状況（1934年）

単位：元

店舗名	倉庫名称	室数	貸付残高	下期貸付累計
丹陽分行	呂城倉庫	97	53,450	75,757
常州分行	第一倉庫	60	30,983	43,974
	第二倉庫	65	41,226	53,963
	第三倉庫	50	21,624	28,130
	第四倉庫	34	9,560	13,398
	第五倉庫	50	7,944	8,211
	第六倉庫	63	19,979	30,773
	第七倉庫	100	24,142	26,965
無錫分行	東亭倉庫	160	7,556	7,556
	錢橋倉庫	28	5,813	5,831
	安鎮倉庫	30	6,337	6,337
蘇州分行	陳墓倉庫	40	5,785	5,785
崑山分行	倉潭倉庫	47	19,944	19,944
	蓬閬倉庫	47	34,609	41,362
	張浦倉庫	27	1,277	1,277
松江分行	第一倉庫	13	2,536	6,222
	第二倉庫	10	304	304
青浦分行	第一倉庫	92	9,730	9,730
	第二倉庫	130	25,960	25,960
嘉定分行	外岡儲押所	34	26,069	41,712
太倉弁事処	太城儲押所	59	21,895	25,434
	璜涇儲押所	78	64,280	101,777
宝山弁事処	羅店儲押所	21	26,179	37,700
呉江分行	生糸儲押処	5	5,711	18,698
	雙揚倉庫	6	2,045	2,045
	震沢倉庫	20	4,316	5,296
常熟分行	東唐市倉庫	18	24,677	40,182
	塘坊橋倉庫	11	2,021	2,557
江陰分行	布疋儲押処	5	10,537	55,892
如皋分行	雙甸倉庫	32	70,933	116,598
	西場倉庫	35	14,080	16,160
	掘港倉庫	32	11,110	16,775
東台弁事処	時垹倉庫	6	30,126	36,373
	安豊倉庫	162	66,910	109,052
清江分行	漁溝倉庫	30	11,000	11,000
徐州分行	黄口倉庫	10	2,693	2,693
合　　計	36倉庫	1,707	723,341	1,051,423

出所：前掲「江蘇省農民銀行二十三年業務報告」126-139頁より作成。
注：（1）貸付残高は1934年12月末時点、下期貸付累計は同年7月から12月までのものである。以下第Ⅲ-16表より第Ⅲ-20表までも同じ。
　　（2）同上稿120頁には、無錫の東亭倉庫の貸付は年間6万6180元とされているが、そのままの数字を掲出した。
　　（3）東台弁事処安豊倉庫の下期貸付累計は1090.52元となっていたが上記のように修正した。

第Ⅲ－16表　省営農業倉庫の営業状況（1934年）

単位：元

担当支店	所在地	倉庫名称	室数	貸付残高	下期貸付累計
蘇州分行	滸墅関	呉県省倉庫	80	40,394	40,394
常熟分行	梅李	常熟省倉庫	60	80,670	114,326
塩城分行	西門外	塩城省倉庫	76	26,135	33,435
泰県分行	姜堰	泰県省倉庫	62	85,449	100,105
宜興支行	和橋	宜興県省倉庫	79	―	88,883
合　計		5倉庫	357	232,648	377,143

出所：前掲「江蘇省農民銀行二十三年業務報告」126－139頁より作成。

なり、近くに30室ほどの分庫も開設した。同倉庫は棉花・米穀・麦類・豆類を保管品として受け入れ、それを担保に市場価格の7割を貸し付けた。同年10月末には商品（布・煙草・小麦粉など）と金銀（金器・銀器）の受け入れも開始し、担保貸付を行った。貸付額は農産物担保が圧倒的に多く、農産物担保11万7182元、商品担保1万7572元、金銀担保3653元と報告されている[48]。この金額はおそらく開業から35年5月頃までの累計額と考えられる。また同倉庫は農産物の販売代理業務も行ない、小麦・棉花・豚など金額にして6万7970元を販売した。さらには、ディーゼルエンジン1台と繰綿機械7台を購入し、繰綿業務も兼営していた[49]。この安豊倉庫の商品担保貸付は農民相手のものとは考えられず、商人を対象としたものであろう。直営倉庫と言っても、在地の有力者や郷村建設運動の人々と協同して運営された倉庫もあった。武進県の直営倉庫主任には、現地事情に精通している必要があるとの理由から在地有力者が任命された。同県のト戈橋の農業倉庫（第Ⅲ－15表の第四倉庫）は農民銀行の直営とはされたが、実質上の経営権は同地の農村改進実験区が握っていた。実験区の責任者は当地の有力な紳商であり、農民は彼を「大先生」と呼び、彼は銀行界と密接な関係があった。そして担保貸付の利率は、規定に従わず恣意的に決められていたとの批判もなされている[50]。

　第Ⅲ－16表のように省営倉庫は5カ所あり、いずれも室数が多く大規模であった。そのうち2カ所（塩城・泰県）は江北に設置されており、江北の倉庫事業の振興を考えたものであろう。第Ⅲ－17表が県営倉庫の営業状況であるが、その分布は江南中心であった。江北は総行担当の江都県と如皋以下5県の合計8

第Ⅲ-17表 県営農業倉庫の営業状況（1934年）

単位：元

担当店舗名	県名	倉庫数	貸付残高	下期貸付累計
総行	鎮江	1	1,468	1,468
総行	江都	2	22,867	22,867
総行	揚中	5	6,419	7,876
総行	句容	3	8,595	8,595
丹陽分行	丹陽	1	21,581	22,135
常州分行	武進	4	3,616	4,687
蘇州分行	呉県	7	16,636	16,636
松江分行	松江	3	14,322	14,322
太倉弁事処	太倉	2	36,136	39,969
宝山弁事処	宝山	2	362	362
呉江分行	呉江	1	50	50
常熟分行	常熟	4	12,220	12,301
江陰分行	江陰	3	55,096	55,646
宜興支行	宜興	4	68,062	101,130
溧陽支行	溧陽	2	19,217	20,177
金壇分行	金壇	7	163,664	256,329
如皋分行	如皋	1	9,942	11,674
塩城分行	塩城	1	11,779	22,521
徐州分行	沛県	1	1,151	11,505
	蕭県	1	1,000	1,000
泰興弁事処	泰興	2	31,149	31,149
合計	21県	57	505,332	662,399

出所：前掲「江蘇省農民銀行二十三年業務報告」126-139頁より作成。

倉庫のみであった。また県営倉庫の1倉庫当りの貸付金額は、直営・省営と比較してやや見劣りがする[51]。

第Ⅲ-18表が合弁及び委託倉庫の一覧である。それによれば無錫県に19の委託倉庫（実際の貸付業務は18倉庫）が存在し、その委託先はすべて典当（質屋）であった。江陰県にも農産儲押代理処という名称の委託倉庫が8カ所存在したが、それは「地方公正人士」への委託とされている[52]。1935年には無錫県の委託倉庫は合弁倉庫と名称を変え7倉庫に減少したが、1倉庫当りの貸付金額は増加している（第Ⅲ-21表）。江北の宝応弁事処が委託していた元通第一堆桟（倉庫）は商業堆桟であった。同弁事処は、同堆桟の発行した桟単（倉庫保管証明書）で貸し付けた[53]。合弁及び委託倉庫の中で貸付額が最大のものは、青浦県の第二代弁処（朱家閣）であった。36年の報告では、朱家角鎮は米穀市場であり、同地の倉庫（36年は直営倉庫）は米穀商の影響下にあったとされる[54]。34年当時、第二代弁処がこのように貸付額が多かったのも米穀商との取引がなされていたからであろう。江北の徐州分行・宿遷分行は、各地の民衆教育館・農民教育館と提携し、それら教育館が設営した倉庫に貸付を委託していた。江北地域は典当・商業堆桟も少なく、また合作社による倉庫事業も発展していないので、民衆教育館・農民教育館に依拠しなけ

第4章　江蘇省農民銀行の経営構造と農業金融　203

第Ⅲ-18表　合弁及び委託倉庫の営業状況（1934年）

単位：元

担当支店	県名	倉庫名称（所在地）	種類	室数	貸付残高	下期貸付累計
丹陽分行	丹陽	陵口義生豊代弁倉庫	委託	25	10,042	10,042
		実農教館農民銀行合組倉庫	合弁	13	1,271	1,310
無錫分行	無錫	第1代理農倉（南門外・保泰典）	委託	7	349	349
		第2代理農倉（南門外・保隆典）	委託	8	785	785
		第3代理農倉（周新鎮・保昌典）	委託	11	1,051	1,051
		第4代理農倉（南橋・保和典）	委託	10	611	611
		第5代理農倉（堰橋・咸徳典）	委託	25	—	—
		第6代理農倉（長安橋・允済典）	委託	14	3,669	3,669
		第7代理農倉（八士橋・協順典）	委託	12	4,947	4,947
		第8代理農倉（張涇橋・元吉典）	委託	22	3,513	3,513
		第9代理農倉（厳家橋・周済典）	委託	10	734	734
		第10代理農倉（梅村・保源典）	委託	15	1,799	1,799
		第11代理農倉（蕩口・永裕典）	委託	20	2,465	2,465
		第12代理農倉（后宅・大成典）	委託	24	4,066	4,066
		第13代理農倉（華大房荘・保誠典）	委託	14	666	666
		第14代理農倉（玉祁・通源典）	委託	22	3,824	4,100
		第15代理農倉（前洲・済源典）	委託	5	835	835
		第16代理農倉（楊墅園・永興典）	委託	16	2,148	2,148
		第17代理農倉（荮荘・済恒典）	委託	15	1,861	1,861
		第18代理農倉（胡埭・保和代典）	委託	18	2,301	2,301
		第19代理農倉（羊尖・康済典）	委託	45	5,491	5,491
崑山分行	崑山	徐公橋郷村改進会公共倉庫	委託	32	4,176	4,176
青浦分行	青浦	第一代弁処（白鶴江）	委託	34	12,706	12,706
		第二代弁処（朱家閣）	委託	56	109,900	109,900
嘉定分行	嘉定	銭門塘儲押所	合弁	20	10,634	20,642
		棉花産銷合作社連合社倉庫	合弁	18	6,734	30,776
呉江分行	呉江	盛沢倉庫	委託	13	562	562
常熟分行	常熟	楽余鎮倉庫	委託	20	2,761	3,235
江陰分行	江陰	南閘農産儲押代理処	委託	60	21,330	21,827
		周荘農産儲押代理処	委託	60	8,145	8,145
		璜塘農産儲押代理処	委託	18	2,971	2,973
		澄北農産儲押代理処	委託	21	4,662	4,662
		三河口農産儲押代理処	委託	22	205	205
		利港農産儲押代理処	委託	6	95	95
		蒲鞋橋農産儲押代理処	委託	2	6,154	6,154
		顧山農産儲押代理処	委託	21	5,132	5,132
宜興支行	宜興	新乾豊特約倉庫	委託	84	48,066	48,066
		城区倉庫	委託	28	12,148	12,158
		芳橋特約倉庫	委託	10	9,736	9,736
溧陽支行	溧陽	県立民衆教育館農業倉庫	委託	19	20,869	21,947
奉賢弁事処	奉賢	南橋民衆教育館農業倉庫	合弁	16	2,776	2,776

塩城	塩城	沙溝倉庫	合弁	30	13,663	15,742
		湖垛倉庫	合弁	20	3,982	5,557
阜寧弁事処	阜寧	第一倉庫	合弁	14	2,613	3,451
		小洋郷信義倉庫	合弁	36	7,000	13,600
徐州分行	豊県	王店子民衆教育館倉庫	委託	12	8,561	8,561
		華山農民教育館倉庫	委託	4	2,323	2,323
		民衆教育実験区倉庫	委託	19	5,594	5,594
	沛県	青墩寺農民教育館倉庫	委託	3	8,585	8,585
		甄廟民衆教育館倉庫	委託	2	5,652	5,652
	碭山	（焦集）農民教育館倉庫	委託	3	436	436
宿遷分行	宿遷	峒峿山農民教育館倉庫代理処	委託	6	2,061	2,061
宝応弁事処	宝応	元通第一堆桟	委託	4	4,460	44,610
合　計	18県	53倉庫		1,064	407,120	494,788

出所：前掲「江蘇省農民銀行二十三年業務報告」126-139頁より作成。ただし無錫県の典当名は、「江蘇省農民銀行弁理農業倉庫概況」（『農行月刊』第1巻第2期、1934年6月）41、42頁。

ればならなかったのであろう。実際に第Ⅲ-19表のように、江北で農民銀行より融資を受けていた合作社経営倉庫は6カ所のみであった。この江北の民衆教育館・農民教育館の農業倉庫は、第Ⅲ-18表のように規模が小さく貧弱な設備であった。

　以上のように農業倉庫担保貸付とは言っても、在地の有力者に経営が委ねられる場合や典当・商業堆桟への委託もあり、すべての倉庫が中小農家の救済という本来の目的に沿う内容となっていたかは疑問である。また東台県の安豊倉庫や青浦県の第二代弁処のように、商人との取引が窺われるケースも存在した。さらにはより直截に商人との取引関係を示す事例がある。それは無錫県の東亭倉庫であり、1934年10月同倉庫主任・潘容初は楊捷之の調査に対して、倉庫内の保管穀物の大多数は商人のものであり中小農家の保管品は極めて少量であり、融資も大部分が商人に対するものであると回答していた。その理由は、次のように弁明されていた。すなわち、同倉庫の規模は省内有数であり米穀2万石以上が保管できたが、33年秋期の営業は6千石にすぎなかった。それは過去2年間の米価下落が激しく、米穀を倉庫に寄託しても必ずしも価格上昇は望めず、農家は農業倉庫を期待していなかったためである。34年には米価が上昇基調となったが、一般農家の寄託は依然として多くなかった。そこで農業倉庫は経営を維持するために、やむを得ず商人の保管物も受け入れているのである、と[55]。

第Ⅲ－19表　合作社経営の農業倉庫（1934年）

単位：元

担当支店	倉庫名称	室数	貸付残高	下期貸付累計
常州分行	萬綏鎮儲蔵合作社	34	8,817	10,794
	湖塘橋信儲社	20	2,117	8,056
無錫分行	西倉信用合作社農倉	7	28	28
	東周巷信用合作社農倉	4	311	311
松江分行	茶亭浜合作社兼営倉庫	10	8,000	8,000
	大浜兜合作社兼営倉庫	3	1,200	1,200
	小崑山合作社兼営倉庫	4	1,600	1,600
	周家浜合作社兼営倉庫	2	3,000	3,000
	吉羊会合作社兼営倉庫	4	4,200	4,200
	南朱家浜合作社兼営倉庫	4	7,500	7,500
	薛家甸合作社兼営倉庫	2	1,800	1,800
	葉樹合作社兼営倉庫	7	2,000	2,000
高淳分行	井頭郷儲蔵合作社	6	600	900
	薛成西郷儲蔵合作社	5	300	600
	天井郷儲蔵合作社	8	600	750
	西社郷儲蔵合作社	6	240	900
	顕保郷儲蔵合作社	10	600	900
	黄塘郷孫家村儲蔵合作社	10	300	1,200
	坡地郷儲蔵合作社	8	300	750
宜興支行	王茂公橋特約倉庫	26	64,193	64,193
	亳瀆特約倉庫	8	8,950	8,950
	宋瀆特約倉庫	10	40,334	40,334
	紅塔鎮特約倉庫	6	9,079	9,079
	張沢橋特約倉庫	3	700	700
	六区連合社特約倉庫	164	65,877	65,877
	南北山郷特約倉庫	8	951	951
	官林特約倉庫	8	19,777	19,777
如皋分行	九区川界村農品儲蔵運銷合作社	26	3,373	6,496
	十区蔡家橋農品産銷運合作社	18	2,226	3,228
清江分行	興農郷信用合作社倉庫	―	689	689
徐州分行	省立徐州民衆教育館実施区合作社連合弁事処農業倉庫	21	6,174	7,099
宿遷分行	鎮河郷信社倉庫代弁処	5	1,280	1,280
	忠如鎮順河集信社倉庫代弁処	29	2,650	2,879
合　計	33倉庫	486	269,766	286,021

出所：前掲「江蘇省農民銀行二十三年業務報告」126－139頁より作成。

第Ⅲ-20表　江蘇省農民銀行倉庫担保貸付の内訳（1934年）

単位：元、％

種類別	貸付残高		下期貸付累計	
	金額	割合	金額	割合
直営倉庫	723,341	33.8	1,051,423	36.6
省営倉庫	232,648	10.9	377,143	13.1
県営倉庫	505,332	23.6	662,399	23.1
合弁及び委託倉庫	407,120	19.0	494,788	17.2
合作社経営倉庫	269,766	12.6	286,021	10.0
合計	2,138,207	100.0	2,871,774	100.0

出所：第Ⅲ-15表～第Ⅲ-19表より作成。

同倉庫の34年冬期の米穀保管額と担保貸付額として、零細戸3200石・2万6000元、大口戸1万9000石・8万1000元という数字も出されている[56]。後者が商人からの寄託部分と考えられるが、その割合が圧倒的に高いことが分かる。

1935年には農民銀行の直営並びに融資倉庫は211カ所（40県）となった（第Ⅲ-22表）。その内訳は、直営56カ所、省営10カ所、県営65カ所、合作社経営22カ所、合弁58カ所であった。同表のように、本年は江北地域で倉庫網が急速に拡充され、江北全体で76カ所となった。そのうち省営倉庫が6カ所であり、合弁倉庫は32カ所であった。特に徐海区の合弁倉庫の増加が顕著である。その合弁の内容は必ずしも明らかではない。ただ徐海区豊県の合弁倉庫は各区の民衆教育館との合弁であると説明されている[57]。同区は気候の関係から穀物の野積みが一般的であり[58]、倉庫設置費用が少額ですむという点も合作社倉庫や合弁倉庫の増加につながったと考えられる。また、鎮寧区では金壇県の貸付額が最大であった。特に城区に所在した金壇倉庫が貸付累計額20万2840元と最も大きい（第Ⅲ-21表）。同倉庫は空室がある場合は葉たばこ・茶葉・豆油・酒などを担保品として扱ったとされており[59]、これは商人対象の貸付であったと考えられる。

陶潤金によれば、農民銀行が関係する各地の倉庫の実態が次のように報告されている。すなわち「各倉庫の担保品は、非農民の産物及び糧行・囤戸（買い貯えている商人）が投機のために囤積しているものが、極めて多い。これについては、倉庫側にとってもやむを得ない事情もある。すなわち、倉庫が開設さ

第Ⅲ－21表　主要県の農業倉庫一覧表（1935年）

単位：元

県名	倉庫名称（所在地）	種類	室数	年間貸付累計	貸付残高
金壇	金壇倉庫（城区）	県営	120	202,840	109,386
	直渓橋倉庫	県営	114	76,421	40,132
	社頭倉庫	県営	84	74,855	41,057
	峙干倉庫	県営	50	47,462	35,827
	朱林倉庫	県営	34	46,047	24,653
	白塔倉庫	県営	56	45,889	35,231
	西榭倉庫	県営	43	21,823	3,070
合計			501	515,338	289,356
無錫	東亭倉庫	直営	160	247,371	55,206
	銭橋倉庫	直営	28	34,448	6,786
	安鎮倉庫	直営	30	28,467	5,491
	寺頭倉庫	県営	32	2,949	2,949
	寺頭分倉	県営	7	4,146	4,146
	通源典（玉祁）	合弁	22	17,996	2,000
	保源典（梅村）	合弁	15	10,743	3,510
	允済典（長安橋）	合弁	14	13,559	
	協順典（八士橋）	合弁	12	15,008	
	元吉典（張涇橋）	合弁	22	15,767	
	大成典（后宅）	合弁	24	11,847	
	康済典（羊尖）	合弁	45	17,327	
	西倉信用合作社	合作社	7	4,852	
	東園郷信用合作社	合作社	4	2,998	
合計			422	427,479	80,089
如皋	如皋倉庫	省営	60	97,908	42,331
	雙甸倉庫	直営	36	128,819	50,593
	西場倉庫	直営	40	86,093	31,083
	掘港倉庫	直営	45	43,911	19,567
	海安倉庫	直営	40	66,929	35,005
	磨頭倉庫	県営	70	117,824	45,885
	郭園倉庫	県営	50	47,481	16,545
	蘆荘倉庫	県営	23	34,500	19,300
	新生港倉庫	合弁	24	41,244	8,937
	東陳徐湾購買儲蔵合作社	合作社	16	5,332	3,820
合計			404	670,041	273,066
豊県	豊県倉庫	県営	4	10,028	10,028
	大同倉庫	合弁	12	8,976	7,763
	店子倉庫	合弁	15	21,955	20,499
	趙荘倉庫	合弁	9	9,930	9,645
	大郷倉庫	合弁	6	9,998	9,630
	辺廟倉庫	合弁	9	9,076	8,928
	楊楼倉庫	合弁	5	19,834	19,710
	華山倉庫	合弁	4	9,927	9,688
	葦坑倉庫	合弁	7	6,000	6,000
合計			71	105,723	101,890

注：「本行二十四年業務報告」（続）（『農行月刊』第3巻第3期、1936年3月）31、35、41、42、45頁より作成。

第Ⅲ-22表　各県別の農業倉庫貸付状況（1935年）

単位：元

区別	県別	倉庫種類						年間貸付累計	貸付残高
		直営	省営	県営	合作社	合弁	合計		
鎮寧	鎮江			1			1	16,626	1,347
	江寧					1	1	8,763	8,763
	丹陽	1		3		2	6	274,130	102,530
	溧陽	3			1		4	184,555	48,623
	金壇			7			7	515,338	289,357
	高淳	1			6	2	9	26,938	26,938
	句容			3			3	38,181	677
	揚中			6			6	26,822	13,196
	小計	5	0	20	7	5	37	1,091,353	491,070
蘇常	呉県	1	1	7			9	146,733	76,205
	武進	7		2	1		10	503,592	146,880
	無錫	3		2	2	7	14	427,479	80,089
	常熟	2	1	5			8	325,481	142,187
	江陰	1		3		8	12	193,357	132,660
	呉江	10	1				11	195,320	78,903
	宜興	2	1	3		5	11	372,499	320,231
	小計	26	4	22	3	20	75	2,164,461	977,153
松滬	松江	2		3	2		7	87,872	39,724
	崑山	3					3	22,279	22,279
	嘉定	1		2		1	4	105,388	29,427
	太倉	2		2			4	143,135	27,444
	青浦	4					4	80,062	79,977
	宝山	1					1	26,855	5,488
	小計	13	0	7	2	1	23	465,591	204,339
塩阜	塩城		1	3			4	208,135	74,625
	阜寧			6	1		7	421,867	180,173
	東台	2					2	554,811	111,789
	興化	1					1	16,992	12,097
	泰県	1	1			1	3	318,308	115,587
	小計	4	2	9	1	1	17	1,520,113	494,270
通如	如皋	4	1	3	1	1	10	670,041	273,066
	泰興	1		2			3	59,433	32,573
	小計	5	1	5	1	1	13	729,474	305,639
淮揚	淮陰	1	1		1		3	114,374	40,778
	江都			1			1	18,226	14,994
	宝応	1				1	2	164,627	74,422
	小計	2	1	1	1	1	6	297,227	130,193
徐海	銅山		1			3	4	48,396	36,120
	宿遷				3	3	6	51,620	50,223
	沭陽					1	1	7,233	6,241
	豊県			1		8	9	105,723	101,890
	睢寧	1				2	3	4,569	2,702
	沛県					3	3	27,928	27,928
	碭山					4	4	15,946	14,756
	蕭県		1		2	4	7	67,912	36,131
	邳県				2	1	3	18,754	18,754
	小計	1	2	1	7	29	40	348,081	294,745
合計	40県	56	10	65	22	58	211	6,616,300	2,897,409

出所：前掲「本行二十四年業務報告」（続）27-29頁より作成。

れた当初は業務が思うにまかせず、経費支出を補填するには商人の貨物を受け付けざるを得ない。あるいは倉庫所在地において、農民の手持品が少ないかまたは農民が倉庫利用の観念を有しない場合、倉庫を空にしないためにも商人手持品を扱って広く貨物を集積せざるを得ない。事実はかくのごときであり、それを否認することはできない。まして農民手持品は、数量及び貸付金額が僅少で手続きが非常に煩瑣となるのに対して、商人手持品は数量・貸付金額ともに多く、手続きが比較的簡単である。こうして倉庫自体の利益のためにも、商人手持品を扱わざるを得ないのである。ただ農業倉庫は営利機関ではないので、こうした商人手持品の取扱量が逐年減少し、農民手持品の取扱量が逐年増加し、数年後には商人手持品が皆無となり、受け入れ糧食が完全に農民自身の生産物となることを望む」、と[60]。さらには、商人は融資を受けながらも担保品を倉庫に搬入しない場合が多いとも報告されている。こうした保管品なしでの融資は、各地の試験結果でも弊害が叢生し、厳密に禁止しなければならないと述べられている[61]。

　以上のように、農業倉庫担保貸付とは言っても実際には地主・商人・投機家への貸付も相当なされていたと考えられる[62]。残念ながら、その割合が全貸付中でどの程度を占めていたのかは明らかにできない。陶潤金の報告でも「詳細に各地の倉庫の状況を調査してみると、その寄託者が完全に中小農家であるものもあり、また商号・糧行が多数を占めるところもあり、状況は一様ではない」[63]としている。「修正江蘇省農業倉庫規程」第12条では、「農業倉庫が受け入れまたは処理する農産物は、農民自身が生産し直接倉庫に運送・寄託した物、及び江蘇省政府が収買した物に限る。仲買による営利を目的とする物は、受け入れできない」[64]と規定されており、商人などへの担保貸付はこれに明白に違反していた。しかし、倉庫経営の採算のためには、商人との取引に頼らなければならなかったのである。

　第Ⅲ-23表のように、1936年には農民銀行の直営並びに融資倉庫は319カ所（50県）に増加し、その内訳は直営倉庫87カ所、省営倉庫17カ所、県営倉庫97カ所、合作社経営倉庫59カ所、特約倉庫20カ所、合弁倉庫39カ所であった[65]。この特約倉庫と合弁倉庫の違いは明確に説明されておらず、不明である。本年

第Ⅲ－23表　各県別の農業倉庫状況（1936年）

単位：元

区別	県別	倉庫種類							年間貸付累計	貸付残高
		直営	省営	県営	合作社	特約	合弁	合計		
鎮寧	鎮江			1				1	3,000	1,800
	江寧			1				1	6,323	
	丹陽	1		6	1	2	1	11	502,833	162,455
	溧陽	3			1		2	6	297,679	64,862
	金壇		1	8				9	899,621	376,886
	高淳	1					4	5	111,679	85,761
	句容		1	2	3			6	20,957	20,315
	揚中			8				8	23,923	
	溧水			1				1	119,644	
	小計	5	2	27	5	2	7	48	1,985,659	712,079
蘇常	呉県	3	1	8				12	316,785	153,059
	武進	11			1			12	696,270	220,904
	無錫	3		2		5		10	609,799	103,257
	常熟	5	1	7	1			14	453,277	190,731
	江陰	1		5	2	10		18	665,983	203,330
	呉江	7	1	1	1			10	381,678	167,131
	宜興	4	1	3	1		3	12	1,056,048	421,714
	小計	34	4	26	6	15	3	88	4,179,840	1,460,126
松滬	松江	2		2	2			6	89,803	33,161
	金山	1						1	1,100	1,100
	崑山	3	1				1	5	132,611	32,708
	嘉定	1		3			1	5	109,595	23,331
	太倉	2		2				4	123,366	52,953
	青浦	4						4	199,749	35,590
	宝山	1		1				2	15,856	4,765
	上海	1		1				2	36,344	19,805
	奉賢			2				2	14,414	
	南匯	1	1	1				3	5,495	
	川沙			1				1	26,925	
	崇明	1						1	170	
	小計	17	2	13	2	0	2	36	755,428	203,413
塩阜	塩城	5	1				2	8	400,779	224,387
	阜寧	6	1	3	1		2	13	561,893	195,493
	東台	3					1	4	2,533,457	1,239,291
	興化	3						3	101,957	25,466
	泰県	3	1					4	1,385,933	399,491
	小計	20	3	3	1	0	5	32	4,984,019	2,084,128
通如	如皋	5	1	3		1	1	11	676,351	262,143
	泰興	1		3				4	239,599	150,451
	靖江				1	2		3	14,876	14,876

第4章　江蘇省農民銀行の経営構造と農業金融　211

		小計	6	1	6	1	3	1	18	930,826	427,470
淮　揚	淮陰	1	1		4				6	104,014	47,503
	江都			2					2	24,962	
	宝応	1						1	2	65,951	48,112
	漣水			1				1	2	11,863	9,338
	淮安				1				1	2,604	2,604
	小計	2	1	3	5	0	2		13	209,394	107,557
徐　海	銅山		1		10				11	114,885	60,038
	宿遷	2			12				14	215,617	156,437
	沭陽			1	7		3		11	160,270	108,824
	豊県	1		1			15		17	234,294	187,533
	睢寧			1	5		1		7	138,021	102,619
	沛県			2	2				4	18,685	16,202
	碭山			6					6	56,923	44,890
	蕭県		1	5	3				9	131,719	82,860
	邳県		2	3					5	9,364	6,622
	小計	2	4	19	39	0	19		84	1,079,778	766,025
合計	50県	87	17	97	59	20	39		319	14,124,944	5,760,798

出所：前掲「民国二十五年本行業務報告（続）第四章農業倉庫」98～136頁より作成。
注：倉庫数は1936年に貸付事業を実施している倉庫のみを掲出した。

に大きく増加したのは合作社経営倉庫であった。これは江北各地で合作社が増加し、しかも合作社に倉庫業務を兼営させる動きが高まったためと考えられる。第Ⅲ－23表では、年間貸付累計1412万4944元、残高576万798元という数字が得られ、第Ⅲ－4表（2）に近似した金額である。こうして36年の倉庫寄託戸数は58万戸以上となり、全省戸数の11％に上ったとの数字も上げられている[66]。

ここで1936年の各支店の報告部分から、商人との取引の事実がわかる部分を抜き出してみよう。まず青浦県であるが、同県には直営倉庫が4カ所あり、米が担保品の9割を占めていた。4倉庫の中で城区倉庫は小農貸付に専念していたが、重固及び白鶴江の倉庫は小農貸付以外に米穀商への貸付を兼営した。さらに朱家角鎮は米穀市場であり、同地の直営倉庫は米商穀の影響下にあり、小農貸付の発展の余地はない、と報告されていた[67]。如皋県には商業堆桟が1軒しかなく、米穀商は利率が高く困っていた。そこで農民銀行は「米糧業公会」と連合倉庫を組織し、江蘇銀行と共同して貸付を実施した。この連合倉庫は最高時の貸付残高が8万元に達した[68]。阜寧県の東坎弁事処では、「油糧業連合倉庫」（特約倉庫）への貸付を行っていた[69]。

4．その他貸付業務

　第Ⅲ－4表（2）によれば、農民銀行は合作社貸付・農業倉庫担保貸付以外に多額の貸付を実施しており、その残高は1934年445万元、35年525万元、36年810万元に上った。しかし、各年の営業報告書ではその内容や金額は明らかにされておらず、現在のところ断片的な史料から類推するしかない。35年の営業報告書では、合作社貸付や倉庫担保貸付以外に、次のような貸付業務を実施したとされている。まず養蚕・製糸業への融資である。江南各県で農民銀行は、合作社や合作社連合会に養蚕資金を融資したが、合作社が広く普及しない状況では資金供給に限界があった。そこで呉県・武進・無錫・宜興・溧陽・金壇・江寧・揚中などの県では、県蚕桑改良区（あるいは模範区）、繭業公会（繭商人の同業団体）、糸繭行（生糸・繭問屋）、製糸工場などと契約して、蚕種資金・繭購入資金・繭乾燥資金・運送販売資金などとして貸し付けた。また呉県・無錫・鎮江各県では蚕種製造場への融資も実施した。さらに省都・鎮江市の各銀行が行った蚕糸借款団へも参加した[70]。しかし、これら合作社を経由しない養蚕・製糸業への融資金額がどれ程に上るのかは不明である。次に35年の黄河流域の水害を救済するために、徐州地域で特別貸付を行った。その内容は、農家所有の耕牛を担保とした貸付、種子貸付、食糧担保貸付の3種類であったが、その詳細と金額は不明である[71]。江蘇省政府は導淮事業（淮河を黄海に流すための水路の建設）を重要建設事業の一つに位置付け、その資金調達のために水利建設公債を発行した。農民銀行はその公債を引き受けており、その金額は第1次が25万元であり、35年の第2次は55万元であった。また農民銀行は35年1月、金城銀行・江蘇銀行と共同で平民小本貸款処を設立し、中小商工業者への営業資金貸付事業を開始した。資金量は3行合計で10万元であり、鎮江・常州で営業活動を行い、年末の貸付残高は6万1000元であった[72]。

　農民銀行は倉庫事業を活発に展開しており、その附帯事業として荷為替取組も実施していたのではないかと推測される[73]。しかし、それを裏付ける史料は非常に乏しく、かろうじて丹陽県呂城倉庫での荷為替取組のケースがわかる。同倉庫の荷為替取組は農産物を汽車で上海・無錫に輸送し販売する合作社や商人を対象とし、積荷証を担保に価格の6～7割を貸し付けた。同倉庫の荷為替

取組は、1934年下期1万9880元、35年上期5600元であった⁽⁷⁴⁾。農民銀行が荷為替取組を行っていたことは、35年下期より内地荷為替信用証書発行業務を開始したことからも裏付けられる。これは荷為替取組と一体となった業務であり、その概要は以下の通りである。甲地の商人が乙地においての商品購入を計画し、甲地の農民銀行支店に信用証書の発行を申請する。この信用証書には商品の種類・数量及び予定金額などを記入し、商人はその予定金額の3割以上を同支店に預金する。甲地商人はその信用証書を乙地の販売者（工場・商人）あるいは購入代理人に送付し、商品販売を依頼する。乙地販売者あるいは購入代理人はその証書を同地農民銀行支店に提示して、商品の船積み（あるいは汽車積み）と同時に荷為替取組として信用証書商品金額の10割までの貸付を受ける。また船積み前にも当該商品を担保に6割までの短期融資を受けることも可能であった。こうして甲地に船積み商品が到着すると、同地農民銀行支店は現金と交換に当該商品を甲地商人に引き渡すのである。ただ甲地商人が商品代金を一時に清算できない場合には、当該商品を担保とした融資を受けることも可能であった⁽⁷⁵⁾。この内地荷為替信用証書の発行は35年下期で20万元であったと報告されている⁽⁷⁶⁾。このように内地荷為替信用証書発行業務を着手したということは、すでに荷為替取組が日常業務として展開されていたと考えられるのである。また信用証書発行には購入予定価格の3割以上を農民銀行に預金する必要があり、預金額の増加にもつながったはずである。

　以上のように、農民銀行は養蚕・製糸業への融資や荷為替取組などの形で、商工業者との取引をかなり広汎に行っていたと推測される。その他にも、銭荘の資金力は弱まったとはいえ、依然として手形割引も実施されていたであろう。ただ、農民銀行は貸付の安全性確保のために担保主義を原則とし、商工業者への信用貸付は行わなかったようである。1935年11月、江蘇省商業連合会は農民銀行に信用貸付の実施を要請したが、銀行側は農産品担保貸付ならば可能であるが信用貸付には応じられないと回答している⁽⁷⁷⁾。このように農民銀行は、貸付の安全性確保のためにあくまで担保主義を原則としていたのである⁽⁷⁸⁾。

注
（ 1 ）　前掲『民国職官年表』689頁。趙棣華（1895～1950）は、江蘇省淮陰県に生まれ、金陵大学卒業後、米国留学。イリノイ大学に入学し、ノースウェスト大学商学院で修士号を取得。帰国後、国立東南大学に就職し、次いで国民党中央党務学校に転じる。この時期に、国民党に入党。27年冬、国民党中央組織部統計科主任に転出。29年4月国民党中央党部総務課主任となり、30年4月に国民政府に主計処が設けられると、同処会計局副局長となり、後に局長に昇格する。33年10月には江蘇省政府委員兼財政庁長に就任し、江蘇省農民銀行総経理を兼務する。40年2月には第三戦区経済委員会主任委員となる。42年1月には交通銀行副総経理・代総経理に就任する。46年11月制憲国民大会代表、47年全国銀行連合会主席、48年行憲国民大会代表。49年秋には交通銀行の台湾移転を指導し、10月には同行董事長兼総経理に就任する。50年秋、フランスでの国際通貨基金の会議に出席するが発病し、同年12月ニューヨークで死去した（趙李崇祜編『趙棣華先生紀念集』1973年、1～11頁、前掲『民国人物大辞典』1322頁）。
（ 2 ）　陳果夫『蘇政回憶』（1951年、台北、正中書局）65頁。
（ 3 ）　前掲『江蘇省農民銀行二十週年紀念刊』76頁。
（ 4 ）　前掲『蘇政回憶』65頁。
（ 5 ）　「本行改組之経過」（『農行月刊』第1巻第1期、1934年6月）36、37頁、「本行二十三年份工作計画大綱」（同上）37、38頁。また1934年からは会計年度が1～12月に変更された。
（ 6 ）　前掲「本行二十三年份工作計画大綱」39、40頁。
（ 7 ）　分行・支行は、経理を責任者とし4課（文書・会計・業務・出納）より構成された。弁事処は規模が小さく課は設けられず、主任と若干の事務員より構成された（趙宗煦「江蘇省農業金融与地権異動之関係（民国25年12月）」前掲『民国二十年代中国大陸土地問題資料』87、46190、46191頁）。
（ 8 ）　「江蘇省農民銀行二十三年業務報告」（『農行月刊』第2巻第1・2期、1935年2月）79頁。
（ 9 ）　「補充農民銀行関於今後収集資本及経営方法之要点」（『農行月刊』第1巻第1期、1934年6月）41頁。
（10）　「本行二十四年業務報告」（『農行月刊』第3巻第2期、1936年2月）22頁。
（11）　独立会計であった儲蓄処は、36年末には当座預金210万元・定期預金425万元、合計635万元の預金を集めていた。儲蓄処はその資金を自己運用したが、かなり

の部分が農民銀行総行に預け入れられていたのである（中国銀行総管理処経済研究室編『全国銀行年鑑』民国26年版、『近代中国史料叢刊』第3編第23輯、台北、文海出版社、1987年、377頁）。
(12) 前掲「江蘇省農民銀行史略」63頁。
(13) 前掲『江蘇省鑑』上冊、第4章262頁。
(14) さらには、農民銀行による田賦の代理徴収も実施された。その徴収金額は不明であるが、35年上期には7県で試験的に実施され、下期には12県が加わり、36年上期には40県で実行された（『中行月刊』第13巻第1期、1936年7月、56頁）。
(15) 江蘇省政府編「江蘇省之経済建設」（中央党部国民経済計画委員会主編『十年来之中国経済建設』1937年、南京古旧書店復刻版）12、13頁、『中行月刊』第13巻第2期、1936年8月、99頁。
(16) 前掲「江蘇省農民銀行二十三年業務報告」77頁。
(17) 同上稿、76頁。
(18) 前掲「本行二十四年業務報告」20、21頁。
(19) 「民国二十五年本行業務報告」（『農行月刊』第4巻第3期、1937年3月）9頁。
(20) 総行調査股「本行丹陽分行一年来合作事業推進情形」（『農行月刊』第2巻第3期、1935年3月）43、45頁。
(21) 左其溶「丹陽県合作紀要」（『江蘇建設季刊』第1巻第1期、1934年4月）98、99頁、「江蘇省建設庁丹陽合作実験区工作報告」（『合作月刊』第7巻第10・11期、1935年11月）61頁。この灌漑合作社は機械の購入先からオペレーターを雇い、その旅館代・食費だけでも2ヵ月半で216元も掛かり、これが高コストの原因とされていた（鄒樹文「看了幾個灌漑合作社以後的感想」『合作月刊』第3巻第6期、1931年8月、4頁）。
(22) 前掲「本行丹陽分行一年来合作事業推進情形」45頁。
(23) 成功した事例として無錫県の合作社がある。同県の大皇基産銷合作社は1935年3月に設立され、12馬力の動力揚水機を共同購入して灌漑事業を行った。同年の収支決算によれば、支出は機械の購入・設置1059元、油代250元、各種費用83元、合計で1392元であった。同社はすべての支出を農民銀行からの借入に頼った。他方、社員・非社員農家の540畝の水田灌漑を請け負って得られた年間収入は323元であった。これでは農民銀行からの借金の完済は無理であった。ただ同社は、当初の計画に沿い社員より出資金750元を徴収し、また預金279元が集められており、これらが返済資金に充てられたものと思われる（王亮豊・陸渭民「無錫県合作社

調査報告」(続)『農行月刊』第3巻第9期、1936年9月、59頁)。
(24) 前掲「江蘇省建設庁丹陽合作実験区工作報告」57頁。
(25) 前掲「丹陽県合作紀要」99頁。
(26) 前掲「本行丹陽分行一年来合作事業推進情形」45頁。
(27) 前掲「江蘇省建設庁丹陽合作実験区工作報告」2、3頁。
(28) 前掲「本行丹陽分行一年来合作事業推進情形」43－48頁。
(29) 「丹陽県合作実験区工作報告」(『江蘇建設月刊』第3巻第11期、1936年11月)5頁。
(30) 前掲「武進県郷村信用之状況及其与地権異動之関係(1934年5月)」46845頁。
(31) 前掲「本行二十四年業務報告」36－38頁。1932年同県の桃荘村灌漑合作社を調査した陳岩松は、同社は1800元の借金(農民銀行より1300元)で灌漑機器を購入したが、灌漑面積は300畝ほどと狭小で、ここからの収入では必要経費も賄えず元利の返済は無理であろうと報告していた。また機材の保管状況も悪く担保品としての押収も不可能となると警告していた(陳岩松「江蘇省合作事業之検討」『合作月刊』第5巻第1・2期、1933年2月、66頁)。
(32) 総行調査股「本行宜興支行一年来合作事業推進情形」(『農行月刊』第2巻第3期、1935年3月)61頁。
(33) 前掲「本行二十四年業務報告」71頁。
(34) 総行調査股「本行宿遷支行一年来合作事業推進情形」(『農行月刊』第2巻第3期、1935年3月)58－60頁。
(35) 沈宜蓀「高淳合作事業停頓之原因及其救済方策」(『農行月刊』第3巻第9期、1936年9月)98頁。
(36) 陳仲明「江蘇省合作事業今後推進之動向」(『江蘇合作』第1期、1936年6月)3頁。
(37) 廖卜三「一年来本省合作事業的動態」(『江蘇合作』第13・14期、1937年1月)10－16頁。
(38) 前掲「江蘇省合作事業今後推進之動向」1－3頁。
(39) 陳岩松「最近江蘇合作行政之設施」(『江蘇合作』第26期、1937年7月)3頁。
(40) 農村復興委員会秘書処編『一年来復興農村政策之実施状況』(1934年8月)181－183頁、「蘇省政府籌備農業倉庫」(『中行月刊』第8巻第1・2期、1934年1月)195頁。
(41) 前掲「江蘇省農民銀行二十三年業務報告」119頁。

(42) 同上稿、119、120頁。同倉庫はこうして1934年に信託業務として籾約2万7300担・玄米約5700担などを受け入れた。その大口販売先は隴海・津浦両鉄道の労働者消費合作社であり、毎月数千石が販売された（同上稿、120頁）。
(43) 同上稿、121、122頁。
(44) 同上稿、120、121頁。
(45) 同上稿、119頁。
(46) 徐淵若「蘇浙皖農倉考察記」（『農村復興委員会会報』第2巻第2号、1934年7月）99頁。
(47) 楊捷之「中国農業倉庫之興起及其評価」（続完）（『中国経済』第3巻第10期、1935年10月）8頁。
(48) 安豊倉庫「本行安豊倉庫一年来之業務概況」（『農行月刊』第2巻第6期、1935年6月）49－54頁。
(49) 同上稿、54－57頁。
(50) 陳倉「没落過程中的武進卜弋橋農村」（章有義編『中国近代農業史資料』第3輯、1957年、204、205頁、原載『天津益世報』「農村周刊」138期、1936年10月31日）。また35年に同県の南夏墅に建設された直営農業倉庫（第五倉庫）は、農村改進実験区（1931年設立）の中心人物である銭伯顕（滬江大学卒、南夏墅小学校校長、中華職業教育社社員）が土地を提供し、完成後は彼が倉庫主任となった（銭伯顕「南夏墅農村改進試験区的回憶」『武進文史資料』第7輯、1986年、105－133頁）。ただし同回想では、倉庫設立を常州中国農民銀行によるものとしているが、江蘇省農民銀行の誤りと考えられる。
(51) 県営倉庫は新築ではなく既存の公的建物を利用することを原則とし、適当な建物がなければ廟や民間建物を借りることとされた（「江蘇省農業倉庫管理処一年来弁理農倉之経過」『農行月刊』第2巻第5期、1935年5月、104頁）。
(52) 「農産儲押代理処農行奉令依法改組」（『農行月刊』第2巻第8・9期、1935年9月、128頁、原載『正気報』1935年8月29日）。
(53) 「民国二十五年本行業務報告（続）第四章農業倉庫」（『農行月刊』第4巻第5期、1937年5月）132頁。
(54) 同上稿、110頁。
(55) 前掲「中国農業倉庫之興起及其評価」（続完）1、2頁。
(56) 無錫分行「本行東亭倉庫創設之原因及其経過」（『農行月刊』第2巻第4期、1935年4月）44頁。

(57) 前掲「民国二十五年本行業務報告（続）第四章農業倉庫」134頁。
(58) 「本行二十四年業務報告」（続）（『農行月刊』第3巻第3期、1936年3月）44頁。
(59) 同上稿、30、31頁。
(60) 陶潤金「農業倉庫推進過程中之検査問題」（『農行月刊』第2巻第5期、1935年5月）58頁。なお、陶潤金は1935年当時、農民銀行業務専員の職にあった（『農行月刊』第2巻第1・2期、1935年2月、162頁）。
(61) 前掲「農業倉庫推進過程中之検査問題」59頁。
(62) さらには倉庫職員自身が貸付資金を流用し、農産物投機に走る場合もあった（陶潤金「農業倉庫実際問題之検討」『農行月刊』第2巻第11期、1935年11月、65頁）。
(63) 陶潤金「農業倉庫実際問題之検討」（続）（『農行月刊』第2巻第12期、1935年12月）39頁。
(64) 同上。
(65) しかし農民銀行総行の報告では、同年の倉庫数を317（53県）、その内訳は直営倉庫90、省営倉庫26、県営倉庫94、合作社及び特約倉庫89、合弁倉庫18としており（前掲「民国二十五年本行業務報告（続）第四章農業倉庫」96頁）、各支店の報告部分から筆者が独自に算出した第Ⅲ－23表とその内訳においてやや相違がある。同表はあくまでも36年中に貸付を実施した倉庫を掲出したものであり、総行報告は年末段階の数字であり営業停止となった倉庫は除外されている。また総行報告で省営倉庫が26カ所と多いのは、建設準備中でまだ未活動のものも含んでいるためである。
(66) 前掲「民国二十五年本行業務報告（続）第四章農業倉庫」96頁。
(67) 同上稿、110頁。
(68) 同上稿、122頁。
(69) 同上稿、130頁。
(70) 前掲「本行二十四年業務報告」25、26頁。1934年秋期には、中国銀行・交通銀行などの借款団に参加し、20万元の資金で金壇・溧陽などで秋繭を購入したとされている（陳山洪「江蘇省農民銀行史略」『鎮江文史資料』第15輯、1989年、86頁）。また、36年5月には20の銀行・銭荘で組織された江浙春繭放款銀団に農民銀行も参加し、銀団全体の江蘇・浙江での製糸工場への融資額は1000万元に上った（『中央銀行月報』第5巻第6期、1936年6月、1723頁）。
(71) 前掲「本行二十四年業務報告」26頁。

(72) 同上稿、26、27頁。ただし、水利建設公債合計80万元は、第Ⅲ-3表では有価証券として計上されていると思われる。
(73) 華北棉産地での銀行による荷為替取組の進展については、岡崎清宜「恐慌期中国における信用構造の再編」(『社会経済史学』第67巻第1号、2001年5月) 56-62頁参照。
(74) 「本行丹陽分行両年来弁理倉庫概況」(『農行月刊』第2巻第12期、1935年12月) 34頁。
(75) 陸国香「農村金融与溝通内地信用」(『農行月刊』第4巻第2期、1937年2月) 81-86頁。
(76) 前掲「本行二十四年業務報告」26頁。
(77) 「省農行函復省連会不做商業放款」(『農行月刊』第2巻第11期、1935年11月、88頁、原載『蘇報』1935年11月23日)。
(78) 抗日戦争終結後に農民銀行は営業を再開したが、合作社組織が再建されないため、大部分が手形割引・担保貸付・荷為替取組などの商業貸付であった。ただその際にも、担保が重要視され、信用貸付は禁止されたと言われている(陳山洪「江蘇省農民銀行史略」91、92頁)。

むすび

江蘇省農民銀行は発足当初から比較的豊富な基金を持ち、初期にはこの基金を原資に農村に低利資金を供給した。その資金の受け皿は主要には農村合作社であったが、その育成は充分ではなく、農家への個別貸付など各種方法が模索された。また同行は、為替業務や手形割引を通じて商人とも取引を行っていた。農民銀行が経営を急速に発展させるのは、1933年に陳果夫が省長に就任して以降であった。陳果夫及び趙棣華の指導下、同行は急激に資金量を増加させ、貸付業務も大きく拡大した。その資金量増加の方法の一つが、省金庫・県金庫の代理業務による預金獲得であった。こうして確保した資金を、同行は農村合作社と農業倉庫を通じて農村に還流させたのである。資金還流においては、特に後者が重要な役割を果した。

合作社貸付は、富裕層中心で貧農に恩恵が及ばないあるいは一部の人間によ

り恣意的に組織が運営されている、という点だけに問題があるのではなかった。農民銀行側にとって最大の問題点は、その貸付資金回収の不安であった。低利融資のために収益性の低い同行は、基金を取り崩さないためにも何としても貸し倒れを最小限に抑える必要があった。ある意味で農民銀行にとっては、合作社が地主・富農・商人などの富裕層中心でも、貸付資金が確実に回収できれば問題はなかった。しかし実際には、貸付のかなりの部分が返済延期となり、さらには返済督促勘定に転入され、長期滞納も発生した。信用合作社を通じての担保貸付では土地担保という抵当物件の不確実性があり、また信用貸付においても書類中心の審査ではその実際状況や責任者の信頼性の把握も難しかった。また不幸なことに、自然災害や農業恐慌が重なり農家の経済状況が極端に悪化したことも、合作社の資金返済率を悪化させた重要原因であった。こうして農民銀行は、合作社貸付よりも農業倉庫担保貸付を重視するようになった。農業倉庫担保貸付も商人や富裕層の比重がかなり高かったと考えられるが、回収不安は避けることができたのである。

　農業倉庫担保貸付は、農村に資金を還流させそれを確実に回収するという面では比較的有効に機能したと言える。また金額的にも1936年末残高で586万元にも上り、かなりの巨額であった。たとえそれが貧農層を裨益する点が少なく、主要には商人・地主や富裕な農民層を利することになったとしても、金融恐慌下で資金枯渇に苦しむ農村には重要な施策となった。また農産物の倉庫寄託と資金融資により、収穫時期の農産物出廻量がある程度抑制されれば農産物価格の下落幅も小さくなり、一般農民にも若干は有利となる。こうした農業倉庫貸付と比較して、信用合作社は貸付資金の回収面に不安があった。このような理由から、農民銀行の貸付事業は信用合作社貸付の縮小と農業倉庫担保貸付の増加となったのである。

　ただ江蘇省政府は省内合作社の現状に満足せず、積極的に改善に乗り出している。まずは丹陽県を合作実験区に指定し、監督・指導体制を強化し合作社改革のモデルとしようとした。また、全省規模で劣悪合作社の淘汰を断行し、それまでの信用合作社中心から生産・運銷合作社に重点を移行しようとした。このように江蘇省政府は、合作社の改革と健全な育成にかなりの努力を傾注した

のである。その詳細については第3部で論じる。

第3部　合作社政策の展開と地域社会

第5章　江浙地域社会と信用合作社

はじめに

　本章では、第2部における江蘇・浙江省の農業金融政策の検証を踏まえて、農業金融機関の融資の受け皿となった農村信用合作社の実態を解明する。特に、合作社の組織論に重点を置いて分析を加える。検討課題は以下の三点である。第一に、両省においては信用合作社が短期に多数組織されたが、どのような結合原理からそうした組織化が可能であったのかを探る。第二に、信用合作社にはどのような農家階層が組織されていたのかを検討する。この点に関しては、弁納才一が『中国農村』派の理論を批判して、江蘇省の呉県・松江県・呉江県の事例を挙げて合作社からは貧農も排除されておらず、合作社社員の大半は小作農や半自耕農（自小作農・小自作農）であったとしている[1]。しかし、問題は小作農がすなわち貧農とは言えない点である。小作農も比較的富裕な層から極貧層にまで分かれるはずであり、さらに農村には土地を借り入れることもできない雇農も存在していた。したがって、合作社社員に小作農が多いからと言って、合作社が貧農を主体としたとは言えないのである。また弁納が事例として上げた呉県の信用合作社は、本章で詳述するように旧農民協会系の農家により組織されており、江蘇省の中では特殊な存在であった。第三に、信用合作社の運営実態はいかなるものであったのか、合作社はいかなる問題点を内包していたのかを追究する[2]。

注
（1）　弁納才一「農村合作社政策の展開とその経済的意義」（『近代中国農村経済史の研究――1930年代における農村経済の危機的状況と復興への胎動――』金沢大学経済学部、2003年、第2編第4章）。

（2） Miner, Noel Ray, "Chekiang: The Nationalist's Effort in Agrarian Reform and Construction, 1927－1937", Ph.D.diss., Stanford University, 1973, が浙江省の合作社についても論及しているが、あくまでも概要に止まり、個別合作社の具体的実態は解明されていない。

Ⅰ．浙江省における信用合作社の設立と問題点

1．信用合作社の設立

　第1表が浙江農民銀行籌備処あるいは中国農工銀行から融資を受けていた信用合作社の概況である。ただ後述のように同省の合作社は、書類偽造による虚偽申請も多いとされており、この数字が完全に正確とは言えない。また当時合作社はこれだけではなく、合計で143社存在した。1社当りの社員数は蕭山県だけは大きいが、その他はほとんどが10人台であった。「浙江省農村信用合作社暫行条例」（1928年7月）は合作社組織の最小人数を11人と規定していたので、最低人数で組織されるケースが多かったのであろう。社員農家の階層は、蕭山県だけは自小作農・小作農が多いが、同県を除けば自作農・自小作農中心であった。またその他の階層も蕭山県だけ多く、これは雇農などの貧困層であったと考えられる。1戸当りの耕地面積も蕭山県は狭いが、それを除けば約20畝とかなりの大きさであった。このように異質な蕭山県を除いた場合、浙江省信用合作社に共通する特徴として、農家10～20戸程度で組織され、雇農などの貧困層を排除した自作・自小作農を主体とした組織との具体像が浮かび上る。

　蕭山県においては、国民革命時期の農民協会運動の流れを引く東郷自治会の指導の下に、全省に先駆けて信用合作社が組織された[1]。そのために信用合作社も、東郷自治会に結集した小作農を主体とした組織となったものであろう。ただこの合作社は東郷自治会が独自に組織したものであり、組織内容は「浙江省農村信用合作社暫行条例」に適合していなかった[2]。1930年には東郷自治会は省政府により解散させられ、これら信用合作社も有名無実化した。しかし、衙前村信用合作社だけは31年に中国農工銀行杭州分行より融資を受けることができ、同年には県政府に登記された。しかし33年、同社は省政府の合作社審査

第1表 浙江省の農村信用合作社の概況（1929年12月末現在）

単位：人、畝

市県別	社名	社員人数	農家階層				1戸当り耕地面積
			自作農	自小作農	小作農	その他	
杭県	臨平褚家村	11	6	5			26.3
	臨平西羅荘	18	11	7			24.1
	留下鎮欽賢郷横街上村	11	2	9			11.9
	喬司白井頭村	12		6	6		15.7
	瓶窰鎮西施河村	12	3	7	2		13.8
	丁橋村	23	2	17	4		21.4
	阜亭区阜亭城村	14	2	7	5		18.7
嘉興	南梓村	14	3	10	1		23.9
嵊県	崇仁鎮	33	4	20	9		10.0
海寧	花園村	14	11	1		2	35.0
	湖濮南章連合村	11	2	8		1	26.6
	上南村南三郷	13	12	1			40.2
	長安鎮老荘弄	14	9	3	1	1	26.2
寧海	牧港村	15	13			2	10.1
余杭	北一区白社村	25	1	19	5		22.7
	瓶窰横山上村	12	3	9			11.7
蕭山	南陽村	252	13	84	154	1	11.7
	瓜瀝村	560	35	198	316	11	11.4
	衙前村	540	11	111	398	20	12.4
杭州市	筧橋富饒址	12	1	4	7		16.7
	鳳凰山	18	1	1	15		6.6
(A)21合作社合計		1,634	145	527	923	38	397.1
(B)蕭山県3合作社合計		1,352	59	393	868	32	35.5
(A)−(B)		282	86	134	55	6	361.6
	1社当り平均	15.7	4.8	7.4	3.1	0.3	20.1
	％	100.0	30.5	47.5	19.5	2.1	

出所：「浙江省農村信用合作社調査表」（『浙江省建設月刊』第34号、1930年3月）1−26頁より作成。

注：（1）本表合作社は、寧海県牧港村合作社以外はすべて外部より融資を受け、貸付事業を実施しているものである。

（2）蕭山県3合作社及び杭州市筧橋富饒址合作社は有限責任合作社であるが、その他はすべて無限責任合作社である。

で最下位の「己」と評価され、35年に解散させられた[3]。

　次に、中国合作学社の陳仲明による1930年の調査報告から、省内信用合作社の興味深い事例を紹介しよう。陳仲明は、省農民銀行を有しない浙江省の合作事業は、江蘇省と較べて大きく劣ると指摘していた。それでもいくつかの優れた事例を報告している[4]。まず、海寧県安南村何公漾無限責任合作社は、社員

には識字者が多く帳簿は旧式記帳法ではあるがきちんと記載されている、販売及び購買部を計画中であると評価していた。また同社は十五種会（銭会の一種と考えられる）を主催し社員の貯蓄を奨励しようとしたが、連年の凶作のために断念したとしている。このように、信用合作社が貯蓄業務を実施する際には伝統的な銭会の方式が構想されていた事実は、注目すべきである[5]。この銭会方式は江蘇省でも試みられているので、詳しくは後述する。次に陳仲明報告では、崇徳県南泉村信用合作社は小学校教員により指導され内容が良好である、嘉興県焦山門信用合作社は執行委員会常務委員が熱心であり良好に運営され、家屋を購入して事務所兼小学校としており、生徒61人が学んでいるとしている。さらに、嘉興県新塍区販売合作社は、1929年秋に農民協会の発起により組織され、繭の共同販売を行っていた。30年6月までの販売額は14万8000元に上り、社員は当初の61人から91人に増加し、出資金は1668元となった。同社は繭販売価格から大洋7角を徴収し、それで改良蚕種と消毒薬を購入し社員に分配した。以上のように、小学校教員が合作社の指導に関係していた事例もあり、合作社が小学校を経営する動きも見られた。さらには信用合作社の枠を超え、繭の共同販売や改良蚕種の共同購入に乗り出す合作社も存在した。

　第2表は、1932年の諸曁など10県の合作行政及び合作社の実態調査の結果である。本調査地は省中央部に位置し、経済的先進地ではないが、格別の辺境地域でもなかった。省内の平均的レベルとしてこの10県が選択されたものであろう。本調査によれば、まず合作行政の県によるばらつきが確認できる。縉雲・宣平・浦江の各県では、合作事業費が確保されず、合作事業促進員も配置されていない。また、東陽・永康・武義・義烏の各県も、ようやく32年から合作事業費を確保するという状況であった。このように財政力に乏しい県は、合作事業の指導体制も組めなかったのである。そのためにこれら6県には、県政府に登記された正規の合作社は全く存在しなかった。義烏県では区公所・郷鎮公所などの末端行政機構に合作社の組織化を担当させようとしたが、郷鎮の再編時期と重なり進展しなかった。各地で国民党党部・農会は合作社の宣伝活動を実施しており、浦江県では区農会が主体となり合作社を設立していた。また諸曁・東陽県では小学校教師が合作社を組織している。これら10県中である程度の合

第2表　諸曁など10県における合作行政と合作社の実態（1932年）

県名		実　態
諸曁	合作行政	1929年7月、省建設庁より合作促進員の派遣。30年7月、合作事業促進委員会の設立。しかし、会議を一度開催したのみで、実態なし。県長は合作社を提唱しているが、県政府内に熱心な人物はおらず、建設科長も無関心である。ただ、県党部が協力し、宣伝活動を行う。
	合作社	直阜村信用合作社（29年1月設立）…同県最初の合作社。一度出資金を貸し付けた以外は、その他業務の進展なし。社員が減少し、幹部がおらず、形骸化。 三堡農村信用合作社（29年12月設立）…小学校教師が設立。現在は幹部がおらず業務は停止。農民には事務担当能力がない。 安渓消費合作社…社員の合作社に対する認識が希薄。合作社の経営は商店と同じ。経営に失敗して欠損を出す。
東陽	合作行政	県長は熱心であり、各区公所に推進を命令する。建設科長も農村に出向き宣伝する。ただ農民には合作社の認識が欠乏し、効果があまりない。当地各級党部は、提唱し援助している。32年度、合作事業費を確保し、合作促進員も置く、近く農民借貸所の設立予定。
	合作社	孝乗村無限責任信用合作社（29年5月設立）…小学校教師の設立。社員36人。しかし、章程が建設庁の規定に合わず、未登記。
永康	合作行政	旧来は合作宣伝週の行事以外は、農村での宣伝・指導活動はなし。県長は、農村経済の改善、農民銀行の設立、合作事業を重視する。党内部で意見対立があり活動が制約される。32年には合作事業費816元を確保し、合作促進員も配置される。
	合作社	第1区有限責任林業生産合作社の設立を準備中。
縉雲	合作行政	県長が軽視する。建設科も科長1人であり、合作事業は全く成果なし。党部人員も不熱心。
	合作社	なし。
宣平	合作行政	県当局は、実地活動をしない。合作事業費及び合作促進員はなし。
	合作社	なし。
武義	合作行政	旧来、実地活動が少ない。最近、農会幹事を派遣し、農村で宣伝・組織に当らせる。党部は宣伝は行うが、効果は少ない。32年より合作事業費を確保したが、少額のため合作促進員は置かない。
	合作社	なし。
義烏	合作行政	旧来、県当局は形式上の活動を行うだけで、実地活動は少ない。県政会議で、各区公所に責任を持たせ、郷鎮内での設立を指導するよう決議する。しかし、各区公所も人材に乏しく、また郷鎮の改編に忙しく、実行できない。32年より合作事業費213元を確保。県党部は日増しにばらばらになりつつあり、人民の信頼も失っている。
	合作社	なし。

浦江	合作行政	実地での指導活動少ない。合作事業費・合作促進員なし。既存の合作社は、多くが農会の指導により組織されたものである。
	合作社	平民郷信用合作社…以前は脱穀機も所有し利用合作社も兼営。運営は良好。31年9月より信用事業のみとする。 蔣塘村信用合作社…成立以来業務は進展せず、出資金も徴収できず、現在停止状態。 第6区農会信用合作社…合作社の区域が広く29郷にまたがる。社員には知識分子が多く、理事も公正で熱心な人物である。ただ設立直後で、具体的な活動はなし。
金華	合作行政	1929年7月、省建設庁より合作促進員の派遣。29年12月、合作事業指導委員会の設立（主席：建設科長）。当初は月2回会議を開催したが、具体的成果に乏しく現在は会議も開催されない。県長は合作事業に関心は持つ。合作事業費は340元、合作促進員の給与は別途県行政費からの支出。
	合作社	城区楊司嶺信用合作社（29年12月成立）…社員12人、第一次出資金徴収後、業務を開始せず。 勤信用合作社…社員は純正、合作の意味も理解するが、帳簿は完備せず。31年11月農工銀行からの融資240元を貸し付ける。 三聯信用合作社（30年8月設立）…31年2月農工銀行より400元の融資。運営方式をめぐり社内で紛糾、現在改組中。 呂湖信用合作社…農工銀行より1次300元、2次260元の融資。2次の融資は期限が半年過ぎても未返済。
蘭谿	合作行政	1930年冬省建設庁より合作促進員の派遣。同年12月、新農村合作実施区籌備委員会が設立されるが、具体的活動に乏しい。合作促進員も頻繁に交替し、方針が一貫しない。
	合作社	樹槐太祖巷有限責任信用合作社（31年3月設立）…同県最初の合作社、すでに解散。 公魯墾佃生産合作社（31年10月設立）…同県唯一の合作社。

出所：戴渠「浙江省諸曁等十県合作事業之調査与指導」（『浙江省建設月刊』第6巻第2期、1932年8月）1－10頁より作成。
注：1932年5～7月にかけての調査である。

作社組織化が進んだのは諸曁・金華県であるが、その活動は振るわず、業務停止となったものが多数であった。

　この調査の総括として、合作事業進展上の障害が以下の各点にまとめられている。①地方長官が合作社の重要性を認識せず熱心でない、②合作事業促進員は合作社の設立を指導するだけで、運営能力の訓練を行わない、③合作社に対する適切な賞罰方法がない、④社員の知識が不足し、合作社の意味も理解せず、

また業務を処理する能力がない、⑤農民は私事を公衆にさらすことを望まず、合作社に加入すると各家庭の経済状況が他人に知られてしまうので、加入を嫌がり、特に富裕な農民はその傾向が強い[6]。①〜③は指導体制側の問題であり、④・⑤は受容主体の問題であった。①の地方長官とは県長を指すと思われるが、本総括のように県長が熱心ならば合作社の組織化が進んだとも考えられない。県政府の下で実際に農民と接触する区公所・郷鎮公所が有効に機能しておらず、これが合作社組織化の最大の問題点であった。農民が合作社への加入を忌避する理由として、⑤のような家庭状況を知られたくないとの感情が存在したのは事実であろう。しかし、それだけではなく借金返済が連帯責任となる点も大きく影響したと思われる。そのために、富裕な農民は合作社への加入を好まず、他方で極端に貧困な農民層は入社を拒否される傾向にあったと想像されるのである。

次に第3表により富陽県30社の実態を探ろう。同県では、低利資金借入を目的に合作社が多数組織された。しかし同表のように、30社中11社（望仙一村・能仁二村、長沙六村以下9社）が既に解散している。その理由は、土地証書が農民の手元になく融資が受けられないことにあった[7]。辛うじて存続している合作社も、一般農民の実務能力の欠如と一部役員による恣意的運営、さらには役員による組織の私物化という問題を抱えていた。望仙二村信用合作社では、社員と役員との間でトラブルまで発生した。こうして同県合作社の借入金の延滞は、合計3000元以上とされている[8]。ただ、東洲第四村信用合作社は、借入金で草紙の原料を共同購入しており、合作社としての実態を備えていた。また赤亭村傘骨販売合作社も公会名義で副業製品の共同販売を実施しており、販売合作社へと発展する可能性があった。

2．信用合作社の問題点

海寧県は省都に近く、モデル県として合作事業が進められた。1928年10月には、浙江農民銀行籌備処から指導員3名が派遣され、信用合作社8社が組織された。同時に第二次全県農民銀行会議が開催され、県農民銀行基金5000元を原資に29年1月より試験的な貸付事業を実施することが決定された。こうして32

第3表　富陽県合作社の実態（1932年）

合　作　社　名	実態及び改善策
昇平里信用合作社	組織不善であり、事務は執行委員会主席が握り社員は少しも関係しない。すでに改善の方法なし。
蘭谿宮信用合作社	社員は多くが誠実で質朴であり、執行委員・監査委員も任に耐える。ただ近隣の蒋家村の環境が悪く、影響を受け腐敗する恐れがある。
何埭信用合作社 何家前埭信用合作社	両社は近接し、村長が随時指導し、運営はやや良好。さらに一歩施策を進めるには、貯蓄業務を開始すべきである。
新関村信用合作社	事務は執行委員一人に操縦され、社は既に解体状態にある。
東洲第五村信用合作社 東洲第七村信用合作社	両社は範囲が広すぎて団結が容易でない。各職員と相談し、社員が集まる機会を多く設け、意思疎通を図るように指導する。
東洲第四村信用合作社	職員は非常に熱心であり、社員も誠実に合作を行っている。農民は草紙（厚手のワラ製の紙）製造を重要な副業としている。合作社は借入資金でまず原料を購入し、それを社員に貸し付けている。
周家壠信用合作社	社員は多くがまじめで温厚、しかし能力が薄弱、事務は未だ進行せず。各職員に詳細に説明したが、おそらく実行は望みがたい。
蒋家村信用合作社	社員は忠実、当地の悪覇（ボス）により操縦される。改善の望みなし。
能仁一村信用合作社	監査委員会主席が権力を握り利をあさる。同主席の改選を命じる。執行委員会主席にも誠実に責任を果すよう注意した。
望仙二村信用合作社	昨年、社員と執行委員の間にトラブルが発生したが、現在は和解。両者に合作社の意義、社員・職員の権利と義務などを説明した。
望仙一村信用合作社 能仁二村信用合作社	責任者がいなく、すでに解散。
東洲第三村信用合作社など4社	みな指導人材を欠き、社員の合作に対する認識も浅く、合作社を無関係なものとみており、村長に処置を命じたが、進展の望みなし。
東洲学校沙信用合作社	登記を申請したが章程が規定に合わず不許可となり、すでに設立を中止。
赤亭村傘骨販売合作社	全村で傘骨を製造している。共同販売のため公会を合作社に改組し、登記を申請したが、章程が規定に合わず不許可となる。現在は公会名義で共同販売を実施している。同社は発展の可能性があり、改組を指導する。
貶川信用合作社	社員はみな誠実で質朴だが能力が弱い。さらに所在地が僻地なため指導人材も欠如している。長期の指導がなければ改善の見込みなし。
長沙六村信用合作社など9社	みな出資金を返還して解散した。その返還をめぐってトラブルが発生したものもある。

出所：丁錫棠「整理富陽県各合作社之報告」（『浙江省建設月刊』第6巻第2期、1932年8月）14、15頁より作成。

年8月末には、全県の信用合作社は54社（社員1654人）となり、さらに儲蔵合作社1社、養蚕合作社3社も設立された[9]。32年1月には合作社幹部教育のために合作社弁事人員訓練班が開催され、各社1人の出席が割り当てられ、合計30数名の参加があった。また同年には、県立農業改良場が作物改良のために農事合作区を開設することとなり、合作事業促進員もそれに協力した。同年4月には、第2区陳徐郷に稲麦合作区の設立を予定し、第5区永安郷では蚕事合作区を設置して改良蚕種を共同催青して、その蚕蟻を28戸の農家に配布した[10]。

　こうした活動の中で海寧県の合作行政担当者は、合作社が発達しない原因を以下のように総括していた。すなわち、「（1）農民は文字を知らず知識も無いので、詳細な章程や繁雑な手続きに対して恐れをなし、むしろ餓死を願うと言われている。（2）真に困窮し翌日の食糧もないような経済援助を本当に必要としている農家は、合作社を組織しようとしても、家産が豊かでなく信用が不足し、保証人も見つからず、農民銀行からの借金が不可能だけでなく、その設立さえ難しいのである。（3）やや資産があり経済状況がそれほど悪くない農家は、合作社の組織手続きが非常に面倒なことと、また無資産の社員の累が及ぶのを深く恐れるため、その設立発起を願わない者が多い。（4）郷村中には常に一群の一知半解の土豪劣紳がおり、合作社の名前や無知な農民を利用して農民銀行から借金して漁夫の利を得ている。借金の期限が切れ銀行が返還を催促すると、彼等は社員の未返済により返還ができないとその責任をなすりつけ、訴訟沙汰を引き起こすに至る。（5）郷村中の一般のやや公正・熱心な人士も合作社の組織に共鳴しないではないが、その手続きが繁雑で責任が重く、また相応した報酬もないので農民を指導して合作社を組織することを願い出ない」と[11]。ここには当時の合作社の内実が良く示されている。まず本当に貧困な層は、実務能力・信用力・保証人の欠如から、合作社から排除されているという点である。他方では資産を有する農家は、合作社が無限責任のため余計な責任を負わされるのを恐れて、合作社を忌避するのである。また、農村中の「一知半解」の人物が、個人的利得を求めて合作社を利用する傾向にあった。

　金華県の三聯信用合作社（第2表参照）については、合作社幹部の不正行為が具体的にわかる。同社は1931年2月、農工銀行より400元の融資を受け社員

に貸し付けた。しかし、32年当時未返済額が約30元あり、それは監事の未返済分である。同社の貸付は株数（出資金）に応じて配分され、1株当り16元となった。ただ貸付残額16元は、理事と監事が借りていた。株式出資の最も多いのは理事・監事であり各4株を保有し、借入金もまた多かった。だが両名は、実際には出資金を納入していなかった。さらに、社員の訴えでは、合作社は入社費名目で4角を徴収したが（理事は2角を主張）、それも帳簿には記載されておらず、明確な社章違反であった(12)。このように合作社幹部が実務を掌握し、様々な不正行為を働いていたのである。

　1933年、余杭県の合作社はその杜撰な組織運営と幹部による不正行為が発覚し、徹底した調査と組織の改編がなされた。この調査で不正行為が発覚した合作社を、いくつか紹介しよう(13)。

前喝郷無限責任信用合作社　1930年に社員20人で設立された。理事主席・洪雲山は、茶葉商人兼農民であり、「小行」を持ち郷人の茶葉を収買し、余杭県城で販売していた。第1次として農工銀行より400元借りたが、帳簿への記載がなされていない。第2次借入は同じく400元であるが、借入手続きのための交通費・雑費に15元もかけ、社員への貸付利率は月利3％近くになっていた。また、社員・王章耀は茶館と小雑貨店を経営する商人であり、農民ではない。総じて本社の社員は、合作社の真の意味を理解せず、ただ借金しか眼中にないと報告されていた。

旧市一郷無限責任信用合作社　1929年12月、同郷の農会職員・曹武章が中心となり設立された。旧市一郷で最も早く設立されたので郷名が冠されていた。後に本合作社の社員が各自の村落で信用合作社を組織したので、小さな郷に同性質の合作社がこの他に5社設立された。本合作社の実権を掌握していたのは同郷農会幹事長であり、合作社監事を兼任していた董忠銃であった。曹武章及び農会幹部は、農会会員でなければ合作社に加入できないと宣伝し、合作社の活動を牛耳り様々な不正行為を働いた。具体的には、本社を同郷の連合会と詐称し、郷内で他に合作社が設立される際には曹武章などが出向き、旅費を取り、総理遺像及び党旗・国旗を売り付けた。さらには郷内他社の出資金を本社に預けさせたり、郷内他社が農工銀行へ借入申請をする際には本社で代理申請をし

て手数料を取った。同社はこれまでに3次の借入をしたが、1次・2次は期限通り返済した。しかし、第3次分は2度の返済繰り延べを行っている。第3次借入は500元であるが社員には400元であると偽り、100元は曹武章など幹部7人で分配してしまった。また幹部は、郷内他社へ偽名で二重加入し、そこでも融資を受けていた。

　こうして余杭県では、1933年の組織改編直前までに71の合作社が2万7600元の融資を受けていたが、その内50社が返済を滞納し滞納金額は1万8820元に上った[14]。

　嘉興県第4区の信用合作社の理事達は、総じて次の三点を特徴としていた。第一に多くが非農民であり、第二に多くが鎮に居住しており、第三に多くが品行不良であった。そして信用合作社は、理事が資金を必要とした場合に幾らかの農民を引き入れて体裁を整えつくられるものであり、借入金は理事が独占しているとされている。同県でも1932年から合作社の整理に乗り出した。その方法は、悪質なものには解散を命じ、良質なものは兼営業務を行うよう指導することであった[15]。

　臨安県には1935年当時30数社の合作社が存在した。しかし、多くの合作社は指導者がおらず、また合作の意味も理解していないとされた。さらに若干の合作社は、農工銀行からの借金を社員に分配せず個人で流用してしまい、かつ返済期限が来ても返済の姿勢も示さなかった。例えば、回龍郷無限責任信用合作社は、責任者・徐清波が農工銀行の借金1482元を抱えており、保証人鄭広太は南貨桟であった。県政府は何度も法警を派遣し返済を催促したが、徐清波は返済しようとしなかった。省建設庁の陳仲明はこうした合作社を放置すれば合作事業に与えるダメージが大きいとして、県政府に厳正な処分を求めた。同県ではこの他に、信用合作社4社・蚕業生産合作社2社が、成績が「戊」のため解散させられている[16]。

　以上の浙江省の事例から信用合作社の問題点を総括すると、まず農村中の指導者確保の困難さである。貧しい農民は組織力や信用力に欠け合作社を組織できず、ある程度富裕な層は合作社との関係を嫌った。こうして合作社は本来の目的に反して、個人的利益を目的とした設立や恣意的運営という現象が頻出す

第4表　浙江省合作社の発展状況

単位：社、人、元

種類	1929年			1930年		
	社数	社員数	出資金額	社数	社員数	出資金額
信用	143	4,524	17,217	386	10,534	38,378
運銷				5	292	3,038
利用				4	104	11,424
生産						
消費				6	604	2,384
供給						
貯蔵						
保険						
兼営				14	375	1,204
合計	143	4,524	17,217	415	11,909	56,428

種類	1931年			1932年		
	社数	社員数	出資金額	社数	社員数	出資金額
信用	549	13,673	48,492	688	16,917	68,363
運銷	6	352	3,493	9	843	10,278
利用	4	104	11,422	4	104	11,422
生産				13	250	1,191
消費	9	957	5,072	13	834	1,718
供給	1	262	1,191	2	317	1,368
貯蔵				1	9	65
保険				1	55	376
兼営	18	457	3,055	27	890	1,296
合計	587	15,805	72,725	758	20,219	96,077

種類	1933年			1934年		
	社数	社員数	出資金額	社数	社員数	出資金額
信用	858	21,626	85,584	1,124	29,771	120,764
運銷	26	2,010	22,831	64	9,532	121,522
利用	5	85	2,570	13	286	5,720
生産	150	3,556	12,873	238	6,100	27,204
消費	15	977	8,063	22	1,586	10,510
供給	9	589	3,278	21	955	6,073
貯蔵	8	180	1,427	14	323	1,706
保険	1	55	376	1	55	376
兼営						
合計	1,072	29,078	137,002	1,497	48,608	293,875

種類	1935年			1936年		
	社数	社員数	出資金額	社数	社員数	出資金額
信用	1,147	31,286	125,883	270	7,122	31,860
運銷	110	11,372	132,042	183	7,716	33,282
利用	20	573	7,701	10	412	11,011
生産	395	10,281	52,426	635	18,844	105,179
消費	37	2,570	15,863	54	3,380	22,446
供給	58	2,495	11,462	79	2,524	11,268
貯蔵	17	862	296	11	234	959
保険	9	383	798	1	50	100
兼営						
合計	1,793	59,822	346,471	1,243	40,282	216,105

出所：唐巽沢「十年来之浙江合作事業」(『浙江省建設月刊』第10巻第11期、1937年5月) 189頁より作成。なお1935年の社員数は「八年来浙江省之合作事業」(『浙江合作』第23・24期、1936年6月) 13頁の統計表により修正した。

るのである。次に、その業務内容や経済効果にも問題があった。陳仲明（合作事業室主任）は、「現在の農村信用合作社は組織が小規模で業務も非常に簡単であり、若干の貸付業務を行う以外には預金業務は少しも顧みられず、また社員の農産物の共同販売や日用品の共同購入などには全く関与しない。その農村経済への影響力が極めて微弱であることは、少しも疑問の余地はない。こうして社会の一般人士は、農村合作を軽視するようになり、合作社は農村を繁栄させる効力を持たず社会の中で何ら重要な位置を占めない小事に過ぎないのではないかとの懐疑心を抱くようになる」と指摘していた[17]。

　第4表により浙江省の合作社数の推移を追うと、1935年までは信用合作社が高い比重を占めていた。それは、各県農業金融機関が1933・34年に整備され資金貸付を開始したので（本書第3章参照）、それら金融機関からの借入を目的に各地で信用合作社が組織されたためである。しかし、この信用合作社は、資金借入と社員への分配以外は何ら業務を行わないものが多かった。33年の合作事業室による調査（本書第6章も参照）では、次のような結果が得られている。まず合作社の社員構成については、多数の特殊階級により意図的に利用されているもの41社（全体の4％）、少数の特殊階級とその他の忠実なる平民よりなるもの451社（43％）、すべて忠実で正当な職業を有する平民よりなるもの546社（53％）であった。また社員の識字比率については、識字社員が10～19％を占める合作社388社（37％）、20～29％284社（27％）、30～39％138社（13％）、40～49％78社（8％）、50％以上147社（14％）となっていた。さらには、信用合作社として不可欠の貯蓄業務もほとんど実施されず、貯蓄預金を有する合作社は僅か41社であり、そのうち32社では預金者1人当りの平均預金額はすべて5元未満であった[18]。このように社員識字率が30％未満の合作社が全体の64％を占めており、合作社も非識字者の比率が極めて高かったのである。そのために、「合作」の意味を理解できない社員が多く、また合作社の運営・監督に主体的に関与する農民も少なかった。調査合作社の47％までが「特殊階級」の参入があり、彼等の強い影響下にあったのである。この「特殊階級」の具体的説明はなされていないが、地主・富農・商人を指すと考えられる。ただすべての合作社がそれら「特殊階級」に牛耳られていた訳ではなく、53％の合作社は「平民」より構

成されていた。この平民とは自作農や自小作農を指すと考えられる。

　第4表のように1936年には信用合作社が激減しており、それに代わって生産・運銷合作社が増加した。35年9月、中央政府は「合作社法」を施行し、浙江省合作社も同法により再登記が行われ、組織が不健全な合作社は一律に淘汰されたのである（本書第6章参照）。

注
（1）　東郷自治会とその指導者・沈定一（玄廬）については、前掲『近代中国農村経済史の研究』参照。
（2）　潘起楡「蕭山県弁理合作事業之過去与未来」（『浙江省建設月刊』第6巻第2期1932年8月）20頁。
（3）　馮正為「全省第一箇信用合作社——衙前村信用合作社始末」（『蕭山文史資料選輯』第1輯、1988年）36－39頁。
（4）　以下の事例はすべて、陳仲明「国内合作事業調査報告」（四）（『合作月刊』第3巻第8期、1931年10月）6－12頁。
（5）　陳仲明も兼ねてから「打会」などの旧習を利用して貯蓄を奨励すべきであると主張していた（同上稿、12頁）。
（6）　戴渠「浙江省諸曁等十県合作事業之調査与指導」（『浙江省建設月刊』第6巻第2期、1932年8月）11頁。
（7）　丁錫棠「整理富陽県各合作社之報告」（『浙江省建設月刊』第6巻第2期、1932年8月）15頁。おそらく同県の合作社は農工銀行からの融資を期待したものであり、同行は担保貸付を中心としていた。
（8）　同上。
（9）　樓荃「海寧県弁理合作事業之経過」（『浙江省建設月刊』第6巻第2期、1932年8月）16、17頁。
（10）　同上稿、17、18頁。
（11）　同上稿、16、17頁。
（12）　前掲「浙江省諸曁等十県合作事業之調査与指導」8頁。
（13）　以下の記述は、孫鴻湘「整理余杭県合作社之経過」（『浙江省建設月刊』第7巻第2期、1933年8月）30－40頁。
（14）　来號「余杭県合作事業二十二年度概況」（『浙江合作』第29期、1934年9月）5

(15) 馮紫崗編『嘉興県農村調査』（国立浙江大学・嘉興県政府発行、1936年）166、167頁。
(16) 「八合作社解散」（『東南日報』1935年5月13日）。
(17) 陳仲明「確定今後合作指導之方針」（『浙江省建設月刊』第8巻第5期、1934年11月）3頁。
(18) 呉承禧「浙江省合作社之質的考察」（千家駒編『中国農村経済論文集』中華書局、1936年）346－350頁。

Ⅱ．江蘇省における信用合作社の展開

　前節においては浙江省信用合作社の問題点を詳述したが、江蘇省においてはやや様相を異にし、活発な事業活動を展開した信用合作社も存在した。そこでは、外部資金を借り入れて社員に貸し出すだけでなく、社員の貯蓄を奨励し、さらには共同利用・共同購入・共同販売などの各種事業を兼営する動きも見られた。そうした信用合作社の典型事例として、まず呉県（蘇州）の実態を検討しよう。

　1928年9月、江蘇省農鉱庁により呉県に第3区合作社指導所が設けられ、指導員3名が派遣され、胡昌齢がその主任となった。彼は県農民協会での勤務経験があり、各郷のリーダーを熟知しその人脈を利用して合作社が組織された。その組織方針は、合作社の乱造を避け、質を重視することにあった。そして信用合作社と養蚕合作社を中心に組織し、31年4月には養蚕合作社17社で合作社連合社を組織した（この養蚕合作社については第7章参照）。またこうした努力が認められ、31年2月同県は省建設庁から合作事業実験区に認められた[1]。

　第5表が1930年当時の同県の信用合作社である。社員は自小作農と小作農が圧倒的多数を占めている。また耕地も小作地が圧倒的に多く、1戸当りの耕地面積も約14畝と狭小であった。おそらく胡昌齢の農民協会人脈が生かされたため、小作農主体の合作社組織となったものであろう。しかし、雇農はほとんど参加しておらず、極端に貧困な部分は排除されていたと考えられる。社員のう

第5章　江浙地域社会と信用合作社　237

第5表　江蘇省呉県の信用合作社（1930年）

	社員数	農家階層（戸）						教育程度（人）				1戸当り耕地面積(畝)		
		自作農	自小作農	小作農	雇農	兼業	その他	中学	小学	私塾	非識字	所有地	小作地	合計
沈家村	52		2	50						9	43	0.04	8.03	8.07
府巷村	36	1	27	7		1		1	3	12	20	7.93	8.82	16.75
迂里村	28	6	11	9		1	1		2	11	15	1.89	5.57	7.46
王家田	14	2	9	3						4	10	4.18	9.28	13.46
新開楼	45		2	43						3	42	0.11	8.30	8.41
小方橋	24		1	17	6					10	14	0.83	12.05	12.88
南村	30		3	27						6	24	0.60	13.63	14.23
姜家村	31		3	27		1				8	23	0.38	12.70	13.08
蕭金村	16			16						3	13		16.23	16.23
唯亭山	20	1		19						4	16	0.40	22.79	23.19
仇家木橋	42		18	24						25	17	2.06	7.20	9.26
暁春郷	40	1	13	25		1				9	31	2.33	22.20	24.53
合計・平均	378	11	89	267	6	3	2	1	5	104	268	1.73	12.23	13.96
％	100.0	2.9	23.5	70.6	1.6	0.8	0.5	0.3	1.3	27.5	70.9			

出所：「県県十九年度合作事業状況」（中国国民党中央委員会党史委員会編『抗戦前国家建設史料——合作運動』（三）革命文献第86輯、1981年）176-182頁。
注：（1）すべて無限責任信用合作社であるが、仇家木橋と暁春郷は生産合作社を兼営していた。
　　（2）合計欄の1戸当り耕地面積は12合作社の平均値である。

ち非識字者が7割を占めていた。また識字者の多くも私塾での教育であった。これは合作社社員には家長がなるため、比較的年配の世代が多く、辛亥革命以降の近代的学校制度整備以前に教育を受けたためであろう。

　ここで同県の合作社の活動内容を具体的に見てみよう。1928年12月、同県最初の合作社として組織されたものが沈家村信用合作社であった。同社の1戸当りの耕地面積は狭いが、同村は蘇州城に隣接し野菜栽培が盛んであった。設立当初は社員14名で出資金63元（実納）であり、江蘇省農民銀行（以下農民銀行と略記）より400元を借り入れた。29年冬には社員が30人近くに増加し、1300元を借り入れ、期限通りに返済した。その借入金は、田面権の請け出しと肥料の掛買代金支払に使用された。30年秋には、理事主席の事務能力も優れ、社員の合作に対する理解も高く、社の対外信用も良いことから、社員を増やすこととした。加入希望者は多く、審査の結果52人に増加し、出資金も120元となった。30年には貯蓄事業も実施することとし、随時に貯金を受け付けた。同地では野菜販売により現金収入の機会が多いため、貯金が増加した。同地は蘇州城に隣接するため婚礼も都市同様派手に行われ、多額の出費を要した。特に花轎（新

婦の乗る花かご）には数十元掛かった。そこで節約のために花轎の共同所有と共同利用を計画し、嫁娶部を設立した(2)。

府巷村信用合作社は、同じく1928年12月の設立である。理事主席・范仲康は私塾で7年以上の教育を受け、かつて同村の小学校の助教をしていた。村内には初級小学があり、社員の息子達はそこの卒業生が多かった。同村には国民党党員が10数人おり、年齢は20～30歳代で、大部分が社員の息子達であった。この青年達が合作の宣伝と提唱を行い、また青年自治団も組織し合作社に協力した。同社は農民銀行から4度融資を受け、すべて期限通りに返済した。さらに、同社は合作社指導所の指導を受けて、貯蓄業務を推進するため「儲蓄会」という名称の団体を組織した。同会は合作社社員と非社員で組織され、銭会の一種である「揺会」方式での貯蓄を目指した。すなわち会員は毎月大洋3角を出し、現金を収得した者はその半額を合作社に貯金することとした(3)。

この揺会とは各種銭会の中で江浙地方において広汎に行われているものであり、最も単純な方式は以下の通りである。甲が100元の「会」を起こそうとすれば、甲が会首（親）となり、乙・丙など10人を集めて会友とし、合計11人でこれを組織する。第1回には各会友より10元づつ拠出し、合計100元を会首に渡す。なおこの会友の拠出する金を「会金」と呼び、集められた会金の総額を「会額」と呼んだ。こうして会首は無利子で所要の資金を借りることができ、謝礼の意味で饗宴を催し会友をもてなす。その後、毎月あるいは年数回など期日を決めて定期的に会を開く。第2回目には、会首は10元を出し、会友は各9元を出して合計100元とし、会友10人でサイコロを振り最多得点者が会額を収得する（あるいは抽選の場合もある）。以降、こうした会を9度開催するのである(4)。浙江省の事例では、この揺会はほとんどが会友11人であり、1回当りの会額は数十元から100元であった(5)。

府巷村の儲蓄会は1回の拠出金額が少なく、毎月開催される点に特色があった。すなわち資金の相互融通よりは、貯蓄面に重点が置かれたためであろう。ともかくも府巷村信用合作社は、伝統的な合会の強制力を利用して貯蓄を進めようとしたのである。合作社社員にとって合作社に直接預金するよりは、こうした儲蓄会を経由した方が安心して現金を預けられたのであろう。

唯亭山信用合作社は、蘇州中華基督教青年会の主導により組織されたものである。同青年会は農村改良事業のモデルケース樹立のために、1928年9月同地に農村服務処を創設し、2名の青年を派遣した。29年には社員30数人を集めて消費合作社を組織した。しかし、出資金が集まらずただ服務処に茶園（茶館）を付設しただけであった。それも数カ月の経営で20〜30元の赤字を出した。そこで消費合作社は廃止し、信用合作社の設立に着手し、30年11月に社員14人で組織された。農民銀行より1983元を借り入れ、出資金と合わせて2070元を社員に貸し付けた。さらに31年12月には、農民銀行より650元の第2次融資を受け、社員18人に919元を貸し付けた[6]。農村服務処の後の調査によれば、借金の用途は、社員の申告に反して、すべて借金返済・小作料納入・銭会会費などに充てられた。また第1次融資の担保である土地証書は、社員がでたらめに偽造したものであった。こうして第1次融資は返済が遅れ、農民銀行から返済延期が承認されたが、猶予期限が過ぎても数人の社員は返済しなかった。彼等は担保の土地証書が偽物なので、土地は取られることがないと高を括っていたのである。そのために第2次融資においては、農村服務処が厳しく指導して本物の証書を提出させた。同社も銭会方式で貯金を実施した。同社の場合も月例で会を開催し、各人500文を出し、抽選で会額を収得することとし、会額の半額は農民銀行に預金させた[7]。同郷は元々銭会が盛んで各農家平均3つの銭会に加入しており、33年より7〜8年前が最盛時であり、衰退したのが1〜2年前とされている[8]。唯亭山信用合作社は32年12月には農民銀行より920元の第3次融資を受け、社員29人に1195元を貸し付けた。しかし、貯蓄業務は低調であり30年末16.50元、31年末でも20.51元に過ぎなかった。またこの第3次融資でも社員の債務返済は順調に進まず、逆に2人の社員が破産するという事態が発生し、信用合作社の名声を悪化させた[9]。

　仇家木橋生産信用合作社は1930年4月の設立であり、呉県第二民衆教育館の指導を受けていた。同社も儲蓄会を設立し貯蓄業務を実施し、また省立稲作試験場の技術指導で稲作改良も目指した。31年には消費部を設け、農民銀行より融資を受け豆粕の共同購入を実施した。迁里村信用合作社も儲蓄会を設けて、貯蓄業務を実施していた[10]。

第6表 江蘇省無錫県の信用合作社（1936年3月）

社名	社員人数	成立時期	貸付業務 金額(元)	貸付業務 回数	貯蓄業務 金額(元)	貯蓄業務 儲蓄会	指導組織
第4区藕塘橋	73	1929年8月	15,652	13	754		
第4区陸区橋	29	1929年9月	2,134	4			
第1区謝巷	30	1929年11月	11,000	12	212	◎	江蘇省立教育学院
第5区高長岸	38	1930年11月	7,165	5		◎	江蘇省立教育学院
第5区丁巷	26	1934年6月	2,812	3	83	◎	江蘇省立教育学院
第5区胡家渡	54	1934年10月	2,165	2	300		江蘇省立教育学院
第1区張家橋	34	1935年1月	1,200	2	120	◎	江蘇省立教育学院
第1区馮巷	38	1935年4月	1,560	2	50	◎	江蘇省立教育学院
第5区周龍岸	17	1935年7月	300	1			江蘇省立教育学院

出所：王亮豊・陸渭民「無錫県合作社調査報告」（『農行月刊』第3巻第8期、1936年8月）46-53頁。指導組織欄は、王倘・喩任声「恵北民衆教育実験区工作簡述」（続）（『天津大公報』1935年5月19日）も参照した。
注：すべて無限責任信用合作社である。

　以上のように呉県では、信用合作社の乱造が抑えられ、合作指導員及び各種団体による指導も良好であり、農民銀行からの融資にも恵まれた。そのために借金だけが目的の「合借社」ではなく、信用合作社として比較的健全に機能し、さらには貯蓄業務を実施する合作社も見られた。この貯蓄業務は銭会方式、特に揺会方式で行われており、農民にとって信用合作社は銭会として受容されたことの傍証となる。さらには共同利用・共同購入などの事業を兼営する合作社も存在した。しかし、呉県の合作社すべてが上手く行った訳ではない。小方橋信用合作社は、農民銀行より1500元を借り入れ、省立農具製造所より動力揚水機を購入して灌漑事業を開始した。しかし内紛が生じ、呉県合作事業指導所（30年11月に前述の第3区合作社指導所より改組）が介入し、役員の改選を行った。だが業務は停滞し、農具製造所よりの借金500元が返済できず係争中であった。また王家田信用合作社は、社員も増加せず活動が不活発であるとして、呉県合作事業指導所により改組させられた[11]。

　信用合作社が儲蓄会を組織し、貯蓄業務を行う動きは無錫県でも見られた。第6表のように1936年3月現在、同県には信用合作社が9社存在したが、そのうち預金を有するものが6社、儲蓄会を有するのが5社、合わせて7社が何らかの貯蓄業務に従事していた。同県の合作事業は28年の第2区合作社指導所設

置により開始され、最初に藕塘橋信用合作社が組織された。同社は29年8月、鎮長・徐伯平を発起人として社員18人で組織され、その後順調に業務が進展し36年には社員73人となった。同社は年2回づつ資金貸付業務を行い、35年末には合計13次に上り貸付合計額は1万5652元となった。そのうち34年の第11次貸付は旱魃の影響で返済が半年延期されたが、その他は期限内に返済された。同社は貯蓄業務も実施し、社員・非社員の預金を受け入れ預金通帳も発給した。預金は定期預金が多く、利率は月利1％であり、36年現在754元の預金があった。同社は33年には、優良合作社として無錫県政府より褒章を受けた[12]。

　無錫県の信用合作社で儲蓄会業務を行うものは、すべて江蘇省立教育学院の指導下にあった。同学院は民衆教育の一環として、各種合作社の組織化を進めた。ただし、合作社の組織化にあたっては「小から大へ」を方針として、まず小規模・少数で実験し、後に数を増加させそれを連合会に組織しようとした。また信用合作社の組織に際しては、意志疎通と連帯保証が可能なように社員5～6人で小組を組織させ、それを基礎組織とした。儲蓄会は社員全員が参加することとし、月1回十五夜の夜に会を開催し、会金は大洋2角と定められた。預金は銀行預入か会員への貸付に使うとされたが、ほとんどが後者に回された。貸付方式は揺会とは違い月利1.2％で4カ月間の貸付であり、貸付順番は籤引きで決めた。35年8月当時、高長岸合作社の儲蓄会が預金額319元であり、最多の預金額であった[13]。このように同県の信用合作社は省立教育学院により緊密に指導され、比較的健全な経営内容であった。儲蓄会は揺会方式と同一ではなかったが、ともかくも民衆の貯蓄を促すには揺会に似た方式を取る必要があったと考えられる。

　以上のような無錫県の信用合作社には、どのような階層の農民が組織されたのであろうか。省立教育学院の実験区で農村活動に従事した秦柳方（筆名・楊立人）によれば、信用合作社に参加した農民はすべて中農と富農であるとしている[14]。このように省立教育学院であっても、真に援助を必要としている貧困な農民層を組織するのは難しかったのである。

　江蘇省の信用合作社がすべて成功した訳ではなく、すでに述べたように丹陽県や高淳県の信用合作社は問題が多かった（本書第4章参照）。ここではさらに、

問題を抱えた合作社の事例をいくつか紹介しよう。

まず呉江県では、社員が自主的に運営する合作社も多いが、蚕桑場や農民銀行に補助されている合作社も少なくないとされた。特に、合作社の借金が農民銀行から各社員に直接手渡される場合が多いので、合作社理事が渡すべきであると批判されている。また貯蓄活動は不活発であり、その奨励のために合会を利用すべきであるとされている[15]。

句容県に合作指導員が配置されたのは1930年8月であった。だがそれ以前にも県党部による合作社の提唱活動がなされた。29年3月には県党務整理委員会議で農村合作社の提唱が決議され、党幹部が各区・郷の農民協会に出向き、農民に合作社を組織すれば農民銀行より融資が受けられることを宣伝した。同時に城区信用模範合作社を組織し、農民銀行より1000元を借り入れた。また県教育局は教育用品消費合作社を組織した。こうして続々と信用合作社が組織され、同年末には62社となった。これら合作社は農民銀行に融資を申請したが、同行調査員の調査では人的・組織的に問題のある合作社が多く、実際に融資を受けられたのは20社のみであった（本書第4章第Ⅰ-7表参照）。翌30年には県党部が改組され、既存人員が更迭され、城区信用模範合作社・教育用品消費合作社は停止された。前者では、出資金が職員に持ち逃げされるという事件も発生した。こうして合作事業に対する民衆の信頼が大きく揺らぎ、合作社の発展は阻害された[16]。

注

（1）　胡昌齢「江蘇呉県県合作事業概述」（『合作月刊』第4巻第5期、1932年5月）14－16頁。蘇州（呉県）では、1927年11月から年末にかけて共産党が起した「江南秋収蜂起」には参加しておらず、国民党主導の農民協会が維持されたものであろう。同県農民協会は、共産党への対抗からも「土豪劣紳」告発や「二五減租」実施など、小作農民擁護の立場を堅持していた（夏井春喜『中国近代江南の地主制研究』汲古書院、2001年、453－482頁）。

（2）　呉県合作事業指導所編「呉県十九年度合作事業状況」1931年（中国国民党中央委員会党史委員会編『抗戦前国家建設史料──合作運動』（三）革命文献第86輯、1981年）142、143頁。

（3） 同上稿、139、140頁。
（4） 天野元之助『中国農業経済論』第 2 巻（龍溪書舎改訂復刻版、1978年）300、301頁、李金錚『民国郷村借貸関係研究』（人民出版社、2003年）262－292頁。
（5） 蔡斌咸「本省農村社会固有組織在農村建設上的評価」（『浙江省建設月刊』第10巻第 2 期、1936年 8 月）30頁。
（6） 施中一編『旧農村的新気象』（1933年、蘇州中華基督教青年会）64、65、104、105頁、前掲「呉県十九年度合作事業状況」168、169頁。
（7） 唐希賢・施中一「一週歳的唯亭山信用合作社」（『合作月刊』第 4 巻第 6 期、1932年 6 月）18－21頁。
（8） 前掲『旧農村的新気象』8、9頁。
（9） 同上書、64、65頁。
（10） 前掲「呉県十九年度合作事業状況」145－147、171頁。
（11） 同上稿、172頁。
（12） 王亮豊・陸渭民「無錫県合作社調査報告」（『農行月刊』第 3 巻第 8 期、1936年 8 月）45－50頁。
（13） 黄心石「無錫江蘇省立教育学院指導合作社組織之簡述」（『天津大公報』1935年 8 月11日、「郷村建設」第55期）。このように省立教育学院は合作社の乱造を避けたが、他方では民衆の資金需要に応えるために、省農民銀行と連携して借款連合会を多数組織した。34年度には連合会は137カ処、会員1602人となり、貸付額は 1 万3906元となった（高践四「江蘇省立教育学院民衆教育実験工作報告」『郷村建設実験』第二集、1935年、167頁）。
（14） 楊立人「在農村改進的実際工作中」（『中国農村』第 1 巻第 7 期、1935年 4 月）65頁。
（15） 陳仲明「調査江蘇合作事業後的感想」（『合作月刊』第 4 巻第 1 期、1932年 1 月）26頁。
（16） 左輿淇「句容県合作事業概況」（『合作月刊』第 4 巻第 9 期、1932年 9 月）10－12頁。

む す び

　江蘇省においては、合作指導員や省立教育学院に支援されて、活発な事業活動を展開した信用合作社も存在した。そこでは、外部資金の借入と貸出だけで

なく、社員の貯蓄が奨励された。そうした信用合作社の典型事例として、呉県（蘇州）の合作社があった。同県合作社は、貯蓄業務には銭会の一種である「揺会」方式を採用した。同県の農民は合作社に貯金を預けるという経験が無く、合作社は完全に信頼されておらず、貯蓄業務には伝統的方式を踏襲せざるを得なかったのである。

　そもそも江浙地域の農民には、信用合作社は銭会としてイメージされたと考えられる。これが両省政府の提唱と同時に、大量の合作社が短期に叢生した理由であろう。低利資金提供の呼びかけに、銭会のネットワークを利用して社員が集められたものであろう。浙江省の事例でも、信用合作社は銭会と同様に少数のメンバーから構成されていた。ただ銭会と違い信用合作社の借入資金は外部からのものであり、資金管理や返済は杜撰となる傾向にあった。また1930年代は経済恐慌の中で銭会そのものがトラブルを頻発させ、退潮局面にあった。そうした状況では、信用合作社が資金の流用や返済遅滞などの各種トラブルを発生させたことは当然のことであった。

　1933年の浙江省の調査では、信用合作社には二つのタイプがあった。第一のタイプは「特殊階級」が介在する合作社であり、第二のタイプは「平民」により構成される合作社である。後者の信用合作社を組織したのは、浙江省の事例から見ても、自作農・自小作農が中心であったと考えられる。こうした合作社では貧困層は信用力の欠如から排除され、また真に富裕な層はそれへの参加を忌避する傾向にあった。またこうした合作社は非識字者の比率が高く、実務人材の不足が問題であった。第一のタイプは、市鎮居住の地主・商人及び村落在住の地主・富農・小商人が、個人的利益を目的に信用合作社を組織するケースである。すなわち、低利資金を高利で又貸しすることによって、利益を図ろうとしたのである。そもそも、政府の農業金融政策に関する情報に接触する機会は市鎮居住者の方が格段に恵まれており、合作社の登記申請や融資申し込みなどの実務も市鎮居住の商人にとっては容易であった。また、農業金融機関の融資に商人保証を必要としたことも、商人層の介入を助長させた。ただ個人的利益を目的に信用合作社を組織したのは、単に市鎮居住の地主・商人だけでなく、在村の地主・富農・小商人、さらには一定程度の文字の読み書きができ利益に

敏感な人々も含まれていた。

　『中国農村』派は、合作社失敗の原因を地主・商人などの在地有力者に押し付けているが、その論理には問題があった。むしろ、村落社会の在り方と農民の教育水準にこそ真の問題があった。すなわち、自然村落は自治的機能を欠くため、村落内で一致して合作社に取り組もうという動きにならないのである。また日本の協同組合の場合は構成員の合議制となり、自治的村落内に居住する限り地主もその決議に従わなければならなかった。それに対して中国の場合は、合作社が構成員の合議制とならず、民主的運営が難しかったと考えられる。また合作社社員には非識字者が多く、そのことも社員の合作社への積極的関与を困難にした。そのために合作社は、地主・富農・商人などの一部人間による恣意的運営、組織の私物化となる傾向が強かったのである。さらには、中国農村社会では市鎮を核とした農村市場圏が重要な位置を占めており、その結果として市鎮居住の地主・商人が合作社へ大きな影響力を及ぼすこととなったのである。

第6章　浙江省における合作事業の展開

はじめに

　前章においては浙江省の信用合作社の実態を検証し、それが多くの問題点を内包していたことを指摘した。ただ呉承禧は、同省の合作事業は1933年以降大きく変化したと述べている。すなわち、まず行政系統が強化され、合作政策の徹底的な改正もなされ、合作事業は一新された。そして「量より質へ」、「信用合作社より産銷合作社へ」という二つの目標に向かって邁進したとしている[1]。こうした目標がどの程度実現したかを検討するのが本章の課題である。具体的には、1933年に設置された合作実験区の活動内容、さらに各地で組織された生産・運銷合作社の実態を解明する。こうした生産・運銷合作社については、桐油生産合作社と合作糖廠についてはすでに菊池一隆が論及している[2]。しかし、それは両合作社の概要紹介に止まっており、本章ではより詳細に解明したい。

　生産合作社の中では養蚕合作社が数量的に多数を占めた。浙江省は江蘇省と並ぶ養蚕業地帯であり、蚕種改良事業と並行して養蚕合作社が多数組織された。本章の課題は、こうした養蚕合作社の内実を明らかにして、蚕種改良事業の中で合作社はどのような役割を果したのか、またその合作社がいかなる発展段階にあったのかを解明することにある。そのためには蚕種改良事業がいかに進められたかを理解する必要があり、本章ではその実態解明も目指す。浙江省の蚕種改良事業に関しては、上野章と弁納才一の研究がある[3]。特に弁納才一の研究では、蕭山・余杭・臨安県で養蚕農家の暴動が発生した事実を指摘し、その原因を浙江省の蚕業構造に求めている。すなわち、江蘇省においては生繭販売が広汎に普及したが、浙江省では繭価格が安い場合には養蚕農家は自家で糸を紡ぎいわゆる土糸として販売しており、これを同省の蚕業構造としている。こうして、浙江省の場合は土種（在来蚕種）生産と組み合わされた土糸生産が強く残存していたため、改良蚕種の普及には強く抵抗したとの論理である。筆者は養蚕農家の暴動の要因として、浙江の蚕業構造を強調することは誤りである

と考える。本章では、暴動の事実関係にも再検討を加え、この問題に検証を加えてみたい。

注
（1）呉承禧「浙江農村合作事業観感」（『中国農村』第3巻第7期、1937年7月）41、42頁。
（2）菊池一隆「工業生産合作社の展開と農村工業」（『東洋学報』第74巻第1・2号、1993年2月）。
（3）上野章「経済建設と技術導入——江蘇省蚕糸業への一代交雑種法の導入を例に——」（中国現代史研究会編『中国国民政府史の研究』汲古書院、1986年）、弁納才一「蚕種改良事業」（同『華中農村経済と近代化』汲古書院、2004年）。

Ⅰ. 合作行政機構の変遷

曾養甫建設庁長（在任1931年12月～34年12月）の下で、合作行政機構が強化された。1932年6月には建設庁第4科に合作事業室が復活し、主任に陳仲明が迎えられた。合作事業室は主任の下に科員3名・促進員4名が配置され、合作事業促進員の派遣も30県以上となった[1]。また同年12月には第二期合作指導人員養成所が開設され、翌年6月の卒業生は36名であった[2]。

1933年4月には、合作事業室の職権が高められ科と同格となり、内部に合作事業股・農業金融股が設けられた。各股は主任1名・技士2名・科員3名・指導員4名より構成され、機構の充実が図られた。また各県に派遣された合作事業促進員は合作事業指導員（以下では共に合作指導員と略記）と改称された[3]。33年末には各県への合作指導員の派遣は66名に上り、67県をカバーするまでになった[4]。

1935年2月には農業管理委員会が設立され、合作事業室は合作事業管理処と改称され、同委員会の管轄下に編入された。ただ内部組織には大きな変化はなく、陳仲明が主任を務め唐巽沢が副主任であった[5]。同年9月には中央政府により「合作社法」が施行され、浙江省の合作社も同法により再登記を進めた

（後述）。

　1936年1月、黄紹竑省長が建設庁長を兼任し、農業管理委員会は廃止され、合作事業管理処は建設庁の管轄下に戻され名称も元の合作事業室となった。同年4月には、陳仲明が江蘇省政府の視察兼合作課長に転出し、唐巽沢がその後任となった。5月には建設庁の各科が廃止され、各科は農業・工商・水利・交通の4処に編入されることとなり、合作事業室は農業処に編入された。ただ、37年2月には建設庁の各科が復活し、合作事業室も復活した[6]。36年末の合作指導員の派遣は61県・67名であった[7]。

注
（1）　陳仲明・黄石「八年来浙江合作事業的演進」（『浙江省建設月刊』第9巻第3期、1935年9月）157頁。曾養甫の経歴とその農業政策については、拙稿「南京政府期・浙江省における棉作改良事業」（『日本植民地研究』第5号、1993年）を参照されたい。
（2）　丁錫棠「浙江省第二期合作指導人員養成所概況」」（『浙江省建設月刊』第7巻第2期、1933年8月）27－29頁。卒業生36名のうち、省内各県への派遣25名、建設庁勤務1名、合作社での常駐指導3名、浙江大学農学院勤務1名であった（同上稿29頁）。
（3）　前掲「八年来浙江合作事業的演進」157頁、張包増元「浙江合作事業行政組織演進簡史」（『浙江合作』第4巻第13・14・15期合併号、1937年2月）27、28頁。
（4）　陳仲明「二十二年本省合作事業設施概況」（『浙江省建設月刊』第7巻第7期、1934年1月）2頁。
（5）　前掲「八年来浙江合作事業的演進」157頁、前掲「浙江合作事業行政組織演進簡史」28頁。唐巽沢（1911～1968）は湖南省湘潭県の人。上海南洋大学附属中学に入学し、学生運動に参加、共産主義青年団にも加入した。1928年には同校を除籍となり、同年秋復旦大学に入学。1932年6月復旦大学法学院政治学系を卒業し、同年秋より浙江省建設庁合作事業室に勤務した。38年1月には龍泉県長に就任し、共産党地下組織とも連絡を取りながら抗日団体や自衛隊の組織化を進め、「紅色県長」とも称された。40年末には省建設庁に復帰、麗水県を拠点に合作事業管理処副処長、同省合作批発部副経理、同省合作事業促進会副理事長を勤めた。これら組織のトップは陳仲明であったが、唐巽沢が実質上の責任者であった。47年

には省政府を辞任し、上海において弁護士となり、また復旦大学合作学系教授を兼任した。49年9月には杭州市工商連合会籌備委員会副主任委員となり、50年5月には浙江省政府委員兼水産庁長に就任した。これ以降、省政協副主席、民主建国会中央常務委員などを歴任し、また全国人民代表大会第1・2・3期代表でもあった。しかし、文革時代に迫害を受けて死亡した（杭州市地方志編纂委員会編『杭州市志』第8巻、中華書局、1999年、489、490頁、『復旦大学同学録』1934年、陸文明「悼念唐巽沢先生」『麗水文史資料』第3輯、1986年、『68年版現職・新中国人名辞典』1968年、アジア研究所）。

（6）　前掲「浙江合作事業行政組織演進簡史」28頁。

（7）　唐巽沢「十年来之浙江合作事業」（『浙江省建設月刊』第10巻第11期、1937年5月）191頁。

Ⅱ．合作社改善策と生産・運銷合作社

1．農村合作実験区

　1933年からは農村合作実験区の設置も試みられた。ある県の一定区域を実験区に指定し、そこに事務所を設け指導者を派遣し、農民を日常的に密接に指導し、既存合作社の改善あるいは模範的合作社の設立を進めようとの計画である。こうして合作事業のモデルを樹立し、その経験を他地域にも応用し、合作事業の刷新を図ることを目的とした。33年3月杭州市に第1実験区、同年8月永嘉県に第2実験区、34年8月嘉興県に第3実験区が設置された[1]。

　第1農村合作実験区は、杭州市第10区及び第11区の1・3両坊、さらには杭県第4区の大部分を対象地区とし、事務所は杭州市彭埠鎮に置かれた。本実験区は省建設庁合作事業室直属であり、人員は主任・指導員・事務員の3名、1933年度経常費1860元であった[2]。実験区はまず区内の社会調査と合作の宣伝活動を行い、次に合作社の組織化に乗り出した。杭県第4区洪福郷に緑麻運銷合作社が設立され、また養蚕農家の組織化も試みられた。同年春には、正規の合作社ではなく出資金を徴収しない簡易な方式で10数戸の養蚕農家を組織化し、稚蚕の共同飼育を計画した。しかし多くの農家が脱落し、結局は3戸だけで稚蚕の共同飼育を行い、さらには生繭の共同販売までを行った。この共同飼育は

繭収量と販売価格の両面で好成績を上げ、秋期には多くの農家が蚕種の購入を求めた。そこで58戸で正式に合作社を組織し、秋蚕の飼育を準備した[3]。33年秋期には杭県七堡鎮の繭行（繭問屋、繭乾燥設備を有し生繭を買い付けて乾燥させそれを販売する、あるいは設備を貸し出す場合もある）の乾燥設備を借りて、共同烘繭事業を計画した。対象合作社は、第五坊養蚕合作社・洪福郷緑麻運銷合作社・九堡信用合作社の3社であった。これらの合作社には改良蚕種を配布しており、それを共同乾繭・共同販売することによって、農家の収入増を図ろうとしたのである。この事業でどれ程の乾繭が販売されたのかはその活動報告書にも記載がなく、おそらく失敗に終ったものと考えられる。活動報告書によれば、周辺の繭行が合作社社員の生繭を特別高値で購入すると宣伝し合作事業を妨害したと非難されている[4]。1934年春期にも実験区は、杭県臨平で繭行設備を借りて共同乾繭事業を行うことを計画している[5]。

　第1農村合作実験区ではその後、畜養合作社・消費合作社など各種合作社が設立された。さらに運銷合作社連合会も設立され、傘下には10合作社・社員925人を有した。この10合作社のうち8社は、緑麻販売と養蚕さらには豆粕・米穀の共同購入を兼営する複合的なものであった[6]。

　第1農村合作実験区は教育活動を重視した。1934年には合作社職員訓練班を1回開催した。35年には合作教育館が開設され、実験区の教育活動の拠点となった。まずそこで合作社実務訓練班が開催された。その受講生は男性10名・女性14名であり、男性には合作社実務の教育を3カ月間行い、女性には養蚕指導員となるための訓練を8カ月行い、優秀な卒業生は実験区に任用することとした。合作教育館には合作学校も附設され、教員1人・生徒34人で小学校教育も開始された。また水激郷には生徒32人の分校も設けられた。さらに合作教育館には合作図書館も附設されている[7]。このように第1実験区は比較的予算が豊富であり教育活動まで展開されており、教育活動に重点が置かれた郷村建設運動に類似した活動内容となっていた。

　第2農村合作実験区は永嘉県南塘に設置された。現在のところその活動の詳細は不明であるが、柑橘類と筵の運銷合作社及び人力車夫の信用兼営合作社が組織されたと言われている。特に柑橘類の共同販売は好成績で、区連合会を組

第6章　浙江省における合作事業の展開　251

第1表　第3農村合作実験区（嘉興県）における合作社一覧表

単位：人、株、元

合作社名	社員人数	出資株数	出資金額	設立年月	登記年月
◎郁家橋村無限信用兼営合作社	16	31	31	1929・5	1933・4
最勝村無限信用合作社	27	27	54	1930・9	1930・9
雲南村無限蚕業生産合作社	21	30	60	1932・4	1932・4
七限村無限信用合作社	43	55	110	1932・9	1932・9
保福郷西村無限信用合作社	15	20	20	1929・11	1932・12
◎正陽村無限信用兼営合作社	38	108	108	1933・4	1933・4
◎雲北村無限信用兼営合作社	28	28	84	1934・3	1934・3
◎吉祥村無限信用兼営合作社	20	43	86	1934・5	1934・5
◎雲南村無限信用兼営合作社	19	30	60	1934・10	1934・11
◎泰石郷保証綢業生産兼営合作社	73	81	810	1935・2	1935・2

出所：馮紫崗編『嘉興県農村調査』（国立浙江大学・嘉興県政府発行、1936年）164頁。
注：（1）同上書は、1935年8月の調査に基づくものである。
　　（2）◎は合作社連合会に加入している合作社である。

織し直接上海に販売し利益を上げているとされている[8]。

　第3農村合作実験区は嘉興県第5区を対象地域とし、事務所は王店鎮に置かれた。主任は県合作指導員が兼務し、他に事務員1名が配置された。実験区の経常費は年820元であり、省建設庁からの補助金100元以外は県財政から拠出された。実験区は県内の技術・教育・金融機関との協調を重視した。まず県蚕業改良区（後述）と協力体制を築き、省第2区農場からは技術者の派遣を受け王店鎮に常駐させ、県教育科と交渉して同鎮に中心民衆学校を設立させた。また35年7月には嘉興地方農民銀行が王店弁事処を開設した[9]。

　第3農村合作実験区は、既存合作社の整理と新合作社の組織化を進め、さらに合作社連合会を設立した。第1表のように、1935年8月当時同区には10合作社が存在した。そのうち設立時期が早い4合作社は、連合会への加入が許されていない。この4合作社は内容が腐敗し停頓状況にあるが、借金が多いのですぐには解散できないものであった。連合会加入の6合作社は、すべて兼営合作社の形態を採っていた。その中では泰石郷保証綢業生産兼営合作社が社員人数・出資金額が多く、絹織物生産農家により組織されていた。その他5社は信用兼営合作社であったが、銀行からの借入手続きが非常に煩雑であまり融資を受けることができず、社員への貸付事業はほとんど実施されていなかった。他方で

貯蓄は積極的に奨励され、毎月1日を共同貯蓄日とし1人大洋1角づつ貯金させた。35年9月末には、郁家橋合作社の貯蓄が308元6角、正陽村合作社の貯蓄が110元となり、5社合計の貯金額は519元6角に達した。その他に合作社は供給事業として、耕牛20～30頭、れんげ草・小麦の種子を共同購入した。また34年の早魃に際しては、正陽村合作社は揚水機1台を購入し共同利用した[10]。

第3農村合作実験区は、合作社を通じて農村の風俗習慣の改善や教育の普及も進めようとした。合作社は社規約で社員の喫煙と賭博の禁止を打ち出した。また農民の負債原因の80％以上が婚礼・葬式の出費によるものであるため、その簡素化を進めようとした。しかし、簡素化を社員だけに命じたため、その成果はあまり上がらなかった。また合作社社員を対象に合作常識を教授する民校が開設され、合作社職員対象の合作社職員訓練班も開催された[11]。

それではここで泰石郷保証綢業生産兼営合作社の実態を探ろう。同社は郷長・周問寶などにより1935年2月に組織された。社員は73人であり、出資金は1株10元、さらに入社費1元を必要とした。しかし、35年8月初旬現在、出資金・入社費の拠出は合計284元に止まっていた[12]。同郷は戸数1825戸であり、そのうち織戸は約300戸であった[13]。同郷には大地主が存在せず、自作農・自小作農が多数を占め、大半の農家が耕地面積10数畝ほどであった。耕地面積の7割前後を桑畑が占め蚕桑地域となっていた。年間約4000担の繭が生産され、そのうち半分は生繭のまま売却され、残り半分が自家製糸を経て織布原料となった。同郷の織戸は土糸を原料とし、原料は郷内で自給できた[14]。元来同郷の織機は木製であったが、1921年に初めて鉄輪機（足踏織機）が導入され、24年の絹布価格高騰による好況を経て、28年頃までにはすべて鉄輪機に置換された。1931年以降、繭・生糸価格が暴落し、養蚕農家は窮迫した。そこで生産繭を早急に現金化する必要から繭販売が増加し、自家製糸が減少した。織戸の多くも、繭をまず販売し後に土糸を購入することを余儀なくされた。さらには、織戸は原料購入資金にも事欠き、綢行（絹布問屋）の賃機となるケースが増大した[15]。そこでこうした織戸の窮状を打開するために、合作社の組織が試みられたのである。

同郷で合作社の組織を可能とした要因として、自衛組織を通じた郷民の団結

の強さが指摘されている。元来同郷には自衛組織が存在せず、しばしば盗匪の被害に苦しんだ。1919年の盗匪の襲来に際しては、郷の壮丁が集合しそれを撃退した。そして同年には、盗匪から奪った武器と県政府の奨励金100元を基に、「泰石橋鎮地方保衛団」が組織された。この保衛団は、27年の国民革命時の軍閥軍敗残兵との闘争にも威力を発揮し、特に郷長・周問寰はその時に活躍した人物であった。なお周問寰は中学卒と学歴は高いが、その家は耕地面積10数畝及び織機2台を持つごく普通の農民であったとされている[16]。

　泰石郷合作社は、まず初年度には在来製糸法の改良と絹布精製（煉綢）工場の建設を目指し、次年度以降は電力織機の導入や共同生産も計画した。そのために、某農民銀行との間で2万元の融資を交渉したが、貸付には商人の保証が必要であり、しかもその商人の資本額は融資金額の2倍以上必要であるとされた。そうした大商人の保証人を確保することは困難であり、交渉は断念された。後には辛うじて嘉興県地方農民銀行より2000元の融資を受けることができた。こうして35年度は資金の不足により計画した活動は展開できず、1600元分の土糸を購入し、出資金納入済みでかつ原料に窮乏する社員のみに発給した。また社員生産の絹布を集め販売したが、それは420元ほどに過ぎなかった[17]。

　この後の泰石郷合作社の動向は不明である。しかし、周問寰は抗日戦争が始まると王店鎮で保衛団を組織し、1938年3月には嘉属義勇軍第1総隊の第5大隊長に任ぜられた。また王店区の区長も兼任した。そして40年5月に日本軍との戦闘により死去した[18]。

2．生産・運銷合作社の実態
（1）蕭山県東郷蚕糸合作社

　ここで東郷蚕糸合作社とその附属製糸工場の動向も一瞥しておこう。これについては弁納才一の研究があるが、十分実態が解明されたとは言えない[19]。その研究の最大の問題点は、同合作社は本当に合作社形態を取っていたかが不明なことである。弁納の研究では、その社員は養蚕農家と職員からなり、資本金は予定額80万元であり、1株40元で2万株の発行を計画していたとされる[20]。しかし、同氏の研究では、その出資状況は解明されていない。筆者は、同合作

社は「合作」とは名目だけで、実態は合作社幹部・盛練心とその仲間達の私的企業であると推測する。また附属の製糸工場も、主要には銀行融資に依拠して建設されたものであると考える。

　上記のように筆者が判断する理由は、次の資料による。1931年7月、省政府当局が蕭山・紹興両県長に命じて蕭山県東郷蚕糸合作社を閉鎖させた。それは郷民数十人の訴えによるものであった。その訴えでは、同合作社は省政府の「合作社規程」に依拠しておらず、郷民には何らの利益もない。郷民によそからの蚕種購入を許さず、生繭販売も盛某の繭行以外での販売を許さず、その際には社捐として販売価格の1割を控除する。さらに、厚生銭荘なるものを設立し、鈔票数十万元を発行し、郷民に使用を強制している、と[21]。32年には省政府の調査が入り、東郷蚕糸合作社は「合作社規程」に違反していることが明らかとなった。違反内容は、①同社は県政府に登記申請をしていない、②同社は販売蚕種価格に合作社出資金を上乗せしており、また生繭の買付を独占し農家の自由販売を許さない、③越境して繭買付を行い、また繭価格から合作社出資金を控除している、④社員が農工商学政の各界から構成されており、南京・上海在住者も含んでいる、などであった[22]。このように本合作社は、養蚕農家が自主的に組織した合作社とは考えられず、盛練心及びその協力者が合作社の名称を利用して組織したものであると推測される。東郷周辺の養蚕農家が名目上合作社社員とされ、生繭販売が強制され、販売価格から強制的に出資金が控除されたのである。それでも生繭価格が好調ならば農家の不満は表面化しなかったであろうが、繭価格が暴落すると農家の不満が噴出して、前述の訴えとなったものであろう。なお32年3月当時、盛練心は上海での営業に失敗し数十万元の損失を出し、同社の糸繭は抵当に入っていた。そのために盛は蕭山に戻れず、上海に隠れていたとされる[23]。このように生糸価格の暴落により、同合作社の経営は行き詰まったのである[24]。

　1932年秋期から蕭山県に改良蚕桑模範区が設立され、蚕業統制が開始された。ここで盛練心は活動を再開した[25]。蚕業統制策にとって、盛練心が築き上げた蚕種製造場・繭乾燥設備・製糸工場が有用であると判断されたからであろう。東郷蚕糸合作社は模範区の許可を受けて生繭の買付を進めたが、その場合には

繭行として取り扱われており、合作社とは見なされていなかった（後述）。

(2) 鄞県菫江貝母運銷合作社

　省政府合作事業室が運銷合作事業の発展を図るため重視したのは、貝母運銷合作社であった。貝母（ユリ科の多年草）は漢方薬原料であり、血圧調節や気管支炎に薬効があり、四川省と浙江省で栽培され、後者では元来は鄞県の樟村でしか栽培できなかった。樟村は20数カ村からなる地域であり、貝母栽培農家が約6000戸あった。しかし1930年代初頭、生産過剰と西洋薬の普及により貝母価格が下落し、栽培農家は困窮していた。貝母は各農家で収穫・乾燥され、それを現地の販子（小商人）が買い付けて、寧波に運ばれ同地の薬行（薬材問屋）に販売された。薬行はさらにこの貝母を、各地から出向いてきた「水客」に販売したのである[26]。

　1932年10月、鄭嘉豪・周緯星・許有恒・崔幼璋などが、鄞県政府に菫江貝母合作社の設立を指導するように請願した。11月には会議が開催され、70名の籌備委員を選出し、また県政府合作指導員葉叔が同地に常駐し計画指導にあたることになった。葉叔及び籌備委員会常務委員に選出された鄭嘉豪などが、各村を廻り合作社の利益を宣伝した。33年1月には合作社定款の草案が県政府に承認されたので、本格的な社員募集を開始した。こうして5000人以上の社員が確保できたので、3月6日に樟村において菫江貝母運銷合作社の設立大会が開催された[27]。このように短期に多数の社員を結集できた要因は、同地では過去に何回か商人による貝母販売独占が実施され、農民も販売統制を行えば価格引き上げが可能であると理解していたからである。特に1922・23年には寧波の薬商人の翁仰青が象貝生産組合所なる組織をつくり、同地の貝母を買い占めた。そして販売価格の引き上げに成功し、1担（1担は旧制約60kg、新制約50kg、浙江省では1930年より新度量衡制へ移行）当り40～50元で仕入れた貝母を180元で販売し暴利を得た。農民にはこの時の経験が強く印象に残り、合作社への期待となったのである。また同地は元々は養蚕地帯であり養蚕・紡糸・織布が重要な副業となっていたが、蚕糸業の衰退により貝母生産が重要な収入源となった。この面からも農民は、貝母価格の引き上げを熱望していたのである[28]。

董江貝母運銷合作社は社員数が膨大なため社員大会は開催できないので、代表大会を最高決議機関とした。社員20人から代表1名を選出し、代表大会を開催し、理事会・監事会及び経済委員会・評判委員会（貝母の検査格付担当）の委員を選出した。理事会の下には総務・指導・倉庫・運銷・検査の5股が設置され、実務を担った。出資金は10万元を予定していたが、1933年8月現在約2万元の納入状況であった。5月から貝母の収穫時期となり、収穫貝母の乾燥・加工のために約160カ所の加工場を設けた。集荷された貝母の販売は寧波の彙源・宝和・宝盛・懋昌の4薬行へ委託した。その販売価格は、第1次出荷分16万斤が100斤（100斤が1担）当り83元、第2次出荷分6万斤が110元であった。このように貝母は委託販売のため、農家への代金支払いはかなり遅れることになり、すぐに現金を必要とした農家には不便であった。そこで農家の便宜のために寧波の中国・墾業・交通の3銀行と融資契約を結び、4薬行に委託した貝母を担保として約38万元の融資を受けた。銀行から合作社には月利0.9％で融資され、それが農家に月利1％で貸し付けられた[29]。

　当初、貝母栽培農家は合作社を強く支持して、合作を破壊する貝母の私的販売を暴力的にでも阻止しようとして、多くの訴訟事件が発生した。すなわち農民達は合作社により貝母の独占販売を実施できれば価格を引き上げられると考え、合作社に大きな期待を寄せたのである[30]。しかし、貝母の販売は順調には進まず買付価格も下落し、農民達の期待は裏切られてしまった。これにより貝母農家の合作社に対する信頼は、大きく失墜した。1934年11月には、一部社員から同社は財務内容未公開で不正経理の疑いありと告発され、省建設庁が調査に入った。その結果判明した事実は、次の通りである。まずは会計事務の杜撰さであり、旧式帳簿と新式帳簿が併用され、収支の証拠書類も保管されず、記帳漏れも多かった。次に書類の精査によれば、同合作社は33年には貝母127万斤を集荷したが、そのうち販売できたのは34年11月時点で76万斤のみであり、残り51万斤は中国銀行倉庫で保管されていた。その販売価格は合計で76万8000元であり、また中国銀行より在庫品を担保に19万元の融資を受けていた。当初の合作社の計画では、販売価格から輸送・販売費として100元当り3元を差し引く計算であった。それでも農家には販売価格と融資分を合わせて100斤当り

74元を支払えるはずであった。ただ実際に合作社は、100斤当り68～69元しか配っていなかった。それは杜撰な業務計画のため、予想以上に業務経費を要したためであった[31]。このように合作社は多額の売れ残り品を抱え、社員に販売代金も支払えない状況にあった。辛うじて銀行からの融資でそれが若干埋め合わされていたのである。また合作社の経理内容も公開されず、社員の不信感を増幅させていた。こうした販売難と価格下落の背後には、上海市国薬業公会との紛糾があったと考えられる。同公会は33年には合作社への反対を表明し、さらに34年合作社が貝母の生産調整を決定するとそれを価格独占であると非難し、浙江産貝母のボイコットを呼びかけていた[32]。

このように貝母合作社は販売独占に失敗し、価格を吊り上げることができなかった。そのために農民の失望をかい、私的販売が横行するという事態に陥った。貝母価格の下落は、上虞・杭州市などの他県での生産増加も一因であった。そこで省建設庁は1935年5月には、鄞県菫江貝母運銷合作社を拡充して浙江省貝母運銷合作社として、全省規模での貝母統制を行おうとした。省内生産の貝母はすべて一律に同社が定価で買い付けることとし、私的売買は禁止した。また5月9日には、浙江地方銀行と40万元の融資契約を結び、中国・墾業・交通の3銀行からの負債を清算すると共に新たな買付資金にしようとした[33]。

1935年5月10日には、鄞江橋に設けられた分社の職員が社員の私的販売を取り締まろうとしたところ騒動となり、私的販売を支持する側に逮捕者がでた。これに怒った私的販売を支持する側の人々は、1000人余りの民衆を集め分社事務所を包囲し、建物・家具などを破壊した。このように貝母運銷合作社は内紛状況となり、暴動事件まで発生したのである[34]。

1935年10月30日には、省建設庁合作指導員・丁錫棠、鄞区行政督察専員・張桐、鄞県政府・倪維熊の3名により同社社務整理委員会が組織された。そして理事・監事の職権を停止し、帳簿などの徹底調査を行った。その結果、役員による大規模な不正行為が発覚し、鄭嘉豪以下理事全員の逮捕となった[35]。こうして浙江省貝母運銷合作社は36年8月当時、責任者も不在となり業務は停止し、浙江地方銀行からの借金返済期限が迫り、担保の100万斤以上の貝母が競売に掛けられる状況となった[36]。

(3) 海塩県黄沙塢信用兼営合作社

次に、浙江省の模範合作社とも賞賛された海塩県黄沙塢信用兼営合作社の実態を検討してみよう。黄沙塢村は海塩県城より南東約20kmに位置し、前方が海に面し三方を山に囲まれた小さな村落であった。全村戸数は45戸ですべて農家であり、稲・麦・茶・桑の栽培のほか、林業・果樹（桃など）栽培も行われていた。だが目の前に海が迫り耕地が狭く、折からの農産物価格の下落もありほとんどの農家は貧困に喘いでいた。同村は交通が不便で他村との往来が少なく、内部での協力精神に富んでいたと言われている[37]。合作社の設立は、同村において以前から郷村教育に情熱を傾けていた小学校教師・査開良の働き掛けによるものであった[38]。査開良は1929年には、県の党政当局に合作事業の奨励と農民銀行設立の建議を行った。また村内においては、合作社の利益とその経営方法を農民達に絶えず説いた。こうして農民の理解を得ることに成功し、1930年3月25日の合作社設立となった。33年8月頃までには、村内農家45戸すべてが合作社に加入し、出資金は917元にもなった[39]。

合作社がまず取り組んだのは、合作農場の設立であった。この合作農場の土地は海に面した波打ち際の土地であり、元々は村人の所有であったが民国初期に海寧県人により詐欺的手段で買い取られたものである。かねてより査開良は村の耕地不足の解消には、この土地の買い戻しが不可欠であると考えていた。そこで1931年秋、彼は全社員を集めて土地の買戻しと農地の開発を提案した。社員は皆その提案に賛成したが、問題は土地購入と堤防・水路などの建設資金をいかに調達するかであった。そこで査開良は資金調達に全責任を持つことを約束し、この計画が開始された。まず、海寧県の地主との交渉により、950元での土地買戻しに成功した。資金は海塩県農民借貸所から1500元を借り入れた。第一期建設工事は32年春に開始され堤防・水路などを築き、75畝の耕地が造成された。さらに35年春には第二期建設工事も計画され、70畝の造成が予定された。合作農場の土地は合作社の共同所有とし、その10分の1は共同耕作、残りは農民への貸与とした[40]。

黄沙塢村の西1kmには官有の荒山700畝があった。そこで査開良は、この土

地の払い下げと造林を計画した。1932年11月には全体社員大会を開催し、全会一致で計画が承認された。査開良により払い下げ申請手続きがなされ、まもなくして省政府により認可された。この土地は合作林場と名付けられ、600畝を植林し、100畝は果樹園として桃・すもも・みかん・茶を栽培した[41]。

合作社には運銷部も設けられ、農民の重要な換金作物である桃・すももなどの果実の共同販売を行った。これら果実を合作社で集荷して、平湖・嘉興などで販売すると、地場での販売より15％程高く売れた。1933年には鄒秉文（上海商業儲蓄銀行農業合作貸款部主任）と侯厚培の紹介により、桃の上海での販売も検討されたが、同村の桃は品質的に劣るため同年の販売は見送られた。また33年5月には茶葉200斤が集められ、上海商業儲蓄銀行に送られ、呉覚農の協力により茶葉の上海での試験販売を行った[42]。さらには、農産物の加工販売のために農産製造部も設置され、34年より干し桃（塩漬け）、山芋の粉、塩漬け野菜の生産・販売を開始した。こうした農産物の加工・販売を資金的に支えたのは、県農民借貸所と上海商業儲蓄銀行からの融資であった。35年2月末、合作社は両所から3750元を借り入れており、その使途は経営資金2100元、土地購入代金1050元、結婚資金・借金返済資金として社員への貸付600元となっていた[43]。本合作社を視察した国際連盟の協同組合専門家キャンベルは、同社も当初は土地を持たない貧しい農家の入社を拒否したとしている。また同社のすべての帳簿は社外の小学校教員の手になるものであり、識字社員が多い本合作社は帳簿も社員自身で管理すべきであると提言している[44]。このように、合作社設立当初、土地所有農家は無所有農家と同一の合作社に入るのを嫌ったと考えられる。

（4）桐油生産合作社

桐油は、油桐（アブラギリ）の種子を圧搾して得られる乾性油であるが、航空機・自動車の金属部品の被覆剤や鋼船の船底用塗料などとして、準戦時体制の中で世界的に需要が拡大していた。中国はその主要産地であり、桐油が重要輸出品となった。浙江省は桐油生産が盛んで、1934年の全省生産量は16万担に上った。その集散地は衢県約5万担、蘭谿7万担、温州4万担となっていた。35年冬以降、価格が高騰し、生産が増加する勢いにあった[45]。1935年末現在の

桐油合作社は、蘭谿県11社・永康県1社・金華県2社・江山県5社・麗水県9社・常山県1社・仙居県6社であり、合計35社が存在した[46]。桐油の輸出の好調に支えられて、その後も合作社は増加した。36年10月末には、桐油合作社は56社・社員1265人・出資金1万5487元となった[47]。

永康県の桐油合作社は、胡欽海（1889～1952）が主導したものであった。彼は同県生まれの商人であったが、1926年より芉川郷に造林合作社・信用合作社・桐油合作社を創設した。35年には、武義県の荒山4000畝を開墾し、油桐優良品種を栽培した。また崇実搾油廠を設立し、軽便螺旋式搾油機を製作した。36年には兄と共に永康県で最初の職業学校である私立永康県芉川油桐職業学校を創立した。1940年代には『油桐種植及搾油之研究』を著している[48]。このように胡欽海は、単に私的商業活動としてではなく、地方経済振興のために桐油生産の奨励や合作社の提唱を行ったと推測される。その桐油合作社は29年に創設され、当初は赤川1村を範囲としていたが、34年1月には永康芉川桐油生産兼営合作社と名乗り、芉川郷全体を活動範囲とした。同社は36年4月当時、永康県内2工場、武義県内1工場を保有していた[49]。この合作社の社員数などは不明である。しかし、胡欽海は農民に本合作社への加入、あるいは新たな合作社の設立を呼びかけており[50]、農民の参加は僅少であったと考えられる。それを推測させるのがキャンベルの視察報告である。キャンベルによれば、桐油合作社が交易（すなわち原料買入）する農民は、合作社社員46人に対して、その他の1800人はみな非社員であった[51]。すなわち、同合作社に原料を供給する農民の圧倒的多数は未組織であったのである。

蘭谿県の桐油生産ならびに合作社の実態については、より具体的に分かる。1934年の調査では、県内に油行業（桐油問屋）が13あり、合計で職工105人・資本金3～4万元であった。年間の桐油の移出量は8000～1万数千担であり、金額は20～40万元となった。その他に車行と呼ばれて、油車（搾油車）を保有し農家から原料を購入して搾油する業者がいた。また農民達も合股（共同出資）で車行から油車を借り入れ、自分達の桐実を搾油し、さらには他の農民の搾油をも請け負った[52]。蘭谿県では旧第2区の北郷が油桐の栽培が一番多く、農家は1204戸存在した。1933年9月、この地域に第2区桐油生産合作社が設立され

た。社員は21人であり、地方紳士と桐油取引経験者から構成されていた。合作社は1株当りの出資金を10元とし、工場を3カ所建設した。この工場の搾油労働者は合作社には加入せず、合作社に雇用される関係にあった。3工場は距離が離れており、各7人の社員により個別に管理され、統一した経営がなされておらず、ついに合作社は解散してしまった。そこで県政府の指導により、各工場内の搾油労働者を社員とした合作社が新たに組織された。この搾油労働者は農民でもあり、自家生産の原料を工場に供給したが、それでも原料が不足し、社員以外の農家からも原料を購入した。こうして社員12〜15人からなる合作社3社が新たに誕生したのである[53]。前述のように同県では、農民が搾油業を兼業する場合もあった。合作社に組織された搾油労働者とは、こうした旧来搾油業を兼業していた農民達であると考えられる。言うなれば「合股」組織が合作社へと衣替えしたのである。

この後も蘭谿県では、1934年後半に5合作社が組織された。そしてこの合作社の連合組織として、第2区桐油産銷合作連合会も組織された[54]。第2表がそれら合作社の営業状況であるが、確かに34年までに8合作社が連合会に参加していた。しかし、そのうち3社は後に連合会を脱会している。合作社で生産された桐油は油行に順次販売され、保管はなされなかった。しかし、蓄積保管し価格上昇を待って販売するために、連合会は倉庫を設けた。また各合作社に当座資金を供給するために、県農民銀行と契約を結んだ。34年11月から35年3月までに倉庫で桐油400担を保管し、それを担保に8080元の融資を受けた。この倉庫経営は成功し、当初1担当り23元であった市場価格が、販売時には33元にまで上昇した[55]。

1935年3月には倉庫保管の桐油400担の上海での直接販売を試みた。しかし、荷物が杭州に着く前に、蘭谿の油行から杭州の油行に電話が掛けられ、購入を拒絶し低価格で買い叩くように要請された。さらに杭州油行は上海の油商に電話を掛け、同様の要請を行った。杭州に到着した連合会の販売責任者は、上海に電話をして価格動向を探ったが、上海の価格は杭州より安いという応答しか得られなかった。そこで販売責任者は予定を変更して、杭州での桐油販売を余儀なくされた。幸いに杭州までの輸送経費を差し引いても蘭谿県内での販売よ

第2表 蘭谿県における桐油合作社の営業状況

単位：人、元

名称	社員数	登記年月	連合会への参加	1934年度				1935年度			
				借入金	買付額	販売額	利益	借入金	買付額	販売額	利益
百社村			×	1,000	3,832	4,937	325				
仁塘村			×	1,000	2,128	3,253	336				
陳家井村			×	1,000	2,982	4,189	427				
澄宅口村	12	1934・11	○	1,000	2,843	4,117	494	1,300	8,482	10,388	1,126
東葉村	12	1934・11	○	1,000	3,088	4,642	764	1,300	6,329	8,172	963
鍾王村	13	1934・11	○	1,000	6,367	8,905	1,658	1,000	10,890	13,540	1,869
朱家村	12	1934・11		1,000	1,826	2,825	219	1,300	4,827	6,289	680
西葉村	12	1934・12	○	1,000	3,361	4,653	512	1,200	6,829	8,868	1,260
石葉村	13	1934・12	○	1,000	4,315	5,663	568	1,500	8,361	11,512	1,371
樟宅塢	15	1934・12		800	2,314	3,367	237	595	4,339	5,631	512
渓裏源村	12	1935・10	○					1,000	5,669	7,427	1,018
上新芳村	13	1935・11	○					1,000	6,078	7,936	1,078
現坦村	13	1935・12						500	4,807	6,571	984
合計	127			9,800	33,064	46,551	5,586	15,695	66,571	86,336	10,863

出所：蔣振球「蘭谿実験県桐油生産合作社概況」（『合作与農村』第8、9期、1936年11月、1937年1月）より作成。

注：（1）名称はすべて無限責任桐油生産合作社である。
（2）この他に白下叶村合作社が存在した。
（3）○は連合会への参加、×は参加した後、退会したものである。
（4）金額の合計欄は合わない箇所があるが、そのまま掲出した。特に、1935年の借入金額の合計は1万695元である。

りは1元高く売れたが、上海での直接販売は挫折したのである[56]。

1935年後半には3合作社が設立され、同県の桐油合作社は合計11社・社員138人・出資金総額1250元（納入済820元）となった[57]。第2表のように、35年度には桐油価格の上昇から多くの利益を上げることができた。ただ35年度には馬澗農業倉庫が完成したので、合作社の桐油・桐餅はそこに預けられ、5420元の融資を受けた。これで連合会の存在意義がなくなり、その業務が停頓してしまった[58]。桐油合作社にとって最大の問題点は、農家が合作社に組織されておらず原料確保が困難なことであった。合作社入社資格は、搾油技術者と原料生産農民であったが、農民は合作社への加入を好まないとされていた。また非社員から原料を購入するのは合作社の原則に反するが、業務の継続のためにはやむを得ないことであるとされていた[59]。

（5）金華区合作糖廠

　浙江省では、省南部の永嘉・瑞安・平陽各県以外に義烏県周辺でも甘蔗が栽培され、砂糖生産が行われていた。義烏県周辺の製糖工業は300年以上の歴史を有し、江浙地域を市場としてきた。しかし、伝統的製造法を墨守してきたため、製品は紅糖（赤砂糖、粗製の砂糖）であり、製糖効率も極めて低かった[60]。

　1934年5月の浙江省生産会議において、義烏県から製糖業改善のための合作糖廠の設立が提案され、それが採用され省建設庁の担当となった。省建設庁は、義烏県建設科長蕭家點に合作糖廠籌備員を兼務させ、その設立に当らせた[61]。同年9月には、「金区合作糖廠章程」、「金区合作糖廠招収非社員私人団体股金暫行弁法」、「義烏県保証責任糖業生産合作社連合会章程」が施行された。そして義烏県江湾鎮に製糖工場を建設することが決定され、その資金は糖業生産合作社連合会の出資による、また合作社社員ではない個人及び団体の出資も3万元まで受け入れると規定された。なお同廠は義烏1県の組織ではなく、金華区の各県にも合作社連合会を組織させ出資させようとしていた[62]。しかし結局は、合作社などからの出資金は調達できず、創業資金は銀行融資に頼ることとなった。省建設庁の紹介で義東浦地方農民銀行が中国農工銀行より2万5000元の当座貸越を受け、そのうち2万元を合作糖廠に貸し付けた[63]。また蕭家點が義烏県合作指導員と共に農村に出向き、農民を糖業生産合作社に組織し、他方で工場の機器を取り付けた[64]。こうして35年1月には合作糖廠が操業を開始し、同月12日には開幕式典も開催された[65]。

　合作糖廠の発展には、資金難が桎梏となっていた。1935年4月には怡和と慎昌の両洋行と甘蔗圧搾機の購入契約を結び、9月には機械が上海に到着したが、その支払代金が調達できなかった。同廠は資金調達に奔走し、桐郷借貸所及び嘉興・嘉善の両農民銀行から融資を受け、やっと機械を装備できた。その製糖法は亜硫酸方式での白糖生産であり、機械設備として圧搾機2台・遠心分離機4台・真空機3台・結晶機1台・硫黄炉1台などを備えていた。機械取付終了後には、今度は原料購入資金に事欠いた。陳仲明の紹介で金武永農民銀行から2000元を借り入れることができ、11月21日に白糖製造を開始した。原料購入資金2000元はすぐに底を突き、農民からの原料購入代金1万8000元が未払いとなっ

た。そこでまた中国農工銀行と5万5000元の貸越契約を結び、前述の2万5000元の借入を返済すると同時に農民への未払金を清算した[66]。

合作糖廠は1935年度、4万2770担の甘蔗を原料として白糖767担・糖蜜2537担を生産した。専門家の意見では、通常は甘蔗の3分の1から4分の1が白糖となるはずであり、その成績は極端に悪いという評価であった。また生産コストも極めて高く、その一因が燃料費（石炭・ディーゼル油・薪）の高さであった。さらに、糖汁は在来の鍋20台で煮ていたが、1鍋に2人の作業員を配置し、非常に非効率となっていた。3台の真空機はもともと製糖用ではなく、これで砂糖を煮ると損耗が著しいともされていた。こうして、専門家の評価としては、現有の設備で白糖の製造は可能であるが、コストが巨額となり損失は免れないであろうとされた[67]。

キャンベルの報告では、合作糖廠と原料を取引するのは合作社や連合社ではなく、ほとんどが非社員であり、一般農民525人と取引関係があったとされる。また同廠の経営権は「家庭団体」の手に握られていたともされる[68]。別の資料では、同廠が後押しして甘蔗合作社連合会を組織し、その下に合作社33社（社員560人）が存在したが、連合会はすでに解散したとしている[69]。このように原料甘蔗生産農民は、一旦は合作社に組織され、連合会も結成されたものと考えられる。ただ、それがうまく機能せず、結果的には合作社の設立母体となっていた宗族団体が同廠の経営に強く関与することとなったと考えられる。結局、金区合作糖廠は1936年7月に閉鎖が決定され、その負債額は8万元にも上った[70]。

3．成績評価実施と合作社の淘汰

1933年11月、建設庁合作事業室が調査表を作成し、各県の指導員に合作社調査を命じた[71]。その評価基準は次の18項目からなっていた。1．社の設備は完備しているか、2．合作の意義理解の程度、3．合作精神の程度、4．社員の忠実さの程度、5．社員増減の趨勢、6．識字社員の比率、7．会議は章則を遵守して開催されているか、8．職員は職務に忠実であるか否か、9．紛糾発生の有無、10．簿記の有無またどの種の簿記を使用しているか、11．積立金の

第3表　合作社成績評価結果の比較（1933・34年）

		評価等級						未評価				合計
		甲	乙	丙	丁	戊	己	小計	解散	解散予定	設立直後	その他	
1933年	社数	9	56	224	358	253	52	952			152		1,104
	%	0.9	5.9	23.5	37.6	26.6	5.5	100.0					
1934年	社数	12	139	241	377	160	28	957	152	302	246	33	1,690
	%	1.3	14.5	25.2	39.4	16.7	2.9	100.0					

出所：陳仲明・黄石「八年来浙江合作事業的演進」（『浙江省建設月刊』第9巻第3期、1935年9月）162頁より作成。ただし、1933年の合作社数の一部誤りは、鄭厚博『中国合作運動之研究』（農村経済月刊社、1936年）500頁により訂正。また評価等級割合は独自に集計した。

注：1934年の解散予定合作社は、前年評価が戊以下のための解散予定である。

社員数に対する比率、12．社員が払い込んだ株式数、13．営業資金と営業の比較、14．営業支出と利益の比較、15．公益金の処置、16．月報表及びその他文書は正確・明瞭・迅速か、17．貯蓄農家の平均貯蓄額は、18．借入金の使途及び返済延滞の有無。以上18項目を点数化し、最高点は100点、甲（80点以上）、乙（70点以上）、丙（60点以上）、丁（50点以上）、戊（40点以上）、己（40点未満）に等級分けされた[72]。

　第3表が1933年と34年の成績評価を比較したものである。33年には設立1年未満の152社を除いた952社が審査対象となっている[73]。同年には、評価が甲・乙の優良合作社は極めて少なく全体の7％弱を占めるに過ぎない。他方で、戊・己の合作社は非常に多く全体の32％を占めていた。そしてこれら戊以下の合作社には、一律に解散が命じられた。それでは成績評価が甲（80点以上）の優良合作社とはいかなる内容であったのか。第4表がその9合作社であるが、すべて杭県及び海塩県に所在していた。杭県の棉業改良実施区とは、優良棉花普及のために省農業改良総場棉場により設置されたものであり、そこでは農民は合作社への加入が強制された。合作社も省棉場の強い統制下にあり、他の8社よりは社員数が多いにもかかわらず組織の健全性を維持できたのであろう[74]。杭県の残り3社はすべて第4区内にあり、前述のように第1農村合作実験区に指導された合作社である。既述の海塩県黄沙塢信用兼営合作社が、最高得点を獲得している。社員識字率100％は査開良の教育活動の成果であろう。同社は1人当りの出資金額も格段に高く、農産物の共同販売も活発であったため営業入金額も1位であった。海塩県のその他4社の実態は不明である。しかし、それ

266　第3部　合作社政策の展開と地域社会

第4表　成績評価結果「甲」の合作社（1933年）

単位：人、株、元

合作社名	設立年月	社員人数	社員識字率	出資株数	出資金額	営業入金額	純益	点数
杭県第4区范家皁無限責任信用合作社	1931・3	33	27%	33	165	1,470	45	80.89
杭県第4区大三園村無限責任信用合作社	1931・3	38	30%	64	250	1,600	45	82.84
杭県棉業改良実施区無限責任信用兼営合作社	1933・4	178	8%	—	552	7,965	16	80.42
杭県第4区洪福郷無限責任緑麻運銷合作社	1933・5	86	19%	86	65	6,634	76	82.44
海塩県黄沙塢信用兼営合作社	1930・3	45	100%	—	925	9,856	290	90.55
海塩県麗結郷無限責任信用兼営合作社	1931・12	25	80%	58	68	1,492	72	83.10
海塩県瑞村無限責任信用兼営合作社	1932・7	22	50%	24	24	530	15	81.65
海塩県乃一郷無限責任信用兼営合作社	1933・9	22	50%	31	35	529	14	80.00
海塩県張鼎橋無限責任信用兼営合作社	1931・4	62	50%	62	175	6,273	222	84.40

出所：鄭厚博『中国合作運動之研究』（農村経済月刊社、1936年）500−505より作成。
注：営業入金額とは、農産物の販売額や資金の借入額を指すと考えられる。

ら合作社は社員識字率が50〜80％と非常に高くなっており、あるいは同県には査開良の活動に共鳴し同様の活動を展開していた小学校教員が複数存在していたのかも知れない。以上のように、成績評価甲の合作社は、社員識字率が高く、出資金がきちんと納入されており、何らかの事業活動を展開し少額ながらも利益を上げていた。第4表では省略したが、この9合作社に共通するその他の点には、社員が「完全忠実な平民」であること、借金使途が妥当であること、借金返済期限が守られていること、集会が規約通りに開催されていること、などの項目もあった。ただ貯蓄業務はいずれも低調で、貯蓄業務実施は海塩県乃一郷合作社のみであり、その預金額は僅か21元（農家3戸）であった[75]。

　第3表によれば、1934年には甲・乙の割合が約16％にまで高まり、特に乙の合作社の増加が見られる。戊・己の割合は約20％にまで低下しているが、その数は188社に上った。前年の成績不良な454社が解散あるいは解散予定にあり、

第5表　浙江省の市県別合作社分布表（1936年12月末）

市県名	信用 社数	信用 社員数	生産 社数	生産 社員数	運銷 社数	運銷 社員数	合計 社数	合計 社員数
杭州市	6	260	25	875	3	122	35	1,499
杭県	2	117	24	593	8	772	36	1,586
海寧	15	357	35	509	13	290	63	1,156
富陽	3	86	3	152			6	238
新登			2	41			2	41
余杭			1	51			3	97
臨安	1	70	14	303	2	132	18	536
嘉興	34	695	9	210			44	919
嘉善	25	595	1	19	4	109	39	961
海塩			33	756			34	811
崇徳	10	247	8	199	4	70	24	564
平湖	6	92	3	48	41	808	51	960
桐郷	4	45	3	46			8	152
呉興	4	167	19	540	1	24	24	731
長興	13	453	21	470	3	87	41	1,165
武康	1	39	3	56			4	95
安吉			25	1,002	1	28	27	1,057
孝豊	1	17	3	733	4	203	9	996
鄞県	3	47	4	269	1	20	10	451
慈谿			7	421	6	430	13	851
奉化	1	32	1	11			2	43
鎮海	3	96	5	210	6	332	14	638
象山			2	69	1	31	2	100
定海	1	99	2	40			4	292
紹興	8	121	7	118	2	51	17	290
蕭山	4	194	121	2,449			125	2,643
諸曁	36	743					36	743
余姚	6	437			16	2,045	22	2,482
上虞					2	94	4	157
嵊県	1	16	16	468	1	18	27	1,000
新昌			2	294			3	378
塩海	2	43	2	77	3	114	11	594
黄岩	2	43	2	90	2	61	7	236
天台	1	25	4	375			6	421
仙居	1	30	7	167	1	52	9	249
寧海			4	215			7	333

温嶺	5	192	6	167	2	50	18	592
金華	39	561	23	591			69	1,406
蘭谿			29	962			29	962
東陽	2	47	3	187	1	34	22	875
義烏	1	15	21	367	3	98	33	647
永康	4	123	11	412			24	1,116
武義	3	56	10	247	1	42	22	545
浦江	3	105	10	386			13	491
湯溪	1	40					1	40
衢県			1	18	4	74	5	92
龍游			4	291	2	39	10	642
常山			3	82	1	30	4	112
開化			1	13			1	13
建徳			5	197			5	197
淳安			7	224			7	224
遂安			11	320			14	360
壽昌	3	50	3	64	1	12	12	190
永嘉	4	279	23	675	9	419	39	1,616
瑞安			1	10	2	64	10	305
玉環			2	61			2	61
楽清			4	191			4	191
平陽			3	239	26	791	30	1,049
麗水	6	228	21	795	3	51	36	1,210
縉雲	1	38	8	323	1	45	13	568
松陽	1	26	1	38	2	74	15	677
遂昌	4	173	5	101			12	477
龍泉							3	105
宣平	1	23	1	7			3	40
景寧							1	14
合計	270	7,122	635	18,844	183	7,716	1,243	40,282

出所:『浙江合作』第4巻第13・14・15期、1937年2月、付表より作成。
注:(1) 合作社法に基づいて省建設庁に登記された合作社である。
 (2) この他にも供給・利用・儲蔵・保険・消費の合作社があるが、煩雑を避けるために省略した。なお市県別の合計欄は全合作社の合計である。

これを除外してもこのように大量の戊・己の合作社が存在していたのである。それは第5章第4表のように、34年には前年より425社の増加となっており(うち信用合作社266社)、その新設合作社の一部が設立1年未満でも審査を受けたためと考えられる。このように、34年には依然として信用合作社を中心に多

数の合作社が設立されており、これが合作社の質的発展の障害となっていたのである。

1935年9月1日、中央政府は「合作社法」を施行した。これにより浙江省の合作社も同法により再登記を行うこととなった。建設庁から各県政府に命令が出され、組織が不健全な合作社または考査成績が戊以下の合作社は、一律に登記を拒絶し淘汰するよう指示された[76]。同月には浙江省政府も「浙江省整理合作社弁法」及び「改進弁法」を発布し、合作社の改善、信用単営合作社の設立禁止、生産合作社の組織化重視などが指示された[77]。

かくして1936年には、第5章第4表のように信用合作社が877社減少し僅か270社となった。このように成績劣悪の信用合作社は、大きく淘汰されたのである。それに対して運銷合作社は73社、生産合作社は240社増加している。この生産合作社の代表的なものに、改良蚕種普及を目的に組織された養蚕合作社があり、それは36年10月現在登記済みのものだけでも223社に上った。その他には桐油合作社が56社、棉花生産合作社が21社存在した[78]。1936年末の各市県別合作社数は第5表の通りである。蕭山県の生産合作社が121社と非常に多いが、そのかなりの部分は養蚕合作社であった。杭州市・杭県・海寧・海塩・長興の生産合作社の多くも、同じく養蚕合作社であると推測される（後述）。金華・蘭谿・義烏の生産合作社の多くは、桐油生産合作社であると考えられる。運銷合作社に関しては平湖県が41社と多いが、そのうち米穀運銷合作社が39社であった。しかも、多くが36年に設立されたものであり[79]、同年中に具体的活動を展開できたかは疑問が残る。

注
（1）　前掲「八年来浙江合作事業的演進」166頁。
（2）　鄭厚博『中国合作運動之研究』（農村経済月刊社、1936年）480、481頁。
（3）　同上書、481、482頁、袁怡如「第一農村合作事業実験区的鳥瞰及其展望」（『浙江省建設月刊』第7巻第2期、1933年8月）16、23、24頁。
（4）　第一農村合作事業実験区「合作社共同烘繭之嘗試」（『浙江省建設月刊』第8巻第2期、1934年8月）1－7頁。

（5） 「一閲月之農鉱」（『浙江省建設月刊』第8巻第2期、1934年8月）35、36頁。
（6） 前掲『中国合作運動之研究』482頁。ただ同書には、この合作社数がいつの時点のものかの記載がない。
（7） 同上書、482、483頁。
（8） 前掲「十年来之浙江合作事業」192頁。
（9） 馮紫崗編『嘉興県農村調査』（国立浙江大学・嘉興県政府発行、1936年）163、164頁。この省区農場とは、旧来の予算僅少・小規模な各県ごとの農事改良機関を廃止し、それを省内数箇所に統合したものである。33年8月には全省を9区に分けてそれぞれに区農場を設立するとされた（「一閲月之農鉱」『浙江省建設月刊』第7巻第3期、1933年9月、38頁）。だが34年1月には旧府を単位とする11区の設置に改められた（「一閲月之農鉱」『浙江省建設月刊』第7巻第8期、1934年2月、31頁）。
（10） 前掲『嘉興県農村調査』164－166頁。
（11） 同上書、165頁。
（12） 鄭厚博「嘉興泰石郷之織綢業」（『浙江省建設月刊』第9巻第8期、1936年2月）5、6頁。
（13） 前掲『嘉興県農村調査』131頁。
（14） 鄭厚博「一個富有希望的郷村――嘉興県泰石郷――」（『浙江省建設月刊』第10巻第2期、1936年8月）1、2頁。
（15） 前掲「嘉興泰石郷之織綢業」1－3頁。
（16） 前掲「一個富有希望的郷村――嘉興県泰石郷――」1、2頁。
（17） 前掲「嘉興泰石郷之織綢業」5－7頁。
（18） 嘉興市志編纂委員会編『嘉興市志』（下）（中国書籍出版社、1997年）2094頁。
（19） 弁納才一「農村合作製糸工場の一軌跡」（前掲『近代中国農村経済史の研究』所収）。
（20） 同上稿、190頁。
（21） 「査封浙江蕭山蚕糸合作社」（『合作月刊』第3巻第6期、1931年8月）1頁。
（22） 「蕭山東郷蚕糸合作社省府限令整理」（『合作月刊』第4巻第2・3期、1932年3月）40頁。
（23） 同上。
（24） 弁納「農村合作製糸工場の一軌跡」199頁では、同合作社には中国農工銀行と中国銀行の人員が駐在していたとされ、同合作社が両行の管理あるいは監督下に

第 6 章　浙江省における合作事業の展開　271

　　　　置かれていたことが窺われる。
(25)　弁納「農村合作製糸工場の一軌跡」192、193頁。
(26)　林風「浙江貝母合作社之過去与現在」(『東方雑誌』第32巻第14号、1935年 7 月16日) 103、104頁。
(27)　牧錫璋「菫江貝母運銷合作社概況」(『浙江省建設月刊』第 7 巻第 2 期、1933年 8 月) 42、43頁。
(28)　同上稿、41、42頁。
(29)　同上稿、43－48頁。
(30)　前掲「浙江貝母合作社之過去与現在」104頁。
(31)　「一閲月之農鉱」(『浙江省建設月刊』第 8 巻第 6 期、1934年12月) 28、29頁。前掲「浙江貝母合作社之過去与現在」104頁では、1933年省建設庁は100斤150元での買付を約束したが実際には60元ほどであり、34年には40元にまで下落したと述べているが、これが妥当な数字であろう。
(32)　「澈査運銷貝母糾紛案」(『浙江省建設月刊』第 8 巻第 5 期、1934年11月) 43頁。
(33)　前掲「浙江貝母合作社之過去与現在」105頁、「浙貝母合作社借款40万元」(『東南日報』1935年 5 月10日)、「浙建設庁計画実施統制本省貝母合作事業」(『合作月刊』第7巻第6期、1935年 6 月) 23頁。ただ後に、合作社と浙江地方銀行に契約内容を巡り見解の相違が発生し、貸付の停止となった(浙江省建設庁合作事業室「八年来浙江省之合作事業」『浙江合作』第23・24期、1936年 6 月、17頁)。
(34)　前掲「浙江貝母合作社之過去与現在」104頁、「郷民毀合作社」(『東南日報』1935年 5 月14日)。
(35)　「菫江貝母合作社舞弊案発覚」(『東南日報』1935年11月 4 日)。
(36)　「浙菫江貝母合作社完全停頓」(『合作月刊』第 8 巻第 7 ・ 8 期、1936年 8 月) 70頁。
(37)　前掲『中国合作運動之研究』518頁。
(38)　査開良 (1896～1935)、海寧県袁花人、13歳で母方のおじに従い海塩県澉浦に行き小学堂に入学、翌年、上海虹口徳潤当舗の学徒となり働きながら苦学する。1924年、澉浦黄沙塢小学の教師となる。陶行知提唱の「郷村教育」の実践に努力する。同地区の「二五減租」活動にも積極的に参加する。常に愛国主義思想を生徒に教育し、日本帝国主義の侵略への反抗を宣伝した。1934年杭県の三楽農産社の総経理に招聘される。だが35年夏、国民党駐屯軍兵士の女工への暴行を阻止しようとして銃殺された。死後、友人が杭州で追悼会を開き、かつ『査開良先生紀

念冊』を出版した（海塩県志編纂委員会編『海塩県志』浙江人民出版社、1992年、929頁）。この事件は『東南日報』では、1935年5月17日三楽農産社の筍缶詰工場が軍服と平服の暴徒に襲われ、女工が強姦され、査開良など男工4人が銃殺されたと報道されている（『東南日報』1935年5月20、21、22、24日）。

(39) 査開良「介紹一個弁有成績的合作社——海塩黄沙塢村信用兼営合作社経営之状況」（『浙江合作』第3期、1933年8月）5、6頁。なお同社は、33年12月には生産兼営合作社に名称を変更した（前掲『中国合作運動之研究』519頁）。

(40) 前掲「介紹一個弁有成績的合作社——海塩黄沙塢村信用兼営合作社経営之状況」6、7頁。

(41) 同上稿、7頁。

(42) 同上稿、8頁。

(43) 前掲『中国合作運動之研究』519、522－524頁。

(44) 甘博爾（W.K.H.Campbell）「考察浙江合作事業後之印象」（『天津大公報』「経済週刊」第163期、1936年4月29日）。なお、本報告では合作社の実名は伏せられているが、記述の内容から黄沙塢生産兼営合作社に間違いないと判断した。

(45) 「浙建庁弁桐油放款／貸款総額定為二十万／劃浦江等十県為貸放区域」（『天津大公報』1936年8月19日）。

(46) 「浙江桐油最近産銷概況」（『中行月刊』第12巻第3期、1936年3月）70頁。

(47) 伍廷颺「浙江省経済建設之進展」（『実業部月刊』第2巻第2期、1937年2月）28頁。

(48) 金華市地方志編纂委員会編『金華市志』（浙江人民出版社、1992年）1150、1151頁。旧式搾油車は木製で油分を吸収してしまい、搾油効率が悪かった。また室内の気温を華氏60度以上に保たなければ油が固まってしまうという難点があった。そこで胡欽海が開発に取り組んだものが軽便螺旋式搾油機である（胡欽海「桐油事業雑談」（続）『江蘇合作』第24期、1937年6月、7頁）。

(49) 胡欽海「植桐的農民応趕快組織合作社」（『浙江合作』第3巻第20期、1936年4月）4－6頁。

(50) 同上稿、6頁。

(51) 前掲「考察浙江合作事業後之印象」。ここでも合作社の実名は伏せられているが、彼は永康県を訪問しており、合作社は設立後5年を経過しているとしており、本合作社に間違いないであろう。

(52) 馮紫崗編『蘭谿農村調査』（国立浙江大学、1935年）序文、26頁。

(53) 蔣振球「蘭谿実験県桐油生産合作社概況」(『合作与農村』第8期、1936年11月) 25－27頁。
(54) 同上稿、29、30頁。
(55) 同上稿、32、33頁。
(56) 蔣振球「蘭谿実験県桐油生産合作社概況」(続)(『合作与農村』第9期、1937年1月) 26頁。
(57) 前掲「蘭谿実験県桐油生産合作社概況」29頁。
(58) 同上稿、33頁。なお馬潤農業倉庫は、蘭谿県農民銀行により設立されたものである(中国銀行経済研究室編『全国銀行年鑑』民国25年版、1936年、L109頁)。
(59) 前掲「蘭谿実験県桐油生産合作社概況」(続) 30、31頁。
(60) 秦淮碧「義烏之糖産」(『浙光』第8巻第5・6号、1941年7月) 8頁。
(61) 「一閲月之農鉱」(『浙江省建設月刊』第8巻第2期、1934年8月) 34、35頁。
(62) 以上の3つの「章程」は、『浙江省建設月刊』第8巻第5期、1934年11月、1－6頁。なお、34年8月には、糖業生産合作社が6社(社員190人)組織され、連合会の組織も準備中であると報告されているが、その詳細は不明である(陳仲明「浙江生産合作事業之進展」『浙江省建設月刊』第8巻第2期、1934年8月、16頁)。
(63) 蕭家點「両年来之金区合作糖廠」(『浙江建設月刊』第10巻第1期、1936年7月) 2頁、「一閲月之農鉱」(『浙江省建設月刊』第8巻第6期、1934年12月) 30頁。
(64) 「一閲月之農鉱」(『浙江省建設月刊』第8巻第7期、1935年1月) 43、44頁。
(65) 「合作糖廠開幕」(『東南日報』1935年1月15日)。ただこの段階では、甘蔗圧搾機は木製の畜力によるものであった(「這一月」『浙江建設月刊』第9巻第8期、1936年2月、29頁)。
(66) 前掲「両年来之金区合作糖廠」2、3頁。
(67) 白徳合(凌瑞拱訳)「視察金区合作糖廠之経過」(『浙江建設月刊』第10巻第1期、1936年7月) 9－11頁。
(68) 前掲「考察浙江合作事業後之印象」。ここでは「某糖坊」とされているが、合作糖廠は他に存在しないので、金区合作糖廠と見て間違いないであろう。
(69) 岸本英太郎・上松一光訳『支那合作社政策の諸問題』(生活社、1941年) 85頁。原書は、梁思達・黄肇興・李文伯編著『中国合作事業考察報告』(天津南開大学経済研究所、1936年)。
(70) 「浙属金区合作糖廠決定結束」(『合作月刊』第8巻第7・8期、1936年8月) 71、72頁、『申報』1936年7月21日。

274　第3部　合作社政策の展開と地域社会

(71)　前掲「浙江省合作社之質的考察」338頁。
(72)　李仁柳「浙江省合作事業之検討」(『浙江農業推広』第2巻第3・4期、1937年)32頁。
(73)　ただ設立1年未満の優良な合作社は、その活動を称揚する意味から審査を受けることができた(前掲『中国合作運動之研究』500頁)。
(74)　詳しくは、拙稿「南京政府期・浙江省における棉作改良事業」(『日本植民地研究』第5号、1993年)参照。
(75)　前掲『中国合作運動之研究』500-505頁。
(76)　建設庁「浙江省経済建設之進展」(『浙江省建設月刊』第10巻第6期、1936年12月)20頁。
(77)　前掲「十年来之浙江合作事業」189頁。
(78)　前掲・伍廷颺「浙江省経済建設之進展」28頁。
(79)　平湖県政府編『平湖県政概況』(同県政府秘書室発行、1937年)47-53頁。

Ⅲ．蚕桑改良事業と養蚕合作社

1．1933年春期

　蚕桑改良事業において養蚕合作社が組織されたのは、1933年春期の省建設庁主導の事業からであった。ただ、それ以前にも改良蚕種普及と技術員を派遣しての養蚕指導は、中国合衆蚕桑改良会と省立蚕業改良場(29年に省立蚕糸業改良場に改称)により行われていた。28年には浙江省に秋蚕種も初めて導入され、同年は約4500枚の産卵紙が配給され、翌年は約5万1000枚に増加している。30年春期には両組織により指導所が43ヵ所設けられ、142人の指導員が派遣され、改良種の配布は約11万6000枚となった。しかし31年には、省財政の逼迫から省立蚕糸業改良場の経費が大幅に削減され、普及事業が縮小した[1]。だが1932年秋には、建設庁直属の浙江省第1改良蚕桑模範区が設立され、蕭山県を対象に蚕業統制が実験されることとなった。同区は行政権力を用いて蚕種を統一し糸繭の品質向上と産量増加を図ることを目標とし、蕭山県長を主任、同県第6区及び第7区の区長・公安分局長を委員とした。技術面の指導は中国合衆蚕桑改良会に委託し、同会推広部主任・朱新予を区副主任とし、同会推広部浙東区主

第6表 浙江省における蚕桑改良事業の概況（1933年春期）

	改良蚕桑模範区		蚕業改良区						合計
	第1区 （蕭山・紹興）	第2区 （臨安）	嘉興	呉興	杭県	海寧	海塩	長興	
指導所数	10	3	5	13	5	2	6	3	47
指導員数	23	15	19	20	14	6	8	6	111
助理指導員数	20			10	7				37
指導を受けた農家数	24,475	1,052	4,836	3,995	3,372	1,628	1,040	680	41,078
消毒を受けた農家数	17,456	509	1,715	3,210	1,562	1,628	417	303	26,800
蚕種配布量（枚）	117,027	7,200	15,704	12,242	8,985	3,000	13,000	2,200	179,358
稚蚕共同飼育・農家数	378	151	116	1,080	168	15	190		2,098
蚕種量（枚）	2,640	1,471	679	5,275	1,168	65	491		11,789
合作社数	22	11	10	20	3		6	5	77
合作社社員数	378	151	128	1,455			190	153	2,455

出所：浙江省建設庁管理改良蚕桑事業委員会編『浙江省建設庁二十二年改良蚕桑事業彙報』（1934年）付表より作成。ただし、合作社社員数は、各県報告の本文中の数字である。

任を区指導主任とした。32年秋には蚕業指導所を15カ所設置し、指導員38人・学習（見習）指導員23人を派遣して養蚕農家1万4500戸を指導し、5万1902枚の蚕種を配給した[2]。

1933年、省建設庁長・曾養甫は前年の蕭山県での成功を踏まえ、より本格的な蚕業統制政策を実施することとした[3]。第6表が1933年春期の省建設庁による蚕桑改良事業の成績である。このように、蕭山・紹興県を第1改良蚕桑模範区、臨安県を第2改良蚕桑模範区とし、さらに嘉興県以下6県を蚕業改良区に指定して改良事業を進めたのである。ただ同年春期には、この他にも浙江省農業改良総場蚕桑場（32年10月に省立蚕糸業改良場より改組）と中国合衆蚕桑改良会が、それぞれ指導所を設けて活動を行っていた。33年秋には省建設庁管理改良蚕桑事業委員会が組織され、前述の2模範区・6改良区を指導すると共に、第7表のように新たに5改良区が追加された[4]。これら模範区・改良区はどのような普及活動を展開し、それに養蚕農家はいかに反応したのか、また合作社の内実はいかなるものであったのか。以下では、これらの点を各区ごとに探る。

（1）第1改良蚕桑模範区（蕭山・紹興県）

1933年春期には蕭山県長を模範区主任、建設科長を副主任として、土種（在来蚕種）の取締を強化することとした。その対象地区も蕭山県第5・6・7区

及び紹興県第9区に拡大され、対象農家2万4475戸となった。ただ予算の削減から人員は縮小され、指導所が10カ所に減らされ、指導員23人・助理（助手）指導員20人となった（第6表）。模範区はまず土種取締に全力を傾注した。32年11月17日には、各区区長・公安分局長などを招集し第一次土種取締会議を開催し、土種取締の方法が決定された。その方法は、①各区ごとに郷鎮長を集めて区務会議を開催し、土種の調査・宣伝・取締を担当する人員を選任する、②県政府の土種取締の布告を出す、③養蚕農家の土種購入量を登記する、④警察官を配置し土種の入境を取り締まる、⑤土種登記の期限は布告が出されてから20日以内とする、⑥期限を過ぎても未登記の土種は、発見後没収処分する、⑦余杭種・嵊県種及び農家の自家採種蚕種を土種と規定する(5)。以上のように、蚕種統制は行政機構（区公所）と警察機構（公安分局）の両方を動員するという、極めて強権的な内容であった。また、農村の最末端で農家と対応するのは郷鎮長であった。

　布告は11月24日に出されたが、成果が上らなかった。そこで第二次土種取締会議を開催し、取締方法を以下のように改めた。①再度布告を出し、土種と改良種の交換方法及び登記しなかった場合の処罰方法を説明する、②各区には土種登記人員各4人を雇用する、また各公安分局でも臨時警察各8人を雇用する、③各区公所には事務費5元を交付する。こうして33年1月8日には再度布告が出され、半月で登記を完成することとした。この登記活動により土種蚕卵紙1万8784枚が登記された。さらに2月20日から5日間、補助登記が実施され、蚕卵紙3557枚の登記がなされた。この1月8日から3月22日までは同時に、土種蚕卵紙の回収もなされた。土種回収要員と警察が各農家を訪問し、登記された土種を回収した。その際には、余杭種には9角、嵊県種には7角の補償が支払われたが、農家の自家採種蚕種は無償での没収であった。しかもこの補償は現金ではなく証明書類が手交され、模範区配給の改良種の購入代金に充てることとし、現金化はできなかった。そして3月22日以降、もし土種を発見した場合は、登記・未登記に関係なくすべて没収することとされた(6)。

　この土種回収の最中の3月17日、蕭山県南陽郷において農民と回収要員との紛糾が発生した。そして農民1千人が集まり、郷公所や小学校を破壊した。翌

18日には、暴動は模範区の各地に広まり、民衆は郷鎮公所・農会事務所・模範区指導所・私邸などを次々と破壊した。県長は基幹隊を率いて来区しその鎮圧に努め、さらに保安処に兵士の派遣を要請した。こうして暴動は終息に向かった。その被害は、建物破壊が小学校6校、農会事務所3カ所、模範区指導所2カ所、郷鎮公所6カ所、私邸6軒であり、人的被害は負傷2人であった。今回の暴動の原因は、次の六点にあったと総括されている。それは、①土種蚕卵紙1枚の卵の数は改良種5枚分と同じであり、しかも1枚当りの価格はほぼ等価であり、養蚕農家は価格の安い土種の生産の放棄を希望しない、②土種と改良種の交換はほぼ1対1であり、蚕卵数の少ない改良種との交換には農家は不満である、③土糸の買付が出来なくなることを恐れた土糸商人の扇動、④生活の糧を奪われることを恐れた土種商人の扇動、⑤郷鎮長は模範区の活動で尽力したため、郷鎮公所及びその私邸が攻撃対象となった、⑥農民は改良種を「洋蚕子」、女性指導員を「洋蚕婆」、学校を「洋学堂」と呼び、いずれも「洋貨」として敵視している、と[7]。

上記⑤から襲撃された私邸とは、郷鎮長の私邸であったと考えられる。⑤⑥からは南京政府成立以降の行政機構の組織や小学校整備などを巡って農民に不満が鬱積し、それが今回爆発したと推測できる。しかし、暴動の最大要因は①と②にあったと考えられる。改良種蚕卵紙は土種と比較して蚕卵数が5分の1に過ぎず、それを1対1で交換させられるのであり、さらに自家採種の蚕種は無償没収であった。この点に養蚕農家は強い不満を持ったのである。たしかに改良種は病気に強く収繭量も土種よりは高いが、周到な管理を必要とし桑もより多く必要とした。そのために改良種生産が土種生産より高収益になるとは限らないのである。また繭価格の下落の中で、養蚕農家は少しでも収入を増やすために、自家製糸により土糸を生産していた。この土糸生産には、必ずしも改良種は必要ないのである。そうした農家の強い不満や疑問にもかかわらず、模範区側は土種回収を強権的に執行した。こうして大規模な養蚕農家の暴動が惹起したのである。また、蚕種統制により完全に締め出される土種商人だけでなく、③のように土糸商人も反対した。それは改良種が普及し農家が生繭販売を主とするようになれば、土糸商人の営業が成り立たなくなるからである。

こうした農民の強い抵抗にも関わらず、模範区は土種の回収を断行した。4月23・24日には、回収した土種1万9803枚（1万3973元分）が焼却処分された。模範区は蚕病防止のため農家の蚕室・蚕具の消毒を徹底することとし、まずは合作社農家の消毒を重点的に実施した。本年は各指導所が合作社1～3社を組織し、合計22社となった。非社員農家の消毒は、閭あるいは鄰ごとに集会を開き、薬品を配布し消毒方法を教え自分で消毒させ、のちに指導員が検査した。本区の改良種配給は約11万7000枚であったが、すべて模範区側で共同催青（蚕卵に適当な温度・湿度・光線などを与えて孵化させること）を行い、蚕蟻（孵化したばかりの蚕）の形で配布した。合作社には稚蚕共同飼育を行わせ、三齢になるとこれを各社員に配分した。その間、指導員は合作社に常駐した。また各合作社には15元の補助金を支給した。指導員は稚蚕期には合作社指導に重点を置き、壯蚕期には各農家を巡回して指導した[8]。ここで再度第6表に立ち返ると、消毒を受けた農家約1万7000戸とは薬品配布を受けた農家総数を指すと考えられる。次に、指導を受けた農家約2万4000戸とは、模範区内の養蚕農家総数を示すと考えられる。建前上、指導員はすべての農家を巡回指導することになっていたが、僅か43名のスタッフではすべての農家は廻れなかったと推測される。合作社は稚蚕共同飼育を実施したのであり、共同飼育農家数と合作社社員数は一致する。すなわちこの段階の養蚕合作社の内実は、稚蚕の共同飼育グループであったのである。養蚕農家約2万4000戸のうち合作社への組織は378戸のみであり、未だ養蚕合作社が初歩的段階にあったことが分かる。

　1933年春期には改良種は豊収となった。他方で土種を密かに飼育した農家は蚕病により大きな被害を受け、これからは「洋蚕種」（改良種）の天下であると囁かれた。こうして模範区内では、推計3万担の生繭（乾繭にして1万担）が生産された。模範区は収繭委員会を組織し繭行を指定して買付に従事させたが、生産量が多すぎて買付が間に合わない状況となった。また海外生糸市況の不振から、買付価格は低迷した。そこで海寧県・杭州市に生繭を販売に出向く農家も多く、他方では自家での土糸生産も多数に上った。こうして結果的には、模範区外での販売及び土糸生産に繭生産量の半分近くが廻された[9]。合作社は生繭の共同販売は行わなかった。ただ指導員が繭行に社員を紹介し、優待価格で

買取るよう依頼した。しかし、繭行はそれに従わず、社員には不満が残った(10)。

(2) 第2改良蚕桑模範区（臨安県）

本区は県長・尹徴堯を主任として、1933年1月に設立された。しかし、4月6日には大規模な暴動が発生し、事業は頓挫をきたした。本暴動の概要は、すでに弁納前掲書でも『申報』記事を基に紹介されている(11)。しかし、本暴動には事件当事者である陳兆藩の回想文がある(12)。ここではこの回想を基に事件の真相に迫ろう。

まず第一に、暴動の背景には普及改良蚕種に対する悪評があった。陳兆藩によれば、1930年春、俞丹屏が臨安県城南門に「西湖改良蚕種場」を創設し、さらに西野街には県内商人と合股で「東南改良蚕種場」を造った。だが、その蚕種の品質は悪く販売難となり、経営が悪化した。そこで俞丹屏は省建設庁長と県長を抱き込んで、同県を改良模範区に指定させ蚕種の売り込みを図った、とされる(13)。このように西湖蚕種場の蚕種は評判が悪く、養蚕農家はその強制普及を進める県政府に不満を募らせていたのである。第二に、模範区の強権的なやり方が、農民の実力での抵抗を誘発したと考えられる。同区の規定では、土種は1枚当り1元の補償金ですべて没収され、没収土種1枚に付き改良種6枚（1枚8角5分）の購入が義務付けられた。こうして改良種を強制される農家は、相当の出費を強いられたのである。また、土糸生産も禁止され、生繭をすべて区公認の繭行に販売しなければならず、生繭価格が安い場合には土糸生産を行うという農家の経済慣行を無視するものであり、経営の自由を奪うものであった(14)。

それではここで陳兆藩の事件への具体的関わりを見てみよう。4月5日、同県西区（第4区）において区公所人員が土種回収を行ったが、その際に基幹隊員が殴打される事件が起った。農民の組織的抵抗の背景には、楊橋頭村の養蚕大戸・唐老三の存在があると見られた。そこで翌6日、区長は自ら出向いて唐老三に改良種の受け入れを迫ったが、逆に農民達に拘束されてしまった(15)。他方、南区峡石の農民陳兆藩は、数日前から蚕業統制停止の請願活動を行おうと準備していた。6日に西区の事件を知った陳兆藩は、仲間を率いて唐老三の下

に向かった。こうして西区・南区の農民200〜300人は、唐老三をリーダーとして西区区長を引き連れて、県政府に向かったのである。これはあくまで平和的な請願活動であり、途中で県党部委員などが仲介に入り、県城西門外の劇台広場の舞台上で蚕桑取締撤回の県長告示が朗読された。広場には大勢の群衆が集まっていた。しかし、丁度この時に西湖蚕種場が焼き討ちに遭い、群集が県城内になだれ込み暴動状態となったのである。陳兆藩が後につかんだ情報では、益大商店（繭行兼糸商の大商店）が農民2人（余杭県から戻り同地での騒動を益大商店に教える）をそそのかして灯油を与えて西湖蚕種場に放火させたとしている[16]。他方で、6日には各地区で反対行動が行われており、北区では東南改良蚕種場が焼き討ちに遭い、南区では繭行が襲撃されるなどした[17]。

　以上のように暴動発生の背後に、既得権益の侵害を嫌った商人の存在が考えられるのである。また余杭県の騒動が隣県の臨安県にも影響を与えたと言える。余杭県は土種の重要産地であり、1933年には余杭蚕種取締所が設立され土種生産の取締が開始された。この取締を巡って大規模な暴動が発生していたのである[18]。

　こうして臨安県では蚕業統制に完全に失敗し、本来は6指導所を計画したが3指導所のみの設置となり、蚕種の配布も少額であった（第6表参照）。合作社も形式のみであり社員としての自覚はほとんど見られず、共同飼育の稚蚕を指導員の私有物と見なす状況であった[19]。

（3）蚕業改良区

　嘉興県　改良区は県長を主任、建設科長を副主任として3月下旬に設立された。県内5カ所に指導所を設置し、指導員19名を招聘した。1指導所は2〜4郷を対象地域とした。土種取締や改良種の強制普及は行われず、郷鎮長や地方の養蚕に熱心な人物を販売員として、各農家を廻り購入契約を結ばせた。改良蚕種の価格は8角（うち指導費5分、郷鎮公所事務費4分、区公所事務費1分）とし、予約時に3角を支払い残金は蚕種受け取り時に清算することとした。蚕種はすべて改良区側で催青を行い、蚕蟻を農家に分配した。稚蚕共同飼育を行った合作社は10社であったが、そのうち4社は社員構成が複雑であるとして県政府の

認可を受けられなかった。また認可済み合作社 6 社のうち、3 社は既存の信用合作社が養蚕を兼営する形であった。生繭の販売統制は行われず、自由に販売された[20]。

呉興県　1931年秋期には前県長が秋蚕を提唱した。烏鎮一帯で養蚕合作社を組織し、農民に秋蚕の飼育を奨励して、生産が増加した。32年春には女子蚕桑訓練班を開設した。33年 1 月には蚕業改良区が設立され、雙林・練市・烏鎮一帯を対象地域とした。13指導所が組織され、 1 指導所が 1 郷鎮を指導する体制であった。同県は合作社が他県より発展していた。改良区内でも合作指導員が宣伝活動を展開し20社を組織した。これらはみな信用兼営合作社であった。本区では土種取締は行わず、改良種の予約は合作社を通して行った。蚕卵紙価格は 1 枚 1 元であり、合作社社員はまず代金の半額の支払いで良く、残額は県農民借貸所からの借入で立て替えた。しかし 5 角の支払いも困難なため 3 角の先払いとしたところ、販売が容易となった。合作社は稚蚕共同飼育にも積極的に取り組み、共育場は126カ所となった。本県は土糸生産が盛んであり、繭行の開業は元々少なかった。改良区側は、農家に生繭での販売を宣伝し、繭行には改良種の高値での収買を要請した。結局は生繭での販売は半数程度であった[21]。

杭県　5 指導分所が設けられた。南塘分所は 5 郷（指導農家200戸）、上四分所は 9 郷（800戸）、欽履分所は18郷（800戸）、祥符分所は 4 郷（200戸）、亭趾分所は 7 郷（1300戸）であった。南塘は開源糸廠の所在地であるので示範（モデル）区とし、その他 4 所では一部の農家を示範蚕戸に指定して重点的に指導した。蚕卵紙 1 枚 8 角としたが、繭買付予定の製糸工場から 2 角の補助を得て 6 角での販売となった。予約の際に 1 角を支払い、残金 5 角は蚕蟻受け渡しの際に清算した。また蚕種「経手人」（販売人）が手数料として 5 分を取った。余杭での土種取締騒動があり、各戸を訪問しての強制的消毒は行わなかった。農家は改良種に完全な信頼は寄せず、稚蚕共同飼育を希望する者は少なかった。共同飼育のうち1000枚が南塘分所でのものであり、共同飼育場にも開源糸廠の宿舎が使われた。亭趾分所は土種生産が盛んな土地なので、改良種普及は強制方式に頼らざるを得なかった。すなわち、郷長に農家 1 戸に蚕種 1 〜 2 枚を割り当てさせ、強制的に購入させたのである[22]。

海寧県 指導所を 2 カ所設けた。第 1 指導所は 3 郷、第 2 指導所は 2 郷・1 鎮を包含していた。蚕種の購入契約は郷鎮公所で行った。養蚕合作社は組織されず、指導所周辺の農家の稚蚕を共同飼育したのみであった。農家は四齢蚕以後になると閉門して、指導員を受け入れようとしなかった。他方で指導員を「蚕医」とみなしており、蚕が病気になると相談して来た。ただ病気が治らない場合は、指導員への不信は増幅された[23]。

海塩県 6 指導所が設けられ、1 指導所が 1 郷鎮を指導する体制であった。また合作社も各郷鎮に 1 社づつ組織された。ただ合作社は共同催青と稚蚕共同飼育のみを事業とし、正式に組織されたものではなく出資金も集められていなかった[24]。

長興県 指導所を第 1・2・7 区の 3 カ所に設けた。第 1 指導所は 6 郷、第 2 指導所は 3 鎮35郷、第 3 指導所は10郷を包含しており、対象地域が広域であった。活動には郷鎮長が動員された。同県では1932年末に県農民借貸所が設立されており、合作指導員が農村に出向き蚕業生産合作社を組織し、低利資金を貸し付けた。また、合作社の事務所はすべて郷公所に設けられた[25]。

以上の1933年春期の蚕桑改良事業を総括してみよう。まず第一に、蕭山・臨安県で暴動が発生したのは、両県は模範区として強権的な土種回収と改良種普及がなされたためであることが確認できた。特に臨安県の普及蚕種は評判が悪いものであった。蚕業改良区では強制的手段で改良種の普及はなされておらず、暴動は発生していない。こうした強権的な普及活動は江蘇省でも実施されておらず（本書第 7 章参照）、蕭山・臨安両県で農民の反対運動を惹起したのは言わば必然であった。筆者は、弁納才一の言うように暴動発生の原因として蚕業構造の相違を取り立てて強調する必要はなく、暴動発生の最大の要因はその強権的な普及活動にこそあったと考える。それは、江蘇省においても生繭価格が安い場合には土糸生産もかなり行われていた事実からも説明できる（本書第 7 章参照）。すなわち、江蘇省と浙江省の蚕業構造は固定的なものではなく、土糸生産と生繭のままでの販売は価格動向に応じて増減できる融通性があるものであった。第二に、養蚕合作社は技術指導の受け皿として指導員の働き掛けにより組織されたものであり、活動は蚕室・蚕具の消毒と稚蚕共同飼育が中心であっ

た。合作社の多くは出資金を集めて正式に組織されたものではなく、臨時的組織であったと言える。第三に、蚕桑改良事業には各地で区公所・郷鎮公所などの末端行政組織が動員された。特に、改良蚕種の販売は郷鎮長の担当となる場合が多かった。このように蚕桑改良事業を通じて郷鎮長に具体的業務が付与され、彼等の存在意義を増大させることとなった。また、それに伴う手数料収入もある程度保証されていた。

2．1933年秋期

　第7表によれば、本期は前期の指導所に代わり巡回指導区が設けられ、指導員は巡回指導員と指導員に分けられた。また養蚕合作区なるものも設けられた。その実態を第1改良蚕桑模範区及び各蚕業改良区に探ろう。

　第1改良蚕桑模範区（蕭山・紹興県）　本区を8つの巡回指導区に分け、その中心地点に巡回指導所を設け巡回指導員1名、及び指導員・助理指導員8～15名を配置した。各巡回指導区には養蚕合作区8～15カ所を設立し、さらに各合作区には合作社を1社以上設立することとした。巡回指導員は巡回指導所に常駐し、管轄下の養蚕合作区を巡回して指導し、指導員・助理指導員は合作社社員宅に宿泊して、その合作社を指導すると共に合作社未加入の一般農家200～300戸を指導することとされた[26]。すなわち、春期には指導員が指導所に集中していたが、秋期にはそれを各合作社に分散配置したのである。これは指導員が増員されたことにより可能となったものである。秋蚕は土種では行えないので、春期と違い土種の回収の必要はなかった。そのために農民の抵抗は少なかったと考えられる。模範区側は普及品種を1種類に統一し、それ以外の入境を取り締まった[27]。本期も合作社による生繭の共同販売は実施されなかったが、合作社奨励のために繭行に社員の生繭を高値で購入するよう指示した。また、東郷合作社・新涼亭彙泰豊などの4繭行に社員の生繭の収買を命じた。社員は指導員の紹介で繭行に販売したが、最初の数日は繭の品質も良く高値が付いた。しかし、後には社員が非社員の繭まで持ち込むようになり品質が悪化し、繭行は優待価格での買付を取り止めた[28]。

　呉興県　本期は合作社が83社も組織された。そのために指導員の数が足りず、

第7表　浙江省における蚕桑改良事業の概況（1933年秋期）

	第1模範区	第2模範区	呉興	嘉興	杭県	嵊県
巡回指導区数	8	4	4	9	7	3
巡回指導員数	8	4	4	4	6	3
指導員数	45	19	31	28	27	11
助理指導員数	23	—	13	10	—	7
指導を受けた農家数	19,089	1,442	12,603	7,819	4,439	5,176
消毒を受けた農家数	19,257	1,013	12,603	3,781	4,266	2,205
蚕種配布量（枚）	60,556	6,590	35,000	28,665	17,976	11,987
養蚕合作区数	63	21	38	52	37	18
合作社数	65	11	83	16	—	18
合作社社員数	1,169					

出所：前掲『浙江省建設庁二十二年改良蚕桑事業彙報』付表より作成。ただし、合作社社員数は、各県報告の本文中の数字である。

指導員1人で2～3社を掛け持ちで指導した。ただ、設立された合作社はみな臨時性質であり、組織も非常に不健全であり、蚕期が終了するとほとんどみな消滅してしまった。蚕種の予約は合作社の経理人が行う以外に、別に推銷員10人を選任した。農家はみな春期と同一の品種を希望したが、別品種を配給すると農家から非難を受けた。やむを得ず価格を半分にしてどうにか購入させようとした。本期繭価格は低迷したため、農家は専ら土糸生産を行った[29]。以上のように、春期配給の蚕種が好成績であったために、本期も順調に拡大した。蚕種配給が合作社を通じて実施されたため、合作社も大いに増加した。ただ合作社は正規のものではなく、ほとんどが臨時的なものであった。

　杭県　本期は37郷鎮を対象とした。本区では、巡回指導区・養蚕合作区に幹事1名を設け、行政面の補助に充てることとした。巡回指導区幹事は当地の熱心な人士を招聘することとしたが、一部人選に苦慮し合作指導員や自治巡回協助員の兼任とする場合もあった。養蚕合作区幹事は、すべて郷鎮長の兼任とした。事前調査では改良種2万2000枚の需要があったが、不足のため1万7976枚しか配布できなかった[30]。

　徳清県　一般の養蚕農家は合作社への加入を望まないので、合作区内のやや信頼のある農家数十戸を合作社社員に選定して、指導員が指導を行った。大眠（最後の睡眠状態）前後、突然天気が蒸し暑くなり、連日の暴風雨の影響もあり、

海塩	余杭	徳清	海寧	武康	諸曁	長興	合計
3	2	1	2	1	2	2	48
3	2	1	2	1	2	2	42
20	10	8	14	8	10	5	236
―	1	―	―	―	―	―	54
2,724	2,047	1,573	2,117	1,280	2,092	1,209	63,610
3,178	545	1,321	2,117	956	1,917	1,209	54,368
30,000	5,900	4,980	4,309	4,087	3,478	3,000	216,528
20	10	8	15	8	11	5	306
―	10	8	―	7	4	11	233
	192	150		241		157	1,909

蚕に膿病と空頭起縮(頭ピカリ、消化不良によるもので桑葉の品質が悪い場合や濡れている場合に発生)などの症状が出た。その被害は大きく、すべてを棄却した農家は472戸にもなった[31]。

武康県 配給予定の蚕種の半分が余ってしまった。やむを得ず現金で売り出したところ、一般の投機者がそれを安く買い付けて、遠方の郷で高く売りつけて儲けた。こうして合作区に指定した23郷以外にも改良種が分散してしまい、指導が困難となった。四齢蚕の時期に無業の游民が各所で、「某郷の蚕は全滅し指導員は殴打された、某郷の蚕に病気が出て指導員は放逐された」との噂を広めた。また収繭後、指導員が収量の調査に出向いても、農家は報告を拒否するか、少なめに報告するなどした[32]。

以上のように、1933年秋期には、指導員が農家に宿泊して養蚕合作社を日常的に指導することになった。しかし、指導員はみな若い女性であり、消毒や稚蚕共同飼育など養蚕実務の指導以外は実行できなかったと推察される。特に農家を指導して合作社を正規の組織にすることは難しかったと思われる。また、蚕業改良区に初めて指定された徳清・武康両県では、蚕の病気の蔓延も見られたが、大きな紛争にはならなかった。

3．1934～36年

第8表　浙江省における蚕桑改良事業の成果（1933〜36年）

	春　期				秋　期			
	1933年	1934年	1935年	1936年	1933年	1934年	1935年	1936年
市県数	9	22	29	29	14	29	24	25
指導所数	47	—	169	217	—	—	164	190
巡回指導区数	—	48	43	5	48	53	26	—
巡回指導員数	—	46	34	178	42	40	18	134
指導員数	111	244	333	203	236	222	245	175
助理指導員数	37	38	183	50	54	63	177	49
指導を受けた農家数	41,078	63,733	89,403	17,995	63,610	88,836	70,985	13,783
消毒を受けた農家数	26,800	53,056	44,217	12,433	54,368	40,856	36,597	11,713
蚕種配布量（枚）	179,358	365,811	773,803	1,179,486	216,508	475,006	428,643	813,923
幼蚕共同飼育戸数	2,098	9,750	7,857	12,735	—	—	—	641
合作社数	77	205	326	515	233	226	229	264

出所：1933〜35年は浙江省建設庁蚕糸統制委員会編『浙江省建設庁二十四年改良蚕桑事業彙報』（1936年）付表、1936年は沈九如「十年来之浙江蚕糸業」（『浙江省建設月刊』第10巻第11期、1937年5月）107、108頁より作成。
注：1936年春期の成績には杭州市、秋期には杭州市・紹興・崇徳の数値を含まない。

　この時期の蚕桑改良事業の成果は、第8表の通りである。まず、改良事業実施の市県数が着実に増大していることが分かる。養蚕合作区の設置のために1933年秋期に廃止された指導所は、35年春期から復活した。35年春期以降の指導所は非常に数が多いので、かつての養蚕合作区と同様に農村内に細かく配置されたものと考えられる。それを支えた巡回指導員・指導員・助理指導員数も大きく増加している。こうして蚕種の配布量は、35年秋期を除いて毎年顕著に伸びている。ただ、指導と消毒を受けた農家数は、36年春期・秋期には極端に低下している。これは、36年春期より指導活動は合作社に重点を置くようになり、統計が合作社指導分しか示されなくなったためである[33]。合作社数も大きく増加している。しかし、その数は春期と秋期では大きな増減があり、すべてが県政府に登記された固定的なものではなく、依然として稚蚕共同飼育を目的とした臨時的組織に止まるものも多かったと考えられる。

　こうした養蚕合作社は1936年までは、繭の共同販売は実施していなかった。ただ、1934年春期、第1改良蚕桑模範区は奨励金4000元を準備し、繭行に合作社社員の繭を優先的に高値で購入するよう指示した。模範区の指示に従った繭行には奨励金を支給したのである[34]。35年春期に同区は、繭行と協議して合作

社社員の優良生繭を高値で購入することとした。また、合作社奨励のために、中央政府より大量の「賑米」(34年の旱魃被害に対する救済米)の配給を受け、低廉な米穀を合作社社員に優先的に販売した。すなわち、合作社社員は生繭販売金額と同額の米穀を購入できることとしたのである[35]。

1936年春期には合作烘繭事業が試験的に実施された。それを資金面で補助したのは中国銀行杭州分行であった[36]。その活動内容を同行の報告書から見てみよう。まず蕭山県では、蕭山蚕業生産合作社連合社の下の100社 (1082人) が参加した。東郷義盛と南陽鎮の2カ所で繭行乾燥設備を借り入れ、集荷と乾燥作業を行った。こうして生繭1400担を集めて、乾繭500担に加工して、地場で上海商人に販売した。社員からの生繭買付価格は1担当り平均32.8元であり、価格の7割が現金で支給された。それは中国銀行よりの融資3万2275元でまかなわれた。4600元の利益があり、社員には生繭1担当り2元が割り戻された[37]。次に、諸曁県では2カ所で事業が実施された。永寧区合作社連合社は社員の出資金により乾燥設備を建築し、30社 (745人) により烘繭事業を行った。合計923担の生繭が集荷され、乾繭336担に加工された。社員からの生繭買付価格は1担当り平均32.56元であり、まず価格の8割が現金で支給された。中国銀行からは生繭価格の7割である2万1938元の融資を受け、他に県農民借貸所からも借り入れた。乾繭は杭州に輸送・販売し、5935元の利益が上った。利益金の一部は社員に割り戻され、割戻金は生繭1担当り約3元となった。西泌湖区合作社連合社は25社 (424人) の参加があり、乾燥設備は繭行よりの借り入れであった。生繭529担を集荷し、乾繭180担に加工した。社員からの生繭買付価格は1担当り平均39.37元であり、同じく価格の8割が現金で支給された。中国銀行からは生繭400担の7割に相当する9425元を借り入れ、他に県農民借貸所より借り入れた。乾繭は同じく杭州で販売され、2255元の利益となった。利益金の割戻金は生繭1担当り2.5元であった[38]。

他方、別の資料では1936年春期の蕭山県の実績を、参加合作社79社・社員943人、生繭買付量1402担、乾繭販売量521担、利益4260元としている[39]。これは省建設庁が把握していた数字と考えられ、上記の中国銀行の報告より正確であろう。また同資料では、蕭山県の合作烘繭事業の問題点も指摘されている。そ

れは、社員が烘繭処に生繭を持ち込んだ段階で価格を決定しており、しかも市価よりも価格を高めに設定していたことである。社員は合作販売の意味を理解しておらず、繭行買付価格より高値となることを期待して連合社に生繭を持ち込んだ。したがって、連合社側は生繭受け入れ段階で社員に価格を提示することを余儀なくされ、また一般市価より高値を示す必要に迫られた。これではもし後に価格が下落した場合、残金3割を農家に支払えない事態となる。さらに価格下落が残金3割でも補填できない場合には、誰が損失の責任を負うかという重大な問題が発生することとなる[40]。すなわち、合作販売における価格変動のリスクは、本来は生繭を出荷した社員個人が負うべきであるが、その明確な合意がなされないまま危険な営業が展開されたのである。幸いにも36年には繭価格が上昇傾向にあったため、問題点は露呈することなく、合作販売は大きな利益を上げることができたのである。

1936年春期には上記2県以外にも、海寧県・杭州市でも合作烘繭事業がなされた。別の資料ではその実績を、蕭山県が参加合作社79社・乾繭530担・利益4260元、諸曁県が62社・乾繭447担・利益5300元とし、さらに海寧県が16社・乾繭310担・利益2217元、第1農村合作実験区（杭州市）が17社・乾繭650担・利益4168元としている[41]。このように海寧県・杭州市でも利益を上げているのである。

諸曁県においては、合作烘繭事業の成功が県内農民に衝撃を与え、中国銀行の融資拡大と相まって、合作社数を激増させた。僅か1年足らずで、これまで30数社・社員約1千人であったものが、500社・社員1万数千人となった[42]。ただ、この合作社は信用合作社が中心であり、一時期に多数設立されたため十分な調査を経ない貸付と借入資金の濫用が問題となっていた[43]。

注
（1）　李化鯨「八年来浙江省蚕業推広之検討」（『浙江省建設月刊』第9巻第3期、1935年9月）85－92頁。なお、中国合衆蚕桑改良会及び同会による秋蚕種の開発については、上野・前掲論文参照。
（2）　前掲「八年来浙江省蚕業推広之検討」92頁、浙江省建設庁管理改良蚕桑事業委

　　　　　　　　　　　　　　　　　　　第6章　浙江省における合作事業の展開　289

　　　員会編『浙江省建設庁二十二年改良蚕桑事業彙報』（1934年）11頁。
（3）　前掲「八年来浙江省蚕業推広之検討」93頁。
（4）　同上稿、94頁。なお、沈九如「十年来之浙江蚕糸業」（『浙江省建設月刊』第10巻第11期、1937年5月）103頁では、省建設庁管理改良蚕桑事業委員会の組織を33年7月としている。また同年12月にはそれが省建設庁蚕糸統制委員会に改組され、36年2月には省政府直属の浙江省蚕糸統制委員会となった。
（5）　前掲『浙江省建設庁二十二年改良蚕桑事業彙報』15－18頁。
（6）　同上書、18、19頁。
（7）　同上書、21、22頁。
（8）　同上書、17、22－29頁。
（9）　同上書、30－35頁。同書付表によれば、指定繭行の乾繭収買量は5620担であった。
（10）　同上書、35頁。
（11）　弁納『華中農村経済と近代化』60頁。
（12）　陳兆藩「臨安早期的一次蚕農抗暴斗争」（『臨安文史資料』第1輯、1988年）。陳兆藩は、暴動の首謀者として浙江高等法院により懲役3年の刑を受けている。
（13）　同上稿、45、46頁。俞丹屏は元軍人であり、後に実業に転じ、1929年には杭州市拱宸橋に西湖改良蚕種場を造り、その他に臨安・余杭・蕭山・嵊県・新昌にも分場を設けた（前掲『杭州市志』第10巻、1999年、479頁）。
（14）　前掲「臨安早期的一次蚕農抗暴斗争」47頁。
（15）　「浙江臨安郷民騒動」（『申報』1933年4月12日）、前掲「臨安早期的一次蚕農抗暴斗争」48、49頁。
（16）　前掲「臨安早期的一次蚕農抗暴斗争」49－52頁。しかし、前述の『申報』記事では、請願団農民が西湖蚕種場に放火したとの内容になっており、陳兆藩回想との違いがある。
（17）　前掲「臨安早期的一次蚕農抗暴斗争」52頁。
（18）　朱新予主編『浙江糸綢史』（浙江人民出版社、1985年）173頁。余杭県ではすでに3月24に大規模な暴動が発生していたが（弁納『華中農村経済と近代化』60頁）、その動きは収まらず4月5日には再度暴動の事態となった。同日、農民5000人が県政府及びに取締所で請願活動を行ったが、それに県基幹隊が発砲し農民5人が負傷した。それに怒った農民は、同日夜、取締所や銭寿記・森和繭行を破壊した。さらに翌朝9時には民生蚕種場を焼き討ちした。省政府は6日朝8時には、保安

隊第2団第4営に出動命令を下した(「余杭農民暴動」『申報』1933年4月7日)。
(19) 前掲『浙江省建設庁二十二年改良蚕桑事業彙報』73頁。
(20) 同上書、85－93頁。同県では、指導員が郷長あるいは有力養蚕農家を訪問し、稚蚕共育団の組織を要請した。そして郷長・有力養蚕農家の主導で共育団が組織され、農家の家屋を借りて共同飼育が実施された。この指導員の活動内容を記した日記として、江賈敏「蚕業指導日記」(『中国蚕糸』第2巻第6、10、12号、1936年12月、1937年4、6月)がある。
(21) 前掲『浙江省建設庁二十二年改良蚕桑事業彙報』112－117頁。
(22) 同上書、125－130頁。
(23) 同上書、137、138頁。
(24) 同上書、141頁。
(25) 同上書、143－146頁。
(26) 同上書、153頁。
(27) 同上書、155頁。
(28) 同上書、176、177頁。
(29) 同上書、221、222頁。
(30) 同上書、251－253頁。
(31) 同上書、280－284頁。
(32) 同上書、299、300頁。
(33) 沈九如「十年来之浙江蚕糸業」(『浙江省建設月刊』第10巻第11期、1937年5月)108頁。
(34) 浙江省建設庁蚕糸統制委員会編『浙江省建設庁二十三年改良蚕桑事業彙報』(1935年)35頁。
(35) 浙江省建設庁蚕糸統制委員会編『浙江省建設庁二十四年改良蚕桑事業彙報』(1936年)43頁。
(36) 1936年に中国銀行は省建設庁と協定を結び、海寧・嘉興・蕭山・諸曁など10県を農村貸付実施区域とした(「中国銀行投資農村指定各県已準備貸放」『東南日報』1936年1月27日)。
(37) 李師吉「二十五年春期合作烘繭及運銷乾繭貸款報告」(『中行月刊』第13巻第3期、1936年9月)32－34頁。
(38) 同上。1936年4月当時、この西泌湖区合作社連合社は16村の合作社で組織され、社員約600人であった。また同連合社は、独自の事務所や農業倉庫・合作倶楽部

第 6 章　浙江省における合作事業の展開　291

　　　を持ち、合作小学も建設中とされている（「諸曁合作連社参観団昨来杭」『東南日報』1936 年 4 月 19 日）。
(39)　求良儒「合作烘繭論」（『浙江省建設月刊』第 10 巻第 6 期、1936 年 12 月）44－49 頁。
(40)　同上稿、48、49 頁。
(41)　「浙江二十五年合作事業概況」（『合作月刊』第 9 巻第 4 期、1937 年 4 月、国内消息欄 31 頁）。なお唐巽沢「十年来之浙江合作事業」190 頁では、35 年の実績として同一の数字が出されているが、36 年の誤りと考えられる。
(42)　周友農「我対諸曁合作事業的認識及其改進」（『浙江合作』第 4 巻第 19・20 期、1937 年 4 月）11、12 頁。中国銀行の合作社貸付は、特に諸曁県に重点が置かれた（「中行拡充農村放款」『東南日報』1937 年 3 月 27 日）。
(43)　前掲「我対諸曁合作事業的認識及其改進」13－15 頁。

む　す　び

　浙江省においては、「合借社」と揶揄されるような借金以外何らの活動を行わない合作社を改善するために、1933 年頃より合作実験区の創設や生産・運銷合作社の奨励が図られた。そして多くの生産・運銷合作社が組織されたが、鄞県菫江貝母運銷合作社や金華区合作糖廠のように破綻した事例も存在した。前者は公称社員 5000 人という大規模な組織であったが、社員が期待したのは生産・販売統制による価格の引き上げにあった。そのために価格引き上げに失敗すると、社員の私的販売が横行することとなり、内紛が発生した。そして結局は、合作社幹部の不正経理・横領などを理由として、省政府建設庁により合作社は閉鎖に追い込まれたのである。後者の実態は合作社と呼べるものではなく、省政府及び県政府の官僚主導で設立された製糖工場であった。甘蔗栽培農家の合作社への組織化も試みられたが、それに失敗し計画に大きな齟齬が生じた。合作社による出資は実現できず、その設立・操業資金は銀行融資に頼ったために、終始資金難がネックとなった。また専門技術者の欠如も、破綻の大きな要因であった。こうして合作糖廠は、多額の負債を残して閉鎖されたのである。また蕭山県東郷蚕糸合作社とその附属製糸工場も、実態は合作社とは乖離していた

と考えられる。ただ同社は蚕業統制の中で有用と判断され存続できた。

　生産・運銷合作社の中で比較的活動実態があったのは、桐油生産合作社及び養蚕合作社であった。桐油合作社は蘭谿県の事例では、搾油業を兼業する農民達により組織されたものであり、原料生産の農家を広汎に組織したものではなかった。そして社員農家生産の原料だけでは不足し、原料を社外から大量に調達しており、合作社の原則から逸脱していた。また養蚕合作社は技術指導の受け皿として指導員の働き掛けにより組織されたものであり、活動は蚕室・蚕具の消毒と稚蚕共同飼育が中心であった。そのために合作社は、養蚕終了と同時に解散する臨時組織のものが多かった。養蚕合作社への生産・運銷資金貸付などの金融活動は呉興県などで見られたが、全体としては少なかった。1936年には、蕭山県などで養蚕合作社が連合社を組織し、乾繭装置を設備あるいは賃借して乾繭共同販売を実施した。だがその販売総量はごく少数であり、その販売方式も価格変動リスクの責任が曖昧な危険な内容であった。

　1933年春期には、蕭山・臨安両改良蚕桑模範区で暴動が発生した。筆者は、弁納才一のように暴動発生の原因として蚕業構造の相違を取り立てて強調する必要はなく、あくまでもその強権的な普及活動が暴動発生の最大要因であると考える。現に蚕業改良区では強制的手段は講じられておらず、暴動は発生していない。また土糸生産を行うか生繭で販売するかは、時々の価格動向に応じて増減できる融通性があるものであり、江蘇省でも土糸生産は広汎に行われていた（本書第7章参照）。すなわち、江蘇省と浙江省の蚕業構造の相違は固定的なものとは言えないのである。

　蚕桑改良事業には各地で区公所・郷鎮公所などの末端行政組織が動員された。特に、改良蚕種の販売は郷鎮長の担当となる場合が多かった。このように浙江省の末端行政機構の編成は、蚕桑改良事業を下部から支える役割を果たし、他方で区長・郷鎮長に具体的業務が付与され、地域社会の中で彼等の存在意義を増大させることとなったのである。

第7章　江蘇省の合作実験区と生産・運銷合作社

は じ め に

　第6章においては、浙江省の合作社改善策と生産・運銷合作社の奨励策について検討し、合作実験区と生産・運銷合作社の実態を詳述した。ここでは同様の問題を江蘇省の事例に即して検証して行く。しかし、江蘇省では多様な勢力により各種の合作社が組織されており、それをすべて網羅的に解明するのは困難である。そこで本章においては、江蘇省の重要産業であった養蚕・製糸業（すなわち蚕糸業）並びに絹織物業に問題を絞って、それと合作事業との関係を考察して行く。同省の蚕糸業統制についてはすでに奥村哲の詳細な研究があり、また蚕種改良の技術的側面については上野章の論考もある[1]。本章ではこうした研究を踏まえて、養蚕・製糸・絹織物業の改良のためにいかなる合作社が組織されたのか、またそれら合作社はどのような成果を上げたのかを検討する。

　具体的に本章で検討する事例は、以下の四点である。第一に、呉県光福鎮に設置された養蚕合作実験区である。本区は江蘇省立女子蚕業学校や中国合作学社の指導を受けたものであり、当該時期の合作運動の到達点と限界を探る格好の素材となる。第二に、江蘇省蚕業改進管理委員会により蚕桑模範区に指定された無錫・金壇両県について、その養蚕合作社の実態を解明する。特に無錫県では製糸資本系列の養蚕合作社も設立されており、独特の展開を見せていた。そうした養蚕合作社の実際を、金壇県との対比、さらには浙江省との比較から明確にしたい。第三に、著名な社会学者費孝通の調査で知られる呉江県開弦弓の生糸精製合作社について検討を加えたい。同合作社は中国でも数少ない製糸合作社であったが、その経営実態はどのような状況にあり、農民の具体的関与はいかなるものであったのか、これを浙江省の蕭山県東郷蚕糸合作社との比較から解明したい。第四に、1936・37年呉江県盛沢区において短期間に多数の絹織物農家を組織した綢業運銷合作社について検証する。そしてなぜそうした合作社の組織化が可能となったのか、また合作社の経営実態はいかなるものであっ

たのかを探る⁽²⁾。

注
（1）奥村哲「恐慌下江浙蚕糸業の再編」（『東洋史研究』第37巻第2号、1978年9月）、同「恐慌下江南製糸業の再編再論」（『東洋史研究』第47巻第4号、1989年3月）、上野章「経済建設と技術導入――江蘇省蚕糸業への一代交雑種法の導入を例に――」（中国現代史研究会編『中国国民政府史の研究』汲古書院、1986年）。なお奥村の両論文は、奥村哲『中国の資本主義と社会主義』（桜井書店、2004年）に収録されている。

（2）無錫県の蚕糸改良事業についてはリンダ・ベルの研究があり、永泰資本が政府機関とは別に独自に養蚕農家を合作社に組織した事実を指摘している（Lynda S. Bell, *One Industry, Two Chinas : Silk Filatures and Peasant-Family Production Wuxi County, 1865-1937*, Stanford University Press, 1999, pp.169,170）。開弦弓生糸精製運銷合作社については、菊池一隆「工業生産合作社の展開と農村工業」（『東洋学報』第74巻第1・2号、1993年2月）でも概要が述べられている。また、呉県光福鎮の養蚕合作実験区及び呉江県綢業運銷合作社については、菊池一隆「江蘇合作事業推進の構造と合作社」（野口鐵郎編『中国史における教と国家』雄山閣、1994年）でも論及されている。特に呉江県綢業運銷合作社については、反合作社運動の事例として詳しく紹介されている。ただ菊池論文では、綢業運銷合作社は、「航戸」・「領投」を排除して、「綢行」への直接売り込みを図ったものである点が理解されておらず、論旨に不正確な点が見られる（詳しくは後述）。

Ⅰ．光福合作実験区（呉県光福区）

呉県において養蚕合作実験区が設置されたのは第3区であり、光福鎮が区の中心となっていた。同区は県西部に位置し太湖に面しており、区内人口は約3万人であった⁽¹⁾。1927年、江蘇省立女子蚕業学校（以下女蚕校と略称）推広部宣伝隊が同鎮を訪れ、改良蚕種普及の中心地として好適なことを確認した。28年春には県建設局と農民協会が、同区内の迂里村に指導所を設け、女蚕校卒業生2名を招き指導に当らせた。同年には17戸の農家を組織し、改良種の共同催青

と稚蚕共同飼育を実施した[2]。これが成果を上げたので、翌29年春には県蚕桑改良場が事業を引継ぎ、また農鉱庁第3区合作社指導所と協力して合作社の組織化にも着手した[3]。こうして29年5月には迂里村に養蚕合作社が組織され、10月には府巷村でも組織された。さらに、30年に12社、31年1月に3社が新設された。かくして養蚕合作社は合計17社・社員774人となり、そのうち最大合作社が社員122人、最小が16人であり、大規模合作社は12人で1組を構成した。当初合作社は連合弁事処を組織していたが、30年10月には連合会の組織が提起された。31年3月には江蘇省農民銀行常熟分行（以下農民銀行と略称）からの融資などにより新社屋を完成させ、4月1日には呉県第三区養蚕合作社連合会の成立大会を開催した。同時に製種部・乾繭部も組織され、製種事業および乾繭事業も着手された[4]。すなわち連合会の役割は、社員の必要とする改良蚕種を共同生産し、また生産繭を乾燥し共同販売することにあった。この間、31年2月には省農鉱庁により同区が呉県合作事業実験区に指定され、区を単位とした合作事業が開始された。実験区には主任1名・幹事2名・雇員1名が配置され、主任は県合作事業指導所（30年11月農鉱庁第3区合作社指導所が県立に改組）主任の兼務であるが、他3名は専任であった。その経費は県合作事業費からの拠出であり、実験区の企画立案や指導は中国合作学社に委託された[5]。

　連合会の社屋建設や製種・乾繭事業は、ほとんどが銀行融資に依存するものであった。1931年当初の計画では製種事業2万元・乾繭事業1万元の経費が予定され、それを農民銀行からの融資2万8000元でまかない、4年で返済する計画であった。なお乾繭部では、イタリア式乾燥機4台の設置が計画された。31年6月段階の収支状況報告によれば、社員の出資金は2393元のみであり、借入金は2万5000元であった[6]。

　1931年春期には、連合会は乾繭共同販売を計画した。しかし、生糸価格下落の趨勢の中で多量の乾繭在庫を抱えることは危険と判断して、生繭での販売に切り換えた。無錫永泰糸廠（経営者・薛寿萱）と生繭の販売契約を結び、連合会の乾燥設備を同糸廠に貸し出す形式とし、女蚕校が乾繭作業の技術指導を行った。こうして生繭1担当り平均81元で販売でき、これは一般市価より10元ほど高かった。また永泰側は蚕種改良奨励のために、販売生繭1担につき7元を連

第1表 呉県光福区の合作社養蚕農家（774戸）の収支推計(1931年春期)

単位：元

項目	内　訳	金額
（1）支出の部		73,347
蚕種	7550枚（808両）	6,235
桑葉	蚕種1両当り30担、合計2万4240担 購入10担当り2元、自家生産10担当り1.4元（半分を購入と仮定）	41,208
共育費	炭 公共蚕具 その他消耗品	852 770 446
消毒費	蚕種1両当り1.5元	1,212
炭火費	蚕種1両当り5元	4,040
労賃	蚕種1両当り2人が30日、1日3人で1元	16,160
上蔟用具費	蚕種1両当り2元	1,616
その他雑費	蚕種1両当り1元	808
（2）収入の部		114,216
生繭販売	無錫永泰糸廠へ1担81元で約603担売却	48,906
生糸販売	本年の土糸販売利益平均1斤当り7.5元（販売価格より労賃・炭火費・販売旅費を控除したもの） 約870担の生繭を自家製糸して生糸87担の生産	65,310
（3）純益		40,869

出所：胡昌齡「合作組織与技術指導下之光福蚕業」（『合作月刊』第3巻第6期、1931年8月）8頁。

注：1担は旧制60kg、新制50kg、1両は旧制約37g、新制約31gである。江蘇省は1931年に新度量衡制度へ移行。

合会に供与した[7]。

永泰糸廠は1929年には蚕事部を設け改良種生産に乗り出し、また蚕業指導員養成班を開設し、その主任には女蚕校出身者を迎えていた。同班卒業生は各地に派遣され、養蚕合作社を組織した[8]。このように女蚕校と永泰糸廠は協力関係にあり、こうした関係から連合会の生繭が永泰糸廠に販売されたものであろう。

第1表が合作社養蚕農家774戸の1931年春期における養蚕収支推計表である。その共育費とは共同催青・稚蚕共同飼育の経費である。生産された生繭のうち約603担が永泰糸廠へ販売されている。ここで注目すべきは、約870担の生繭が

自家で土糸に加工され販売されている点である。すなわち改良種であってもすべてが生繭のまま販売された訳ではなく、半分以上が自家製糸に向けられたのである。ともかくもこうして31年春期の養蚕事業では、合計4万869元の純益が出たと推計されており、農家1戸当りにすれば52.8元となる。

　1931年秋期には、大水害により桑畑が水没し、秋蚕は減少した。また養蚕農家の家屋も浸水被害を受けており、湿気過多による繭質悪化も必至であった。そのために連合会は秋繭の共同販売を中止しようとしたが、合作社側からの要請があり実施した。本期は女蚕校製糸科と生繭販売契約を結び、生繭1担当り平均70元で66担を販売した。そして女蚕校は、連合会の乾燥設備を借りて乾繭作業を行った[9]。

　その後、呉県では合作指導員が不在となり、同職が復活したのは1933年秋であった[10]。そして省政府建設庁（32年12月実業庁が廃止され同庁が農政をも担当）は、同県の実験区を呉県合作実験区と改称した。その人員は合作指導員1名（県合作指導員との兼務）・幹事1名であり、経費は月60元であった[11]。新任の指導員・馬家驥によれば、光福区の養蚕合作社は様々な問題点を抱えており、その矯正に尽力したとされる。問題点の第一は、連合会は2万8000元を借り入れて新社屋などを建築したが、繭の共同販売事業の利益をすべて農家に分配してしまい、債務返済や公益金積立が考慮されなかったことである。その原因は、旧指導員が社員を吸収して組織を拡大することのみに囚われていたためとされる。新指導員がそれを正そうとして、配当を停止すると、その意味を理解できない農家とトラブルが発生した。ともかくもこうして、2年間で負債4000元を返還した。第二の問題点は、技術指導員が養蚕作業をすべて代行してしまい、農家に技術が身に付かないことである。そこで、社員を集めて訓練班を開催し、農家に蚕桑の知識を教育した。こうして、技術を習得し一人立ちできた農家は3分の1に達したとされる[12]。

　1935年3月、中国合作学社は省政府建設庁に呉県光福区を同社の実験区に指定し、かつ補助金2000元を支給するよう申請した。それが承認され、同年7月に光福区は合作学社の実験区となった。合作学社は王世穎・唐啓宇・童玉民・侯厚培・陳仲明・費達生・朱慶曾の7名を委員に招聘した。ただ経費の関係か

ら常勤職員は正副幹事2名のみであり、馬家驥が正幹事に就任した[13]。35年には秋蚕の普及に乗り出した。呉県蚕桑改良区と協力して、蚕種2500枚を配布し、指導員16人で900戸の農家を指導した。そして好天に恵まれ蚕種1枚当り生繭30斤を収穫でき、連合会は生繭597担を集荷した。そして連合会により180担の乾繭に加工され、無錫の乾新糸廠に販売された。その販売価格は乾繭1担当り121元であり、合計2万1780元の販売であった。同地の繭行の平均収買価格は生繭1担27元程度であり、それに対して連合会の販売価格は36元であり、その有利さが強調されている[14]。1935年11月現在、養蚕合作社は23社・970人であった。この他に光福区には、信用合作社2社・養魚合作社2社・利用合作社1社が存在した[15]。養蚕合作社の活動は36年にも引き続き進展し、合作社は28社となり、同年の乾繭販売額は10万3796元に上り、連合会は純益5355元を得た[16]。37年初頭には社員は1007人に増加し、連合会の負債は1万8000元にまで削減された。ただ当初の4年での返済計画は達成できなかったことになる。また37年初頭には、合作学社・合作実験区の主導で3万5000元を借り入れて日本の自動乾燥機を導入することが進められていたが、その乾燥能力は社員の繭生産量を超えることとなり、その採算性に連合会側は危惧を示していた[17]。

注

（1）程君清「光福農村訪問記」（『合作月刊』第3巻第5期、1931年7月）8頁。

（2）胡昌齡「合作組織与技術指導下之光福蚕業」（『合作月刊』第3巻第6期、1931年8月）6、7頁。江蘇省立女子蚕業学校は、1912年に呉県滸墅関に開校されたものであり（高景嶽・嚴学熙編『近代無錫蚕糸業資料選輯』江蘇人民出版社・江蘇古籍出版社、1987年、175頁）、25年からは費達生（江蘇省呉江県の人、東京高等蚕糸学校製糸婦女養成科卒）が推広部主任を務めていた（費達生口述・余広形整理「解放前従事蚕糸業改革的回憶」『文史資料選輯』第104輯、1985年、中国文史出版社、178頁）。

（3）前掲「合作組織与技術指導下之光福蚕業」6頁。

（4）同上稿、10頁、前掲「光福農村訪問記」10頁。

（5）胡昌齡「江蘇呉県合作事業概述」（『合作月刊』第4巻第5期、1932年5月）14頁、壽勉成・鄭厚博『中国合作運動史』（正中書局、1947年再版）239頁。

（６）　呉県合作事業指導所編「呉県十九年度合作事業状況」1931年（中国国民党中央委員会党史委員会編『抗戦前国家建設史料－合作運動』（三）革命文献第86輯、1981年）117－133頁。
（７）　前掲「合作組織与技術指導下之光福蚕業」6－12頁、胡昌齢「光福蚕連会秋繭連合運銷経過概述」（『蘇農』第2巻第11期、1931年11月）8頁。
（８）　鄒景衡「我与永泰糸廠及其它」（『江蘇文史資料』第37輯、1990年）142頁。1930年には女蚕校は製糸科を新設したが、その機械設備の購入費は無錫の永泰・乾甡などの4糸廠からの融資によるものであった。また同年永泰は試験工場を設立し製糸工場の指導員の養成に乗り出したが、その教員には費達生が招かれている（前掲「解放前従事蚕糸業改革的回憶」180頁、前掲「我与永泰糸廠及其它」143頁）。ただその後、女蚕校が協力して永泰が開発した多条機を永泰側が秘匿したため、両者の関係は悪化した（奥村「恐慌下江南製糸業の再編再論」15頁）。
（９）　前掲「光福蚕連会秋繭連合運銷経過概述」8－11頁。
（10）　馬家驥「中国合作学社江蘇省呉県光福合作実験区事業進行概況」（『江蘇建設月刊』第2巻第11期、1935年11月）36頁。本書第4章で述べたように32年7月には経費節減のため指導体制が簡素化されており、その際に指導員がすべて辞任したものであろう。
（11）　前掲『中国合作運動史』239頁。
（12）　前掲「中国合作学社江蘇省呉県光福合作実験区事業進行概況」34、35頁。
（13）　同上稿、34頁。
（14）　同上稿、35頁。なお、連合会の35年の春秋合わせた販売額は、生繭3105元・乾繭7万2420元であった（同上稿、38頁）。
（15）　同上稿、36－40頁。
（16）　「江蘇省合作事業之経緯」（『江蘇建設月刊』第3巻第11期、1936年11月）5頁。
（17）　「保証責任呉県第三区蚕糸生産信用供銷合作社連合社二十六年度業務進行計画書」（『合作月刊』第9巻第4期、1937年4月）40－42頁。弁納『近代中国農村経済史の研究』145頁は、1935年に合作糸廠も建設されたとするが、それは誤りである。37年6月段階でもその建設は未だ計画中であった（「蘇州、合作社設廠」『申報』1937年6月1日）。

Ⅱ．蚕糸業と生産・運銷合作社

1．蚕業統制と養蚕合作社

（1）無錫県の養蚕合作社

　無錫県の養蚕業地域においては、製糸資本系列の養蚕合作社と行政機関・農民銀行の指導により組織された養蚕合作社の並存という現象が見られた。ただ前者は正式に県政府に申請・登記することはなく、その数量や経営実態は詳らかではない。ここではまず、前者の実態を可能な範囲で追い、次いで後者の合作社の実態をより詳細に解明する。

　前述のように永泰糸廠は1929年に蚕事部を設けて、改良種生産に乗り出した。また同年春には「永泰糸廠蚕業指導員養成班」を華新繭行内に設け、女性指導員を短期訓練で養成し、寺頭など県内5カ所に派遣して養蚕合作社を組織させた。女性指導員は改良種の稚蚕共同飼育を指導すると同時に、生産繭をすべて華新繭行に販売するように指導した[1]。また永泰は、永泰第一蚕種製造場（句容県）・第二蚕種製造場（無錫県銭橋）を創設し、年間10万枚の蚕種製造を実施し、後には永泰第三蚕種製造場（無錫県栄巷鎮）も開設した[2]。29年には永泰糸廠だけでなく、乾甡・民豊・泰豊の各糸廠も養蚕合作社を組織した[3]。

　農民銀行側は、こうした永泰などの製糸資本系列の合作社を次のように評価していた。すなわち、糸廠の養蚕合作社は社長制を採用し県政府に登記もせず、一つの純粋な糸廠附設の収繭団体となっている。合作社は糸廠から改良種の供給を受け、また女性指導員2～3名を派遣される。さらに合作社は糸廠から低利資金の融資を受け、社員に貸し付ける。そして社員の生産した繭は糸廠への販売が義務付けられるのである、と[4]。このように養蚕合作社は糸廠から資金融資を受けていたために、わざわざ県政府に登記して農民銀行の融資を申請する必要がなかったのである。

　永泰系列の養蚕合作社の実態は、以下のように言われている。すなわち、養蚕合作社は1村あるいは数カ村を単位として、養蚕農家と当地の繭行により組織された。社長は民主的選挙で選出する規定であったが、実際は裏で永泰から

指名された。その人選基準は、まず永泰に忠実であること、次に当地で一定の統制力を持つことであった。社長の報酬は、「永字牌」蚕種1枚につき5分〜1角であった。そして、永泰の統制する蚕糸指導站と蚕農合作社は無錫県と近隣諸県で300〜400カ所に達し、無錫県だけで合作社は100以上存在した、と[5]。この無錫県の合作社が100以上に達したのが何時なのかは不明であるが、恐らく1936・37年頃と考えられる[6]。また永泰系の養蚕合作社には、繭行が深く関与していた事実が分かる。別の史料では、無錫県では多くの投機商人が養蚕合作社を経営しており、彼らは社員に蚕種を販売すると同時に繭を買い付けたとされている[7]。

浙江省の場合は、養蚕合作社は上からの行政的指導で組織されたが、無錫県の場合は繭行が製糸工場と密接な連絡を取りながら組織化が進められたのである。前者の場合は繭の共同販売が中々進捗しなかったが、後者の場合は繭行の主導で容易に進展したと考えられる。

上記のように製糸資本系列の養蚕合作社は、県政府に登記せずその実態は余り良く分からない。しかし、県政府に正式に登記した養蚕合作社も存在しており、その数は1936年3月現在で3社と僅少であった。他方で「自動組織の養蚕合作社」と呼ばれるものが50社存在した[8]。この「自動組織の養蚕合作社」の実態をつかむには、まず無錫県における蚕桑改良事業を理解する必要がある。その概要は、以下の通りであった。

1932年秋、無錫県農業改良場は、養蚕技術改善のために全県を5大区域に区分して、指導所40カ所を設立した。経費は農業改良場の拠出以外に、永泰・乾甡・鼎昌の三大糸廠から2400元の補助を受けた。これに対して農民銀行も、指導所選定や幹事紹介などの支援を行った。33年には農業改良場が農業推広所に改組された[9]。

1934年2月に江蘇省蚕業改進管理委員会（以下蘇蚕委と略記）が設立されると、養蚕が盛んな無錫県・金壇県が蚕桑模範区に指定された。蘇蚕委は、繭行の開業規制と繭行からの蚕桑改良費の徴収を実施した。すなわち、繭行営業の免許状を厳しく検査し、正規の免許を持たない繭行の営業を取り締まり、また機械乾燥機を設備した繭行の開業を奨励し、旧式の乾燥設備の繭行は淘汰する方針

を取った[10]。34年秋期に無錫県では、蚕種を統一するために定購処95カ所を開設して、6月から8月までに12万8742枚の蚕種を販売した。また中心指導区5区が設定され各区に中心指導所が設けられ、さらに指導所84カ所が設置され同所には短期指導員187人が派遣された。しかし、経費節約から9月には指導所30カ所・指導員74人が削減された。本期指導を受けた農家は9419戸であり、指導蚕種は1万9040枚であった[11]。このように販売した蚕種にすべて生産指導を施した訳ではなく、生産指導を受けた蚕種は販売量の1割に満たなかったのである。

　中心指導所は主任指導員1名・助理指導員1名で組織され、繭行及び蚕種の統制管理を担当すると同時に、区内10～20カ所の指導所を通じて養蚕農家を指導することが任務であった。指導所は養蚕時期に3カ月間設置されるものであり、指導員1名（必要に応じて助理指導員1名追加）よりなり、直接養蚕農家を指導した。ただ蚕桑模範区側は、農家に合作社を組織させて指導所を漸次減少させ、指導員の数を削減しようと計画していた[12]。そして正規の合作社を組織する前に、養蚕農家に暫定的に「自動組織の養蚕合作社」を組織させようとした。この「自動組織の養蚕合作社」とは、農家が消毒・催青・稚蚕飼育を共同で実施できるようになった場合に認定されるものであった。認定条件には、指導所の指導を4期以上受けたこと、当地に熱心な公益人士がおり責任者となっていること、稚蚕の共同飼育室を有し蚕種50～200枚を共同飼育していること、技術上自立していること、産繭を共同販売していること、などの条件が必要であった。また、認定されれば蚕桑模範区より蚕種1枚当り2角の奨励金が出た[13]。つまり指導所は技術面を指導員に完全に依存するものであったが、農家側で技術を習得し自立して養蚕事業が実施できると判断された場合に「自動組織の養蚕合作社」の認定を受けたのである[14]。

　1935年春期には、中心指導所は10カ所に増え、指導所76カ所・「自動組織の養蚕合作社」6社となり、指導員は助理・練習生を含めて171人が派遣された。共同催青所11カ所が設けられ、それに参加したのは8795戸・蚕種2万5438枚となった。稚蚕共同飼育を行った農家は4401戸・蚕種1万1662枚であり、指導員の巡回指導を受けたのは5095戸・蚕種1万3160枚であった。同年秋期には、指

導所67カ所に指導員146人が配属された。蚕種販売は10万6135枚であり、指導を受けた農家は1万424戸・蚕種2万5602枚であった。さらに本年には晩秋蚕の普及に着手し、指導所18カ所を設けて蚕種約2万枚を販売した。こうして35年には全県で約15万担の生繭が生産されたが、模範区の生産指導を受けたものは約1万4000担とされている(15)。このように約1割の生繭が、共同催青・稚蚕共同飼育・巡回指導のいずれかの指導を受けたのである。

　1936年春期には、模範区のこれまでの成果から農民が続々と指導所の設立を求めてきたが、経費の制約からそれに十分に応えられない状況であった。それでも中心指導所を15カ所に増やし、指導所95カ所を設立し指導員123人及び助理員・実習生86人を派遣した。さらには、旧指導所内の技術に習熟した農家集団を「自動組織の養蚕合作社」に移行させ、合作社には稚蚕共同費として2400元の補助金を出した(16)。こうして本年には、「自動組織の養蚕合作社」は50社となった(17)。共同催青に参加したのは3万1828戸・蚕種8万9097枚であり、稚蚕共同飼育は5630戸・蚕種1万9547枚であった(18)。

　1935年春から無錫県農民銀行は産銷合作社を組織することとした。それは農業・養蚕業・養豚業を一体として発展させる企図の下に計画された。まず農家50～100戸を合作社に組織し、その中の1～2戸の農家に示範田（モデル農地）を設置させ稲麦優良品種を試験栽培させ、翌年には収穫した種籾を全社員に普及する計画であった。さらに蚕桑改良事業としては、育蚕指導所を設置し蚕桑模範区から指導員の派遣を受け、稚蚕共同飼育などを進めることとした。また豚の改良のために優良雄豚1頭を共同購入し種豚とするとしていた(19)。その産銷合作社の36年3月の状況は第2表の通りであり、合計31社が組織されていた。だが第1区の2合作社は鎮居住者により組織されたものであり、養蚕とは関係がなかった。産銷合作社の多くは35年にまず示範田が設置され、同年には蚕桑模範区に申請して育蚕指導所を開設させた。ただし西涇頭合作社のように蚕桑模範区の育蚕指導所は設置せず、一部社員が華新糸廠（永泰系）の育蚕指導所に参加するケースもあった。そして36年には3社が育蚕指導所ではなく「自動組織の養蚕合作社」と認定されたのである。

　ここで産銷合作社の実態をより明確にするため、第3区渓南郷産銷合作社の

第2表　無錫県の産銷合作社（1936年3月）

区別	社名	社員数	設立年月	示範田	育蚕指導所	自動組織合作社	農行融資	備考
第1区	恵北	10	35・10	×	×	×	×	牛乳事業の経営
	第1区	49	35・4	×	×	×	×	鎮の糞尿利用による野菜生産
第3区	青祁郷	16	35・4	○	○	○	○	生産資金貸付
	渓南郷	72	35・4	○	○	○	○	養魚資金貸付
	方陶郷	28	35・7	○	○	×	○	肥料資金貸付
	南楊墅郷	92	35・4	○	○	×	○	肥料資金貸付
	南楊墅郷前章村	24	35・6	×	○	×	×	
	南楊墅郷兪巷	25	35・6	×	○	×	×	
	南楊墅郷三郷図	21	35・6	×	○	×	×	
	方湖郷	44	31・3	○	○	×	○	原名・周潭橋農業生産合作社
	許舎郷安堂村	69	35・8	×	○	×	×	
	西涇頭	26	34・12	○	×	×	×	一部の社員が華新糸廠の育蚕指導所に参加
	方湖郷黄巷	21	35・9	×	○	×	×	
	南方泉鎮石巷	52	35・6	○	○	×	○	生繭を華新糸廠に販売
	南方泉鎮呉巷	29	35・4	×	○	×	○	生繭を華新糸廠に販売 肥料資金貸付
	鮑家荘	46	34・7	○	○	×	×	
	呉塘郷	112	35・5	○	○	×	○	
	許舎郷	84	35・5	○	○	○	○	肥料資金・豚飼料資金貸付
	輝嶂	56	35・6	○	○	×	○	
	許舎郷横山村	108	35・5	×	×	×	×	
	蠡河郷	32	35・4	×	×	×	○	肥料資金貸付
第4区	毛村	20	35・2	○	○	×	×	
	新賣橋	31	33・5	○	×	×	×	原名・猪食購買合作社
	晹荘郷	33	33・8	○	×	×	×	原名・猪食購買合作社
	北賞郷	21	33・8	○	×	×	×	原名・猪食購買合作社
	八宝郷	17	33・1	○	○	×	×	原名・猪食購買合作社
	尹城上	90	33・12	×	○	×	×	
第8区	高田村	31	35・6	○	×	×	○	養豚資金貸付
第9区	浮船村	38	35・5	○	○	×	○	養豚資金貸付
第10区	雙銭郷	51	35・5	○	×	×	○	
	洛社鎮三陶巷	31	35・4	○	○	×	×	
合計		1,379		20	21	3	14	

出所：王亮豊・陸渭民「無錫県合作社調査報告」（続完）（『農行月刊』第3巻第10期、1936年10月）51-62頁。

注：○が当該事業の実施、×が未実施である。

活動内容を紹介する。同社は1935年4月に設立され、11畝の示範田を設け粳米品種・光頭黄を栽培し、秋には種籾を収穫した。同年には育蚕指導所を開設し、春期に蚕種145枚を共同飼育し、生繭50担を生産し、20担の乾繭とした。秋期には蚕種400枚を購入し、生繭112担を生産した。36年には育蚕指導所が「自動組織の養蚕合作社」に改組され、引き続いて蚕桑模範区から指導員を招き技術指導を受けた。同年には、予備社員も加え4組で蚕種1100枚を共同飼育し、生繭495担を生産し、そのうちの一部分を33担の乾繭とした。35年春には蚕桑模範区から桑苗500株、翌年には1200株を供与され、示範桑園4畝を設け、残余は社員の桑畑に植えた。社員は養魚池100カ所を保有しており、毎年約4000担・約4万元の漁獲があった。そこで農民銀行は、35年春に養魚資金として1850元を融資し同年冬に回収し、36年春には2000元を融資した[20]。このように本合作社は産銷合作社として正式に設立されており、その一事業部門として養蚕事業を行ったというのが正確である。また社員は養魚収入が多く、富裕農家層であったことが分かる。農民銀行からの融資も養蚕資金ではなく養魚資金であった。

　以上のように、農民銀行が産銷合作社を奨励した理由は、蚕桑模範区と連携して養蚕農家を組織しようとしたためであろう。農民銀行には、独自に養蚕農家を組織下に置く永泰などの製糸資本に対する競争意識があったと考えられる。しかし、農民銀行は、蘇蚕委で重要な地位を占める永泰との関係から、養蚕専門の合作社を組織できなかったのではないかと推測される。したがって、迂回戦術を取りまず稲麦改良を名目として農家を組織したものであろう。また第2表のように、農民銀行からの融資も養蚕資金ではなく養魚・肥料・養豚資金などとして貸し付けられている。

　1936年3月末、無錫県の合作社は合計76社（社員3544人）であり、内訳は信用9・生産7・運銷3・消費4・利用6・兼営16・産銷31社であり、産銷合作社が最も多かった[21]。それが37年5月末には、第3表のように生産合作社が82社となった。そのうち約30社は前述の産銷合作社であり、残り約50社は前年の「自動組織の養蚕合作社」が正規の合作社に昇格し、県政府に登記されたものと考えられる。こうして無錫県は生産合作社を最も多く有する県となった。しかし実際には、統計に現れない製糸資本系列の養蚕合作社が多数存在し、それ

第3表　江蘇省の県別合作社分布表（1937年5月末現在）

県名		信用		生産		運銷		合計	
		社数	社員数	社数	社員数	社数	社員数	社数	社員数
江南	江寧	122	3,292	4	219	1	18	127	3,529
	無錫	14	681	82	4,970	1	26	102	5,875
	丹陽	61	1,482	30	1,295			98	3,138
	溧水	93	2,535					94	2,546
	武進	27	1,646	48	3,397			76	5,093
	呉県	8	282	61	2,276	1	20	73	2,682
	金山	65	1,233	2	34			68	1,360
	宝山	66	1,067	2	55			68	1,122
	金壇	2	33	63	3,357			65	3,390
	松江	53	1,111	6	335			61	1,529
江北	蕭県	122	3,799	17	9,305			142	13,419
	宿遷	31	1,038	36	1,448	30	1,206	97	3,692
	銅山	74	2,061	16	4,821			91	6,947
	淮安	80	1,768	2	45	1	25	83	1,838
	漣水	73	2,297	2	45			75	2,342
	塩城	58	1,074	15	644			73	1,718
	阜寧	38	912	34	2,016			72	2,928
	邳県	64	6,793	2	3,626			67	10,477
	豊県	56	1,815	5	1,861	2	1,899	65	5,796
	沭陽	7	209	47	1,521			56	1,877
	睢寧	18	473	25	566	10	480	54	1,633
	淮陰	36	1,702	13	804			49	2,505
江蘇省合計		1,541	46,786	708	51,310	85	10,856	2,408	112,936

出所：『江蘇合作』第27期、1937年7月、付表より作成。
注：この他にも消費・供給・公用の合作社があるが、少数であるため省略した。なお合計欄は、すべての合作社の合計である。

は永泰系だけでも100社以上に上ったのである。

　無錫県では、合作社による共同乾繭・共同販売も実施された。1936年春秋には、県政府・蚕桑模範区・農民銀行の提唱で、合作烘繭事業が試験的に実施された。行政当局は、繭乾燥設備がみな商人に握られており、養蚕農家は繭の窮迫販売により商人に搾取されているとの認識があった。そこで行政当局の奨励により、合作烘繭事業が着手されたのである。その方法は、繭行統制により不合格となった旧式の乾燥設備を合作社が購入・借用して利用するというもので

あった。ただ同年は、40数カ所で130窯の利用に止まった。無錫全県で開業した繭行は249軒・4641窯であり、合作社は窯数でも僅か3％弱を占めるに過ぎなかった[22]。別の史料では、春期の合作烘繭事業の実績が分かる。それによれば47繭行の設備を借用したが、うち6軒のみ蘇蚕委の検査に合格した繭行であり、残りは旧式のために不合格となった繭行設備であった。参加合作社は不明であるが、1つの繭行設備を複数の合作社が利用するのが普通であり、参加合作社は繭行数より大分多いはずである。合作社も烘繭事業を行った場合には模範区へ蚕桑改良費を納入しなければならず、その納入金額からの推計では乾繭2096担（生繭6288担に相当）を共同販売したと推測される。これは無錫県の繭生産量の4.4％に過ぎなかった。農民銀行から合作社への融資は12合作社のみであり、乾繭280担を担保として2万3000元の融資がなされた[23]。

（2）金壇県の養蚕合作社

1932年春、江蘇省実業庁と中国合衆蚕桑改良会が提携し、金壇県を改良蚕桑模範区に指定して改良事業を開始した[24]。その後、養蚕合作社を中心に各種合作社が相次いで設立され、合作社が76社となった。農民銀行も同年7月には営業処を設立し、合作社に積極的に融資した[25]。こうして33年末には養蚕事業に関係する合作社は71社となった。その内訳は、養蚕合作社61社（うち5社は生産合作社を名乗る）、灌漑合作社の養蚕事業兼営9社、養魚合作社の養蚕事業兼営1社であった[26]。このように本県では無錫県とは異なり、蘇蚕委の蚕桑模範区に指定される以前にすでに多数の正規の養蚕合作社が組織されていたのである。その要因は、本県では製糸資本による蚕種統制の動きが弱く、製糸資本系の合作社が少なかったためと考えられる。他方で、農民銀行は合作社に積極的に融資をしており、融資を受けるには合作社は県政府に登記する必要があったのである。さらに35年には養蚕事業に関係する合作社は76社（社員4822人）に増加し、共同飼育室を設置した合作社は57社存在した[27]。

1934年に金壇県が蚕桑模範区に指定されると、旧式の繭灶（土室式の煉瓦造の繭乾燥場）を淘汰し機械乾燥機を設備した繭行を開設しようとした。3月25日には繭行行主37名を集めて会議を開催し、旧来の繭行はすべて閉業し、旧繭行

の投資により機械乾燥機を設備した繭行を開業することを決定した。しかし、旧繭行の多くは出資を辞退し資金が十分集まらず、結局は借入金で機械設備が調達された。その借入先は、全国経済委員会蚕糸改良委員会1万5000元、江蘇省農民銀行総行・中国銀行・上海商業儲蓄銀行合わせて3万元、永泰糸廠より7万元であった[28]。このように新規繭行の開業資金は、主に永泰糸廠により拠出されたのである[29]。

こうして日本から今村式機械乾燥機を購入・設置し、1934年5月には4繭行が開業した。同年春期、この新規4繭行による生繭買付量は1万200担であり、他方同県の生産量は1万7700担であった。つまり4繭行による生繭の独占的買付は成功せず、隣県の繭価が高いと見た農家は隣県で販売し、また自家での土糸生産も行ったのである[30]。実は、この4繭行の独占を不当な価格抑制であると怒った農家は、繭行を襲撃しその設備を破壊した[31]。そのために同年秋期の生繭買付も不調であり、県内生産量1620担に対して買付量は200担のみであった。35年春期も買付は5008担のみであり、秋期は2620担であった。本年も生繭価格が高い隣県に流れ、また模範区が設置した代烘行や合作社による合作烘繭にも流れた[32]。この代烘行とは南瑤地方に1カ所だけ設けられたものであり、旧繭行の設備を利用して各農家から請け負って乾繭作業を行うものであった[33]。

1936年春期には、県蚕業生産合作社保証連合社（35年5月設立）により合作烘繭事業が実施された。その方式は、7カ所に分かれて乾繭作業を行い、乾繭は上海商人・孫明記が買い取るかまたは仲介販売することにした。また孫明記側に利益がでれば、連合社にその2割を支給することとした。本事業には40社が参加し、生繭2148担を集荷し、乾繭754担を販売した。ただ社員は価格変動のリスクを取るのを嫌がり、社員の96％は時価での孫明記への売却を選択し、売買委託をした社員は4％のみであった。孫明記は7月に入り価格が上昇してから無錫永泰に販売し、合計1万1668元の利益を得た。そして契約に従い、連合社には2330元が支給された。そのうち1398元は、繭出荷量に応じて各社に分配された[34]。このように乾繭の共同販売と言っても、農家の経済力は薄弱であり96％までが時価売却を余儀なくされており、個々の農家にとって共同販売による利益は微弱であった。

金壇県養蚕合作社は問題を抱えるものが多く、1936年には整理方針が決定され改善が進められた[35]。こうして37年5月には、第3表のように生産合作社全体でも63社に減少しているのである。

注
（1）　前掲「我与永泰糸廠及其它」142、143頁。1929年前後、永泰は繭行数十店を有し、またその機械設備の近代化を進めた。その中でも最大のものが華新繭行であった（前掲『近代無錫蚕糸業資料選輯』326頁）。
（2）　前掲「我与永泰糸廠及其它」143頁。
（3）　前掲『近代無錫蚕糸業資料選輯』322頁。
（4）　江蘇省農民銀行総行編『第二年之江蘇省農民銀行』（1930年7月）163、164頁。
（5）　「無錫永泰糸廠史料片断」（前掲『近代無錫蚕糸業資料選輯』323頁、原載は『無錫文史資料』第2輯、1981年）。
（6）　1930年春には、永泰糸廠は無錫・呉県・宜興などの県に8合作社を組織し、同年秋期には15社、31年春期には50数社に増加したとされる（江蘇省地方志編纂委員会『江蘇省志・蚕桑糸綢志』江蘇古籍出版社、2000年、96頁）。37年には、薛氏は無錫県だけで指導員を100名以上派遣しており、さらには養蚕合作指導員講習学校を開設して約300名の女学生を教育しているとされている（苦農「養蚕合作運動在無錫」『中国農村』第3巻第6期、1937年6月、104頁）。
（7）　銭兆熊「商業資本操縦下的無錫蚕桑」（『中国農村』第1巻第4期、1935年1月）441、442頁。
（8）　王亮豊・陸渭民「無錫県合作社調査報告」（『農行月刊』第3巻第8期、1936年8月）53、54頁。
（9）　同上稿、54頁。
（10）　管義達「江蘇省二十三年蚕業統制報告」（前掲『近代無錫蚕糸業資料選輯』251、273頁、原載は『江蘇建設月刊』第1巻第3期、1935年3月）。
（11）　「無錫県蚕桑模範区二十三年工作総報告」（『江蘇建設月刊』第2巻第3期、1935年3月、蚕業専号）124-126頁。
（12）　「無錫県蚕桑模範区中心指導所組織大綱」（前掲『近代無錫蚕糸業資料選輯』288、289頁、原載『無錫概覧』1935年5月）。
（13）　前掲「無錫県合作社調査報告」54頁。
（14）　養蚕農家の技術向上のため、1935年3月には農家青年子弟50人を選抜して訓練

を施し、4月には各地で実習を受けさせた（前掲『近代無錫蚕糸業資料選輯』296頁）。

(15) 「無錫県蚕桑模範区」（『江蘇建設月刊』第3巻第3期、1936年3月、蚕業専号）67-69頁。
(16) 「無錫県蚕桑模範区二十五年総結報告」（前掲『近代無錫蚕糸業資料選輯』297、298頁、原載『江蘇建設月刊』第4巻第2期、1937年2月）。
(17) 前掲「無錫県合作社調査報告」54頁。
(18) 前掲「無錫県蚕桑模範区二十五年総結報告」298頁。
(19) 王亮豊・陸渭民「無錫県合作社調査報告」（続完）（『農行月刊』第3巻第10期、1936年10月）51、52頁。
(20) 同上稿、54、55頁。
(21) 前掲「無錫県合作社調査報告」45頁。
(22) 管森保「無錫蚕業合作社推行合作札器烘繭計画」（『江蘇合作』第21期、1937年4月）8、9頁。
(23) 王亮豊「無錫蚕農自烘乾繭之経過」（『申報』1936年8月17日）。
(24) 「金壇県蚕桑改良区」（『江蘇建設月刊』第3巻第3期、1936年3月）74頁。
(25) 「本行二十四年業務報告」（『農行月刊』第3巻第2期、1936年2月）46頁。
(26) 「民国二十二年度江蘇省各県蚕業合作社社務概況表」（『江蘇建設月刊』第2巻第3期、1935年3月）70-74頁。
(27) 前掲「金壇県蚕桑改良区」106頁。
(28) 彭曾沂「金壇県之機器繭行調査報告」（『江蘇建設月刊』第3巻第3期、1936年3月）12、13頁。
(29) 永泰は県長と悪覇（ボス）勢力を利用して、県内20～30の土烘繭行を脅して全部閉鎖させ、4繭行を開設して生繭をすべて独占しようとしたとされている（「無錫永泰糸廠史料片断」前掲『近代無錫蚕糸業資料選輯』355頁）。
(30) 前掲「金壇県之機器繭行調査報告」14-24頁。
(31) 「金壇繭行発生風潮」（『申報』1934年6月7日）。
(32) 前掲「金壇県之機器繭行調査報告」24、25頁。
(33) 前掲「金壇県蚕桑改良区」79頁。
(34) 「二十五年春季金壇合作烘繭経過」（『江蘇合作』第21期、1937年4月）10-11頁。
(35) 「金壇県二十五年度上半期合作事業進行報告書」（『江蘇合作』第18期、1937年

3月）11、12頁。

2．生糸生産合作社と絹織物運銷合作社
（1）呉江県開弦弓の生糸精製合作社

　1923年、震沢市議会の夏季常会において、陳杏蓀・沈秩安などが育蚕指導所を設立することを提案し、それが議決され600元の経費支出も規定された[1]。同年冬には、女蚕校が開弦弓村で巡回講演会を開き、それを聴取した市総董・倪次阮は女蚕校校長鄭紫卿に養蚕改良事業への協力を要請した。こうして女蚕校と震沢市の合弁による蚕糸改進社が組織され、開弦弓村で事業を進めることとした。陳杏蓀は養蚕に失敗した農家20戸を組織し、自家と21戸で蚕糸改進社に入社した[2]。24年春には、同校推広部費達生などの指導により、改良種の共同催青と稚蚕共同飼育、各農家の蚕室・蚕具の消毒、養蚕の技術指導がなされた。この改良種の飼育は顕著な成績を上げ、蚕総数の8割が繭になった。また養蚕時期前に、女蚕校は改良木製足踏繰糸器10台を購入し、社員の女子10人を招き繰糸の訓練をさせた。養蚕終了後、この10台の繰糸器を各農家に設置し、社員の繭を繰糸させ176両（1両は旧制約37ｇ、新制約31ｇ）の生糸を生産した。こうして生産した改良土糸は無錫の糸商に販売されたが、品質の優良さが認められ価格が100両62元となり、土糸より10元ほど高かった[3]。

　1925年以降も蚕糸改良事業は継続され、26年には共同蚕室10室、改良木製足踏繰糸器70台、さらには木製乾繭装置も設置して、改良土糸8担を生産した。これを鄭紫卿校長の紹介で杭州緯成糸廠上海営業処に販売したところ100両75元の高値となり、全村に驚きを与えた。翌27年には改良土糸の生産は17担にも達したが、折からの糸価下落の中で100両65元ほどにしかならなかった。また専門家から改良土糸の品質の問題点も指摘された。こうして改良蚕種の優秀さを生かすためにも、器械製糸の必要性が痛感され、28年には陳杏蓀を中心として製糸合作社の設立が模索された[4]。

　1929年1月、呉江県震沢区開弦弓村有限責任生糸精製運銷合作社が設立された。社員は付近村落の農家を含めて480人であり、資本金は1万4940元（実納は約5分の1）であった。主要な資金は銀行融資に頼り、省農民銀行から開業

費1万5000元、流動資金として繭を担保に2万5000元の融資を受け、さらに震沢の江豊銀行から1万2800元を借り入れていた[5]。同年7月には製糸工場が完成し、8月には合作社社員あるいはその家族57人を労働者として操業を開始した。器械は日本の再繰式であり、製糸器械32台と揚返機16台を設置した。ただ機器は女蚕校からの借り入れであり、そのために土地代・建物代・機械設備代などを合わせても約2万1000元で済んだのである[6]。こうして29年度（30年5月決算）には純益1万808元を上げることができ、1621元を積立金とし、7566元を配当金として社員に分配した[7]。

1930年度以降は生糸価格の下落から合作社は赤字経営に陥った。30年度（31年5月決算）は損失6459元であった。農民銀行から借りた開業費1万5000元は5000元のみ返済され、残額1万元は31年3月が返済期日であった。しかし返済はできず、6カ月猶予された。さらに農民銀行は、繭購入費として1万元の担保貸付を行った。この後、工場経営はやや好転し、9月には農民銀行からの借入は返済できた[8]。

製糸工場の原料繭は合作社社員により供給された。まず社員は提供した繭価格の7割を受け取った。合作社は資金繰りに苦しみ、残額の3割を遅滞したので、社員は最低限度以上に繭を供給しなくなった。そのために1932年から工場は、市場より繭を購入しなければならなくなった。32年には社員供給分が203担に対して市場での購入が92担となり、34年は前者が255担に対して、後者が330担となった。さらに32・33年には、他の工場から原料向こう持ちで繰糸の注文を受けざるを得なかった[9]。

以上のように、経済恐慌による生糸価格の暴落の中でも開弦弓村合作社は存続できた。そして35年には工場の設備を拡充して、繰糸量はこれまでの最高の64担を記録した[10]。同合作社が経済恐慌の中でも存続できた要因は、同社が養蚕・乾繭から製糸まで一貫して女蚕校の高い技術力により管理されていたためと考えられる。また主要な機械設備が同校からの借り入れであり、設備投資が少額であったことも重要要因であろう。さらには、同校の保証により農民銀行や江豊銀行から金融面での優遇措置を受けることができたのも重要であった。他方で費孝通によれば、社員は合作社や工場が自分達の所有物であるとの認識

を欠き、配当停止以降は繭販売や出資を手控えるなど、組織を維持・発展させる姿勢が見られなかったとしている。彼は、「改革家は少女に繰糸方法を教へたけれども、組合員に工場主たるの道を教へなかつた。彼等は自分の責任について何等の知識をもつてゐない。教育事業が産業改革と歩調を合せて進まぬ限り、協同組合工場は民衆のために経営され得るだけで、また部分的に民衆の所有物となつても、民衆が実際に工場を支配することはあり得ないであらう」[11]としている。しかし、合作社工場は実質的には女蚕校の機器の投入と銀行融資から構成されており、社員に自分達の所有物との認識がないのも、ある意味で当然のことであった。こうして合作社の内実は、「住民は、農村指導者、即ち実行委員会の訓令に基づいて活動する。その農村指導者は改革家、即ち学校の訓令に基づいて活動する。全活動は改革家の指揮に従つて行はれ、住民は自分の力で工場を動かすだけの知識をもつてゐないから、何ら異議を唱へない」[12]とされている。この改革家とは女蚕校のことであり、実行委員会とは合作社理事会のことである。すなわち、合作社は女蚕校による上からの指導により運営されていたものであり、一般社員の主体的参加は弱かったのである。

（2）呉江県の綢業運銷合作社

呉江県は絹織物の重要な産地であり、それは主に農家の家内副業により生産され、同県盛沢鎮を集積地としたために「盛沢綢」と呼ばれた。最盛期には1600～1700万元の生産を誇り、国内はもとより広く海外にも輸出された。しかし1930年代には人絹（レーヨン）と恐慌の影響で販路は縮小し、生産も大きく後退した。それでも1936年当時、県内には織機1万1580台が存在し、日産4690疋（1疋は約12.8m）とされていた。この他にも浙江省の嘉興県王江涇区・新塍区の絹布も盛沢鎮に集荷され、浙江省産は全体の25％を占めた。このように絹織物業は農家の重要副業となっており、その趨勢は地域経済にも大きな影響を及ぼした。こうした絹織物業の再建策として、合作社による流通過程の合理化が構想されたのである[13]。

「盛沢綢」の流通機構の末端には「航戸」が位置した。航戸は機戸（織戸）の家々を舟で廻り絹布を集め盛沢鎮に輸送し、機戸から航力（手数料）として

絹布1疋当り6分から2角を得た。また航戸は機戸から原料・日用品の購入依頼を受け、盛沢鎮に於いて掛けで購入し、商人から価格の1〜2％の割戻しを受けた。航戸の集めた絹布を種類別にまとめて「綢行」（絹布問屋）に取り次ぐのが、盛沢鎮に居住する「領投」であった。彼等は絹布に対する専門知識を持ち、自己売買はせず機戸と綢行の間で売買の仲介にあたることを本業としており、「領導機戸投行売綢」（機戸を導いて綢行に絹布を販売する）からこう呼ばれた。1936年当時盛沢鎮には、領投800人以上が存在した。彼等は、春には機戸に養蚕資金・織布原料購入資金を貸し付けた。絹布売買の仲介手数料は月により異なり、絹布1疋当り2〜3角から1元までの幅があった。領投は機戸に対して絹布売却価格を安く報告し、差額を自己の収入としており、これが領投の主要な収益源とも言われていた。これに対して資金の前貸しを受ける機戸は文句を言えず、ただ「偸工減料」（仕事の手抜きをして材料の分量をごまかすこと）で対抗するのみであった。これが絹布の質を低下させ、より販路を狭める原因であるとされていた[14]。

綢行は、資本数千元から10万元まで大小のものが70数軒あった。それは自己売買以外にも、外来の客商相手に代客売買も行い手数料収入を稼いだ。さらに綢行は旧来の慣習として機戸から購入価格の1.1％を手数料として徴収していた。それは「洋水」と呼ばれ、清末光緒時期に盛沢鎮の橋梁建築のために絹布1元につき制銭2文を徴収したことに始まる。後にはこれが絹布価格の0.3％に改められ、周辺郷鎮の橋梁修繕費に充当された。しかし、その後これが綢行の手数料収入となり、また1.1％に引き上げられた。1936年に綢行は領投と密約を交わし、手数料を1.7％に引き上げようとした。しかし、機戸の猛反対に合い、官庁の仲介で合作社経由の場合1.4％、領投経由の場合には1.55％で妥結した[15]。

1936年には領投が連合して「集成公司」なる会社を組織し、絹布の販売統制を実施しようと計画した。領投は新組織を利用して、外部からの同業への参入を防ぎ、また買付に関する種類別・地域別協定を結び同業間の競争を避けようとした。さらに綢行と密約を結び、綢行は直接機戸から購入せず、他方で領投は外埠に直接販売しないようにした[16]。これにより領投の機戸搾取がより一層

第7章 江蘇省の合作実験区と生産・運銷合作社 315

第4表 呉江県の綢業運銷合作社の概況

単位：元

社名	社員人数	1株金額	株式数	払込済金額	登記承認年月
大謝郷	699	2	795	1,590	1936年8月
張善壩郷	324	2	388	388	1936年8月
壇坵郷	810	2	880	1,358	1936年8月
南麻郷	768	2	768	679	1936年8月
北麻郷	539	2	539	496	1936年8月
沈家浜	25	2	25	50	1936年8月
盛沢鎮	42	20	200	3,940	1937年3月
渓南郷	465	2	590	1,055	1937年4月
南塘郷	266	2	266	266	1937年5月
厳墓鎮	153	2	153	155	1937年5月
澄源郷	214	2	214	214	1937年5月
徐田郷	359	2	359	359	1937年5月
永寧郷	315	2	315	315	1937年5月
合計	4,979		5,492	10,865	

出所：王宝鋆「呉江綢業運銷合作社之現状及今後推進方針」(『江蘇合作』第28期、1937年8月) 4、5頁。

強まる可能性が生じた。これに対抗しようと組織されたものが機戸による運銷合作社であった。合作社を組織して航戸・領投を通さず絹布を直接販売しようという動きは、36年以前にも試みられたが成功しなかった。まず34年には県政府の指導により第3区紅梨郷で合作社を組織しようとしたが、旧勢力の力が強く成功しなかった。35年1月には第7区横穆信用合作社が、絹布16疋を省農民銀行の上海農産運銷弁事処に委託して販売したが、利益は上らなかった[17]。

盛沢区で最初に組織された運銷合作社は、大謝郷運銷合作社であった。その経緯は以下のように説明されている。1936年、盛沢鎮の綢領業公会が統制管理処を組織し、各郷の機戸の反対が巻き起こり大騒動となった。そこで県政府により管理処の解散が命じられ、他方で県長・合作指導員は各区で合作社の設立を宣伝した。大謝郷の陸再雲の熱心な提唱と盛沢農民銀行・張廷良の協力があり、大謝郷綢業運銷合作社の設立が進展し、4月23日準備会開催、5月8日正式結成となった、と[18]。この綢領業公会とは領投の同業団体であると考えられ、統制管理処は前述の「集成公司」を指すのであろう。また県政府は領投の販売統制に反対していた事実も分かる。盛沢農民銀行とは江蘇省農民銀行の盛沢弁

事処のことであり、合作社の設立を熱心に働きかけた陸再雲とは同郷出身の中央政府官僚・陸栄光であった[19]。彼は南京において葉楚傖が発起した呉江同郷会に加入しており、出身地への社会貢献を考えていた[20]。こうして陸栄光は故郷において、兼ねての持論であった合作社を熱心に提唱したと考えられる。この陸栄光の積極的な行動と領投の販売統制への機戸の抵抗、この２点が合作社の組織化を可能とさせた要因であったと考えられる。かくして、36年６月28日に大謝郷綢業運銷合作社は営業を開始した。だが７月20日には前述の綢行の手数料引き上げ問題が発生し、合作社は綢行との取引を停止してこの問題に対処した[21]。そして前述のような合作社への有利な条件を勝ち取ったのである。

　このように綢行手数料が合作社に有利に改正されたことが、この後の合作社の設立を促進したと考えられる。すなわち機戸にとって、領投に販売を委託した場合には綢行手数料1.55％が差し引かれるが、合作社に加入すればそれが1.4％で済むのである。こうして第４表のように1937年５月までに13の綢業運銷合作社が設立・認可され、社員は約5000人となった。前述のように県内には織機が１万1580台存在しており、各社員が１台の織機を保有していると仮定しても、合作社が県内機戸の半数近くを組織したことになる。合作社のほとんどが数百人の社員を擁しており、規模が大きい点が特徴である。そのうち南麻郷合作社は社員768人であるが、同郷は1207戸であり、そのうち機戸は845戸であり、機戸の91％が合作社に組織されていたことになる[22]。また盛沢鎮合作社は、電力織機保有者が組織したものであった[23]。それではここでいくつかの合作社の設立過程と営業内容を探り、その特質を明らかにしよう。

　第七区壇圩郷綢業運銷合作社　1936年７月８日の設立であり、社員は459人、出資金は1083元であった。私人から3000元を借り入れて８月１日に営業を開始した。次に農民銀行から原料購入資金5000元・運銷資金8000元を借り入れた。後者の資金は、社員が合作社に絹布を納入すると価格の８割を前渡金として支払うためのものであった。ただ販売業務は専門知識が必要なために、大謝郷合作社の協力を仰いだ。大謝郷に続いて本社が組織されると、危機感を抱いた領投側は本格的な妨害活動に乗り出した。すなわち郷内に収綢処を設けて絹布を高値で収買し、合作社の集荷活動を妨害した。次に前述の綢行の手数料引き上

げ問題が発生し、綢行への販売が停止され、合作社は滞貨を抱えた。そこで合作社は農民銀行から7000元、私人から4000元の融資を仰ぎ危機を凌いだ。綢行の手数料問題が解決すると同社の営業は順調に進み、37年2月決算では絹布2万5877疋を販売して（委託を受けた南麻郷・北麻郷・大路郷の合作社の分も含む）、手数料収入4322元を得て、825元の純益を上げた。37年3月には農民銀行から3万元を借り入れ、高級推銷員2人を雇用し、新年度の活動を開始した。同時に隣郷・大路郷の機戸257人の加入申請があり、本郷の加入者と合わせて社員が804人に増加した。同社は指導を密にするため、社員20～30人で1組を組織し組長を選出した[24]。

第七区北麻郷綢業運銷合作社　本郷では郷長・沈維新が合作社組織の中心となった。彼が中心となり、地方事業に熱心な人士及び各保長を召集して合作社籌備会を開催した。そして7月10日、社員359人で合作社が設立され、沈維新が理事主席に選出された。しかし、出資金の徴収が伸びず開業は遅れた。9月27日に開業したが、その時点でも出資金は304元のみであった。社員からの絹布の集荷も伸びず、3400疋の販売に止まり、これは社員生産総量の4割とされている。37年3月には新年度の営業を開始したが、推銷員が確保できず、販売事業は南麻社・大謝社に委託することとした。ただ中郎郷郷長が第2・3・6保の機戸144人の加入を申請してきたため、本郷の新規加入者と合わせて社員が180人増加した。37年度には農民銀行より原料購入資金2000元・運銷資金5000元を借り入れた。37年春期には原料高製品安の影響から、絹布の生産は最盛期の半分に落ち込んだ。合作社は4921疋を販売して、販売手数料1042元を得た。しかし、共同販売には人件費などで毎月400元を必要としており、収支状況は極めて厳しいと総括されている[25]。つまり、この春期の営業期間を最低3カ月としても1200元の販売経費がかかるわけであり、手数料収入1042元では赤字となるのである。

以上のように、合作社の営業活動には領投による激しい妨害活動があった。領投は劣紳と結託して、郷民を脅迫し合作社への加入に反対した。また航戸を動員して社員から絹布を高値で集めさせ、合作社の切り崩しを図った。さらには合作社幹部への嫌がらせなども頻発した[26]。これに対して県政府・区公所は

合作社を支持し、行政機構を動員してそれに対処した。各郷の保甲長に命じて、区域内の機戸を一律に合作社に加入させ、また各機戸と絹布販売契約を締結させた。さらには公安局・郷公所に命じて、合作社業務区域に航戸が入るのを監視させた。こうして合作社活動は維持され、37年には既存合作社の社員増加、新合作社の相次ぐ設立となったのである（第4表）。ただ合作社の組織化がやや強引だったためか、北麻郷合作社は出資金の徴収に苦労している。合作社の発展の上では、省農民銀行からの資金融資も重要であった。1937年8月時点で、同行融資は合計24万元に達したとされている[27]。北麻郷合作社の事例を見ても、37年に入ってからの合作社経営状況には厳しいものがあった。結果的には、抗日戦争の勃発で同地の綢業運銷合作社は中断する訳であるが、戦争がなくても経営が順調に進んだかは予断を許さない面があった[28]。

注
（1）陳杏蓀「開弦弓生糸精製運銷合作社経過概況」（『合作月刊』第2巻第9・10期、1930年12月）43頁。陳杏蓀は清末の秀才であり、辛亥革命以後、開弦弓村に私立学校を設立するために戻り、村の唯一の知識人として各種の形式的名称の下に村の指導権を握っていた。また沈秩安は、震沢市の地方指導者とされている（Hsiao-Tung Fei, *Peasant Life in China*, London, 1939, pp.107, 210, 費孝通著、仙波泰雄・塩谷安夫訳『支那の農民生活』生活社、1942年第3版、136、250頁）。
（2）前掲「開弦弓生糸精製運銷合作社経過概況」43頁。当時蚕の大量病死が発生し、蚕総数の2～3割しか繭にならなかったとされている（前掲「解放前従事蚕糸業改革的回憶」178頁）。
（3）前掲「開弦弓生糸精製運銷合作社経過概況」43頁、費達生「呉江開弦弓村生糸製造之今昔観」（『蘇農』第1巻第5期、1930年5月）7頁。当時の江浙地方の在来製糸法は、足で踏んで枠を回転させる装置であり、日本のいわゆる足踏器械であった。ただ蒸気器械製糸に対して、これが座繰製糸と呼ばれた。これは原料繭を殺蛹乾燥を行うことなく、生繭のまま繰糸した。そのために、出蛾前に繰糸作業を完了させなければならなく、作業が雑となり生糸の品質が悪かった（東亜研究所『支那蚕糸業研究』岡本書店復刻版、1985年、117、118頁）。女蚕校はこの土糸の製法にも改良を加えようとしたのである（前掲「解放前従事蚕糸業改革的回憶」177頁）。

（4） 前掲「開弦弓生糸精製運銷合作社経過概況」43、44頁、前掲「呉江開弦弓村生糸製造之今昔観」7頁。
（5） 江蘇省農民銀行総行編『江蘇省農民銀行第二次業務会議彙編』（1930年4月）88、89頁。ただ、前掲「呉江開弦弓村生糸製造之今昔観」8頁では、社員数を430戸としている。
（6） 前掲『江蘇省農民銀行第二次業務会議彙編』89頁、前掲「呉江開弦弓村生糸製造之今昔観」7、8頁。製糸器械は広東人から女蚕校に贈られたものであり、省教育庁が設備費を支給しないために放置されていたとされる（前掲「解放前従事蚕糸業改革的回憶」179頁）。
（7） 前掲『第二年之江蘇省農民銀行』82、83頁。合作社は社員を鼓舞し組織を拡大するために配当率を高くし、同年度に社員が受け取った配当金は出資金の2倍に達した。しかし、後にはこれが誤謬の原因と考えられるようになった。すなわち、社員は高い配当を当然のことと考え、配当金が分配されなくなると不平を言い、また出資金の払込を中断したのである（Hsiao-Tung Fei, *op.cit.* pp.224, 225, 229, 230, 前掲『支那の農民生活』265、266、271頁）。
（8） 江蘇省農民銀行編『第三年之江蘇省農民銀行』（1932年）135、136頁。30年度の赤字の原因には、3321元かけて製糸器械8台と揚返機10台を購入したこともある。
（9） Hsiao-Tung Fei, *op.cit.* pp.221－223, 前掲『支那の農民生活』262、263頁。
（10） 同上。
（11） Hsiao-Tung Fei, *op.cit.* pp.230, 同上書、271、272頁。引用は邦訳書による。
（12） Hsiao-Tung Fei, *op.cit.* pp.219, 220, 同上書、260頁。引用は邦訳書による。
（13） 虞貽孫「盛沢綢之衰落与合作社之勃興」（『江蘇合作』第28期、「綢業合作専号」、1937年8月）6、7頁。機戸の救済のために機戸公所を設立しようとの動きは、すでに1911年3月にもあった（小島淑男「辛亥革命期蘇州府呉江県の農村絹織手工業」小島淑男編著『近代中国の経済と社会』汲古書院、1993年）。
（14） 前掲「盛沢綢之衰落与合作社之勃興」7、8頁、王懆危「怎様可以改進盛沢綢業」（『江蘇合作』第28期）15頁。
（15） 前掲「盛沢綢之衰落与合作社之勃興」8頁。
（16） 同上稿、7頁。
（17） 王宝鋆「呉江綢業運銷合作社之現状及今後推進方針」（『江蘇合作』第28期）4

頁。
(18) 同上稿、4頁。
(19) 陸栄光（1899～1974）は盛沢区大謝郷出身であり、字は再雲、父親は著名な医者で大地主でもあった。1923年に復旦大学商科会計系を卒業し、2年間助手を務めた。同大学では、邵力子・陳望道・薛仙舟などの教師の薫陶を受け合作理論を研究し実践した。北伐時期には邵力子の紹介で国民党中央党部総幹事となり、後に交通部電政司会計科長、交通部会計長を務めた。抗日戦争開始後には、重慶で国民政府会計局副局長を務めた。抗日戦争勝利後は、中央合作金庫の創設に従事し、46年11月中央合作金庫総庫付総経理兼上海信託部経理に就任した（周徳華「陸栄光与呉江糸綢合作化」『蘇州文史』第17輯、発行年不明、114、115頁）。彼は復旦大学の平民学社メンバーであり、22年3月に同社合作購買部幹事に選出されている（張允侯等編『五四時期的社団』（4）三聯書店、1979年、35頁）。また戦後台湾では中国合作学社に加入していた事実も確認できる（第1章第4表）。
(20) 前掲「陸栄光与呉江糸綢合作化」115頁。
(21) 張達生「呉江県第三区大謝郷運銷合作社概況」（『江蘇合作』第28期）16頁。
(22) 施士知「呉江第七区南麻郷綢業運銷合作社之過去与現在」（『江蘇合作』第28期）17頁。
(23) 趙光縄「呉江県第三区盛沢電機織綢合作社略述」（『江蘇合作』第28期）21頁。
(24) 兪蟾芬「呉江県第七区壇坵郷綢業運銷合作社過去与将来」（『江蘇合作』第28期）20、21頁。合作社は領投を通さず綢行へ直接販売を行ったが、それには絹布に対する専門知識を有する人材が必要であり、元領投を推銷員として雇用した（前掲「盛沢綢之衰落与合作社之勃興」10頁）。
(25) 沈維新「呉江県第七区北麻郷綢業運銷合作社組織経過及業務情形」（『江蘇合作』第28期）18、19頁。
(26) 前掲「盛沢綢之衰落与合作社之勃興」10頁。陳岩松によれば、商人側が合作社の事務所・倉庫に放火する事件も発生したとされている（陳岩松『中華合作事業発展史』（上）台湾商務印書館、1983年、265頁）。
(27) 前掲「盛沢綢之衰落与合作社之勃興」10頁。
(28) 1946年2月、陸栄光により大謝郷合作社（社員710人）は再建され、上海に事務所を設けて絹布の直接販売を計画した。しかし、綢行・領投の激しいボイコットにあい業務は頓挫したとされる（前掲「陸栄光与呉江糸綢合作化」118、119頁）。

むすび

　呉県光福区に設置された養蚕合作実験区では、女蚕校の指導により蚕種改良事業が展開され、その基礎の上に養蚕合作社が組織された。さらに合作社は連合会を組織し、製種・烘繭事業が実施され、製糸工場の創設までが構想された。しかし、それら事業を支えたのは社員の出資金ではなく、銀行融資であった。特に社屋新築と製種・烘繭設備には多額の資金を投入し、この債務が合作社の経営に負担となった。特に合作社が債務返済のために利益金の配当を停止すると、農民とのトラブルが発生した。ただ、省政府からの補助金もあり、同区の合作社組織は保持された。1936年には繭価格の好転から、合作烘繭事業はかなりの収益を上げている。

　無錫県には、永泰系列の養蚕合作社が多数存在した。また他方で、蚕桑模範区の指導を受けた「自動組織の養蚕合作社」が組織された。これは消毒・催青・稚蚕飼育を共同で実施する農家集団であり、暫定的組織で正式の合作社ではなかった。ただこの中から、正規の養蚕合作社に移行するものも見られた。さらには、省農民銀行は産銷合作社の設立を奨励した。その理由は、蚕桑模範区と連携して養蚕農家を組織するためであり、永泰などの製糸資本系列の養蚕合作社に対する競争意識があったと考えられる。1936年には県政府・蚕桑模範区・省農民銀行の提唱で合作烘繭事業も実施されたが、未だ小規模な内容であった。他方、金壇県においては、蘇蚕委から蚕桑模範区に指定される以前にすでに多数の正規の養蚕合作社が組織されていた。すなわち、養蚕合作社は正規の手続を踏み組織され県政府に登記され、省農民銀行の融資を受けていたのである。これは同県では製糸資本系列の合作社組織化が弱かったためと考えられる。1934年には永泰は機械乾燥設備を有する4繭行を開設し、県内の買付を独占することを企図した。それには農民の抵抗運動が起こり、買付独占にも失敗した。36年春期には、養蚕合作社は連合社を組織して、合作烘繭事業を実施した。ただ、乾繭の共同販売と言っても、農家の経済力は薄弱であり、圧倒的多数が時価売却を選択したのである。

呉江県開弦弓の生糸精製合作社は、実際には女蚕校からの機械設備借入と銀行融資により創業可能となったものである。その銀行融資も女蚕校の保証で可能となったものであり、創業資金に占める出資金の割合は僅少であった。費孝通は合作社社員の女蚕校への従属を批判しているが、現実には合作社は資金面からも真に独立した組織とは言えなかったのである。社員の合作社への最大の期待は配当金であったが、それが停止されると社員は出資や原料出荷を手控えてしまった。こうして製糸工場は、原料を市場から調達することを余儀なくされたのである。

　呉江県盛沢区の大謝郷合作社の設立が実現したのは、陸栄光の積極的な働き掛けと領投の販売統制に対する機戸の反発によるものであった。さらに、綱行の手数料引き上げ問題が発生すると、同合作社は活発な反対運動を展開し、合作社に有利な手数料を実現できた。こうして領投の妨害活動が行われても、同区では綱業運銷合作社が次々と設立されたのである。ただ、それら合作社は十分な活動を展開する時間もなく、抗日戦争の勃発で中断を余儀なくされた。

　以上のように、江蘇省は南京政府の首都所在地として、女蚕校・中国合作学社など各方面からの濃密な合作社指導が展開された。また陸栄光のように中央政府官僚が、自身の出身地で合作社を組織するという事例も見られた。こうした上からの強力な指導が、本章で述べたような多彩な合作社の展開を可能とした要因であった。ただそのために、合作社の欠点として、外部勢力の指導への依存という現象も見られた。また、資金的にも合作社の自己資金ではなく、外部資金に依拠する場合が多かった。これも省農民銀行という有力な金融機関の存在が可能としたものである。

終章　結　語

Ⅰ．中国合作学社と江浙地域社会

　中国合作学社に結集し合作行政の中軸となったのは、復旦大学の出身者であった。彼らは学生時代に五四運動に積極的に参加し、運動終焉以後には平民主義を標榜して平民学社の活動を展開した。そして教員である薛仙舟の影響もあり、労働者・平民階級の地位向上には合作運動が不可欠であるとの認識に達したのである。こうした人々が、南京政府期には陳果夫を領袖として再度結集し、本格的な合作事業に乗り出した。彼らはこれまで、主要には都市部の労働者階級を想定した信用・消費合作社の研究と実験を行ってきたが、南京政府下で求められたのは農民を対象とした合作社であった。そのために中国合作学社と言えども、農村合作社に関しては明確な指導理論は持たなかった。すなわち、南京政府期は農村合作社の理論的・実践的模索の段階にあったのである。

　彼ら中国合作学社のメンバーは、農村社会からは遊離した存在であった。したがって農村の伝統的な支配秩序に拘泥することなく、自己の理念に基づく革新的な政策を掲げた。すなわち、合作社政策の目標を小作農・貧農を救済して農村の貧困問題を解決することとし、具体的には合作社を利用して土着の高利貸資本・流通資本による農民収奪を緩和しようとしたのである。陳果夫も共産党勢力との対抗から農村の貧困問題は放置できないとして、その政策を支持した。しかし、本書第２部・第３部で詳しく検討したように、現実には合作社の多くは地主・商人などに掌握され、農業倉庫貸付も商工業者の利用が多かった。こうして中国合作学社のメンバーの理想は、容易には実現できなかったのである。しかし、だからといって国民政府が地主・商人層を支持基盤として、地主・商人層のための政策を展開したとは言えない。少なくとも中国合作学社メンバーのような国民党中央や官僚機構の中枢を占めたテクノクラート層は、革新的な政策を保持していたのである。

国民党中央及び中央政府の内部で革新的な政策が立案されても、問題はそれら政策を地域でいかに実行するかであった。農村内部では、その政策を理解・共鳴する人々も少なく、政策推進の中心となる人々も容易に見つからなかったのである。特に、小作農・貧農には非識字者が多く、合作社などの組織能力に欠けていた。そのために、各省で合作社指導員養成所をつくり、短期間の訓練で養成した指導員を県政府に送り出した。ただ、各県に分散配置された少数の指導員では、合作社のきめ細かい指導は不可能であった。また、一部地域では知識人・小学校教員などの主導で合作社の組織化が進んだが、そうした事例は広大な江浙農村社会では希少な存在であった。

　一方で、地方行政機構も脆弱であった。県政府は、旧来は徴税と治安維持のみが任務であったが、南京政府期には近代的行政事務が課された。さらには合作行政などの各種経済行政も課題とされたが、それを充分に遂行するだけの人員・組織・財力を欠いていた。県より下級の行政機構として区及び郷・鎮も編成されたが、その機構も脆弱であり、特に直接農民と接する郷・鎮が、行政組織として余りにも非力であった。南京政府は末端行政組織の郷・鎮の構築と合作社の組織化を同時並行で進めなければならず、これが合作行政の進展を困難とした大きな要因であった。

Ⅱ．農業金融政策と合作社・農業倉庫

　第3章の浙江省農業金融政策の分析から、『中国農村』派の理論の問題点が明確にできた。『中国農村』派は、国民政府の農業金融政策を封建勢力と銀行資本による農民収奪であると批判し、他方ではその資金量の僅少さを指摘し農村経済回復に対する実効性の弱さも批判している。これに対して筆者は、農業金融は高コスト・高リスクで銀行の営利事業とはなりにくく、銀行資本が農民を収奪したとの批判は妥当ではないと結論付けた。また中国銀行・浙江地方銀行による倉庫担保貸付事業を検討し、その貸付金額は多額であり農村部への資金還流で大きな役割を果した点を明確にした。ただその貸付は大部分が商工業者対象であり厳密な意味での農業金融とは言えないが、それが農業金融政策の

不備を補完し1936年の農産物価格回復に大きく貢献したのである。

　第4章では江蘇省農民銀行の経営実態を解明し、浙江省よりは大規模・組織的な農業金融事業が展開された事実を明らかにできた。そのために合作社の活動も、浙江省よりは活発であった。しかし、江蘇省農民銀行の資金融資は、合作社よりは農業倉庫への比重が高く、かつ農業倉庫担保貸付も現実には商工業者対象が多かった。つまり、江浙両省の農業金融は類似した構造にあったのである。また、浙江地方銀行と江蘇省農民銀行の経営構造も類似していた。両行とも出資金は省政府の公的資金であり、預金も主要には省・県政府などの金庫代理業務により調達され、また領用兌換券や補助紙幣の発行を重要な資金源とした。融資業務では、省・県政府への融資や一般商工業者との取引が展開された。ただ江蘇省農民銀行の場合は、農民銀行を標榜するだけに農業貸付の比重が高くなっている。両行とも倉庫担保貸付を活発に展開し、その融資額は巨額となった。両行ともそれを農業金融と称していたが、主要には商工業者に向けられたものであった。ただここでも江蘇省農民銀行の方が、一般農家への貸付の比重が高いと推測される。このように浙江省では省農民銀行の設立に失敗したが、浙江地方銀行が倉庫担保貸付という形で農村部への資金還流の役割を果したのである。

Ⅲ．合作社政策の展開と地域社会

　中国の村落は斎藤仁が定義するような自治村落とは言えないが、それでも様々な共同関係が存在した。現実にはそうした共同関係が、合作社を組織するためのベースとなる面もあった。すなわちそれは、銭会をイメージして信用合作社が組織されたと考えられること、水田の共同灌漑組織が灌漑合作社を組織したこと、正業・副業のための各種団体が生産・運銷合作社を組織したことなどに現れている。特に江浙両省においては養蚕合作社が広汎に組織され、一部合作社は乾繭共同販売を実施するまでに発展を見せた。また貝母合作社や呉江県綢業運銷合作社のように、現実的な利害関係の下に強力な結集力を示したケースも存在した。しかし、全体として合作社はルースな組織であり、構成員の社員

としての自覚は低く、一部の人間に権限が集中し経営が独占される場合が多かった。日本の協同組合の場合は、構成員の合議制となり、地主もその集団の決議には従わなければならなかった。それに対して中国の場合は、構成員の合議制とならず、民主的運営が困難であったと推察される。そのために、地主・富農・商人・郷鎮長などの一部人間による恣意的運営、組織の私物化となるのである。

　合作社の発展に知識人・小学校教員が大きく関与したケースが多々見られた。しかし、それらの人々は言わば外来者であり、合作社の自主的発展とは言えない。彼らが合作社に関与した動機は、村落居住者として経済恐慌で危機に瀕した村落秩序を維持しようとの内発的なものではなく、より高次の愛国主義や救国意識から出たものであった。すなわち、彼らは当時の郷村建設運動の影響を受け、中国侵略を強める日本に対抗して救国存亡を図るには農村復興が不可欠と考え、合作事業を指導したものであろう。したがって、合作社指導が上からのものとなりがちであり、農民の自発的参加を欠く場合が多かった。また江寧県の例でも農村部では私塾が中心であり、小学校数・教員数は少なかった。小学校教員の質も問題であり、合作事業に熱心な教員は少数であった。さらに大学卒などの知識人はより希少であり、教員・知識人主導の合作社は広大な農村の中に点在したに過ぎなかった。こうした理由から、教員・知識人主導で広大な農村に合作社を普遍的に組織するのは困難だったのである。

　『中国農村』派は、合作社失敗の原因を地主・商人などの在地有力者に押し付けているが、その論理には問題がある。むしろ、村落社会の在り方と農民の教育水準にこそ真の問題があった。すなわち、自然村落は自治的機能を欠くため、村落内で一致して合作社に取り組むという動きにはならないのである。また日本の協同組合の場合は構成員の合議制となり、自治的村落内に居住する限り地主もその決議に従わなければならなかった。それに対して中国の場合は、合作社が構成員の合議制とならず、民主的運営が難しかったと考えられる。また合作社社員には非識字者が多く、そのことも社員の合作社への積極的関与を困難にした。そのために合作社は、地主・富農・商人などの一部人間による恣意的運営、組織の私物化となる傾向が強かったのである。また中国農村社会では市鎮を核とした農村市場圏が重要であり、そのために市鎮居住の地主・商人

が合作社へ大きな影響力を及ぼすこととなったのである。

　以上を総括すれば、合作社を農村に広汎に普及させ農家経済・農業生産力の向上を図るには、短期間では困難であり長期的な取り組みが不可欠であった。しかも、小作農・貧農層をも合作社に組織して彼らの経済的地位の向上を図るには、農村での識字教育や土地・地税制度改革と並行して進められなければならなかった。また、上からの強引な普及活動ではなく、農民の伝統的な共同慣行・宗教活動などを尊重した地道な忍耐強い努力が必要であった。そうした地道な長期的活動を不可能にしたのが、日本の中国侵略による抗日戦争の開始であった。

　抗日戦争開始直前の1937年3月、中国合作学社機関誌『合作月刊』に注目すべき文章が掲載された。それは直面する合作社の問題点を、「機関化」、「営利化」、「土劣化」の三大病態と捉える内容であった。「機関化」とは合作社が理事・監事のための組織となり、一般社員は本来有すべき権利を喪失していることである。合作社職員は名目上無給であるが、多くの合作社連合会では職員による飲食費が巨額となり赤字経営であるとされた。「営利化」とは、合作社が社員を対象とした業務を行わず、専ら非社員を対象に営利活動を展開することである。そうして合作社が利益を上げても、出資者には利益分配もなされない場合が多いとされた。「土劣化」とは、合作社の運営は知識階級に依存しなければならないため、合作社に旧「土豪劣紳」が紛れ込み、あるいは新しい「土豪劣紳」が養成され、彼らに合作社が牛耳られることである[1]。

　南京政府時期には確かに多数の合作社が組織されたが、その多くは上記のような問題を抱えていたのである。そして抗日戦争に突入し、国民政府はそれまで地盤とした江浙地域を放棄し、奥地への移転を余儀なくされた。経済的・文化的発展の遅れた奥地農村は伝統的支配勢力の力が強く、合作社の普及活動はより困難を極めたであろう。他方では、抗日のために奥地農村では行政機構が強化され、新県制の下で郷・鎮ごとに合作社の組織が義務付けられた[2]。こうして奥地農村では、合作社の三大病態がより深刻化したと予想される。郷・鎮単位に組織された合作社は文字通り行政機関化し、官製団体として郷鎮長などの影響下に置かれ、様々な弊害を発生させたと考えられる。それは第1章で紹

介した陳仲明の合作社活動の悲観的総括からも窺える。ともかくも、抗日戦争期から国共内戦期にかけての農村合作社の実態解明は今後の課題としたい。

注
（1）「目前合作社之三大病態」（『合作月刊』第9巻第3期、1937年3月）1頁。
（2） 新県制については、張俊顕『新県制之研究』（正中書局、1988年）参照。

主要参考文献目録

a. 研究著書　和文（著者名50音順）

青柳斉『中国農村合作社の改革——供銷社の展開過程——』（日本経済評論社、2002年）

足立啓二『専制国家史論』（柏書房、1998年）

天野元之助『中国農業経済論』第1～3巻（龍溪書舎改訂復刻版、1978年）

石島紀之『雲南と近代中国——"周辺"の視点から』（青木書店、2004年）

石田浩『中国農村社会経済構造の研究』（晃洋書房、1986年）

泉田洋一『農村開発金融論——アジアの経験と経済発展——』（東京大学出版会、2003年）

内山雅生『中国華北農村経済研究序説』（金沢大学経済学部、1990年）

内山雅生『現代中国農村と「共同体」——転換期中国華北農村における社会構造と農民——』（御茶の水書房、2003年）

太田原高昭・朴紅『リポート中国の農協』（家の光協会、2001年）

奥村哲『中国の資本主義と社会主義』（桜井書店、2004年）

加納啓良編『東南アジア農村発展の主体と組織——近代日本との比較から——』（アジア経済研究所、1998年）

川井悟『華洋義賑会と中国農村』（京都大学人文科学研究所共同研究報告『五四運動の研究』第2函、1983年）

菊池一隆『中国工業合作運動史の研究』（汲古書院、2002年）

久保亨『戦間期中国〈自立への模索〉関税通貨政策と経済発展』（東京大学出版会、1999年）

小浜正子『近代上海の公共性と国家』（研文出版、2000年）

小林善文『中国近代教育の普及と改革に関する研究』（汲古書院、2002年）

斎藤仁『農業問題の展開と自治村落』（日本経済評論社、1989年）

笹川裕史『中華民国期農村土地行政史の研究』（汲古書院、2002年）

佐々木衛編・南裕子訳『中国の家庭・郷村・階級』（文化書房博文社、1998年）

柴田善雅『占領地通貨金融政策の展開』(日本経済評論社、1999年)

高橋孝助・古厩忠夫編『上海史』(東方書店、1995年)

滝川勉・斎藤仁編『アジアの農業協同組合』(アジア経済研究所、1973年)

田原史起『中国農村の権力構造——建国初期のエリート再編』(御茶の水書房、2004年)

塚本元『中国における国家建設の試み——湖南1919〜1921年——』(東京大学出版会、1994年)

天津地域史研究会編『天津史』(東方書店、1999年)

夏井春喜『中国近代江南の地主制研究』(汲古書院、2001年)

萩原充『中国の経済建設と日中関係——対日抗戦への序曲1927〜1937年——』(ミネルヴァ書房、2000年)

浜口裕子『日本統治と東アジア社会——植民地期朝鮮と満洲の比較研究』(勁草書房、1996年)

福武直『中国農村社会の構造』(株式会社大雅堂、1946年)

弁納才一『近代中国農村経済史の研究——1930年代における農村経済の危機的状況と復興への胎動——』(金沢大学経済学部、2003年)

弁納才一『華中農村経済と近代化——近代中国農村経済史像の再構築への試み——』(汲古書院、2004年)

松本善海『中国村落制度の史的研究』(岩波書店、1977年)

森時彦編『中国近代の都市と農村』(京都大学人文科学研究所、2001年)

安冨歩『「満洲国」の金融』(創文社、1997年)

山本進『清代財政史研究』(汲古書院、2002年)

山本裕美『改革開放期中国の農業政策——制度と組織の経済分析』(京都大学学術出版会、1999年)

吉澤誠一郎『天津の近代』(名古屋大学出版会、2002年)

b．研究論文　和文（著者名50音順）

味岡徹「護国戦争後の地方自治回復——江蘇省を中心に——」(中央大学人文科学研究所『人文研紀要』第2号、1983年)

飯塚靖「中国近代における農業技術者の形成と棉作改良問題」（Ⅰ）（Ⅱ）（『アジア経済』第33巻第9、10号、1992年9、10月）

飯塚靖「南京国民政府の農業政策と農業技術専門家」（『近きに在りて』第22号、1992年11月）

飯塚靖「南京政府期・浙江省における棉作改良事業」（日本植民地研究会編『日本植民地研究』第5号、1993年7月）

泉田洋一・万木孝雄「アジアの農村金融と農村金融市場理論の検討」（『アジア経済』第31巻第6・7号、1990年6・7月）

稲田清一「清末江南の鎮董について」（森正夫編『江南デルタ市鎮研究』名古屋大学出版会、1992年）

岩井茂樹「武進県『実徴堂簿』と田賦徴収機構」（夫馬進編『中国明清地方档案の研究』科学研究費補助金研究成果報告書、2000年）

岩井茂樹「清代の版図順荘法とその周辺」（京都大学人文科学研究所『東方学報』第72冊、2000年）

岩井茂樹「武進県の田土推収と城郷関係」（森時彦編『中国近代の都市と農村』京都大学人文科学研究所、2001年）

上野章「経済建設と技術導入――江蘇省蚕糸業への一代交雑種法の導入を例に――」（中国現代史研究会編『中国国民政府史の研究』汲古書院、1986年）

内山雅生「近現代中国華北農村社会研究再考」（『歴史学研究』第796号、2004年12月）

岡崎清宜「恐慌期中国における信用構造の再編」（『社会経済史学』第67巻第1号、2001年5月）

岡崎清宜「国民政府下中国における信用機構の再編」（『史林』第86巻第4号、2003年7月）

奥村哲「恐慌下江浙蚕糸業の再編」（『東洋史研究』第37巻第2号、1978年9月）

奥村哲「恐慌下江南製糸業の再編再論」（『東洋史研究』第47巻第4号、1989年3月）

奥村哲「民国期中国の農村社会の変容」（『歴史学研究』第779号、2003年9月）

加藤祐三「中国の初期合作社」（滝川勉・斎藤仁編『アジアの農業協同組合』（アジア経済研究所、1973年）

川井悟「全国経済委員会の成立とその改組をめぐる一考察」(『東洋史研究』第40巻第4号、1982年3月)

川井悟「1920～30年代、中国河北省農村における自助農民像」(『人間科学研究センター紀要』第3号、1988年3月)

川井悟「国民政府の経済建設政策における一問題点——全国経済委員会テクノクラートの存在と意義をめぐって——」(中国近現代経済史シンポジウム事務局編『中国経済政策史の探求——第三回シンポジウムの記録』汲古書院、1989年)

菊池一隆「中国国民党における合作社の起点と展開——孫文、戴季陶、陳果夫、邵力子との関連で——」(孫文研究会編『孫文研究』第9号、1988年12月)

菊池一隆「中国初期合作社史論——辛亥革命前後から一九二三年までを中心に——」(狭間直樹編『中国国民革命の研究』京都大学人文科学研究所、1992年)

菊池一隆「工業生産合作社の展開と農村工業」(『東洋学報』第74巻第1・2号、1993年2月)

菊池一隆「江蘇合作事業推進の構造と合作社」(野口鐵郎編『中国史における教と国家』雄山閣、1994年)

菊池一隆「都市型特務『C・C』系の『反共抗日』路線について」(上)(下)(『近きに在りて』第35、36号、1999年6、12月)

黄東蘭「清末地方自治制度の導入と地域社会の対応——江蘇省川沙県の自治風潮を中心に——」(『史学雑誌』第107編第11号、1998年11月)

黄東蘭「民国期山西省の村制と日本の町村制」(中国社会文化学会『中国——社会と文化』第13号、1998年)

小島淑男「清末の郷村統治について——蘇州府の区・図董を中心に——」(『史潮』第88号、1964年)

小島淑男「辛亥革命期蘇州府呉江県の農村絹織手工業」(小島淑男編著『近代中国の経済と社会』汲古書院、1993年)

坂井田夕起子「抗日戦争時期における河南省の地方政治改革——区の設置と改編、そして新県制の実施まで——」(大阪教育大学歴史学研究室『歴史研究』第35号、1998年)

重冨真一「農村協同組合の存立条件——信用協同組織にみるタイと日本の経験

――」（加納啓良編『東南アジア農村発展の主体と組織――近代日本との比較から――』アジア経済研究所　1998年）

孫炳焱「台湾農会の成立過程とその特質」（滝川勉・斎藤仁編『アジアの農業協同組合』アジア経済研究所、1973年）

高嶋航「呉県・太湖庁の経造」（夫馬進編『中国明清地方档案の研究』科学研究費補助金研究成果報告書、2000年）

高嶋航「江南農村社会の土地と徴税」（森時彦編『中国近代の都市と農村』京都大学人文科学研究所、2001年）

高田幸男「南京国民政府の教育政策――中央大学区試行を中心に――」（中国現代史研究会編『中国国民政府史の研究』汲古書院、1986年）

田中比呂志「清末民初における地方政治構造とその変化――江蘇省宝山県における地方エリートの活動――」（『史学雑誌』第104編第3号、1995年3月）

田中比呂志「民国初期における地方自治制度の再編と地域社会」（『歴史学研究』第772号、2003年2月）

土田哲夫「国民党政権の性格をめぐって――Republican China 誌上の論争の紹介――」（『近きに在りて』第8号、1985年11月）

土田哲夫「中国国民党の統計的研究（1924～49年）」（東京学芸大学史学会『史海』第39号、1992年6月）

寺木徳子「清末民国初年の地方自治」（『お茶の水史学』第5号、1962年）

松田康博「台湾における土地改革政策の形成過程――テクノクラートの役割を中心に――」（慶応義塾大学『法学政治学論究』第25号、1995年）

三谷孝「南京政権と『迷信打破運動』（1928-1929）」（『歴史学研究』第455号、1978年4月）

三谷孝「江北民衆暴動（1929年）について」（『一橋論叢』第83巻第3号、1980年3月）

三谷孝「中国農村経済研究会とその調査」（小林弘二編『旧中国農村再考――変革の起点を問う』アジア経済研究所、1986年）

三谷孝「抗日戦争中の『中国農村』派について」（小林弘二編『中国農村変革再考――伝統農村と変革』アジア経済研究所、1987年）

山本真「国共内戦期国民政府の『二五減租』政策――中国農村復興連合委員会の援助による1949年の四川省の例を中心として――」(『中国研究月報』第586号、1996年)

山本真「中国農村復興連合委員会の成立とその大陸での活動(1948-1949)」(愛知大学現代中国学会『中国21』第2号、1997年)

横山英「二〇世紀初期の地方政治近代化についての覚書」(横山英編『中国の近代化と地方政治』勁草書房、1985年)

ｃ．研究論著　中国文（著者名拼音順）

陳岩松『中華合作事業発展史』(上)(下)(台湾商務印書館、1983年)

豊簫「権力与制衡――1946年嘉興県的郷鎮自治」(『社会学研究』2002年第6期、2002年11月)

高景嶽・厳学熙編『近代無錫蚕糸業資料選輯』(江蘇人民出版社・江蘇古籍出版社、1987年)

頼建誠『近代中国的合作経済運動――社会経済史的分析――』(正中書局、1990年)

李徳芳『民国郷村自治問題研究』(人民出版社、2001年)

李国祁『中国現代化的区域研究――閩浙台地区，1860-1916』(中央研究院近代史研究所専刊44、1982年)

李金錚『民国郷村借貸関係研究』(人民出版社、2003年)

李金錚『近代中国郷村社会経済探微』(人民出版社、2004年)

劉河北「江蘇省新式農業金融機構農村業務之検討(民国十七年～二十六年)」(『中国歴史学会史学集刊』第17期、1985年5月)

劉河北「抗戦前我国農業倉庫之研究」(『中国歴史学会史学集刊』第23期、1991年7月)

桑潤生編『中国近代農業経済史』(農業出版社、1986年)

王奇生『党員、党権与党争――1924～1949年中国国民党的組織形態』(上海書店出版社、2003年)

王樹槐『中国現代化的区域研究――江蘇省，1860-1916』(中央研究院近代史研

究所専刊48、1984年)

于治民「十年内戦期間中国農村金融状況」(『民国档案』第28期、1992年5月)

張俊顕『新県制之研究』(正中書局、1988年)

張益民「南京国民党政権的郷村機構演変之特点」(『南京大学学報 (哲学・人文・社会科学)』1987年第1期)

鄭大華『民国郷村建設運動』(社会科学文献出版社、2000年)

朱新予主編『浙江糸綢史』(浙江人民出版社、1985年)

d．研究論著　欧文 (著者名順)

Eastman, Lloyd E. *The Abortive Revolution: China under Nationalist Rule, 1927−1937* (Cambridge: Harvard University Press, 1974)

Geisert, Bradley K. "Power and Society: The Kuomintang and Local Elites in Kiangsu Province, China, 1924−1937", Ph. D. diss., University of Virginia, 1979.

Hsiao-Tung Fei, *Peasant Life in China* (London, 1939). 邦訳費孝通著・仙波泰雄・塩谷安夫訳『支那の農民生活』(生活社、1942年第3版)

Lynda S. Bell, *One Industry, Two Chinas: Silk Filatures and Peasant-Family Production Wuxi County, 1865−1937* (Stanford University Press, 1999)

Miner, Noel Ray, "Chekiang: The Nationalist's Effort in Agrarian Reform and Construction, 1927−1937", Ph. D. diss., Stanford University, 1973.

R. Keith Schoppa, "Local Self-Government in Zhejiang, 1909−1927" (Modern China, Vol.2, No.4, 1976)

あ と が き

　本書は、財団法人日中友好会館日中平和友好交流計画歴史研究支援事業による助成を受けて、2001年から2003年まで「中国国民政府の農業政策と地域社会」とのタイトルで実施した研究の成果である。2001年12月には上海での資料調査を実施し、上海図書館において『江蘇省農民銀行業務会議彙編』、『合作月刊』、『江蘇合作』などの資料を収集した。この資料調査により、国民政府の合作社政策に大きな影響を与えた中国合作学社の実態把握が可能となり、さらにそのメンバーが経営の中軸となった江蘇省農民銀行の経営内容に迫ることもできた。2002年11月には、北京の国家図書館において『江蘇合作』、『農業周報』などの資料を収集した。こうした資料調査の成果に基づいてまとめたものが本書である。また本書の刊行においても、同事業の出版助成を受けた。

　私は、1990年には日本学術振興会特別研究員として中国に留学した。さらに、1996年には財団法人交流協会日台交流センター歴史研究者交流事業の助成を受けて台湾で研究を行った。本書には、この二度の資料調査の成果も生かされている。特に、台湾では中央研究院近代史研究所・国民党党史委員会・国史館などの豊富な資料に接することができ、大変有益であった。中央研究院近代史研究所では、黄福慶先生にお世話になった。ここに謝意を示したい。

　振り返って見れば、私が中国農業・農村問題を研究する発端となったのは、茨城大学3年時の石島紀之先生による演習の授業であった。そこでは、解放前の中国農業問題に関する研究論文を輪読した。そして卒業論文では、日本の華北農村支配をテーマとして、新民会と農村合作社を研究した。その時に、中国でも日本の農業協同組合に類似した合作社が、すでに1920年代から組織されていた事実を知った。駒澤大学大学院では浅田喬二先生の指導の下、南京国民政府の農業政策研究をテーマとした。また東京都立大学の野澤豊先生のゼミや中国現代史研究会に参加し、中国統一化論争、中国国民政府論などを学んだ。そしてこれまでに、農業テクノクラート・棉作改良事業・農業金融事業などに関する幾編かの研究論文を発表してきた。

このように私にとって、中国農業・農村問題及び合作社は一貫して大きな研究課題であった。それは何よりも、茨城県の農村地域に農家の次男として生まれ育った私にとっては、自然なテーマであった。中国の問題を研究するにも、常に日本の農業・農村との比較が念頭にあった。私の幼少時には集落のほとんどの家が農業に従事しており、村落共同体も強固に存在していた。また、高度経済成長の中で村内でも野菜生産が盛んとなり、農業協同組合が活発に事業を展開していた。本書でも論及した日本の村落共同体や農業協同組合に関する理解は、多分に私自身の体験に裏付けされたものである。また私が中国農村に関心を持ったのは、中学生時代に愛読した魯迅の影響もあった。その珠玉の名作である『阿Ｑ正伝』、『故郷』、『狂人日記』などに描かれた素朴な中国農村社会の姿は、日本の農村で暮らす自分にとって親近感と郷愁を感じさせる内容であった。他方では中国農村に奇妙な違和感も覚え、中学生の私に日中の農村社会の比較研究をしたいという漠然とした願望を抱かせた。奇しくも本書では、魯迅の故郷の浙江省農村を研究することとなった。

　本書の基礎となった論稿は、下記の通りである。本書ではこれら論文に修正・加筆を行い、その他各章は今回新たに書き下ろした。

第１章・第４章：『中国国民政府の農業政策と地域社会』財団法人日中友好
　　会館日中平和友好交流計画歴史研究支援事業研究成果報告書、2004年３月
第３章：「1930年代中国における農業金融政策と地域金融──浙江省の事例
　　を中心に──」『社会経済史学』第60巻第６号、1995年３月

　本書の内容は、以前から暖めていたものであり、ある程度資料も収集していたとは言え、短期間に本書をまとめ上げるのはかなり困難であった。そのために、研究史整理を必要最低限に限定せざるを得なく、本来は取り上げるべき多くの業績を紹介できなかった。また言葉足らずで説明不充分の箇所、あるいは事実誤認・誤記なども多々あるかも知れない。これは読者の叱正を待ちたい。本書は主として新聞・雑誌などの公刊資料に依拠してまとめたものであり、本来ならば档案史料や関係者へのヒアリングなども利用すべきであった。それが

できなかったのは私の非力さ故であり、私自身の今後の課題としたい。ともかくも、本書で提示した地方行政機構・農業金融政策・合作社などの諸問題に関心が持たれ、今後国内外でより実証密度の高い研究が進展することを期待したい。

　茨城大学には近現代史を専門とする個性豊かな先生方が居られ、私の学問形成に大きな影響を与えた。特に、石島紀之先生（現フェリス女学院大学）には中国現代史研究の基礎をご教授いただき、大学卒業以後もいろいろと面倒を見ていただいている。この場を借りて、その学恩に感謝を申し上げたい。また、荒井信一先生、松永昌三先生、佐藤勝則先生（現東北大学）、伊集院立先生（現法政大学）にも、近現代史研究の楽しさ・奥深さをお教えいただいた。さらに、茨城大学考古学研究室の茂木雅博先生とは川村学園女子大学の非常勤講師としてご一緒する機会に恵まれ、中国文化に対する造詣の深さに啓発を受けた。

　駒澤大学大学院の恩師である浅田喬二先生には、経済史研究の手ほどきを受けた。また、マイペースでなかなか研究成果を上げられない私を、常に暖かく励ましていただいた。小林英夫先生（現早稲田大学）ならびに浅田ゼミの先輩である風間秀人氏にも、いろいろとご教示を受けた。浅田・小林両先生などを中心として1986年に設立された日本植民地研究会では、日本史研究者の緻密な実証研究にも触れることができ、大変有意義な勉強の場となった。

　中国現代史研究会（東京）は、大学の枠を超えた自由な雰囲気の中で忌憚のない議論が展開でき、私にとって貴重な研究の場となっている。本書の基となる諸研究は、そこで発表して批判を受けたものである。姫田光義先生、ならびに先輩格にあたる奥村哲・井上久士・菊池一隆・久保亨諸氏には、絶えず適切な助言と激励をいただいた。また、同世代の鈴木岩行・丸山鋼二、小浜正子・塚本元・土田哲夫・高田幸男諸氏は、良き研究上のライバルであると共に楽しい友人でもある。私が大学院時代の1983年には中国綿業史セミナーが開催され、これが発展する形で1990年代まで中国近現代経済史シンポジウムが毎年開催された。そうしたセミナー・シンポジウム及びその準備のための勉強会においては、高綱博文・菊池敏夫両氏より中国工業史・労働運動史などについてご教示いただき、研究の幅を広げることができた。またそこでの黒山多加志・弁納才

一・金丸裕一諸氏との議論も愉快なものであった。同年代の黒山多加志氏の早逝は誠に残念であり、心から哀悼の意を表したい。

　1996年から2002年まで財団法人日中経済協会の農業委員会委員として、中国農業の現状に若干なりとも触れたことは、本書執筆に大いに役立った。同委員会では、二度の現地調査に参加し湖南省・安徽省などの農村を視察することができた。また、中国での農業協同組合型の農民組織の現状も知ることができた。この機会を与えていただいた主査の小島麗逸先生に感謝を申し上げたい。

　本書出版にあたっては、野澤豊先生に汲古書院をご紹介いただいた。ここにお礼を申し上げたい。また汲古書院の坂本健彦氏・石坂叡志氏には、親身に出版の相談に乗っていただき、また原稿の遅れ勝ちな私を激励していただいた。

　最後に私事となるが、本書を父親である故飯塚武と母雅子に捧げたい。父は、日頃寡黙で仕事一筋の人であったが、2000年7月に69歳で肺がんのために他界した。一向に生活の安定しない私は、父に多大の心労をかけてしまった。せめてものお詫びの気持ちとして、本書を墓前に捧げたい。また、母には父の分も健康で長生きをしてもらいたい。

　　　2005年5月27日

　　　　　　　　　　　　　　　　　　　　　　飯　塚　　靖

索　引

中国の人名・地名は慣例による日本語読みによった。また、図表からは採録しない。

人名索引

あ

青柳斉 ……………………………… 15
味岡徹 …………………………… 83, 84
足立啓二 ……………………… 12, 13, 15
天野元之助 …………………… 154, 243

い

飯塚靖 ………………… 6, 10, 107, 108, 248, 274
石島紀之 ……………………………… 5
石田浩 ……………………………… 12〜15
泉田洋一 …………………………… 9, 10
イーストマン ……………………… 3, 5
稲田清一 …………………………… 80, 84
岩井茂樹 ……………………… 81, 82, 84

う

于永滋 …………………………… 63, 66, 69
上野章 ……………… 246, 247, 288, 293, 294
于治民 ……………………………… 9
内山雅生 …………………………… 12〜15
于右仁 ……………………………… 22

え

袁世凱 ……………………………… 81

お

汪嘉驥 ……………………………… 27

王奇生 ……………………………… 21
王効文 ……………………………… 38
王志莘 ……………………… 44, 46〜48, 63, 139
王樹槐 ……………………………… 84
王世穎 … 23, 28〜30, 33, 39, 40, 46〜48, 50, 56, 57, 63, 64, 68〜70, 79, 297
王宗培 ……………………………… 50
王寵恵 …………………………… 22, 23, 26, 35
太田原高昭 ………………………… 15
岡崎清宜 ………………………… 10, 219
奥村哲 ……………………… 15, 293, 294, 299
温崇信 ……………………………… 70

か

ガイザート ……………………… 4, 5, 83
何玉書 ……………………… 46〜48, 137, 147
霍亜民(宝樹) ……………………… 68
郭任遠 ……………………… 30, 39, 45, 47, 70
郭泉 ………………………………… 24
過探先 …………………………… 137, 139
加藤祐三 ………………………… 11, 14
加納啓良 ………………………… 11, 14
何葆仁 ……………………………… 22
川井悟 ……………………… 5, 6, 13, 15
韓紹周 ……………………………… 57

き

菊池一隆 ……… 5, 19, 21, 136, 246, 247, 294

341

キャンベル ……………107, 259, 260, 264
許紹棣 …28〜30, 45, 46, 48, 50, 56, 70, 78
許心武 ………………………………29, 70
許璇 ……………………………45, 101, 107
金百順 ………………………………120

く

久保亨 …………………………………3, 4, 5

け

厳恒敬 …………………………………48

こ

黄維栄 …………………………………40
黄華表 ………………………………27, 36
侯厚培…28, 30, 32, 39, 40, 46〜48, 50, 69, 179, 297
黄紹竑 ………………………………248
黄石 ……………………………………57
侯哲荞 ……………………46〜48, 50, 69
黄東蘭 ………………………………83, 84
黄明 ……………………………………48
高魯 …………………………………137
呉覚農 ……………45, 46, 48, 53, 54, 259
胡漢民 ………………………22, 24, 56, 62
伍玉璋 ………………………………48, 69
胡欽海 ……………………………260, 272
谷正綱 ………………60, 65, 68, 70, 76
胡健中 …………………………45, 48, 50, 70
胡士琪 ………………………………48, 69
胡昌齢 ………………………………48, 236
小島淑男 ……………………………84, 319
呉承禧 ………………………7, 10, 246, 247
呉任滄 ………………………………179
顧達一 ………………………………118

呉稚暉 …………………………………25
小浜正子 ………………………………5
小林弘二 ………………………………9
小林善文 ………………………………79
呉揾峯 ………………………………56, 57
伍蠡甫 …………………………………40

さ

蔡元培 …………………………………25
斎藤仁 …………………11, 13, 14, 325
蔡無忌 ………………………………137
坂井田夕起子 …………………………83
査開良 ……………258, 265, 266, 271, 272
笹川裕史 ……………………4〜6, 21, 106

し

重冨真一 ………………………………12, 14
柴田善雅 …………………………………8〜10
謝哲馨 …………………………………48
シャルル・ジード ………………31, 55, 61
周誠謨 …………………………………48
周問寰 ……………………………252, 253
朱慶曾 ………………………………297
朱仲華 ……………………22, 33, 34, 112
壽勉成…31, 39, 40, 46, 48, 50, 56, 57, 63, 67〜70, 79
朱樸 ……………………………………48
章益 …………………………………23, 35, 40
蒋介石 ………………………………24, 25, 56
蕭家點 ………………………………263
章元善 ……………………32, 48, 49, 63, 64
蒋輯 ……………………………………48
蕭錚 ……………………………………20
章鼎峙 ………………27, 39, 40, 46〜48, 57
邵力子…19, 22, 27〜29, 32, 34, 47, 56, 62,

人名索引 343

蔣隆楷 …………………………………49
蔣夢麟 …………………………………77
徐晴嵐 …………………………………48
徐滄水 ……………………………32,38
徐仲迪 …………………………………48
ショッパ …………………………83,84
徐友春 ………………………10,34,152
沈秩安 ……………………………311,318
沈定一(玄廬) ………………………235

す

端木愷 …………………………………48
鄒樹文 ……………………………63,66
鄒秉文 …………………………………259

せ

盛練心 …………………………………254
施中一 …………………………………82
薛寿萱 …………………………………295
薛仙舟…19,23〜28,30,32,33,35,47,56,
　　77,78,137,320,323
銭伯顕 …………………………………217

そ

桑潤生 …………………………………9
曾同春 …………………………………48
曾養甫 ………………………247,248,275
孫錫麒(寒冰) …………………39,40,48
孫伝芳 ……………………………137,139
孫伯顔 …………………………………48
孫文 ………………………………4,22,62,87
孫炳焱 …………………………………77

た

戴季陶 ……………………………22,56
高嶋航 ……………………………81,82,84
高田幸男 ………………………………94
高橋孝助 ………………………………5
滝川勉 …………………………………14
田中比呂志 ………………………83,84
田原史起 ………………………………15
譚常愷 ……………………………27,32,49,62
譚天愚 ……………………………32,38,49

ち

張益民 …………………………………83
趙玉林 ……………………………56,57
張敬堯 ……………………………32,38
張公権 …………………………………120
張俊顕 …………………………………328
張静江 ……………………………25,101,102
趙棣華 ………………68,179,182,214,219
張壽鏞 ……………………………137,139
張廷灝 ……………………………39,40,46
陳藹士 …………………………………26
陳果夫…5,19〜21,23〜26,29,30,32,34,
　　39,40,45〜48,55〜57,62,63,66〜70,
　　76,78,79,179,182,191,219,323
陳岩松…19,20,21,50,56,57,64,68,70,
　　216,320
陳顔湘 …………………………………57
陳其美 ……………………………22,25
陳杏蓀 ……………………………311,318
陳其鹿 ……………………………137,139,152
陳淮鐘 ……………………………137,139
陳瑞 ……………………………32,38
陳仲明…29,31,32,46〜50,57,61,68〜70,
　　76,79,102,151,195,197,224,225,232,
　　234,235,247,248,297,328

陳兆藩 …………………279, 280, 289
陳立夫 …………21, 25, 29, 60, 69, 76
陳和銑 ……………………………139

つ

塚本元 ………………………………38
土田哲夫 …………………………4, 6

て

丁惟汾 …………………………56, 57
程婉珍 ………………………………32
程君清 …………………………39, 40, 47
鄭紫卿 ……………………………311
鄭大華 ………………………………98
程天斗 …………………………24, 35
程天放 …………………………22, 34
丁鵬鳥 …………………………49, 63
鄭厚博 ………………………………50
狄昂人 …………………………48, 49
狄侃 …………………………………22
寺木德子 ………………………83, 84

と

童玉民 …………………………48, 297
唐啓宇 ………44〜46, 48, 69, 142, 297
湯恵蓀 ……………………………102
陶行知 ……………………………271
陶潤金 ………………206, 209, 218
湯松 ……………………27, 32, 38, 49, 77
唐巽沢 ………………………48, 247〜249
唐有壬 ……………………………137

な

夏井春喜 …………………………242

は

馬寅初 ……………………………137
馬家驥 ………………………297, 298
萩原充 ………………………………5
馬相伯 ………………………………22
浜口裕子 ………………………13, 15

ひ

費孝通 ………154, 293, 312, 318, 319, 322
皮宗石 ……………………………137
費達生 ……………297〜299, 311, 318
畢静謙 ……………………………191
平野義太郎 …………………………98

ふ

馮贊元 ………………………………48
馮斌田 ………………………………48
馮和法 ………………………………40
福武直 ………………………………94
傅耀誠 ………………………………27
古厩忠夫 ……………………………5

へ

弁納才一…5, 8, 10, 13, 15, 136, 137, 222, 246, 247, 253, 270, 271, 279, 282, 289, 292, 299

ほ

彭師勤 …………………………50, 55, 69
豊簫 …………………………………98
朴紅 …………………………………15

ま

マイナー …………………………223

人名索引

万木孝雄 ……………………… 9, 10
松田康博 ……………………… 5, 6
松本善海 ……………………… 83, 84, 93

み

三谷孝 ………………………… 9, 83

も

毛飛 ……………………… 27, 29, 32, 38, 49

や

安冨歩 ………………………… 8, 10
山本進 ………………………… 84
山本真 ………………………… 5, 6, 21
山本裕美 ……………………… 15

ゆ

熊在渭 ………………………… 48
俞鴻鈞 ………………………… 68
俞丹屏 ………………………… 279, 289

よ

楊性存 ………………………… 48
葉楚傖 ……………… 22, 34, 62, 137, 139, 316
楊道腴 ………………………… 27
楊敷慶 ………………………… 139
楊譜笙 ………………………… 26
横山英 ………………………… 83
吉澤誠一郎 …………………… 5
余愉(井塘) … 27～29, 46～48, 56, 64, 69, 70, 78, 79, 92

ら

頼建誠 ………………………… 19, 21
羅家倫 ………………………… 56, 64
駱耕漠 ……………………… 6, 7, 9, 132
羅四維 ………………………… 48

り

李安 …………………………… 27, 29, 32, 38
李栄祥 ………………………… 27
李吉辰 ………………………… 191
李金錚 ………………………… 9, 243
陸栄光(再雲) ……… 315, 316, 320, 322
陸思安 ………………………… 32
陸宝璜 ………………………… 27
李国祁 ………………………… 84
李叔明 ………………………… 26
李石曾 ………………………… 101
李登輝 ……………………… 22, 27, 39, 47
李徳芳 ………………………… 83, 93
劉永明 ………………………… 34
劉河北 ………………………… 135, 136
劉啓郛 ………………………… 27, 29
劉新鋭 ………………………… 139
劉振東 ………………………… 57
リンダ・ベル ………………… 294
林天木 ………………………… 47, 53

ろ

樓桐孫 ……………………… 48, 61, 62, 69

事項索引

う

運銷合作社…6, 7, 16, 17, 115, 131, 146, 149〜151, 180, 191, 197, 220, 246, 250, 269, 291〜293, 325

え

永安公司 …………………………………24
永泰糸廠(資本)…294〜296, 299〜301, 303, 305, 306, 308〜310, 321

か

海塩県 ………………………258, 265, 282
開弦弓生糸精製運銷合作社…141, 149, 293, 294, 311, 312, 322
「改進地方自治原則」 ………………91, 96
街村制 ……………………………………86, 96
海寧県…109, 113, 115, 124, 228, 258, 269, 278, 282, 288, 290
海寧県農民銀行 ………………………109, 111
改良蚕桑模範区…254, 274, 275〜280, 283, 286
「各省県市地方自治改進弁法大綱」……91
嘉興県…96, 97, 120, 123, 225, 232, 249, 251〜253, 259, 280, 290, 313
嘉興県地方農民銀行…115, 119, 251, 253, 263
華新繭行 ……………………………300, 309
華新糸廠 ……………………………………303
合作金庫 ……………………………63, 67, 68
合作烘繭(共同乾繭)事業…287, 288, 292, 306〜308, 321

『合作月刊』……………………45, 48, 53, 327
合作事業管理局…19, 21, 31, 39, 66〜68, 79
――全国合作人員訓練所 …………21, 67
――合作工作輔導団 …………21, 31, 67
――綏靖区合作工作輔導団 …………68
合作事業督導員 ………………………198
合作実験区…17, 191, 193, 246, 249, 250, 252, 291, 293
合作指導人員養成所 ……………101, 247
合作社指導員養成所 ……………142, 152
「合作社法」 ……………61, 62, 235, 247, 269
合作糖廠 ……………246, 263, 264, 291
華洋義賑救災総会 …13, 19, 47, 49, 62, 63
為替業務…115, 118, 143, 144, 156, 165, 219
灌漑合作社…154, 160, 166, 177, 187, 190, 191, 193, 195, 215, 216, 307, 325
寰球中国学生会 …………………………22, 34
換工 ……………………………………………12
看青 ……………………………………………12

き

『救国日報』……………………………………27
郷…80, 81, 86, 87, 90, 91, 97, 99, 141, 162, 172, 280, 282
郷公所 …92, 94, 99, 162, 172, 276, 282, 318
郷紳 ……………………………3, 4, 87, 89, 98, 99
郷政局 ……………………………85, 141, 142
郷村建設運動 ……………63, 201, 250, 326
郷長…86, 90, 91, 149, 162, 252, 253, 281, 290, 317

事項索引　347

郷・鎮(郷鎮)…3, 4, 16, 70, 87, 92〜99, 197, 225, 281, 282, 324, 327
郷鎮公所…87, 88, 91, 96, 98, 225, 228, 277, 280, 282, 283, 292
「郷鎮自治施行法」……………………86
郷鎮長…88, 90〜92, 94, 150, 159, 178, 193, 276, 277, 280, 282〜284, 292, 326, 327
郷鎮民大会　……………………86, 94
「郷鎮閭鄰選挙暫行規則」……………86
郷董　………………………80, 81, 85
「共同関係」……………………12, 325
金華県　………………………125, 227, 230
鄞県　………………125, 127, 255〜257
金壇県…180, 206, 212, 218, 293, 301, 307〜309, 321
金陵大学　………………44, 63, 148, 214

く

区　…………3, 4, 16, 85〜88, 93, 95, 96, 324
衢県地方農民銀行　……111〜113, 118, 119
区公所…87, 88, 91, 95, 148〜150, 159, 160, 174, 225, 228, 276, 279, 280, 283, 292, 317
「区自治施行法」………………………86
区長…85, 87〜90, 92, 99, 178, 276, 279, 292

け

経漕　……………………………82
経造　……………………………81, 82
繭行…250, 254, 255, 278〜281, 283, 286〜289, 298, 300〜302, 306〜310, 321
「県組織法」………………………85, 86
県長　………85, 88, 115, 274, 275, 279〜281
県農民借貸所…108, 109, 113, 116, 117, 125, 258, 281, 282, 287

こ

甲　………………………………92
合会　……………………………62
公款公産管理処　………………165
杭県　………………249, 250, 265, 269, 284
黄沙塢信用兼営合作社　……258, 259, 265
杭州市…45, 108, 109, 113, 121, 123, 249, 257, 261, 269, 271, 278, 288
『杭州民国日報』………………………101
杭州民国日報社　………………………30
高淳県　………………141, 165, 166, 194
工商銀行　………………24, 30, 44, 45, 53
江蘇銀行　………………………179, 183
「江蘇暫行市郷制」………………………81
「江蘇省市郷行政組織大綱」……………85
江蘇省政府…85, 136, 155, 179, 197, 198, 212, 220
――区長訓練所………………88, 89, 99
――建設庁………………21, 176, 179, 297
――財政庁…137, 139, 155, 176, 179, 214
――蚕業改進管理委員会…293, 301, 305, 307
――実業庁………46, 175, 179, 297, 307
――農業管理委員会　………………31, 49
――農工庁………………44, 46, 139, 142
――農鉱庁…44, 46, 49, 142, 147, 176, 236
――農鉱庁合作社指導所…142, 152, 236, 295
――農村金融救済委員会　……………198
――民政庁………………………29, 88, 92
江蘇省農民銀行…8, 16, 30, 44, 46, 63, 89, 90, 135〜152, 155〜159, 167, 169, 179, 180, 183, 186, 191, 194, 196〜198, 204,

348　事項索引

　　206, 209, 212～220, 237～240, 242, 243,
　　300, 301, 303, 305～307, 311, 312, 315,
　　317, 318, 321, 322, 325
——監理委員会 ……44, 137, 147, 159, 175
——基金…137, 139, 144, 155, 168, 182,
　　220
——高淳分行 …………………165, 166, 174
——呉江分行 …………………149, 150, 199
——崑山弁事処 ………………146, 147, 149, 150
——総行…139, 148, 151, 159, 179, 180, 215,
　　308
——第2区分行 …148, 150, 159, 160, 169
——第4区弁事処(無錫分行)…147, 148,
　　199, 303
——常熟分行…142, 147, 149, 150, 163～
　　165, 173, 174, 193, 295
——徐州分行 ……………………………194
——丹陽分行 …………186, 190, 192, 199
——儲蓄処 ………………167, 182, 214
——武進分行(第3区分行・常州分行)
　　…143, 144, 160～163, 170～172, 175,
　　186, 193, 199
「江蘇省農民銀行監理委員会簡章」…137
「江蘇省農民銀行章程」……137, 139, 147
「江蘇省農民銀行組織大綱」…………137
江蘇省立教育学院 …………63, 241, 243
江蘇省立女子蚕業学校…293～299, 311～
　　313, 322
江蘇省立農具製造所…46, 147, 154, 176,
　　240
交通銀行…8, 44, 67, 133, 214, 218, 256,
　　257
高等考試典試委員会 ………………………21
江寧県…95, 148, 150, 151, 159, 160, 212,
　　326

光福合作実験区 …293, 294, 297, 298, 321
黄埔軍官学校 ……………………………25
呉県(蘇州)…46, 49, 82, 142, 152, 175, 212,
　　222, 236～241, 244, 293, 294, 297, 298,
　　309, 321
呉江県…141, 152, 159, 242, 293, 311, 313,
　　322
呉興県…25, 26, 96, 113, 120, 121, 123, 125,
　　281, 283, 292
国際協同組合同盟(ICA) ………………32
『国際貿易導報』…………………………30
国際労働機関(ILO) ……………………32
国民政府(南京政府)…3, 4, 6, 8, 9, 12～14,
　　16, 19, 20, 23, 29, 33, 44, 55, 61, 69, 83,
　　85, 87, 89, 99, 322～324, 327
——教育部 ………………………………29
——軍事委員会委員長侍従室第3処…25,
　　36
——軍事委員会委員長南昌行営 ………30
——経済部 …………………49, 66～68
——実業部 …………49, 62～64, 66, 67
——社会部 …………………21, 65, 67, 68
——内政部 ……21, 68, 70, 85, 86, 91, 92
——農林部 ………………………………44
——立法院 …………………………61, 62
「国民政府建国大綱」……………………87
国民大会
——制憲国民大会 …………30, 45, 61, 214
——行憲国民大会 ………………………214
国民党「四大家族」………………………20
戸口調査 ………………85, 86, 92, 96
五四運動 …………22, 23, 26, 29, 77, 323
湖南合作協会 ……………………49, 69
湖南商業専門学校 ………………32, 38
湖南大同合作社 …………………………47

事項索引　349

さ

蚕業改良区 ……………251, 280, 281, 292
産銷合作社 ……………303, 305, 321
三省農村金融救済処 ……………47, 57
蚕桑模範区…293, 301〜303, 305〜307, 321
山東郷村建設研究院 ……………19, 63
三民主義青年団 ……………34

し

「ＣＣ」派（「ＣＣ」系） ……………20, 21, 78
市政局 ……………85
四川省合作事業管理処 ……………57
自治区 ……………81, 88, 97
自治指導区 ……………95
「自治村落」 ……………11〜13, 325, 326
市鎮 ……80, 90, 99, 166, 198, 244, 245, 326
「自動組織の養蚕合作社」…301〜305, 321
借款連合会 ………159, 168, 175, 178, 243
上海学生連合会 ……………22, 34
上海合作同志社 ……………25, 31, 32
上海合作連合会 ……………33
上海国民合作儲蓄銀行…20, 24, 26, 30, 31, 33
上海財経学院 ……………10, 32
『上海時事新報』 ……………30, 38
上海事変 ……………167〜169, 172〜174
上海商科大学 ……………44
上海商業儲蓄銀行…8, 10, 30, 133, 135, 195, 259, 308
上海証券物品交易所 ……………25
上海商品検験局 ……………54
上海職工倶楽部 ……………33, 38
重慶国立商業専科学校 ……………30

首都市民消費合作社 ……………47
城 ……………80, 81
紹興県農民銀行 ……………112, 113
常熟県 ……89, 141, 159, 164, 173, 174
「城鎮郷地方自治章程」 ……………80, 81
職工合作商店 ……………33
蕭山県…93, 124, 223, 246, 253, 254, 269, 274〜276, 282, 283, 287〜290, 292
蕭山県東郷蚕糸信用合作社…108, 253, 254, 283, 291, 293
諸曁県 ………225, 227, 287, 288, 290, 291
『少年中国晨報』 ……………29
新華信託儲蓄銀行 ……………44
震旦学院 ……………22, 34
信用合作社…6, 7, 13〜17, 24, 33, 49, 70, 101, 102, 105, 130, 131, 141, 146, 150, 151, 160, 164〜166, 191, 194, 197, 220, 222〜244, 246, 269, 281, 288, 298, 325

す

図 ……………81, 82
図正 ……………81, 82, 85
図董 ……………82, 84, 85, 90, 94

せ

清華大学 ……………49
「生活共同体」 ……………12
『生活週刊』 ……………44
生産合作社…16, 17, 115, 131, 146, 191, 192, 220, 246, 269, 291, 292, 293, 305, 325
聖約翰大学 ……………22
「浙江省街村制施行程序」 ……………86
「浙江省合作社規程」 ……………102
浙江省地方自治専修学校 ……………88, 99
浙江省政府 …100〜102, 115, 130, 223, 254

350　事 項 索 引

──合作事業管理処 ……………31, 247, 248
──合作批発部 ………………………31, 248
──建設庁…119, 232, 247, 248, 251, 256, 257, 263, 269, 274, 275, 279, 290, 291
──建設庁合作事業室…20, 31, 46, 57, 102, 103, 247～249, 255, 264
──建設庁管理改良蚕桑事業委員会…275, 289
──建設庁蚕糸統制委員会 …………289
──建設庁農業改良総場棉場 …102, 265
──財政庁 ……………………119, 127
──蚕糸統制委員会 ……………289
──戦時物産調整処 ……………21, 31
──農業管理委員会 ……………247, 248
──農業管理委員会合作事業管理処…247, 248
浙江省党部 …………………………30, 101
「浙江省農村信用合作社暫行条例」…101, 223
「浙江省農民銀行条例」 ……………100, 109
浙江農民銀行籌備処 …101, 102, 223, 228
浙江大学 ………………30, 45, 49, 55
浙江地方銀行…16, 100, 115, 120, 121, 123, 125～128, 130, 132, 133, 257, 271, 324, 325
銭会 ……12, 82, 225, 238～240, 244, 325
「全国合作化方案」 …………………24
全国合作事業討論会 …………………62, 63
全国合作社物品供銷処…31, 67, 68, 76, 79
──東南分処 …………………31, 76
全国合作人員訓練所 …………………61
全国経済委員会 …………5, 44, 62, 63
──蚕糸改良委員会 …………………308
全国人民政治協商会議 …………………54
仙舟紀念合作図書館 ……30, 47, 57, 69

銭荘…44, 105, 121, 125, 127, 128, 132, 133, 143, 153, 160, 165, 182, 213, 218, 254

そ

崇徳県 ……………………87, 107, 225
荘票 …………………143, 153, 160, 162
村 ……………………………85, 86, 91
村長 ……………………………………90
村落共同体 …………………………12, 13
「村里制」 ………………………………86

た

大興公司 ………………………………8
堆桟 ………………121, 123, 202, 211
第三戦区合作社物品供銷処 ……………31
第三戦区経済委員会 ……………21, 214
打更 ……………………………………12
丹陽県 ……157, 186, 191～193, 212, 220

ち

稚蚕共同飼育…249, 278, 280～282, 285, 286, 290, 292, 295, 296, 300, 302, 303, 311
「地方自治試行条例」 ……………………81
中央合作金庫…26, 39, 55, 57, 67, 68, 79, 320
中央信託局 ……………………………67
中央政治学校…25, 29～31, 34, 39, 55～57, 60, 78, 79
──合作学院 …31, 39, 55, 57, 60, 68, 198
──卒業生指導部 ………………29, 36
──社会経済系合作組 ………20, 56, 57
中央大学 ……………………44, 55, 63
『中央日報』 ……………………………45
中央模範倉庫 ………………………135

中華職業教育社 ……………44, 63, 217
中華全国合作社工作者第 1 回代表会議
　　　　　…………………………………32
中華平民教育促進会 …………………19
中華農学会 ……………………………54
中国合作学社…5, 15, 16, 19, 20, 29, 31, 39,
　　40, 45～50, 55, 57, 63, 68～70, 78, 79,
　　102, 151, 191, 224, 293, 295, 297, 298,
　　320, 322, 323
──設立大会 …………………………39
──第 2 回大会 …………………45, 46
──第 3 回大会 ………………………46
──第 4 回大会 …………………47, 48
──第 5 回大会 ………………………49
──第 6 回大会 ………………………69
──第 7 回大会 ………………………69
──第 8 回大会 ………………………70
──合作研究班 ………………………50
──合作社職員訓練班 ………………50
──全国合作人員訓練所 ……………61
中国合作事業協会…21, 30, 61, 62, 69, 70,
　　76
中国合衆蚕桑改良会 …274, 275, 288, 307
中国銀行…8, 16, 44, 67, 100, 115, 120, 121,
　　123, 124, 127, 128, 130, 132, 133, 195,
　　218, 256, 257, 270, 287, 288, 290, 291,
　　308, 324
中国国民党…4, 19, 23, 29, 30, 34, 55, 78,
　　323, 324
──第 2 回全国代表大会 ……………25
──第 3 回全国代表大会 ……………25
──中央合作指導人員訓練所 ………60
──中央監察委員会 …………………25
──中央財務委員会 …………………26
──中央常務会議 ……………………56

事項索引　351

──中央宣伝部 ………………………34
──中央組織委員会 …………………60
──中央組織部 ……………25, 29, 214
──中央党政訓練所 …………………55
──中央党務学校 …………25, 29, 56, 214
『中国実業誌』 ………………………30
中国地政学会 …………………………20
中国同盟会 ……………………… 25, 34
中国農工銀行…101～105, 127, 130, 132,
　　223, 231, 232, 235, 263, 270
『中国農村』 ……………………… 6, 40
中国農村経済研究会 ……………6, 9, 54
『中国農村』派…6, 8, 9, 13, 40, 100, 132,
　　133, 222, 245, 324, 326
中国農村復興連合委員会 …………5, 77
中国農民銀行 …………26, 47, 57, 63, 67
中仏教育基金委員会 ……………… 101
綢業運銷合作社…293, 294, 313～318, 322,
　　325
長興県 ……………………………… 282
長沙犖益合作社 ………………………49
長沙第一消費合作社 …………………47
鎮 ……………………80, 81, 86, 87, 91, 97, 99, 282
鎮江県 …………………139, 142, 193, 212
鎮公所 …………………………… 94, 99
鎮長 ……………………………… 86, 241
「鎮董制」 …………………… 80, 81, 98

て

手形割引…143, 148, 157, 160, 163, 168, 170,
　　173, 180, 213, 219
典当…105, 107, 112, 113, 119, 125, 180, 199,
　　202
田面権 …………… 146, 149, 154, 159, 237

と

董事 …………………………80, 81, 85, 94
搭套 ………………………………………12
東南大学 …………………………44, 214
『東南日報』 ……………………… 30, 272
同孚消費合作社 ……………………… 33
桐油生産合作社 …246, 259〜262, 269, 292
導淮委員会 ……………………… 25, 46
徳清県 ……………………………284, 285
土地菩薩 …………………………177, 178

に

荷為替取組 ……………………212, 213, 219
「二五減租」 ……………………101, 106, 271

の

農会 …………………………70, 225, 231, 277
『農業周報』 ……………………………… 44
農業倉庫…6, 7, 16, 63, 100, 102, 109, 115, 119, 126〜128, 133, 135, 136, 150, 198, 201, 204, 209, 217, 290, 323〜325
――担保貸付…109, 113, 115, 116, 118, 124, 125, 136, 172, 185, 186, 204, 209, 212, 220
農産倉庫 ……………………120, 123, 124
農産儲蔵合作社 ………………… 141, 142
農産物担保貸付…100, 102, 109, 116, 159, 162, 164, 176, 185, 201
「農村合作社暫行規程」 ……………… 61
農村復興委員会 ……………………62, 63
農本貸付 ……………………………147, 148
農本局 ……………………………44, 66, 67
農民協会 ……222, 223, 225, 236, 242, 294

は

貝母運銷合作社 ………255〜257, 291, 325

ひ

廟会 ………………………………………82

ふ

復旦公学 …………………22, 24, 29, 30, 34
復旦大学…16, 19, 20, 22, 23, 26〜33, 39, 40, 45, 46, 48, 54, 77, 78, 89, 112, 248, 249, 320, 323
復旦平民義務学校 ……………………… 31
武康県 ……………………………………285
武進県（常州） ……152, 159, 193, 201, 212

へ

平湖県 ……………………115, 125, 259, 269
米行 ……………………………107, 121, 128
『平民』 ……………………20, 27〜29, 33, 40, 77
平民学社 …28〜30, 33, 39, 48, 78, 320, 323
平民週刊社 ……………………… 28, 77, 78
『平民週報』 ……………………………… 33
返済督促勘定（案件）…109, 111, 120, 150, 153, 157, 160, 162, 163, 165, 168〜170, 172〜174, 176, 187, 192, 194, 197, 220

ほ

保 ………………………………………… 92
保甲制度 ……………………………88, 92
補助紙幣（輔幣券） ………………183, 325
保長 ……………………………………82, 317
保長弁公処 …………………………… 92

事項索引 353

ま

満洲中央銀行 …………………………8

み

『民国日報』 ………………27, 28, 34, 39
『民力週報』 …………………………69

む

無錫県…89, 90, 94, 142, 148, 152, 159, 175, 202, 204, 212, 215, 240, 241, 293, 300〜307, 321

よ

揺会 ………………238, 240, 241, 244
養蚕合作区 ………………283〜286
養蚕合作社…17, 230, 236, 246, 250, 269, 274, 278, 281, 282, 285, 286, 292, 293, 295〜298, 300, 301, 305, 307, 309, 321, 325
余杭県 ………231, 232, 246, 280, 281, 289
余姚県農民銀行 ……………………120

し

四省農村金融救済処 …………………57
四聯総処農業金融設計委員会 …………67

ら

蘭谿県…97, 123, 125, 126, 259〜262, 269, 292

り

里 ……………………………81, 85, 86
領用兌換券 …………………183, 325
鄰 ……………………………85, 86, 278
臨安県…232, 246, 275, 279, 280, 282, 289, 292
鄰長 …………………………………86

れ

黎明書局 ……………………………40

ろ

閭 ……………………………85, 86, 278
閭長 …………………………………86
労働大学 …………………………40, 54

飯塚　靖（いいつか　やすし）
著者略歴
1958年　　茨城県鹿島郡大洋村に生まれる
1980年　　茨城大学人文学部文学科卒業
1982年　　駒澤大学大学院経済学研究科博士前期課程修了
1985年　　駒澤大学大学院経済学研究科博士後期課程満期退学
1990～92年　日本学術振興会特別研究員
現在　　　明海大学外国語学部非常勤講師
研究論文
「1930年代河北省における棉作改良事業と合作社」『駿台史学』第112
　号、2001年3月
「満鉄撫順オイルシェール事業の企業化とその展開」『アジア経済』第
　44巻第8号、2003年8月

中国国民政府と農村社会

2005年8月8日　初版発行

著　者　飯　塚　　　靖
発行者　石　坂　叡　志
整版印刷　富　士　リ　プ　ロ

発行所　汲　古　書　院
〒102-0072　東京都千代田区飯田橋2-5-4
　　　　　電話 03(3265)9764　FAX 03(3222)1845

Ⓒ2005　ISBN4-7629-2699-X　C3022